TRAITÉ

DE LA

CONSTRUCTION

ET DES PRINCIPAUX

USAGES

DES INSTRUMENS

DE MATHEMATIQUE.

Avec les Figures neceſſaires pour l'intelligence de ce Traité.

Dedié à ſon Alteſſe Royale,

MONSEIGNEUR LE DUC D'ORLEANS.

Par LE Sᵗ N BION, *Ingenieur du Roy pour les Inſtrumens de Mathematique, Quay de l'Horloge du Palais, où l'on trouve tous ces Inſtrumens dans leur perfection.*

A PARIS,

Chez
La Veuve de JEAN BOUDOT, au Soleil d'Or.

JACQUES COLLOMBAT, Imprimeur ordinaire de Madame la Duchesse de Bourgogne, & des Bâtimens du Roy, au Pelican.

Et JEAN BOUDOT fils, Imprimeur du Roy, & de l'Académie des Sciences, au Soleil d'Or.

rue S. Jacques.

M. DCCIX.

Avec Approbation & Privilege du Roy.

A SON ALTESSE ROYALE

MONSEIGNEUR

LE DUC D'ORLEANS.

ONSEIGNEUR,

Un livre qui regarde les Mathe-
matiques appartient naturellement à

EPITRE.

Votre Altesse Royale,
& quand le respectueux attachement
que j'ay pour Elle ne m'auroit pas engagé à luy presenter cet Ouvrage, la
convenance seule m'en auroit fait un
devoir. Personne n'ignore à quel point
vous possedez les Sciences, & je dirois
icy avec plaisir ce que toute l'Europe
pense de vos lumieres, si je ne respectois en
Votre Altesse Royale quelque
chose de plus grand que la science même.
Mais cette raison, Monseigneur,
m'impose un silence prudent qui convient
à ma foiblesse aussi-bien qu'au goût de
Votre Altesse Royale.
Je la remercieray seulement d'avoir
bien voulu que je l'assurasse en cette

EPITRE.

occasion du respect profond & du dé-
voüement entier avec lequel je suis,

MONSEIGNEUR,

DE VOTRE ALTESSE ROYALE

Le tres-humble & tres-obéïssant
serviteur BION.

PREFACE.

LE favorable accueil qui a esté fait aux deux Ouvrages que j'ai mis au jour il y a quelques années m'a déterminé à executer le dessein que j'avois formé depuis long-temps de donner au public la Construction & les principaux Usages des plus curieux & plus utiles Instrumens de Mathematique qui ont été inventez jusqu'à present.

Pour garder quelque ordre dans cet Ouvrage, aprés avoir donné les définitions necessaires pour l'intelligence de ce Traité, je l'ay partagé en huit Livres, & chacun de ces Livres en plusieurs Chapitres.

Le premier Livre contient la construction & les principaux usages des Instrumens les plus simples & les plus ordinaires, comme sont le Compas, la Regle, le Tire-ligne, le Porte-crayon, l'Equerre & le Rapporteur; on y trouvera plusieurs beaux traits de Compas & la maniere de tracer sur le papier toutes sortes de figures, tant regulieres qu'irregulieres.

Le second Livre explique assez nettement, quoyqu'en peu de pages, la maniere de construire le Compas de proportion & ses principaux usages. J'y ay joint plusieurs methodes de construire differentes Jauges, & les moyens de s'en servir pour jauger les Tonneaux. Le Compas de proportion avec les autres Instrumens expliquez cy-devant, compose ce qu'on nomme Etuy de Mathematique.

Dans le troisiéme Livre on trouve la construction & les usages de plusieurs autres Instrumens curieux qui servent ordinairement dans le Cabinet. La matiere est fort diversifiée dans ce Livre, où je donne l'explication de quantité de chofes qui, comme je le crois, n'ont point encore été veuës. On y trouve la maniére d'armer les pierres d'aimant & la compofition de differens Microfcopes, & plufieurs autres curiofitez qui pourront faire plaifir aux lecteurs.

Je donne dans le quatriéme Livre la conftruction & les ufages des principaux Inftrumens qui fervent en Campagne pour arpenter les Terres, lever les Plans, mefurer les diftances & les hauteurs, tant acceffibles qu'inacceffibles; comme font les Piquets, la Toife, la Chaine, l'Equerre d'arpenteur, les Recipiangles, les Planchettes, le quart de Cercle, le demi cercle & la Bouffole. Comme mon deffein n'eft que d'inftruire ceux qui commencent d'apprendre ces fciences, je n'y ay mis que les operations les plus faciles & à la portée de tout le monde; y ayant affez d'autres Livres qui traitent ces matieres plus à fonds.

Le cinquiéme Livre contient la conftruction de plufieurs differens Niveaux, comme auffi la maniere de les rectifier & les mettre en pratique pour la conduite des Eaux. J'y ay joint l'explication d'une efpece de Jauge pour mefurer la quantité d'eau que fournit une fource, & les moyens de partager ces mêmes eaux. On trouvera auffi dans ce Livre la conftruction des Inftrumens d'Artillerie & la maniere de s'en fervir, tant pour les Canons & Boulets, que pour les Mortiers & les Bombes; ce qui eft dit à ce fujet eft affez de pratique, quoyqu'en abregé.

Le fixiéme Livre renferme la conftruction & les ufages des plus beaux Inftrumens qui fervent à l'Aftronomie; & comme il y a quantité d'obfervations à faire, Monfieur de la Hire m'a fourni beaucoup de lumiere la deffus. J'ay pris dans fes Tables Aftronomiques la meilleure partie de ce qui eft contenu dans ce Livre. Il y a auffi quelque chofe de Monfieur Caffini; l'exactitude admirable que ces grands Hommes apportent pour obferver les Aftres y eft expliquée le mieux qu'il m'a efté poffible, pour donner une idée generale de l'Aftronomie.

On trouve dans le septiéme Livre la construction & les usages de plusieurs Instrumens propres à la Navigation. Aprés l'explication de la Boussole marine & des Instrumens pour observer sur mer la hauteur des Astres, j'explique en peu de mots le Quartier de réduction ; comme aussi la maniere de dresser & de se servir des Cartes réduites.

Le huitiéme & dernier Livre explique assez amplement la construction & les usages des Cadrans solaires, aussi-bien que des Cadrans à la lune & aux étoiles ; on y trouve aussi la construction d'une Horloge élementaire ou pendule à l'eau, & d'un cadran qui marque le nom des vents qui soufflent. Enfin tout l'Ouvrage est terminé par la description des principaux Outils dont on se sert pour construire les Instrumens de Mathematique.

J'ay enrichi ce Traité de plusieurs Planches, & quoique pour ne pas trop multiplier le nombre, je les aye un peu remplies de Figures, elles ne laisseront pas de donner une idée assez nette des choses qu'elles representent

J'ay placé chaque Planche dans le corps du Livre, à la fin des matieres dont elles traitent, afin qu'en tournant les feüillets, on puisse les avoir facilement devant les yeux.

DEFINITIONS

DEFINITIONS
NECESSAIRES
POUR
L'INTELLIGENCE DE CE TRAITE'.

Premiere
Planche.

L E Point eſt ce qui n'a aucunes parties, & qui par conſe- Figure
quent eſt indiviſible.   I.

    La Ligne eſt une longueur ſans largeur, & c'eſt l'écou- Fig. 2.
lement du Point.

Il y a de trois ſortes de Lignes, la droite, la courbe & la mixte.

La Ligne droite eſt la plus courte de toutes celles qu'on peut Fig. 2.
tirer d'un point à l'autre.

La Ligne courbe eſt celle qui ne va pas directement d'une de Fig. 3.
ſes extremitez à l'autre, mais qui s'en écarte par un detour.

La Ligne mixte eſt celle dont une partie eſt droite, & l'autre Fig. 4.
courbe.

Les extremitez des Lignes ſont des points.

Les Lignes comparées les unes aux autres ſuivant leurs poſitions
ou ſituations, ſont ou paralleles, ou perpendiculaires, ou obliques.

On appelle Lignes paralleles celles qui conſervent toujours en- Fig. 5.
tre elles une même diſtance, & qui étant prolongées de part &
d'autre, ne ſe rencontrent jamais, ſoit que les Lignes ſoient toutes deux droites, ou toutes deux courbes.

Les Lignes perpendiculaires ſont celles qui en ſe rencontrant ne Fig. 6.
s'inclinent pas plus d'un côté que d'autre; c'eſt pourquoy elles
font deux angles égaux, & par conſequent tous deux droits.

Les Lignes obliques ſont celles qui en ſe rencontrant forment Fig. 7.
des angles obliques & inégaux entr'eux, c'eſt-à-dire aigus & obtus.

Ces Lignes prennent encore d'autres denominations, comme
font celles qui ſuivent.

Fig. 8. La Ligne à plomb ou verticale est celle qui passeroit par le centre de la Terre si elle étoit continuée, comme seroit un fil auquel on auroit attaché un plomb, ou quelque autre chose de pesant.

Fig. 9. La Ligne horizontale, ou de niveau apparent, est une Ligne droite qui toucheroit la surface de la Terre en un point, ou qui seroit parallele à cette Tangente.

La Ligne de vray niveau est celle qui a tous ses points également éloignez du centre de la Terre, comme seroit la circonference de la même figure.

La Ligne finie est celle dont la longueur est determinée.

La Ligne indefinie est celle dont la longueur est indeterminée.

Il y a encore des Lignes occultes ou blanches, qui se font avec la pointe du compas, ou plus proprement avec le crayon, parce qu'on le peut facilement effacer. Ces Lignes ne doivent pas paroître, l'ouvrage étant achevé. Quand on les veut laisser pour faire voir de quelle maniere s'est faite l'operation, on les marque

Fig. 10. de points, & pour lors on les appelle Lignes ponctuées, qu'on trace avec la Roulette.

Les Lignes qui doivent rester, qu'on nomme Lignes apparentes, se tracent à l'encre avec le tire-ligne, si grosses & si fines qu'on veut, par le moyen de la vis ou de la coulisse qui est au tire-ligne.

Fig. 9. La Ligne Tangente ou touchante est une Ligne qui touche une figure sans la couper, comme la Ligne A B.

Fig. 9. La Ligne sous-tendante ou corde est celle qui joint les extremitez d'un arc, comme est la ligne C D.

Fig. 11. Arc est une partie de circonference, comme D F E.

Le nombre des differentes especes de Lignes courbes est infini; mais la plus simple, la plus reguliere & la plus aisée à tracer est la circulaire.

Fig. 11. La Ligne circulaire ou la circonference du Cercle est une Ligne courbe dont toutes les parties sont également éloignées d'un même point qui est au milieu, & qui est appellé Centre du Cercle.

Les Lignes droites, menées du centre à la circonference, s'appellent Rayons ou demy-Diametres, comme N O.

Même Fig. Les Cordes qui passent par le centre du Cercle, s'appellent Diametres, comme M P.

Toute circonference de Cercle se conçoit divisée en 360. parties égales, qui se nomment Degrez.

Ce nombre de 360. a été choisi par les Geometres pour la division du Cercle, parce qu'il se subdivise plus exactement qu'aucun autre en plusieurs parties égales sans reste : car par exemple, la moitié de 360 est 180, le tiers est 120. le quart est 90, la cinquiéme partie est 72, la sixiéme est 60. & ainsi de plusieurs autres parties aliquotes.

Chaque degré se divise en 60. parties égales, que l'on appelle minutes, chaque minute en 60. secondes, & chaque seconde en 60. tierces, &c. & se marquent ainsi 40 d. 35′. 49″. 57‴. ce qui signifie quarante degrez trente-cinq minutes, quarante-neuf secondes, cinquante-sept tierces. Cette division sert à mesurer la grandeur des Angles ; mais la subdivision en secondes & tierces n'est en usage que dans les grandes circonferences.

L'ouverture de deux lignes differentes qui se coupent ou se rencontrent en un point, se nomme Angle.

Lorsque deux lignes se coupent ou se rencontrent sur un plan, l'angle qu'elles font s'appelle Plan.

Quand les lignes qui font l'angle plan sont droites, l'angle est appellé Rectiligne.   Fig. 12.

Si les deux lignes sont courbes, l'angle est nommé curviligne.   Fg 13.

Si une de ces lignes est courbe & l'autre droite, l'angle est nommé mixte ou mixtiligne, soit que la courbure soit en dedans ou en dehors.   Fig. 14.

Les deux lignes qui forment cet angle sont appellées les côtez de l'angle. Le point où les deux lignes se coupent ou se rencontrent, en est le sommet.

Lors qu'on marque un angle avec trois lettres, celle du milieu marque le sommet, & les deux autres les deux côtez.

Qu'on prolonge les côtez d'un angle, ou qu'on en retranche, cela ne le fait ny plus grand ny plus petit. Ainsi la grandeur d'un angle ne se mesure pas par la grandeur de ses côtez.

La mesure d'un angle Rectiligne est la portion d'un cercle comprise entre les côtez égaux de cet angle, dont le sommet fait le centre du cercle. Il n'importe de quel intervalle, puisque les arcs des cercles, petits ou grands, compris entre les côtez A B, A C, sont d'un nombre égal de degrez.   Fig. 15.

Si, par exemple, l'arc du petit cercle est de 60. degrez, qui fait la sixiéme partie de toute la circonference, l'arc du grand cercle sera pareillement de 60. degrez, ou la sixiéme partie de la circonference du grand cercle, & l'angle B A C sera de 60. degrez.

Ces arcs sont égaux en grandeur relative par rapport aux cercles dont ils sont parties aliquotes égales ; mais leur grandeur absoluë est differente : car si, par exemple, la circonference d'un cercle contient 360. pieds, chaque degré sera d'un pied ; & si la circonference d'un autre cercle contient 360. toises, chaque degré de ce cercle sera d'une toise.

Tout angle est droit, aigu ou obtus.

L'angle droit a pour sa mesure un arc de 90. degrez, qui est le quart de la circonference du cercle.   Fig. 16.

L'angle aigu a moins de 90. degrez.   Fig. 17.

A   ij

4

Fig. 18.   L'angle obtus a plus de 90. degrez.

Aucun angle ne peut avoir pour sa mesure 180. degrez, qui font la demie circonference du cercle : car deux lignes ainsi écartées l'une de l'autre ne pourroient pas se couper, mais se rencontreroient directement, & ne feroient qu'une même ligne, qui seroit le diametre du cercle.

Le sinus d'un angle ou d'un arc est la moitié de la corde du même arc doublé. Ainsi, par exemple, pour avoir le sinus de l'an-

Fig. 15.   gle D A E, ou de l'arc D E, qui en est la mesure, ayant doublé l'arc E D, on aura l'arc E D F, dont la corde est E F, & sa moitié E H est le sinus droit de l'angle D A E; la ligne D G est la tangente du même angle, & la ligne A G en est la secante.

Deux arcs qui font un cercle entier, n'ont qu'une même corde; car il est aisé de voir que la ligne E F est aussi-bien la corde du grand arc E B C F, que du petit arc E D F.

Par même raison deux arcs qui font ensemble un demy-cercle, n'ont qu'un même sinus droit; ainsi la ligne E H est aussi-bien le sinus de l'angle obtus E A I, ou de l'arc E B I, qui en est la mesure, que de l'angle aigu E A D, ou de l'arc E D.

Il en est de même des tangentes & secantes.

Le sinus de 90. degrez, qui est le rayon ou demy-diametre du cercle, comme D A, est appellé Sinus total.

La surface ou superficie est ce qui a longueur & largeur seulement.

Elle est de deux sortes, sçavoir plane & courbe.

Fig. 19.   La surface plane ou droite est celle à laquelle une ligne droite se peut appliquer de tout sens, comme est par exemple le dessus d'une table bien unie.

Fig. 20.   La surface courbe est celle à laquelle une ligne droite ne peut s'appliquer en tous sens. Il y en a de concaves & de convexes. Le dedans d'une calotte est une surface concave, & le dessus est une surface convexe.

Terme est ce qui termine quelque chose. Ainsi les points font les termes de la ligne, les lignes font les termes des surfaces, & les surfaces font les termes des corps.

La figure est ce qui est terminé de tous côtez.

Les figures terminées par un seul terme font les cercles & les ellipses ou ovales, lesquelles font terminées par une seule ligne courbe.

Fig. 21.   Les figures terminées par plusieurs termes ou lignes font le triangle ou trigone, qui a trois côtez & trois angles.

Fig. 22.   Le quarré ou tetragone qui en a quatre.

Fig. 23.   Le Pentagone cinq.

Fig. 24.   L'Exagone six.

L'Eptagone sept.

L'Octogone huit.

L'Enneagone neuf.

Le Decagone dix.

L'Endecagone onze.

Et le Dodecagone douze.

On parlera cy-aprés plus au long de ces Polygones, en traitant de leur construction.

Toutes les susdites figures, & celles qui ont encore plus de côtez, se nomment aussi Polygones, d'un mot general qui signifie figures de plusieurs angles; & pour les distinguer on ajoûte le nombre des côtez, comme par exemple, un Decagone se peut appeller un Polygone de dix côtez; un Dodecagone s'appelle aussi un Polygone de douze côtez, & ainsi des autres.

Les figures dont les côtez & les angles sont égaux, comme celles cy-devant, se nomment Polygones reguliers.

Celles dont les angles ou les côtez sont inégaux, se nomment Polygones irreguliers.

Les Triangles se distinguent ou par leurs côtez, ou par leurs angles.

Ayant égard à leurs côtez; celuy qui a les trois côtez égaux se nomme Triangle Equilateral, & il est aussi Equiangle. Fig 25.

Celuy qui a seulement deux côtez égaux se nomme Triangle Isoscele. Fig 26.

Et celuy qui a les trois côtez inégaux s'appelle Triangle Scalene. Fig. 27.

Ayant égard à leurs Angles; le Triangle qui a un angle droit se nomme Rectangle, & le côté opposé à l'angle droit se nomme Hypotenuse. Fig. 28.

Celuy qui a un angle obtus se nomme Obtusangle, ou Ambly-gone. Fig 29.

Celuy qui a tous les angles aigus se nomme Acutangle, ou Oxy-gone. Fig. 30.

Les Quadrilateres ou figures de quatre côtez reçoivent aussi differens noms.

Si les côtez opposez sont paralleles, le Quadrilatere est appellé d'un nom general Parallelogramme.

Si le Parallelogramme a les quatre côtez égaux, & les quatre angles droits, on l'appelle Quarré. Fig. 31.

Si tous les côtez ne sont pas égaux, mais que les quatre angles soient droits, on l'appelle Quarré long, Parallelogramme Rectan-gle, ou simplement Rectangle. Fig. 32.

La ligne tirée dans un Parallelogramme d'un angle à l'autre qui luy est opposé, se nomme Diagonale, comme la ligne A B, même figure.

A iij

II.
Planche.
Fig. 1. Si les quatre côtez sont égaux, & que les angles opposez soient aussi égaux, mais non droits, on l'appelle Rhombe ou Lozange.

Fig. 2 Si des quatre côtez les deux opposez sont égaux, & les angles opposez aussi égaux, mais non droits, le Quadrilatere est appellé Rhomboïde.

Ainsi le quarré est Equilateral & Equiangle. Le quarré long est Equiangle, & non Equilateral. Le Rhombe est Equilateral, & non Equiangle : & le Rhomboide n'est ny Equilateral, ny Equiangle.

Fig. 3. Tout Quadrilatere, dont les côtez opposez ne sont ny paralleles ny égaux, se nomme Trapeze.

Fig. 4. Le cercle est une figure plane, bornée par le contour d'une ligne courbe, qu'on nomme Circonference, laquelle est également éloignée du point du milieu, appellé Centre.

Fig. 5. Le demi Cercle est une figure terminée par le diametre, & la demie circonference.

Fig. 4. Portion, ou segment de cercle, est une figure comprise d'une partie de circonference, & d'une corde plus petite que le Diametre. Il y a de grand & de petit segment.

Fig. 6. Secteur de Cercle est une figure faite d'une partie de cercle terminé par deux rayons ou demy-diametres, qui ne font pas une même ligne droite. Il y a de grand & de petit secteur.

Fig. 7. L'Ellipse ou ovale est une figure plus longue que large, comprise sous une seule ligne courbe, dans laquelle les deux plus grandes lignes qu'on puisse tirer à angles droits, s'appellent les Axes de l'Ellipse ; la plus grande ligne s'appelle le grand Axe, & l'autre le petit Axe.

Le centre de l'Ellipse est le point où ces deux Axes se coupent.

Fig. 8. On appelle figures Concentriques celles qui ont un même centre.

Fig. 9. Figures Excentriques sont celles qui n'ont pas même centre.

Fig. 10. Figures semblables sont celles qui ont les angles égaux chacun à chacun, c'est-à-dire que chaque angle d'une figure est égal à chaque angle qui luy correspond dans l'autre figure, & pour lors les côtez d'une figure sont proportionnez aux côtez de l'autre; de sorte que si le côté A B est la moitié ou le tiers du côté *a b*, tous les autres côtez de la petite figure *a b c d* seront pareillement moitié ou tiers des côtez de la grande figure A B C D. Les côtez qui se répondent dans sa proportion se nomment Homologues; ainsi le côté A B de la grande figure, & le côté *a b* de la petite, sont côtez Homologues.

Figures égales sont celles qui contiennent également, c'est-à-dire qui contiennent un nombre égal de quantitez égales.

Il y a des figures qui sont égales & semblables.

D'autres sont égales, & non semblables.

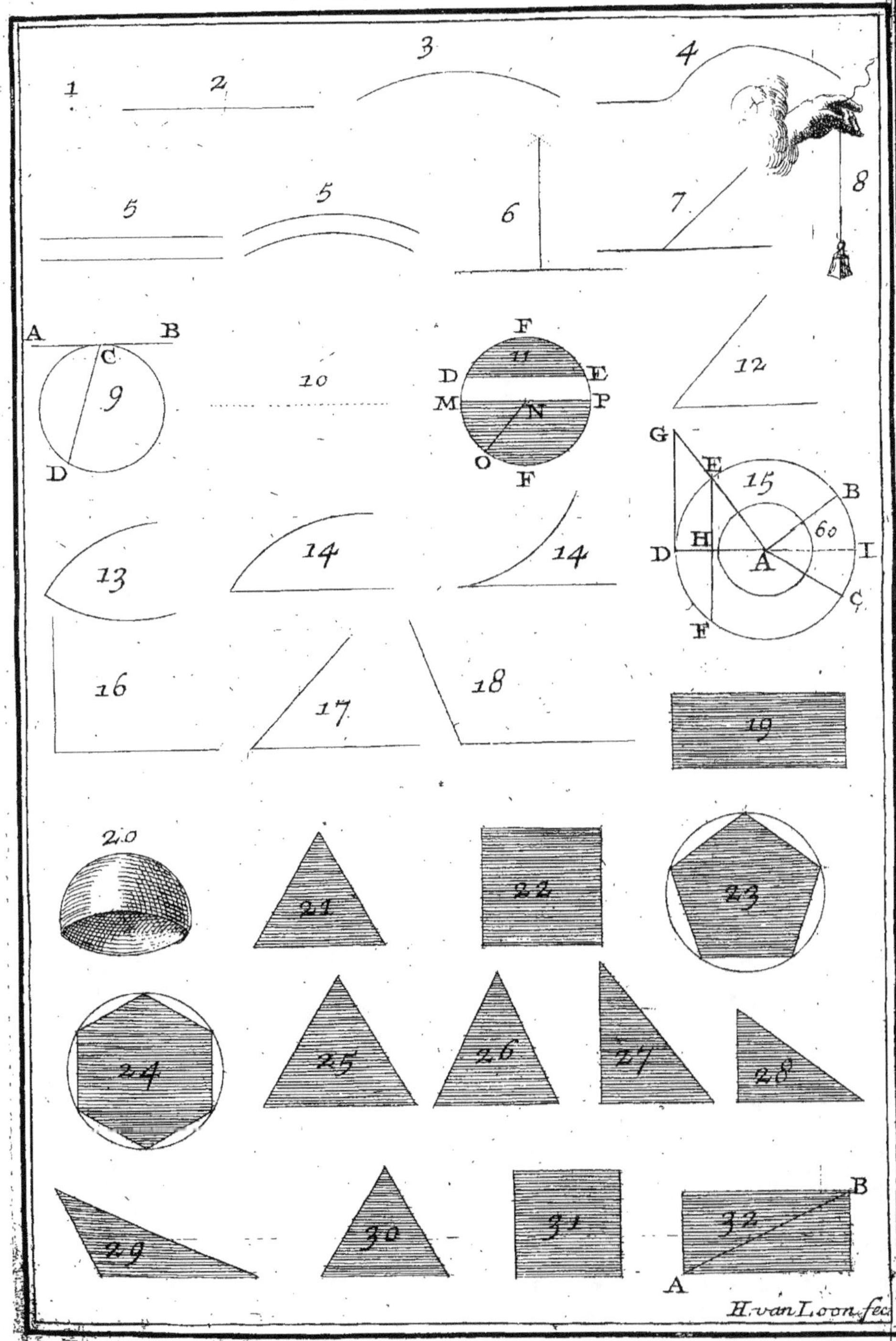

1   2   3   4
5   5   6   7   8
A   B
C
9
D
10
F
11
D   E
M   N   P
O
F
12
G
E
15   B
D   H   A   60   I
F   C
13   14   14
16   17   18
19
20   21   22   23
24   25   26   27   28
29   30   31   32
A   B

H. van Loon fec.

D'autres enfin font femblables & non égales.

Figures Ifoperimetres font celles dont le circuit eft égal ; ainfi, Fig. 11. par exemple, le triangle A B C, & le quarré A B C D, font figures Ifoperimetres ; puifque chaque côté du triangle étant 8. fon circuit eft 24. & chaque côté du quarré étant 6. fon circuit eft auffi 24. parties égales à celles qui font le circuit du triangle.

Corps ou folide eft ce qui a longueur, largeur & profondeur.

Sphere, Globe, ou Boule, eft un folide fait par le mouvement Fig. 12. entier d'un demi-cercle à l'entour de fon diametre immobile, qui s'appelle Axe, ou Aiffieu de la Sphere.

Spheroïde eft un folide fait par le mouvement entier d'une demie Fig. 13. Ellipfe, à l'entour d'un de fes Axes, qui s'appelle Axe ou Aiffieu du Spheroïde.

La Pyramide eft un folide compris par plufieurs plans triangulai- Fig. 14. res, fe rencontrans en un même point, & ayant un Polygone pour bafe.

Cone eft une efpece de pyramide qui a un cercle pour bafe. Il Fig. 15. eft fait par le mouvement entier d'un triangle Rectangle ; à l'entour de l'un des côtez qui forme l'angle droit, lequel côté eft l'Axe du Cone droit.

Cylindre eft un folide qui a deux cercles pour bafes : il eft fait par Fig. 16. le mouvement circulaire d'un Parallelogramme à l'entour d'un de fes côtez, lequel fe nomme Axe du Cylindre.

Prifme eft un folide, qui a pour bafes deux plans paralleles, Fig. 17. femblables & égaux; quand ces deux plans paralleles font des triangles, il fe nomme Prifme triangulaire.

Quand les deux bafes du Prifme font des Parallelogrammes, il Fig. 18. fe nomme Parallelipipede.

Si les côtez de ces corps font perpendiculaires à la bafe, on les appelle droits ou Ifofceles.

S'ils font inclinez, on les appelle Obliques ou Scalenes.

Corps regulier eft celuy qui eft compris de figures regulieres & égales, & duquel tous les angles folides font égaux.

Angle folide eft la rencontre de plufieurs plans qui aboutiffent en un point, comme eft par exemple la pointe d'un diamant.

Il faut au moins trois plans pour faire un angle folide.

Il y a cinq fortes de corps reguliers reprefentez dans la même planche avec leurs developemens, fçavoir,

Le Tetraedre compris fous quatre triangles égaux & Equilate- Fig. 19. raux ; c'eft une pyramide triangulaire qui a fa bafe egale à fes faces.

L'Hexaedre ou Cube compris de fix quarrez égaux. Fig. 20.

L'Octaedre compris fous huit triangles égaux & équilate- Fig. 21. raux.

A iiij

Fig. 22.   Le Dodecaedre terminé de douze Pentagones égaux & équilateraux.

Fig. 23.   L'Icosaedre compris & terminé par vingt triangles égaux & équilateraux.

Les developemens marquez à côté de ces cinq corps reguliers font voir la maniere de les tracer fur du cuivre ou carton, afin de les découper, & enfuite les rejoindre pour en former lefdits corps.

Tous les autres folides fe peuvent appeller du nom general Polyedres, qui fignifie corps terminez de plufieurs furfaces.

Si dans la fuite de ce difcours il fe trouve quelque chofe dont la definition ne foit pas icy comprife, il fera defini & expliqué en fon lieu.

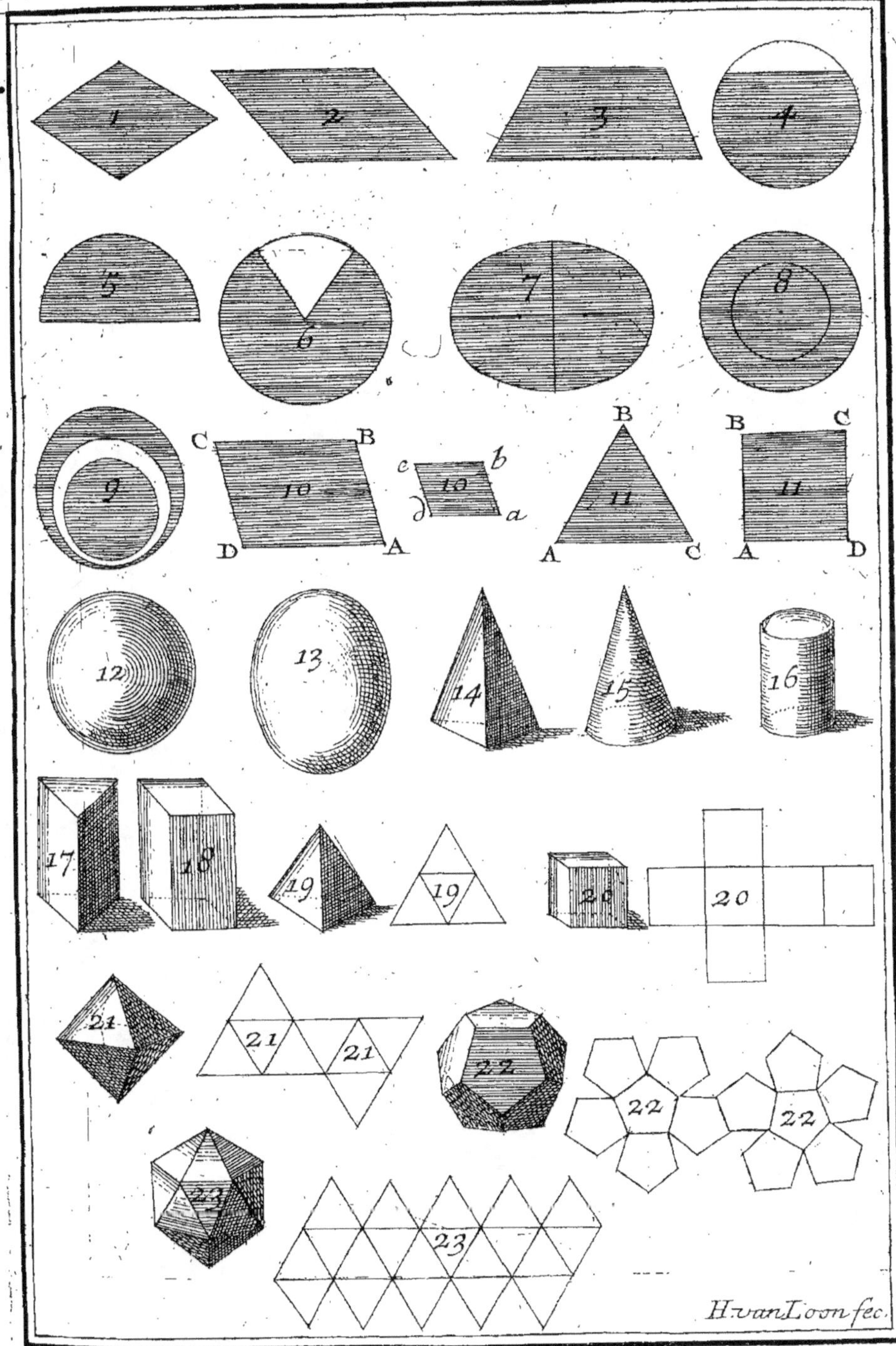
1
2
3
4
5
6
7
8
9
C 10 B
c 10 b
d a
B 11 A C
B 11 C A D
12
13
14
15
16
17 18 19 19 20 20
21 21 21 22 22 22
23 23
H. van Loon fec.

CONSTRUCTION
ET USAGE
DES INSTRUMENS
DE MATHEMATIQUES.

LIVRE PREMIER.

Des Inſtrumens les plus ordinaires, comme
ſont le Compas, la Regle, le tire-Ligne,
le porte-Crayon, l'Equaire, & le Rapporteur.

CHAPITRE PREMIER.

*De la conſtruction & des uſages du Compas, de la Regle, du
tire-Ligne, & du porte-Crayon.*

L y a pluſieurs ſortes de Compas dont nous parle-
rons plus amplement dans la ſuite ; mais celuy dont
nous allons donner les uſages dans ce Chapitre eſt
le Compas ordinaire. Il s'en fait de deux ſortes ; ſçavoir, des Compas ſimples qui n'ont que deux pointes fixes, & d'autres qui changent de pointes : les
uns & les autres de differentes grandeurs ; mais l'ordinaire eſt depuis 3. pouces juſqu'à 6. de longueur. A ceux qui changent de

III. **Planche.** Fig. A. pointes, on en met une pour tracer à l'encre, une pour tracer au crayon, & quelquefois une autre où il y a une Roulette pour tracer des lignes ponctuées.

La bonté d'un Compas confifte principalement en ce que le mouvement de fa tête foit bien égal, & qu'il ne faute point en l'ouvrant ou le fermant ; que les charnieres foient bien ajuftées ; que le corps foit bien limé, plat & bien poly ; & enfin que les pointes d'acier foient bien jointes & bien égales. Les figures A donneront l'idée de ces ces fortes de Compas dont nous expliquerons leurs conftructions au Livre III.

Les Regles, foit de cuivre ou de bois, doivent être parfaitement droites en tous fens : on fe fert pour les dreffer de limes & d'un Fig. B. rabot, dont la femelle de deffous foit d'acier ; comme auffi d'une autre regle bien droite qu'on frotte l'une contre l'autre par l'épaiffeur. Il y a un bizeau à un des bords, afin que l'encre ne faliffe point le papier ; quand on tire des lignes à l'encre elles doivent être un peu épaiffes.

Pour connoître fi une Regle eft bien droite, tracez une ligne fur du papier, & retournez ladite regle bout pour bout ; fi la ligne tracée convient juftement le long de la Regle, c'eft une marque qu'elle eft bien droite.

Le tire-Ligne eft fait de deux lames d'acier jointes enfemble, & attachées au bout d'un baluftre, à l'autre bout duquel eft un porte-Crayon ; les lames doivent être évidées en dedans, afin que Fig. C. l'encre s'y puiffe mettre avec une plume ; elles fe joignent par les pointes qui doivent être bien égales. Il y a un petit coulant qui fert à ouvrir & fermer plus ou moins le Tire-ligne pour tracer des lignes fines ou groffes felon le befoin.

Le porte-Crayon doit être bien égal de groffeur par tout, & fendu bien droit par le milieu avec une fcie bien mince ; on le courbe vers le bout, afin qu'on puiffe ferrer le crayon par le moyen du petit anneau.

USAGE PREMIER.

De la III. Planche

Divifer une ligne droite en deux également.

Fig. I. SOit la ligne donnée A B, laquelle il faut divifer en deux parties égales.

Du point A comme centre ou des extremitez de la ligne, décrivez l'arc de Cercle C D d'une ouverture de compas prife à volonté, plus grande ou plus petite que A B, mais cependant plus grande que la moitié de ladite ligne. Décrivez auffi de l'autre extremité B. & de la même ouverture de compas l'arc de Cercle E F.

coupant le premier arc déja décrit aux points G H. posez la Regle sur ces deux Intersections, & tirez la ligne G H, elle divisera la ligne A B en deux parties égales.

Remarquez que ces deux arcs ne pourroient pas s'entrecouper si les ouvertures de compas n'étoient plus grandes que la moitié de la ligne donnée.

USAGE II.

Sur une ligne droite & d'un point donné, élever une perpendiculaire,

Soit la ligne droite donnée A B, & le point donné C, sur le- Fig. 2. quel il faut élever une perpendiculaire.

Du point donné C, marquez avec le compas sur la ligne donnée les distances égales C A, C B, des points A & B, & d'une ouverture de compas à volonté, mais plus grande que chacune desdites distances, décrivez les arcs D E, F G s'entrecoupans au point H, tirez la ligne H C, elle sera perpendiculaire sur A B.

Si le point donné C étoit à l'extremité de la ligne, décrivez de Fig. 3. ce point comme centre un arc de cercle à volonté, sur lequel vous porterez deux fois la même ouverture de compas; sçavoir, de B en D, & de D en E. Des points D & E faites deux autres arcs de cercle s'entrecoupans au point F, & mettant la Regle sur les points F & C, tirez la ligne F C, laquelle sera perpendiculaire sur l'extremité de la ligne C B.

S'il manquoit d'espace pour prendre la grandeur D E, divisez en deux également l'arc B D au point G, & portez la moitié D G de D en H. la ligne H C. sera perpendiculaire.

Ou bien ayant tiré par les points B & D la ligne indefinie B D F, Fig. 4. faites la partie D F, égale à B. D. & tirez la perpendiculaire F C.

Ou bien encore ayant choisi le point P à volonté, au-dessus de Fig. 5. la ligne donnée dudit point & de l'intervalle P C, décrivez l'arc B C D, tirez la ligne B P, & prolongez-la jusqu'à ce qu'elle coupe ledit arc au point D. De ce point D au point C tirez la perpendiculaire D C.

USAGE III.

Abaisser une perpendiculaire sur une ligne donnée d'un point hors de ladite ligne.

Soit le point donné C, duquel il faut abaisser une perpendi- Fig. 6. culaire sur la ligne A B.

Fig. 6. Du point C comme centre, décrivez un arc de cercle qui coupe
la ligne A B en deux points D E ; de ces points D & E, faites la
Section F, & mettant la Regle fur les points C & F, tirez la perpendiculaire C G.

Ou peut faire la Section F au deſſus ou au deſſous de la ligne
donnée ; mais il eſt bon qu'elle ſoit au deſſous, parce que les
points C & F étant éloignez, on tire plus juſtement la perpendiculaire que s'ils étoient proches.

Que ſi la portion de cercle décrite du point C ne coupe pas la
ligne A B en deux points, il faudra continuer la ligne, s'il ſe peut,
ſinon il faudra ſe ſervir de la derniere methode cy-devant rapportée pour élever une perpendiculaire à l'extremité d'une ligne : car
dans la même figure 5. ſuppoſé qu'on veüille abaiſſer une perpendiculaire du point D ſur la ligne C B, tirez à volonté la ligne D B,
diviſez-la en deux également au point P, de ce point comme
centre, & de l'intervalle P D, décrivez l'arc D C B, coupant la
ligne A B au point C, poſez la Regle ſur les points C & D, &
tirez la ligne C D, elle ſera la perpendiculaire requiſe.

Fig 7. Autrement. Soit la ligne A B & le point donné C hors icelle,
duquel il faut abaiſſer une perpendiculaire. Prenez les deux points
1 & 2 à volonté ſur ladite ligne A B ; puis des points 1 & 2 & des
intervalles 1 C & 2 C, décrivez des arcs de cercles qui s'entre-
couperont en deux points ; ſçavoir, une fois au point C, & l'autre fois au point D, au deſſous de la ligne poſez la Regle ſur les
deux Interſections, & tirez une ligne qui ſera perpendiculaire ſur
la ligne A B.

USAGE IV.

Couper un angle Rectiligne en deux également.

Fig. 8. SOit A C B l'angle qu'il faut couper en deux angles égaux.
Du point C comme centre, décrivez l'arc D E à volonté:
des points D & E décrivez deux arcs qui ſe couperont au point F,
Du point F par le point C tirez la ligne F C, elle diviſera l'angle
propoſé en deux également.

Si on vouloit diviſer en trois l'angle A C B, il faudroit diviſer
l'arc D E en trois également en tâtonant, pour ainſi dire, avec
le compas ; puiſque la triſection de l'angle par des lignes droites
n'a point encore été trouvée geometriquement.

USAGE V.

Sur un angle donné élever une ligne droite qui n'incline pas
plus d'un côté que de l'autre.

FAites la même operation que deſſus, & prolongez la ligne Fig. 8.
FCG.

USAGE VI.

Sur une ligne droite donnée & d'un point pris en icelle, faire
un angle égal à un angle donné.

SOit A B la ligne donnée, & A le point donné, duquel il faut   Fig. 9.
faire un angle égal à l'angle E F G.
   Du point F comme centre décrivez une portion de cercle, de
la même ouverture de compas décrivez du point A une ſemblable portion, prenez avec le compas la grandeur de l'arc E G, &
portez cette ouverture ſur l'arc B C pour le faire égal, par les
points A & C tirez la ligne A C, l'angle B A C ſera égal à l'angle E F G.

USAGE VII.

D'un point donné mener une ligne parallele à une ligne donnée.

SOit A B la ligne donnée, & C le point par lequel il faut me- Fig. 10.
ner une ligne qui ſoit parallele à A B.
   Du point C comme centre, & d'une ouverture de compas
priſe à volonté, faites l'arc D B qui coupera la ligne donnée au
point B; dudit point B comme centre, & de la même ouverture
de compas faites l'arc C A; prenez avec un compas l'ouverture
de l'arc C A & la portez de B en D pour faire ces deux arcs égaux.
Par les points C & D tirez la ligne C D, elle ſera parallele
à A B.
   Autrement, du point C comme centre décrivez un arc qui tou- Fig. 11.
che la ligne donnée, & d'un autre point pris à volonté ſur la ligne A B décrivez avec la même ouverture l'arc D, par le point C
tirez une ligne touchant l'arc D, la ligne C D ſera parallele à
la ligne A B.
   Mais comme on ne voit pas bien où eſt le point touchant, on
pourra ſe ſervir de la maniere ſuivante qui eſt meilleure.

Fig. 12. Du point donné C comme centre, & d'une ouverture de compas à volonté, décrivez un arc qui coupera la ligne A B au point A.

Et d'un autre point comme B sur ladite ligne, faites un autre arc de la même ouverture de compas que le precedent ; ouvrez le compas de la distance A B, & du point C comme centre faites un arc de cercle qui coupera le precedent au point D, par les points C & D tirez une ligne, elle sera parallele à A B.

USAGE VIII.

Diviser une ligne donnée en tant de parties égales qu'on voudra.

IV.
Planche.

Fig. 1. LA ligne donnée soit A B qu'il faut diviser en 8. parties égales. Tirez à volonté la ligne B C, faisant un angle avec la ligne A B, tirez aussi la ligne A D parallele à B C, mettez sur B C 8. parties égales de telle grandeur qu'il vous plaira, portez les mêmes parties sur la ligne A D, & des divisions de l'une à l'autre tirez des lignes, elles diviseront la ligne A B en 8. parties égales.

Fig. 2. Autrement, tirez une ligne *a b*, parallele à A B proposée à diviser ; marquez sur cette ligne *a b*, 8. parties egales à discretion : par les extremitez de ces deux paralleles tirez deux lignes, lesquelles formant un triangle s'entrecoupent au point C, duquel point C tirans des lignes aux divisions faites sur la ligne *a b*, elles couperont l'autre ligne A B en autant de parties égales.

Fig. 3. Cette division de ligne sert à faire des échelles de plans ; car s'étant proposé la ligne A B pour en faire une échelle de 80. parties ou 80. toises, chaque partie de cette ligne divisée en 8. contiendra 10. toises ; mais comme il seroit difficile de diviser chacune desdites parties en 10. il faut des extremitez de la ligne A B élever des perpendiculaires A D, B C ; sur lesquelles il faut mettre 10. parties à volonté, & de ces parties tirer des lignes paralleles à la ligne A B ; on mettra sur la ligne D C les mêmes divisions de la ligne A B, & on tirera des lignes transversales A E, 10. F, 20. G, & ainsi des autres.

On prendra facilement autant de toises qu'on voudra sur cette échelle. Par exemple, si on veut en avoir 23 toises, on prendra la rencontre de la transversale 20 G avec la 3 parallele qui est au point Z, & la grandeur Z 3 sera de 23 toises ; si on veut avoir 58 toises, on prendra la rencontre de la transversale 50 H avec la 8 parallele qui est Y & la grandeur Y 8 representera 58 toises, & ainsi des autres : on pourroit mettre sur cette échelle les pieds faisant les lignes paralleles plus éloignées les unes des autres, &

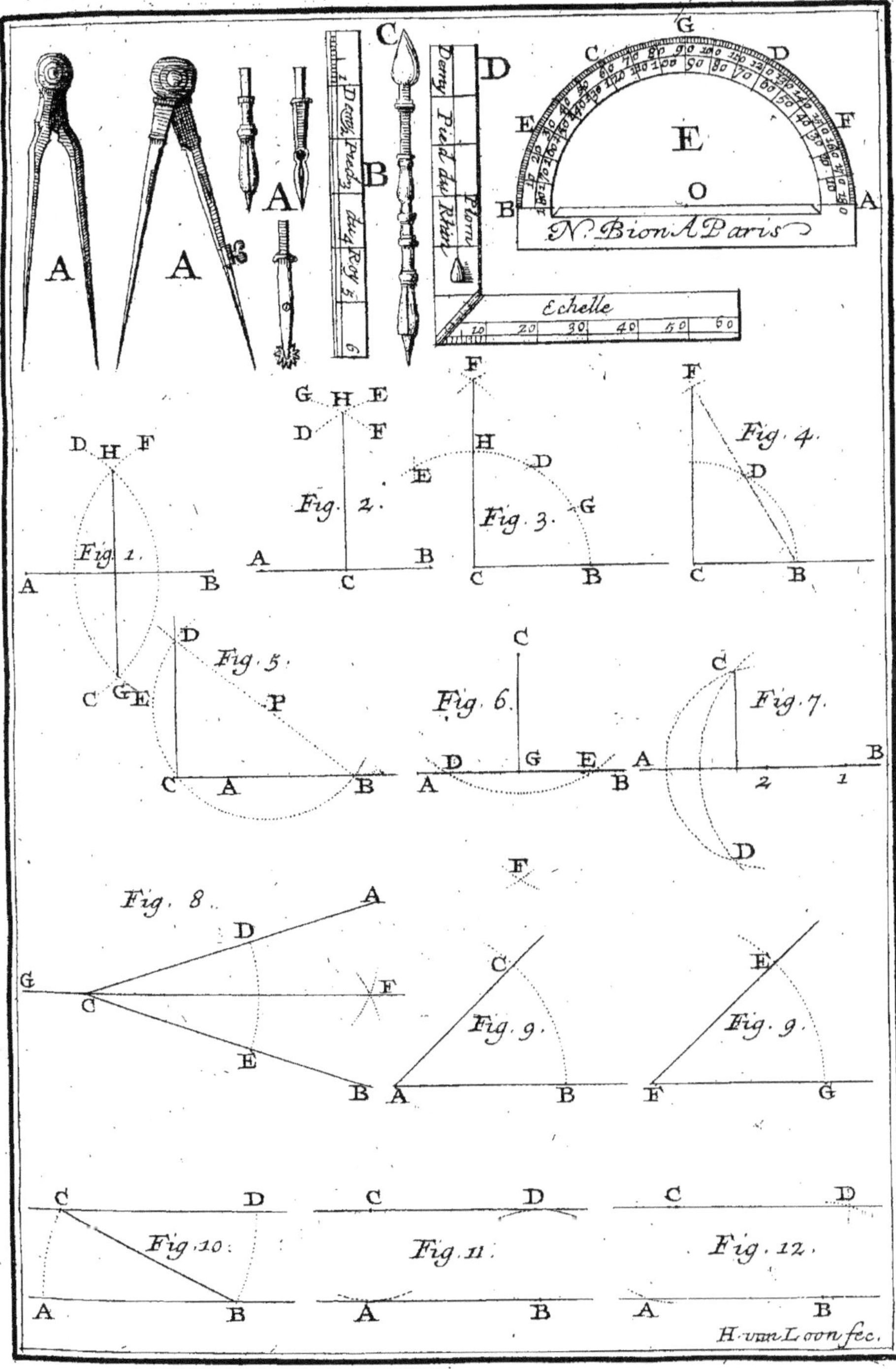

A
A
A
B
1 Droit Pied du Roy 5
6
C
D
Demy Pied du Rhin
Plom
E
O
G
C D
E F
B A
N. Bion A Paris.
Echelle
10 20 30 40 50 60
Fig. 1.
A B
D H F
C G E
Fig. 2.
G H E
D F
A C B
Fig. 3.
F
H D
E G
C B
Fig. 4.
F
D
C B
Fig. 5.
D
P
C A B
Fig. 6.
C
A D G E B
Fig. 7.
C
A 2 1 B
D
Fig. 8.
A
D
G C F
E
B
Fig. 9.
C
A B
Fig. 9.
E
F G
Fig. 10.
C D
A B
Fig. 11.
C D
A B
Fig. 12.
C D
A B
H van Loon fec.

ſi elles étoient aſſez éloignées pour être encore ſubdiviſées en 12 parties, on y prendroit les pouces.

Pour diviſer une tres-petite ligne en grand nombre de parties, comme en 100, ou en 1000. parties égales. Soit par exemple, propoſée la ligne A D qu'il faut diviſer en 1000.

Des extremitez A D élevez les perpendiculaires A B, D C, portez ſur ces perpendiculaires 10 parties égales ; tirez par ces diviſions autant de lignes paralleles à A D, diviſez les lignes A D, B C chacune en 10 parties égales, que vous joindrez par autant de perpendiculaires : ſubdiviſez enſuite la premiere diſtance A E & ſa parallele B F en 10 autres parties que vous joindrez par des tranſverſales ou lignes obliques tirées d'un intervale de diviſion, comme du point E au point 1, & ainſi des ſuites.

Par ce moyen cette premiere diſtance A E ſe trouvera diviſée en 100 parties égales ; c'eſt pourquoy on continuëra d'écrire les chiffres 200, 300, 400, 500, &c. juſqu'à 1000 au deſſus & au deſſous de ladite échelle qui ſera diviſée en 1000 parties égales, comme l'on void en la Fig. 4. On nomme ordinairement cette regle Echelle de dixme.

Pour s'en ſervir & y prendre telle partie qu'on voudra, il faut faire comme il a été dit au ſujet de l'échelle repréſentée en la figure precedente. Nous parlerons encore de cette échelle de 1000 parties dans le chapitre du compas de proportion.

Il ſe fait auſſi des échelles ſimples des ſinus des tangentes & ſecantes ſur des regles en cette maniere.

Par exemple, ſi de tous les degrez du quart de cercle I F, à commencer du point I on abaiſſe des perpendiculaires ſur le rayon A I, ces perpendiculaires ſeront les ſinus de tous ces degrez, dont le plus grand ſera le rayon du cercle ou ſinus total A F, & les longueurs de tous ces ſinus ſe pourront marquer ſur le rayon A F, pour en faire une échelle, à commencer depuis le point A, ainſi les ſinus D K ſont marquez depuis A juſqu'en G, &c.

Et ſi l'on prolonge la tangente I E indefiniment vers E, & que du centre A on tire des lignes comme A E par tous les degrez du quart de cercle juſqu'à la tangente I E prolongée, ces lignes ſeront les ſecantes de tous les degrez, & on verra évidemment que la moindre de toutes les ſecantes eſt plus grande que le rayon A I. Il eſt auſſi évident que toutes les tangentes I E de tous les degrez ſont terminées par leurs ſecantes A E le long de la ligne I E, qui ſera pour lors l'échelle des tangentes, & c'eſt de cette maniere qu'on pourra faire ces échelles ſimples des ſinus tangentes & ſecantes, en tranſportant avec un compas ſur une regle, toutes ces diſtances.

Fig. 4.

Fig. 6.

Les tables des finus tangentes & fecantes font faites fur ce principe. Le rayon du cercle ou finus de l'angle droit eft fuppofé divifé en 10000 parties égales, & l'on a calculé combien de ces mêmes parties font contenuës à proportion dans tous les finus droits,
dans les tangentes & dans les fecantes de tous les angles de minute en minute depuis une minute jufqu'à 90. degrez ; & l'on a mis
ces nombres par ordre, & c'eft ce qu'on appelle les tables des finus
tangentes & fecantes des logarithmes.

Les logarithmes font des nombres en progreffion arithmetique
que l'on fait répondre à d'autres nombres en progreffion geometrique, dont ils font les logarithmes, comme le marquent les deux
progreffions fuivantes,

Prog. geom. nomb. 1. 2. 4. 8. 16. 32. 64. 128. 256. &c.

Prog. arith. logarith. 0. 1. 2. 3. 4. 5. 6. 7. 8. &c. & les logarithmes ont été inventez pour abreger les multiplications par de
fimples additions, & les divifions par de fimples fouftractions ; ce
qui épargne un travail infini, principalemens dans les calculs aftronomiques.

L'ufage de ces Tables eft expliqué dans les Livres des Tables de
finus tangentes, fecantes & logarithmes.

USAGE IX.

Oter d'une ligne donnée telle partie qu'on voudra.

Fig. 5. SOit A B, la ligne donnée de laquelle il faut retrancher la quatriéme partie.

Tirez la ligne indefinie A C, faifant un angle avec la ligne A B,
portez fur la ligne A C quatre parties à difcretion ; de la derniere divifion tirez la ligne B 4, & tirez enfuite la ligne 1 D parallele à B 4,
A D fera la quatriéme partie de A B.

USAGE X.

Mener une ligne droite qui touche le cercle par un point donné.

Fig. 6. SI le point donné B touche la circonference du cercle, tirez
le rayon A B, & du point B élevez la perpendiculaire B C,
qu'il faut prolonger, elle fera tangente au cercle.

Fig. 7. Mais fi le point donné B étoit hors le cercle, tirez du centre A
au point donné B une ligne droite, que vous diviferez en deux également au point D, duquel comme centre & intervalle B D décrivez un demy cercle qui coupera le cercle au point E, tirez B E,
elle fera tangente.

Mais

Mais si le cercle étant donné avec une ligne qui le touche, on cherche le point d'attouchement, du centre du cercle abbaissez la perpendiculaire A B sur la touchante, le point où elle la coupera sera celuy d'attouchement. Fig. 8.

USAGE XI.

Sur une ligne droite donnée, décrire une ligne spirale qui fasse autant de revolutions qu'on voudra.

SOit la ligne donnée A B, sur laquelle on veut décrire une spirale qui fasse trois revolutions, divisez premierement cette ligne en douze parties égales au point C, du quel point comme centre décrivez un demy cercle dont le diametre soit toute la ligne donnée A B, divisez ensuite le demy diametre A C en trois également aux points D E, & du même centre C tracez du même côté deux autres demy cercles passans par les points des divisions D E, subdivisez encore l'espace C E en deux également au point F, duquel point comme centre décrivez de l'autre côté de la ligne trois autres demy cercles, & la spirale de trois révolutions sera achevée. Si l'on veut que la ligne spirale fasse quatre révolutions, il n'y a qu'à diviser en quatre le demy diametre A C. Fig. 9.

USAGE XII.

Sur une ligne droite donnée décrire un triangle équilateral.

SOit A B la ligne donnée sur laquelle il faut faire un triangle équilateral. Fig. 10.
Du point A pour centre & de l'intervale A B, décrivez un arc de cercle; du point B pour centre & de l'intervale B A, décrivez un autre arc de cercle qui coupera le precedent au point C ; tirez les lignes C A, C B, le triangle A B C sera équilateral.
Pour décrire un triangle Isocele sur la ligne A B, il faut ouvrir le compas plus grand que toute la ligne, ou plus petit, & faire le reste comme cy-devant. Fig. 11.

USAGE XIII.

Faire un triangle égal & semblable à un autre triangle proposé.

SOit le triangle donné A B C, auquel il en faut faire un semblable comme D E F. Fig. 12.

B

Fig. 13.   Faites la ligne D E égale à A B; du point D pour centre & pour rayon A C décrivez un arc, du point E pour centre & pour rayon B C, décrivez un autre arc qui coupera le precedent au point F, tirez les lignes D F, E F, & le triangle sera fait semblable au triangle proposé.

USAGE XIV.

Sur une ligne donnée, faire un triangle semblable à un autre, sans qu'il luy soit égal.

Fig. 14.   SOit la ligne donnée H I, sur laquelle il faut faire un triangle semblable, mais non égal au triangle A B C.

Fig. 15.   Faites l'angle H égal à l'angle A, & l'angle I égal à l'angle B, tirez les lignes H G, I G jusqu'à ce qu'elles se rencontrent, le triangle H I G sera le requis.

USAGE XV.

Faire un triangle de trois lignes droites égales à trois lignes données, dont les deux plus courtes prises ensemble soient plus longues que la troisiéme.

Fig. 16.   SOient les trois lignes droites proposées A, B, C. Faites la ligne droite D E égale à la ligne A, du point E pour centre, & pour rayon la grandeur de la ligne B, décrivez une portion de cercle; pareillement de D comme centre, & pour rayon la grandeur de la ligne C, décrivez une autre portion de cercle, coupant la premiere au point F, tirez les lignes droites F D, F E, & le triangle D F E sera le proposé.

USAGE XVI.

Sur une ligne droite donnée, décrire un quarré.

Fig. 17.   SOit la ligne droite donnée A B, sur laquelle il faut décrire un quarré, dont A B soit un côté. Du point A pour centre, & A B pour rayon, décrivez l'arc B D, & du point B l'arc A E, l'entrecoupant au point C, divisez l'arc C A, ou C B en deux également au point F. Faites les intervales C E & C D égaux à C F; tirez les lignes A D, B E, D E, le quarré sera fait.

Fig. 18.   Autrement: sur l'extremité de la ligne A B, élevez la perpendiculaire A D égale à A B, du point D pour centre, & de la grandeur A B, faites un arc; du point B, & de la même ouverture de compas faites un autre arc, coupant le premier au point E, tirez les lignes A D, D E, & E B, le quarré sera achevé.

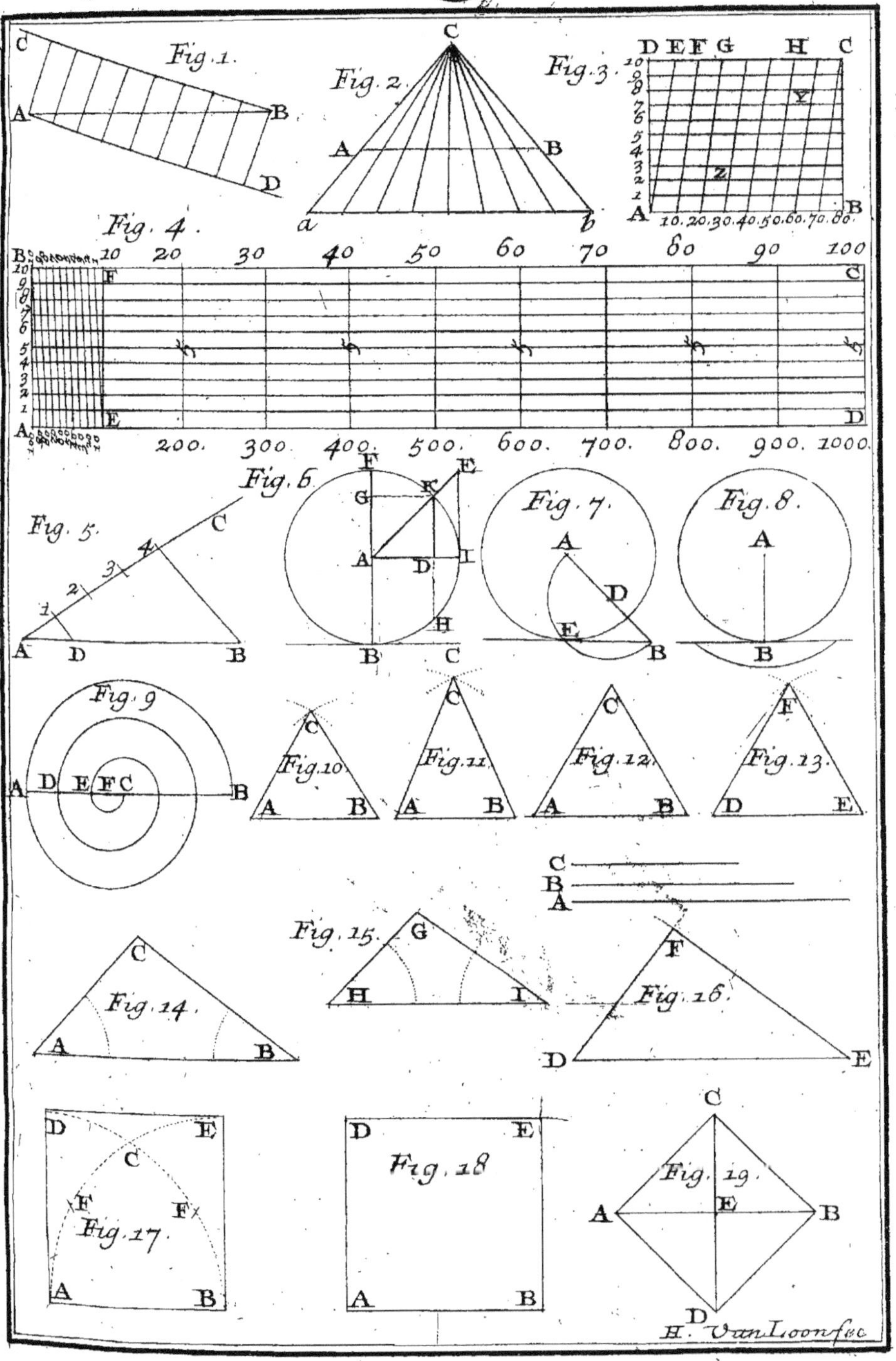

Fig. 1.
C
A
B
D
Fig. 2.
C
A
B
a
b
Fig. 3.
D E F G H C
10
9
8
7
6
5
4
3
2
1
Y
Z
A
10. 20. 30. 40. 50. 60. 70. 80.
B
Fig. 4.
B 10 20 30 40 50 60 70 80 90 100
10
9
8
7
6
5
4
3
2
1
F
C
E
D
A
200. 300. 400. 500. 600. 700. 800. 900. 1000.
Fig. 6.
F
E
G
K
A
D
I
H
B
C
Fig. 7.
A
D
E
B
Fig. 8.
A
B
Fig. 5.
C
4
3
2
1
A
D
B
Fig. 9.
A
D E F C
B
Fig. 10.
C
A
B
Fig. 11.
C
A
B
Fig. 12.
C
A
B
Fig. 13.
F
D
E
C
B
A
Fig. 15.
G
H
I
Fig. 16.
F
D
E
Fig. 14.
C
A
B
Fig. 17.
D
E
C
F
F
A
B
Fig. 18.
D
E
A
B
Fig. 19.
C
A
E
B
D
H. Van Loon fec.

Dans la pratique precedente la ligne A B a été donnée pour être Fig. 19.
le côté d'un quarré ; mais fi on propofoit cette ligne pour en être la
diagonale, il faudroit la divifer en deux également par la perpendiculaire C D, faire les parties E C, E D égales à A E & B E, & tirer
les quatre lignes A C, C B, B D, & D A.

On donnera dans les ufages du Raporteur & du Compas de proportion des manieres de conftruire les polygones reguliers fur une
ligne donnée, parce que la pratique en eft plus facile. Mais en at-
tendant, voicy une methode generale où il n'eft befoin que du
fimple compas & de la regle.

USAGE XVII.

Infcrire dans un cercle tel Polygone regulier qu'on voudra.   **V.**
Planche.

SOit propofé pour exemple à faire un Pentagone ; fi le cercle Fig. 1.
eft donné, divifez fon diametre A B en cinq parties égales par
l'ufage 8. mais s'il n'eft pas donné, tirez au crayon une ligne
indefinie, pour fervir de diametre, laquelle étant divifée
en cinq parties égales, ouvrez le compas de toute la grandeur
du diametre, pour décrire deux arcs qui s'entrecoupent au
point C, comme pour former un triangle équilateral ; puis ayant
tracé un cercle autour de ce diametre, mettez la regle fur ledit
point C, & fur le fecond point de divifion du diametre, pour tirer
une ligne qui coupera la circonference du cercle au-deffous du diametre au point D, l'arc A D fera à peu prés la cinquiéme partie de
ladite circonference ; c'eft pourquoi l'ouverture A D divifera le
cercle en cinq également, & tirant cinq lignes droites, on aura le
pentagone propofé.

Cette methode eft generale pour faire toutes fortes de polygones reguliers ; car pour faire, par exemple, un eptagone, il n'y
a qu'à divifer en fept le diametre A B, c'eft à dire, en autant de
parties, que la figure doit avoir de côtez, & tirer toûjours la ligne
du point C par le fecond point de divifion du diametre.

Pour ce qui eft de l'exagone, la conftruction en eft plus fimple,
puifque, fans aucune preparation, le rayon, ou demy diametre du
cercle, divife la circonference en fix parties égales.

Pour le dodecagone, il n'y a qu'à fubdivifer en deux parties
égales l'arc de l'exagone.

De même, pour le decagone, il faut divifer en deux l'arc du
pentagone.

Ce problême eft à peu prés le même que celui qui eft décrit au
chapitre 17 du premier livre des Fortifications du Chevalier de
B ij

Ville, excepté que pour diviſer le cercle, il tire une ligne de l'angle
exterieur du triangle équilateral par le premier point de diviſion du
diametre, & qu'enſuite il double l'arc du cercle ; mais par ce moyen
il s'éloigne davantage de l'exactitude : car, par exemple, en la deſcription du pentagone, l'angle du centre eſt trop grand de quarante-quatre minutes, à l'eptagone il eſt trop grand d'un degré cinq
minutes ; & ainſi l'erreur s'augmente aux polygones qui ont plus
de côtez : au lieu que faiſant paſſer cette ligne par le ſecond point
de diviſion du diametre, l'angle au centre du pentagone n'eſt trop
petit que d'environ deux minutes ; & à l'eptagone, il eſt trop grand
de ſix minutes, qui ſont des erreurs beaucoup moindres, & preſ-
qu'inſenſibles dans l'inſcription de ces polygones.

USAGE XVIII.

*Par trois points donnez faire paſſer la circonference d'un cercle,
pourvû qu'ils ne ſoient pas en ligne droite.*

Fig. 2. SOient les trois points donnez A, B, C ; du point A au point B tirez une ligne, & du point B au point C une autre ; diviſez-les
en deux également par les lignes D E, F G, leſquelles ſe rencontreront au point H, qui ſera le centre du cercle : du point H pour
centre, & de l'intervale H A, ou H B, ou H C, décrivez le cercle.

Par cette methode on acheve une circonference commencée,
en y prenant trois points, comme ſeroient les trois points A, B, C,
& faiſant le reſte comme cy-devant.

USAGE XIX.

Trouver le centre d'un cercle.

Fig. 3. SOit le cercle donné A B C D, duquel il faut trouver le centre.
Tirez dans le cercle la ligne A B, diviſez-la en deux également par la ligne C D, diviſez la ligne C D en deux par la ligne
E F, laquelle coupera la ligne C D au point G, qui ſera le centre du
cercle.

USAGE XX.

*Tracer une ligne droite égale à la circonference d'un cercle,
& faire une circonference de cercle égale à une ligne
droite propoſée.*

Fig. 4. SOit le cercle donné A B C D, dont on veut reduire la circonference en ligne droite ; portez ſur une ligne droite trois fois le
diametre du cercle, & de plus une ſeptiéme partie du même diametre qu'il y faut ajoûter. La ligne G H ſera à peu prés égale à la-

dite circonference : nous difons à peu prés, car c'eft en cela que confifte la quadrature du cercle, laquelle n'a point encore été trouvée geometriquement.

Si la ligne G H étoit donnée pour la réduire en circonference, il la faudroit divifer en vingt-deux parties égales, & en prendre fept pour le diametre du cercle, ou trois & demy pour fon rayon.

USAGE XXI.

Décrire une ovale fur une ligne donnée.

SOit A B la ligne droite donnée, fur laquelle il faut décrire une ovale. Fig. 5.

Divifez-la en trois parties égales, aux points C & D ; fur la partie C D décrivez des triangles équilateraux, dont vous prolongerez les côtez ; des points C & D, & intervale C A, D B, décrivez des portions de cercle jufqu'aux côtez des triangles, prolongez aux points E F & G H ; des points I & K pour centre, & pour rayon la grandeur I E, ou I G décrivez l'arc E G d'une part, & l'arc F H de l'autre, vous aurez une ovale.

On en peut tracer d'autres plus grandes ou plus petites par cette même maniere, comme on le peut voir par celles qui font marquées de points dans la même figure.

USAGE XXII.

Décrire une Ellipfe mathematique, dont les deux axes, ou diametres font donnez.

SOit le grand axe A B, & le petit axe C D, fe coupans par le milieu à angles droits au point G. Fig. 6.

Prenez avec un compas, ou un cordeau, la grandeur de la moitié du grand axe, c'eft à dire, A G, ou G B ; portez cette ouverture en C, & de ce point, comme centre, décrivez un arc de cercle, qui coupera le grand axe d'un côté en E, & de l'autre en F ; ces points E & F feront les foyers, aufquels il faudra mettre de petits points comme des têtes d'épingles, ou des piquets, fi le plan eft affez grand, comme feroit un jardin : attachez aux points E & F un cordeau égal au grand axe, dont le milieu paffera par le point C. Mettez dans le ply que fait ce cordeau un crayon ou un piquet, que vous ferez mouvoir, en bandant regulierement le cordeau jufqu'à ce que vous ayez parcouru les extremitez des diametres propofez.

On appelle ordinairement cette figure l'ovale du jardinier, &

c'eſt la plus ſimple & la plus facile de toutes les methodes pour décrire une ovale, mais il faut que le plan ſoit aſſez grand.

Si l'on augmente ou diminuë la longueur de la corde, ſans changer la diſtance des foyers, on aura des ellipſes d'une autre eſpece.
De même, ſi ſans changer la longueur de la corde, on diminuoit
la diſtance des foyers, on auroit encore des ellipſes d'une autre
eſpece; & ſi à force de les approcher, on les joint tout-à-fait, on
décrira un cercle. Mais ſi l'on augmente ou diminuë la longueur du
grand diametre & de la corde qui lui eſt égale en même proportion
que la diſtance des foyers, on tracera des ellipſes toutes de même
eſpece, quoique differentes en grandeur.

Autre maniere de tracer l'Ellipſe.

Fig. 7. LEs deux foyers E, F, étant marquez comme en la figure precedente, on trouvera autant de points qu'on voudra dans la circonference de l'ellipſe, en cette ſorte. Ouvrez le compas à diſcretion, mais un peu davantage que de la diſtance A F, comme par
exemple, de la grandeur A I, mettez une des pointes du compas
au foyer F, & de l'autre pointe tracez l'arc O R; ouvrez enſuite le
compas de la diſtance I B, qui eſt le reſte du grand axe, poſez une
de ſes pointes à l'autre foyer E, & de cette ouverture tracez l'arc
S T; le point d'interſection P de ces deux arcs donnera un des
points de la circonference de l'ellipſe. Faiſant le même, des ouvertures de compas A L, L B, on aura le point d'interſection H, en
traçant toûjours des foyers F & E. Enfin ouvrant le compas de differentes grandeurs, on aura tant d'autres points qu'on voudra dans
la circonference, leſquels étant joints par une ligne courbe, l'ellipſe ſera achevée.

Il eſt à remarquer que chaque ouverture de compas ſert à trouver quatre points en diſtance égale des axes. Si d'un point pris à
volonté dans la circonference de l'ellipſe, on tire deux lignes droites juſqu'aux foyers F E, ces deux lignes P F & P E jointes enſemble, ſont égales à ſon grand axe A B, comme il ſe voit par la même
figure.

USAGE XXIII.

Faire une figure égale & ſemblable à une autre.

Fig. 8 SOit la figure propoſée A B C D E, à laquelle on en veut faire
une égale & ſemblable.

Diviſez-la en triangles par les lignes A C, A D; tirez enſuite la
ligne a b, égale à A B, du point b & grandeur B C décrivez un arc;

du point *a* & grandeur A C, décrivez un autre arc, coupant le précedent au point *c*, tirez la ligne *b c*, faites le même pour tous les autres côtez, & la figure *a b c d e* sera semblable à la proposée ABCDE.

USAGE XXIV.

Reduire des figures de grand en petit, & de petit en grand.

ON donne icy plusieurs manieres de réduire les plans, parce que cela est d'un grand usage ; chacun prendra celle dont il s'accommodera le mieux. Fig. 9.

Premierement, on peut réduire une figure, en prenant un point en dedans, & tirant des lignes à tous les angles. Soit pour exemple la figure A B C D E proposée à réduire en petit.

Prenez le point F environ dans le milieu de la figure, tirez des lignes à tous les angles A B C D E, menez la ligne *a b* parallele à la ligne A B, la ligne *b c* parallele à B C, & ainsi des autres ; & vous aurez la figure *a b c d e* semblable, mais plus petite que la figure A B C D E.

Si l'on veut avoir une figure plus grande, il n'y a qu'à prolonger les lignes tirées du centre de la figure, & mener des paralleles à ses côtez.

Reduire la figure par l'échelle.

MEsurez tous les côtez de la figure proposée A B C D E avec son échelle G H ; ayez une échelle plus petite K L qui contienne autant de parties égales que la grande. Faites le côté *a b* d'autant de parties de la petite échelle, que le côté A B en contient de la grande. Faites *b c* d'autant de parties que B C, *a c* d'autant que A C, & ainsi des autres côtez, vous aurez votre figure réduite en petit. Fig. 10.

Pour la réduire de petit en grand, on fera une échelle plus grande que celle de la figure proposée, & le reste se fera de la même maniere.

Reduire les Plans par l'Angle de proportion.

SOit la figure proposée A B C D E, qu'il faut diminuer en même proportion que la ligne A B est à la ligne *a b*. Fig. 11.

Tirez la ligne indefinie G H, prenez la grandeur A B, & la portez de G en H ; du point G décrivez l'arc H I ; prenez la grandeur du côté donné *a b*, pour être la corde de l'arc H I, tirez la ligne G I, l'angle I G H donnera toutes les mesures du plan qu'on s'est proposé de reduire ; car pour avoir le point C, prenez la grandeur

B C, & du point G décrivez l'arc K L. Prenez la corde K L, & du point *b* comme centre décrivez un petit arc. Prenez la grandeur A C, & du point G décrivez l'arc M N, & du point *a* décrivez un arc de cercle qui coupera le precedent au point *c*, qui sera celui qu'il faut avoir pour tirer le petit côté *b c*. Faites la même chose pour tous les autres angles & côtez de la figure.

Si vous voulez par cette maniere réduire de petit en grand, vous ferez la même chose ; mais il faut que le côté de la figure qu'on veut augmenter, soit moindre que le double de celui qui lui répond. Si vous voulez, par exemple, réduire en grand la figure *a b c d e*, il faut que le côté A B de la grande soit moindre que le double du côté *a b* de la petite : car s'il étoit double, les deux lignes qui doivent former l'angle I G H, se rencontreroient directement, & feroient une ligne droite.

Reduire une figure par les quarreaux.

CEtte maniere de réduire sert particulierement pour copier une carte, & pour l'augmenter, ou diminuer.

Soit pour exemple la carte A B C D à réduire en petit ; divisez-la par quarreaux ; faites une semblable figure *a b c d* qui soit plus petite ; divisez-la en autant de quarreaux, mais plus petits, & designez dans chaque quarreau de la petite figure ce qui est en chaque quarreau correspondant de la grande figure, & vous aurez une carte plus petite. Plus il y aura de quarreaux, plus la figure sera juste.

Fig. 12.

CHAPITRE II.

De la construction & usage de l'Equaire.

*De la
III.
Planche.
Fig. D.*

L'Equaire est un instrument qui sert à élever des perpendiculaires, & à connoître si une ligne tombe perpendiculairement sur une autre. Elle est composée de deux regles de cuivre ou autre métal, assemblées de telle maniere, qu'elles forment un angle droit. Il s'en fait où les deux regles ou branches sont attachées fixement, & d'autres qui s'ouvrent & se ferment par le moyen d'une charniere qui doit être bien juste, afin qu'elle ne vacille point, & qu'elle conserve toûjours son angle droit.

On ajuste pour cela dans un petit canal fait à l'angle d'une des branches de l'équaire trois charnons ou petits bouts de cylindre, coupez bien droits, d'une longueur & grosseur convenables à la largeur & épaisseur de l'Equaire. Ces charnons doivent être éloignez l'un de l'autre de maniere qu'ils puissent recevoir juste deux autres charnons qui sont ajustez de même à l'autre branche de l'équaire. Ces charnons étant ainsi arrêtez, on les soude aux branches, & ensuite on les unit l'un à l'autre par le moyen d'une goupille qui remplisse juste le trou des charnons, afin que le mouvement soit ferme.

Il y a des équaires où l'on met un fil avec un petit plomb, pour servir de niveau, c'est à dire, pour mettre un plan horisontalement.

On met souvent sur un des côtez de l'équaire plusieurs mesures ou échelles, & sur l'autre un demi-pied divisé en six pouces, dont un est subdivisé en douze lignes. On y ajoûte quelquefois plusieurs mesures étrangeres, dont on connoît le rapport avec le pied de Paris.

USAGE I.

Elever d'un point donné une ligne perpendiculaire
sur une ligne donnée.

SOit la ligne donnée A B, & le point donné C dans la ligne ou hors la ligne.

V.
Planche.
Fig. 13.

Appliquez un des côtez de l'équaire sur la ligne donnée, en telle sorte que l'autre côté touche le point donné, & tirez la ligne C D, elle sera perpendiculaire. Si l'on retourne l'équaire, en remettant dessus ce qui étoit dessous, & que l'on tire une autre ligne C D, on connoîtra si l'équaire est bien juste; car en ce cas ces deux lignes tirées par le point C, ne feront qu'une seule & même ligne.

USAGE I I.

Connoître si une ligne est perpendiculaire sur une autre;
c'est à dire, si elles font un angle droit.

APpliquez un des côtez de l'équaire sur une des lignes, & voyez si l'autre côté correspond justement à l'autre ligne, comme on voit en la même figure. Ces pratiques sont aisées à faire, c'est pourquoi on n'en fait pas un long discours.

CHAPITRE III.

De la Construction & des Usages du Rapporteur.

LE Rapporteur est un demi cercle divisé en 180. degrez, dautant que le cercle se divise en 360. degrez, comme il a été dit dans les définitions.

De la III. Planche Fig. E

Il doit être limé plat d'un côté, pour être mieux appliqué sur le papier, & l'autre côté doit être en talu, c'est à dire mince sur le bord où est la division. Le centre doit être marqué par une petite hoche demi circulaire, afin de mieux découvrir le point où doit aboutir la pointe de l'angle.

Methode pour faire cette division.

De la III. Planche Fig. F

SUr la ligne A B & du centre O, décrivez un demi cercle; portez le rayon ou demi diametre A O autour de la circonference, il la divisera en trois arcs égaux de 60. degrez chacun aux points C & D, parce que le rayon d'un cercle est contenu six fois en sa circonference. Divisez l'arc B C en deux également au point E, l'arc B E sera de 30. degrez, & tournant cette ouverture autour du demi cercle, il sera divisé en six arcs égaux. Divisez-les encore en trois parties égales, chacune sera de dix degrez. Divisez chaque dixaine en deux, vous aurez des arcs de cinq degrez chacun; & enfin subdivisant chacun de ces derniers arcs en cinq, tout le demi cercle sera divisé en 180. degrez.

C'est de la même maniere qu'on peut diviser tout le cercle en 360. degrez; nous en parlerons encore dans la suite. On fait aussi quelquefois des raporteurs de cornes; ils sont assez commodes, en ce qu'ils sont transparens; mais il faut les tenir dans un livre, quand on ne s'en sert pas, afin qu'ils ne se tourmentent point.

USAGE I.

Faire des angles de telle grandeur que l'on veut.

De la V. Planche Fig. 14.

SOit, par exemple, proposé de faire au point A un angle de 50 degrez sur la ligne C A B.

Mettez le centre du raporteur qui est marqué par une petite cavité sur le point A, en telle sorte que le diametre du demi cercle soit sur la ligne A B. Marquez un point de crayon vis-à-vis le cinquantiéme degré, & de ce point tirez au point A une ligne, elle fera avec la ligne A B un angle de cinquante degrez.

USAGE II.

L'Angle B A D étant donné, sçavoir ce qu'il contient de degrez.

MEttez le centre du raporteur au point A, & son rayon sur le côté B C; remarquez à quel degré la ligne A D coupe la circonference, vous connoîtrez que l'angle B A D eſt de 50 degrez.

USAGE III.

Pour inſcrire dans un cercle tout Polygone regulier.

POur cette operation, il faut connoître de combien de degrez Fig. 15. eſt l'angle du centre de chaque polygone regulier : ce qui ſe trouve en diviſant 360 degrez de la circonference du cercle par le nombre des côtez du polygone propoſé. Ainſi par exemple, diviſant 360 par 5, le quotien 72 fait voir que l'angle du centre d'un pentagone eſt de 72 degrez. En diviſant 360 par 8, le quotien 45 fait connoître que l'angle du centre d'un octogone eſt de 45 degrez, & ainſi des autres.

En connoiſſant l'angle du centre, on trouve l'angle formé par les deux côtez du polygone, en ôtant de 180 degrez l'angle du centre. Ainſi ôtant de 180 degrez l'angle du centre d'un pentagone qui eſt de 72 degrez, reſte 108. pour l'angle du polygone, c'eſt à dire l'angle formé par les deux côtez dudit pentagone.

De même ôtant de 180 l'angle du centre d'un octogone, qui eſt 45 degrez, reſtent 135 pour ſon angle de polygone.

C'eſt pourquoi ſi l'on propoſe d'inſcrire un pentagone dans un cercle, mettez le centre du raporteur au centre du cercle, & faiſant convenir le diametre du raporteur avec le diametre du cercle, marquez un point vis à vis les 72 degrez de la circonference du raporteur, lequel étant ôté, tirez une ligne du centre du cercle par ce point que vous avez marqué, juſqu'à ce qu'elle coupe la circonference au point C. Prenez avec le compas l'ouverture de l'arc B C, elle diviſera le cercle en cinq parties égales, & tirant cinq lignes le pentagone ſera inſcrit.

S'il s'agit de faire un eptagone, diviſez trois cens ſoixante par ſept, le quotien 51 degrez, & trois ſeptiémes, fait voir que l'angle du centre doit être de 51, & à peu prés & demy. C'eſt pourquoi ayant placé le raporteur au centre & ſur le diametre du cercle, marquez un point vis-à-vis 51 degrez & demy de la circonference du raporteur, la ligne tirée du centre du cercle par ce point marquera ſur la circonference la ſeptiéme partie du cercle ; après quoi il ſera facile d'achever l'eptagone.

Il y a des raporteurs ſur leſquels ſont gravez des nombres qui marquent les polygones reguliers, pour épargner la peine de faire les diviſions. Le nombre cinq qui ſignifie le pentagone eſt marqué vis-à-vis 72 degrez de la circonference, le nombre ſix qui ſignifie l'exagone eſt marqué vis-à-vis 60 degrez ; le nombre ſept qui ſignifie l'eptagone, eſt marqué vis-à-vis les 51 degrez & demy, &c.

USAGE IV.

Pour décrire sur une ligne donnée tout polygone regulier.

Fig. 16. SOit la ligne donnée C D, sur laquelle on veut décrire un pentagone.

Nous avons enseigné dans l'usage precedent le moyen de connoître les angles de tous les polygones reguliers; & comme celui que font les deux côtez du pentagone est de 108 degrez, sa moitié 54 sera le demy angle du pentagone, & servira à le décrire en la maniere suivante.

Fig. 16. Posez le diametre du raporteur sur la ligne C D, & son centre à l'extremité D. Marquez un point vis-à-vis les 54 degrez de sa circonference, & tirez la ligne D F faisant un angle de 54 degrez avec la ligne C D. Transportez le centre du raporteur à l'autre extremité C, pour y faire pareillement un angle de 54 degrez, en tirant la ligne C F; le point F où ces deux lignes se rencontrent, sera le centre d'un cercle que vous tracerez en ouvrant le compas de la grandeur C F. Prenez ensuite la grandeur de la ligne donnée C D, pour diviser en cinq la circonference du cercle, & tirant cinq lignes, le pentagone sera décrit.

Si l'on propose de décrire un octogone sur une ligne donnée, ayant reconnu que son angle de polygone est de 135 degrez, prenez-en la moitié, 67 degrez & demy, & faites un angle de pareil nombre de degrez à chaque extremité de la ligne donnée, pour y faire un triangle Isocele, dont le sommet sera le centre d'une circonference, que vous diviserez en huit, en y appliquant huit fois la ligne donnée, & l'octogone sera formé.

On peut faire, avec les instrumens dont nous venons de parler, quantité d'autres operations, suivant les differens sujets; mais on s'est contenté d'y rapporter les plus utiles, & les plus ordinaires.

Fin du premier Livre.

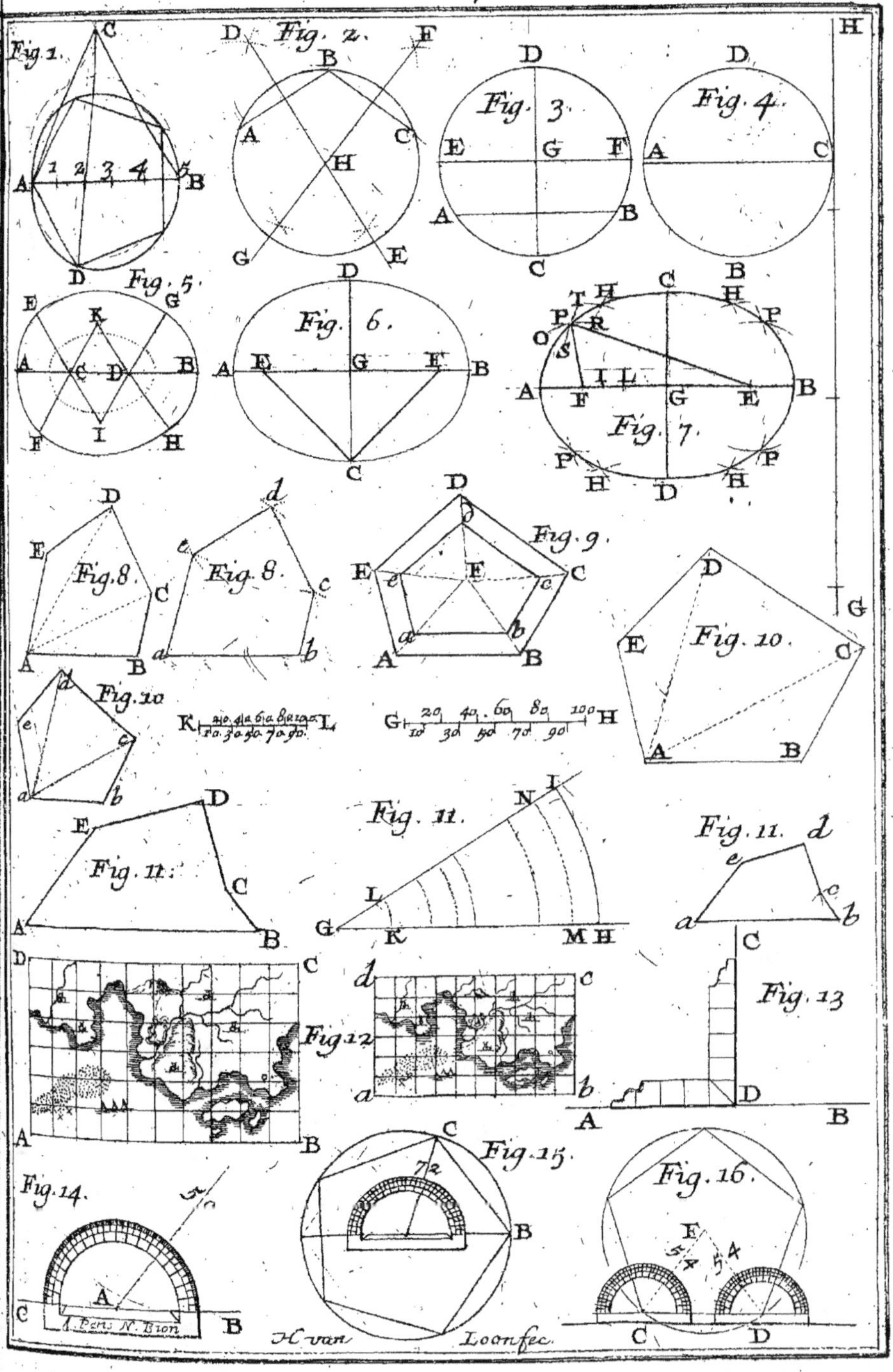

Fig. 1.
C
A 1 2 3 4 5 B
D
Fig. 2.
D F
B
A C
H
G E
Fig. 3.
D
E G F
A B
C
Fig. 4.
D
A C
Fig. 5.
E K G
A C D B
F I H
Fig. 6.
D
A E G F B
C
Fig. 7.
T H C B H
P R P
O
S
A F I L G E B
P P
H D H
Fig. 8.
D
E
C
A B
Fig. 8.
d
a c
b
Fig. 9.
D
E F C
e c
a b
A B
Fig. 10.
D
E G
C
A B
Fig. 10.
d
e c
a b
K 2o 4a 6a 8a 10a L
1a 3a 5a 7a 9a
G 20 40 60 80 100 H
10 30 50 70 90
Fig. 11.
E D
C
A B
Fig. 11.
N I
L
G K M H
Fig. 11.
d
e c
a b
Fig. 12.
D C
A B
Fig. 12.
d c
a b
Fig. 13.
C
D
A B
Fig. 14.
C A B
à Paris N. Bion
Fig. 15.
C
72
B
H van Loon fec
Fig. 16.
E
54 54
C D

une a
Il e
matie.
lemen
qui fe
ron u
rive fc
limant
à l'uni
du cl
la lam

DE LA
CONSTRUCTION
ET DES USAGES
DU COMPAS
DE PROPORTION.
LIVRE SECOND.

CHAPITRE PREMIER.

De la Construction du Compas de proportion.

E Compas de proportion eſt un Inſtrument de Mathe-
matique, ainſi nommé, parce qu'il ſert à connoître les
proportions entre les quantitez de même eſpece, comme
entre une ligne & une autre ligne, entre une ſurface &
une autre ſurface, entre un ſolide & un autre ſolide, &c.

Il eſt fait de deux Regles égales de cuivre, d'argent, ou d'autre
matiere ſolide, jointes enſemble par un clou & une charniere, tellement travaillée, que le mouvement en ſoit égal & uniforme ; ce
qui ſe fait, en fendant avec une ſcie la regle où eſt la tête environ un pouce de long, pour y ajuſter une lame de laiton qu'on
rive ſortement par le moyen du clou. On arondit enſuite la tête, en
limant tout ce qui déborde ; en ſorte que le ſimple & la tête ſoient
à l'uni l'un de l'autre. Il s'agit preſentement de trouver le centre
du clou. Il faut pour cela mettre une pointe de compas au bas de
la lame qui ſert de charniere, puis marquer quatre ſections avec

l'autre pointe du compas au milieu du clou en tournant le simple
de la charniere à quatre côtez opposez. Le point milieu sera le
centre du clou, & par consequent celui du compas de proportion.
On tire ensuite une ligne du centre au long de la regle, pour limer
juste l'excedent, & dresser bien droite ladite regle; & c'est
ainsi qu'on met le compas de proportion au centre, l'autre regle
étant aussi dressée en dedans, & fenduë pour recevoir le simple
de la charniere, on creuse le bout en demy cercle concave, de
maniere qu'il joigne bien autour de la tête, puis on rive le simple
à cette regle avec trois ou quatre petits cloux, afin que ces deux
regles, que l'on nomme les jambes du compas de proportion, se
puissent ouvrir & fermer facilement, & rester à telle ouverture que
l'on peut en avoir besoin pour mettre les usages en pratique. Mais
il faut avoir bien soin, en le construisant, que les jambes soient limées bien plattes, & ne fassent pas ce que l'on appelle l'aîle de
moulin. Il faut aussi prendre garde que le compas soit bien au centre, c'est à dire qu'étant ouvert entierement, il ne fasse qu'une ligne droite en dedans comme en dehors, & que les jambes soient
bien égales d'épaisseur & de largeur; en un mot qu'il soit bien
droit en tous sens. La longueur & largeur desdites regles n'est pas
déterminée, mais on donne pour l'ordinaire six pouces de long, six
à sept lignes de large, & environ deux lignes d'épaisseur à chaque
jambe des compas de proportion que l'on destine pour travailler
dans le cabinet. On en fait de plus petits, pour être commodement portez dans la poche, comme aussi de plus grands, pour travailler sur le terrain, dont on proportionne la largeur & épaisseur.

On a coutume d'y tracer six sortes de lignes; sçavoir la ligne des
parties égales, celle des plans & celle des polygones d'un côté; la
ligne des cordes, celle des solides, & celle des metaux de l'autre
côté des jambes dudit compas, en la maniere que nous allons expliquer.

On met encore ordinairement sur le bord du compas de proportion d'un côté une ligne divisée, qui sert à connoître le calibre des
canons, & de l'autre côté une ligne qui sert à connoître le diametre, & le poids des boulets de fer, depuis un quart jusqu'à 64
livres, dont nous donnerons la construction & les usages, en parlant des instrumens pour l'artillerie.

SECTION I.

De la ligne des parties égales.

CEtte ligne est ainsi nommée, parce qu'elle est divisée en parties égales, dont le nombre est ordinairement 200, lorsqu'elle
est de six pouces de long.

Ayant tiré sur une des surfaces de chaque jambe les lignes égales AB depuis le point A, qui est le centre de la charniere du compas, & par consequent le centre de son mouvement, qui a été trouvé de la maniere que nous avons dit cy-devant, excepté qu'on fait les sections sur la tête, en posant le compas au bout de la branche du simple; pour la construire, divisez premierement les lignes A B en deux parties égales, qui seront par consequent de 100 parties chacune. Divisez encore chacune de ces deux parties égales en deux autres, dont chacune sera de 50. Divisez ensuite chacune de ces parties en cinq, dont chacune vaudra dix, & chacune de ces nouvelles parties en deux; & enfin chacune de ces dernieres en cinq parties égales: & par ce moyen lesdites lignes se trouveront divisées en deux cens parties égales, que vous distinguerez de cinq en cinq par des petites lignes, & y mettrez les chiffres de dix en dix seulement, en commençant du centre A, jusqu'à l'autre extremité, où vous mettrez le nombre 100.

Comme les deux autres lignes, qui sont à tracer sur les mêmes surfaces de chaque jambe, doivent toutes aboutir au même centre A, il faut que l'extremité B de la ligne des parties égales, soit tirée le plus prés que l'on pourra des bords exterieurs de chaque jambe, afin d'avoir place pour tirer la ligne des plans au milieu de la largeur desdites jambes, & la ligne des polygones vers leurs bords interieurs; mais il faut bien prendre garde, en tirant ces lignes, que chacune des correspondantes soit également distante des bords interieurs de chaque jambe: le tout, comme il est aisé de voir en la planche sixiéme.

SECTION II.

De la ligne des Plans.

Cette ligne est ainsi nommée, parce qu'elle comprend les côtez homologues d'un certain nombre de plans semblables, multiples du plus petit, commençant par le centre A, c'est à dire, dont les surfaces contiennent deux fois, trois fois, quatre fois, &c. celle du plus petit plan depuis l'unité, suivant l'ordre naturel des nombres, jusqu'à soixante-quatre, qui est ordinairement le plus grand terme des divisions, que l'on marque sur ladite ligne marquée A C.

La division de cette ligne se peut faire en deux manieres fondées sur la vingtiéme proposition du sixiéme livre d'Euclide, qui démontre que les plans semblables sont entr'eux comme les quarrez de leurs côtez homologues.

La premiere maniere se fait à l'aide des nombres, & la seconde maniere sans nombres, comme nous allons l'expliquer.

Ayant tiré la ligne A C depuis le centre A jusqu'aux extremitez C des jambes du compas de proportion, divisez-la premierement en huit parties égales, dont la premiere du côté du centre A, qui represente le côté du plus petit plan, n'a pas besoin d'être tracée. La seconde, qui est double de la premiere, est le côté d'un plan quatre fois plus grand que le premier petit plan, parce que le quarré de deux est quatre.

La troisiéme division, qui contient trois fois la premiere, est le côté d'un plan neuf fois plus grand que le premier, parce que le quarré de trois est neuf.

La quatriéme division, qui contient quatre fois la premiere, qui par consequent est la moitié de toute ladite ligne, est le côté d'un plan seize fois plus grand que le premier, parce que le quarré de quatre est seize. Enfin, pour abreger la huitiéme & derniere division, qui contient huit fois le côté du petit plan, est le côté d'un plan semblable, soixante-quatre fois plus grand, parce que le quarré de huit est soixante-quatre.

Il y a un peu plus de façon à trouver les côtez homologues des plans doubles, triples, quintuples, &c. du plus petit plan. Suivant la premiere methode, qui se fait par les nombres, il faut avoir une échelle divisée en mille parties égales, comme celle qui est representée en la même planche, dont nous avons cy-devant donné la construction en la page 15ᵐᵉ.

VI.
Planche.
Fig. 2. Ladite échelle doit être égale à la ligne entiere A C ; & comme le côté du plus petit plan est la huitiéme partie de ladite ligne, il sera par consequent de 125, qui est la huitiéme partie de 1000. Ensuite, pour avoir en nombres le côté d'un plan double du plus petit, il faut chercher la racine quarrée d'un nombre double du quarré de 125. Ce quarré est 15625, le double est 31250 & la racine quarrée de ce nombre, qui est environ 177, est le côté d'un plan double du plus petit plan, dont le côté a été supposé de 125. De même pour avoir le côté d'un plan qui contienne trois fois le premier, il faut chercher la racine d'un nombre qui contienne trois fois le quarré de 125. Ce nombre est 46875, & sa racine qui est environ 216, est le côté d'un plan triple du plus petit, & ainsi des autres. C'est pourquoi en portant depuis le centre A sur la ligne des plans 177 parties de ladite échelle, on aura la longueur du côté d'un plan double du plus petit. Portant ensuite 216 parties de la même échelle depuis ledit centre A, on aura la longueur du côté d'un plan qui contiendra trois fois le plus petit plan.

C'est par ce moyen que l'on a calculé la table suivante, qui marque le nombre des parties égales que contiennent les côtez homologues

logues de tous les plans semblables, doubles, triples, quadruples, &c. d'un plan dont le côté est 125 jusqu'au 64 plan, c'est à dire qui le contient soixante quatre fois, & dont le côté est de mille parties.

Table pour la ligne des Plans.

1	125	17	515	33	718	49	875
2	177	18	530	34	729	50	884
3	216	19	545	35	739	51	892
4	250	20	559	36	750	52	901
5	279	21	573	37	760	53	910
6	306	22	586	38	770	54	918
7	330	23	599	39	780	55	927
8	353	24	612	40	790	56	935
9	375	25	625	41	800	57	944
10	395	26	637	42	810	58	952
11	414	27	650	43	819	59	960
12	433	28	661	44	829	60	968
13	450	29	673	45	839	61	976
14	467	30	684	46	848	62	984
15	484	31	696	47	857	63	992
16	500	32	707	48	866	64	1000

Chacun des dix espaces que contient la regle de 1000 parties, en vaut cent, & chacune des subdivisions de la ligne A B en vaut dix. C'est pourquoi si l'on veut s'en servir pour diviser quelqu'une des lignes du Compas de proportion, comme, par exemple, la ligne des plans, on choisira sur l'échelle la ligne marquée du nombre des centaines, & ce qui surpassera, se doit prendre dans l'espace entre les lignes A B, comme si par exemple on veut marquer le premier plan, auquel répond le nombre 125, on portera le compas commun sur la cinquiéme ligne de l'espace qui est marqué 100, & on l'ouvrira de la distance O P. De la même façon, si on veut marquer le 50 plan auquel répond le nombre 884, à cause des huit cens on prendra le huitiéme espace de la regle où est marqué 800, & à cause des 84 on prendra dans l'espace A B l'intersection de la huitiéme transversale, & de la quatriéme parallele qui sera la distance N L.

On peut encore diviser la ligne des plans sans calcul en la maniere suivante fondée sur la 47 proposition du 1 livre d'Euclide. Fig. 5. Faites le triangle isocele rectangle K M N, dont le côté K M ou K N foit égal au côté du plus petit plan, l'hypotenuſe M N ſera le côté d'un plan ſemblable double du premier. C'eſt pourquoi ayant porté avec le compas commun l'intervale M N ſur le côté K L prolongé autant qu'il en ſera beſoin depuis K juſqu'en 2, la longueur K 2 ſera le côté d'un plan double du plus petit. Portez de même l'intervale M 2 depuis K juſqu'en 3, la ligne K 3 ſera le côté d'un plan triple du premier. Portez enſuite l'intervale M 3 depuis K juſqu'en 4, la ligne K 4, qui doit être double de K M, ſera le côté d'un plan quatre fois plus grand, c'eſt à dire, qui contiendra quatre fois le petit plan, & ainſi de ſuite, comme on voit en ladite figure 5.

SECTION III.

De la ligne des Polygones.

CEtte ligne eſt ainſi nommée, parce qu'elle comprend les côtez homologues des dix premiers polygones reguliers inſcrits dans un même cercle, c'eſt à dire, depuis le triangle équilateral juſqu'au dodecagone.

Le côté du triangle étant le plus grand de tous, doit être de la longueur de chaque jambe du compas de proportion; & comme les côtez des autres polygones reguliers inſcrits dans le même cercle, diminuent à meſure qu'ils ont plus de côtez, celui du decagone eſt le plus petit, & par conſequent doit être plus proche du centre dudit compas.

Suppoſant donc le côté du triangle de mille parties, il faut trouver la longueur des côtez de chacun des autres polygones; & comme les côtez des polygones reguliers inſcrits dans un même cercle, ſont en même proportion que les cordes ou ſous-tendantes des angles du centre de chacun de ces polygones, il eſt à propos de raporter icy le moyen de connoître ces angles.

Pour cet effet, il faut diviſer le nombre de 360 degrez, que contient la circonference entiere du cercle, par le nombre des côtez de chaque polygone, le quotien de la diviſion marquera le nombre de degrez que contient l'angle du centre.

Si, par exemple, on veut avoir l'angle du centre d'un exagone ou figure de ſix côtez, en diviſant 360 par ſix, le quotien ſera 60 ce qui ſignifie que l'angle du centre de l'exagone eſt de 60 degrez. Si pareillement on veut avoir l'angle du centre d'un pentagone, ou figure de cinq côtez, en diviſant 360 par cinq, le quotien ſera 72 ce qui marque que l'angle du centre d'un pentagone, eſt de 72 degrez, & ainſi des autres.

L'angle du centre étant connu, ſi on le ſouſtrait de 180 degrez, reſtera l'angle du polygone. Comme, par exemple, l'angle du centre d'un pentagone étant de 72 degrez, l'angle de la circonference dudit pentagone est de 108 degrez, & ainsi des autres, comme il se voit en la table suivante.

Polygones reguliers. Angles du centre. Angles à la circonference.

Triangle.	120. d.	60. d.
Quarré.	90.	90.
Pentagone.	72.	108.
Exagone	60.	120.
Eptagone.	51. 26. m.	128. 34. m.
Octogone.	45.	135.
Enneagone.	40.	140.
Decagone.	36.	144.
Endecagone.	32. 44.	147. 16.
Dodecagone.	30.	150.

Pour trouver en nombre les côtez desdits polygones reguliers inscriptibles dans un même cercle, ayant supposé celui du triangle équilateral de mille parties égales, au lieu des cordes ou sous-tendantes des angles du centre, on peut prendre les moitiez des mêmes cordes, qui sont les sinus de la moitié des angles de leurs centres, & faire l'analogie suivante.

Pour trouver, par exemple, le côté du quarré.

Comme le sinus de 60 degrez, moitié de l'angle du centre du triangle équilateral, est au côté du même triangle supposé mille; ainsi le sinus de 45 degrez, moitié de l'angle du centre du quarré, sera au côté du même quarré, qui se trouvera par le calcul de 816.

C'est de cette maniere qu'a esté construite la table suivante des polygones.

Côté du Triangle équilateral marqué sur le *Parties égales.*
Compas de proportion par le nombre (3.) 1000.

Du Quarré par le nombre	4	816.
Du Pentagone par le n.	5	678.
De l'Exagone par le n.	6	577.
De l'Eptagone par le n.	7	501.
De l'Octogone par le n.	8	442.
De l'Enneagone par le n.	9	395.
Du Decagone par le n.	10	357.
De l'Endecagone par le n.	11	325.
Du Dodecagone par le n.	12	299.

Nous avons negligé les fractions reftées aprés le calcul en cette table comme en toutes les autres, parce que n'étant que des milliémes parties, elles ne font pas confiderables.

Ceux qui ne voudront pas marquer le triangle équilateral fur le compas de proportion, à caufe de la facilité qu'il y a de le tracer, & qui par confequent commenceront par le quarré, fe ferviront de la table fuivante, où fon côté eft fuppofé de 1000. parties.

Autre Table des Polygones.	*Parties.*
Quarré,	1000.
Pentagone,	831.
Exagone,	707.
Eptagone,	613.
Octogone,	540.
Enneagone,	484.
Decagone,	437.
Endecagone,	398.
Dodecagone,	366.

De la VI. Planche. Fig I.

Pour marquer fur le compas de proportion la ligne des polygones, on fe fervira de la même échelle de 1000. parties égales, qui a fervi pour y tracer la ligne des plans; & l'on portera du centre A fur la ligne A D de part & d'autre, le nombre des parties marquées dans la table, pour y graver les chiffres 3, 4, 5, &c. qui fignifient le nombre des côtez des polygones reguliers.

SECTION IV.

De la ligne des Cordes.

CEtte ligne eft ainfi nommée, parce qu'elle comprend les cordes de tous les degrez du demy cercle, qui a pour diametre la longueur de cette ligne, laquelle fe marque fur l'autre furface de chaque jambe du compas de proportion, depuis le point A qui eft le centre de fa charniere, jufqu'à l'extremité F de chaque regle, de *Fig. 4.* telle forte que les deux lignes A F foient parfaitement égales, & équi-diftantes des bords interieurs.

Il eft à remarquer que la ligne des cordes doit être directement tracée au-deffous de celle des parties égales, à caufe de quelques operations qui demandent de la correfpondance entre ces deux lignes.

Il eft auffi à propos que la ligne des folides foit tracée fous celle des plans, & celle des metaux fous celle des Polygones.

Pour la divifion de cette ligne décrivez un demy cercle qui ait pour diametre la longueur de ladite ligne A F, divifez-le en 180. degrez ; portez enfuite la longueur des cordes de tous ces degrez, en les comptant de l'une des extremitez du diametre du demy cercle, fur lefdites jambes du compas, & marquez fur chacune autant de points qui reprefenteront les degrez du demy cercle que vous diftinguerez par de petites lignes de cinq en cinq, & par des chiffres de 10 en 10, en commençant depuis le point A, centre de la charniere dudit compas de proportion jufqu'à F.

Ces mêmes degrez fe peuvent encore marquer fur la ligne des cordes par le moyen des nombres, en fuppofant le demy diametre du cercle ou la corde de 180 degrez de 1000 parties égales. Ces nombres fe trouvent tous calculez dans les tables ordinaires des finus; car au lieu des cordes, il n'y a qu'à prendre leurs moitiez, qui font les finus de la moitié des arcs. Ainfi, par exemple, au lieu de la corde de 10 degrez, il faut prendre le finus de 5 degrez ; & comme le calcul en eft fait pour un rayon de 100000, il faut retrancher les deux derniers chiffres, comme il fe voit dans la table cy-deffous, où font marquées les cordes de tous les degrez. Cette divifion fe fait avec l'échelle de 1000 parties.

Table pour la ligne des cordes.

D.	Cord.		D.	Cord.		D.	Cord.		D.	Cord.		D.	Cord		D	Cord.
1	8		31	267		61	507		91	713		121	870		151	968
2	17		32	275		62	515		92	719		122	874		152	970
3	26		33	284		63	522		93	725		123	879		153	972
4	35		34	292		64	530		94	731		124	883		154	974
5	43		35	300		65	537		95	737		125	887		155	976
6	52		36	309		66	544		96	743		126	891		156	978
7	61		37	317		67	552		97	749		127	895		157	980
8	70		38	325		68	559		98	754		128	899		158	981
9	78		39	334		69	566		99	760		129	902		159	983
10	87		40	342		70	573		100	766		130	906		160	985
11	96		41	350		71	580		101	771		131	910		161	986
12	104		42	358		72	588		102	777		132	913		162	987
13	113		43	366		73	595		183	782		133	917		163	989
14	122		44	374		74	602		104	788		134	920		164	990
15	130		45	382		75	609		105	793		135	924		165	991
16	139		46	390		76	615		106	798		136	927		166	992
17	145		47	399		77	622		107	804		137	930		167	993
18	156		48	406		78	629		108	809		138	933		168	994
19	165		49	414		79	636		109	814		139	936		169	995
20	173		50	422		80	643		110	819		140	939		170	996
21	182		51	430		81	649		111	824		141	941		171	997
22	191		52	438		82	656		112	829		142	945		172	997
23	199		53	446		83	662		113	834		143	948		173	998
24	208		54	454		84	669		114	838		144	951		174	998
25	216		55	462		85	675		115	843		145	954		175	999
26	225		56	469		86	682		116	848		146	956		176	999
27	233		57	477		87	688		117	852		147	959		177	999
28	242		58	485		88	694		118	857		148	961		178	1000
29	250		59	492		89	701		119	861		149	963		179	1000
30	259		60	500		90	707		120	866		150	966		180	1000

SECTION V.

De la ligne des Solides.

CEtte ligne est ainsi nommée, parce qu'elle comprend les côtés homologues d'un certain nombre de solides semblables, multiples du plus petit, depuis l'unité, suivant l'ordre naturel des nombres jusqu'à 64, qui est ordinairement le plus grand terme des Fig. 4. divisions de cette ligne, marquée A H proche la ligne des cordes

Pour en faire la division, on se sert de l'échelle de 1000 parties, & l'on suppose le côté du 64, & plus grand solide de 1000 parties égales; & comme la racine cubique de 64 est 4, & que celle d'un est 1, il s'ensuit que le côté du 64 solide contient quatre fois le côté du premier & plus petit solide, lequel par conséquent doit être 250, puisque les solides semblables sont entr'eux, comme les cubes de leurs côtez homologues.

Le nombre 500 double de 250 doit être le côté du huitiéme solide, c'est à dire, d'un solide huit fois plus grand que le premier, parce que le cube de 2 qui est 8 contient huit fois le cube de l'unité.

Pareillement le nombre 750, triple de 250 est le côté du vingt-septiéme solide, parce que le cube de 3, qui est 27, contient vingt-sept fois le cube d'un.

Il y a un peu plus de calcul à faire pour trouver les côtez des solides doubles, triples, quadruples, &c. du premier, lesquels ne peuvent pas même s'exprimer exactement par nombres, parce que leurs racines sont incommensurables; on peut neanmoins en approcher suffisamment pour l'usage, par la methode suivante.

Pour trouver, par exemple, le nombre qui exprime le côté d'un solide double du premier & plus petit, il faut cuber son côté 250, le cube est 15625000. Ensuite il faut doubler ce nombre, & en tirer la racine cubique, qui se trouvera à peu prés 315, & qui sera le côté d'un solide double. Pour avoir le côté d'un solide triple du premier, il faut tripler ce même nombre, & en tirer la racine cubique, qui se trouvera 360, & ainsi du reste; le tout suivant qu'il est marqué en la table cy jointe.

Table pour la ligne des Solides.

1	250	17	643	33	802	49	914
2	315	18	655	34	810	50	921
3	360	19	667	35	818	51	927
4	397	20	678	36	825	52	933
5	427	21	689	37	833	53	939
6	454	22	700	38	840	54	945
7	478	23	711	39	848	55	951
8	500	24	721	40	855	56	956
9	520	25	731	41	862	57	962
10	538	26	740	42	869	58	967
11	556	27	750	43	876	59	973
12	572	28	759	44	882	60	978
13	588	29	768	45	889	61	984
14	602	30	777	46	896	62	989
15	616	31	785	47	902	63	995
16	630	32	794	48	908	64	1000

Les côtez de tous ces solides étant ainsi trouvez en nombre, on les marquera sur ladite ligne des solides, en y portant depuis le centre A les parties qu'ils contiennent, prises sur l'échelle de 1000 parties.

SECTION VI.

De la ligne des Métaux.

CEtte ligne est ainsi nommée, parce qu'elle sert à connoître la proportion qu'ont entr'eux les six métaux, dont on peut faire des solides.

Elle se marque sur les jambes du compas de proportion à côté de la ligne des solides, & les métaux y sont figurez par les caracteres cy joints qui leur ont été appropriez par les Chimistes & Naturalistes.

La division de cette ligne est fondée sur les experiences qui ont été faites des differentes pesanteurs des masses égales de chacun de ces métaux, d'où l'on a calculé leurs proportions, comme on les voit marquées en la table cy-aprés.

Table pour la ligne des Métaux.   *Avertissement.*

	Or	☉	730.
De la	Plomb	♄	863.
V I.	Argent	☽	895.
Planche.	Cuivre	♀	937.
Fig. 4.	Fer	♂	974.
	Estain	♃	1000.

Le moins pesant de tous ces métaux, qui est l'étain, sera marqué au bout de chaque jambe, comme icy A G, fig. 4. à une distance du centre qui égale la longueur de toute l'échelle de 1000. parties, & les autres métaux plus proches dudit centre, chacun suivant les nombres qui leur conviennent, pris sur la même échelle.

Comme la plûpart des susdites lignes marquées sur le compas de proportion se divisent par le moyen d'une échelle de mille parties égales, il faut qu'elles soient toutes parfaitement égales entr'elles & à ladite échelle; c'est pourquoi, comme elles aboutissent toutes d'une part au même point, qui est le centre de la charniere, il faut qu'elles soient toutes terminées de l'autre part par un arc sur chaque face des regles qui forment ledit compas.

Il n'est pas toûjours necessaire de diviser les compas de proportion par les methodes que nous venons de donner; car pour abreger le temps, on dispose une regle de la longueur, largeur & épaisseur des compas de proportion, & on y trace les mêmes lignes que l'on divise tres-exactement, suivant les regles que nous venons d'expliquer, puis on transporte avec un compas à coulice les mêmes divisions sur les compas de proportion, aprés y avoir tracé les lignes pour les contenir.

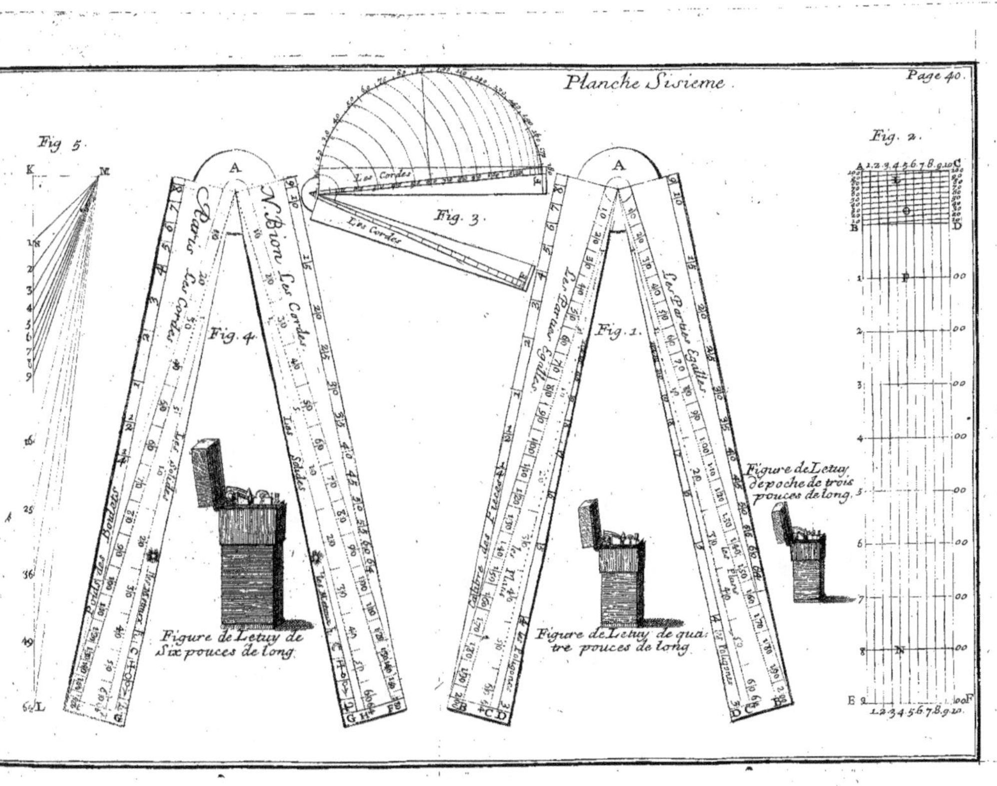

Planche Sisieme.
Page 40.
Fig. 5.
Fig. 4.
Fig. 3.
Fig. 1.
Fig. 2.
N. Bion Les Cordes
Les Cordes
Les Cordes
Les Parties Egalles
Les Parties Egalles
Parties des Boulets
Calibre des Pierres
Figure de Letuy de Six pouces de long.
Figure de Letuy de quatre pouces de long.
Figure de Letuy de poche de trois pouces de long.

Nous avons dit qu'il se fait des compas de proportion de differentes grandeurs, mais les plus en usage sont ceux qui se mettent dans les étuis de mathematique de six pouces de long, d'autres que l'on met aussi dans des étuis de quatre pouces, & d'autres qui n'ont que trois pouces de long, que l'on nomme étuis de poche. On voit à peu prés la figure de ces sortes d'étuis dans la planche sixiéme. Il s'en fait aussi qui ont neuf à dix pouces de longueur, où l'on met ordinairement des pinulles, & un genoüil au compas de proportion, pour servir en campagne à lever les plans, & mesurer les distances; mais les demy cercles ou cercles entiers sont plus commodes pour ces sortes d'operations.

SECTION VII.

Contenant les preuves des divisions des six lignes que l'on marque ordinairement sur le Compas de proportion.

Preuve de la ligne des parties égales.

LA division de cette ligne est si facile, qu'elle n'a besoin d'aucune autre preuve, que celle d'examiner avec un compas commun, si les deux lignes correspondantes, tracées sur les jambes du compas de proportion, sont bien égales & divisées également: ce que l'on connoîtra, en prenant avec un compas ordinaire, dont les pointes soient fines & déliées, tel nombre que l'on voudra de ces parties égales, commençant par où l'on jugera à propos. Car si cette ligne des parties égales est bien divisée, en portant sur ladite ligne l'ouverture du compas ainsi ouvert, ses deux pointes comprendront toûjours le même nombre de parties égales sur une jambe ou sur l'autre, en comptant du centre, ou de tel point de division que l'on voudra.

Preuve de la ligne des Cordes.

LA methode cy-devant expliquée ne peut pas servir à connoître si la ligne des cordes est bien divisée, parce que ces divisions ne sont pas égales; la corde de 10 degrez, par exemple, étant plus de la moitié de celle de 20, pareillement la corde de 20 degrez est plus de la moitié de celle de 40, & ainsi de suite: de telle sorte que les divisions sont plus grandes vers le centre du compas que vers les extremitez de ses jambes: ce qui provient de la nature du cercle.

Mais comme nous avons rapporté deux methodes pour diviser la ligne des cordes, l'une par le secours des nombres, & l'autre par l'étenduë des cordes ou sous-tendantes des arcs, une de ces methodes peut servir de preuve à l'autre.

En voicy cependant encore une autre qui n'eſt point à negliger. Choiſiſſez à volonté ſur la ligne des cordes deux nombres
également éloignez de 120 degrez, comme, par exemple, 110 & 130
qui en ſont éloignez chacun de 10 degrez, le premier par defaut, &
le ſecond par excez. Prenez avec un compas commun la diſtance
de ces deux nombres 110 & 130, laquelle doit être égale à la corde
de 10 degrez ou à la diſtance du point marqué 10 ſur la ligne des
cordes au centre du compas de proportion.

On connoîtra par le même moyen que la diſtance entre 100 &
140 degrez eſt égale à la corde de 20 degrez ; que pareillement la
diſtance entre 90 & 150 eſt égale à la corde de 30, qui eſt le nombre dont 120 ſurpaſſe 90, & dont il eſt ſurpaſſé par 150, & ainſi des
autres, comme il eſt aiſé de remarquer par la table des cordes cy-
devant marquée, où l'on voit par exemple que le nombre 44, qui
eſt la corde de 5 degrez eſt la difference entre 843, qui eſt la corde
de 115 degrez, & 887, qui eſt la corde de 125, que pareillement 87,
corde de 10 degrez eſt la difference entre la corde de 110 & celle
de 130, &c. leſquelles ſont également éloignées de 120 degrez.

Preuve de la ligne des Polygones.

ON connoîtra ſi cette ligne eſt bien diviſée par le moyen de la
ligne des cordes en la maniere ſuivante.

Prenez avec un compas commun ſur la ligne des Polygones la
diſtance du centre du compas de proportion juſqu'au point 6 qui
marque l'éxagone. Puis ayant ouvert le compas de proportion,
portez cette diſtance ſur la ligne des cordes, mettant chaque pointe
dudit compas commun ſur les points correſpondans de 60 à 60, qui
marquent l'angle du centre de l'exagone.

Le compas de proportion demeurant ainſi ouvert, prenez avec
le compas ordinaire ſur chaque ligne des cordes la diſtance des deux
points marquez 72, & la portez ſur la ligne des Polygones, mettant une pointe au centre de la charniere du compas de proportion;
l'autre pointe doit rencontrer le point marqué 5, qui appartient au
pentagone, dont l'angle du centre eſt de 71 degrez.

Prenant de même ſur la ligne des cordes la diſtance des deux
points marquez 90, & la portant ſur la ligne des polygones, l'ouverture du compas commun y rencontrera le point marqué 4, qui
appartient au quarré, dont l'angle du centre eſt de 90 degrez, &
ainſi de tous les autres.

Preuve de la ligne des Plans.

COmme nous avons rapporté deux methodes pour diviſer la
ligne des plans, l'une peut ſervir de preuve à l'autre ; mais on

peut encore facilement reconnoître si la division est bien faite par la maniere suivante. Prenez avec un compas ordinaire la distance de quelque point que ce soit de cette ligne jusqu'au centre de la charniere du compas de proportion, & portez cette distance depuis le même point de division de l'autre côté de la même ligne des plans, la pointe du compas rencontrera un nombre de plan quatre fois plus grand que celui qui a été pris vers le centre; & si l'on tourne encore une fois le compas commun ainsi ouvert vers l'extremité de ladite ligne, la pointe tombera sur un nombre de plan neuf fois plus grand. Ainsi, par exemple, si l'on a pris la distance depuis le centre jusqu'au plan marqué 2, arrêtant une pointe du compas sur ledit point 2, l'autre pointe doit tomber sur le point 8, & en tournant encore une fois le compas, sans changer l'ouverture, en arrêtant une de ses pointes sur ledit point 8, l'autre pointe doit rencontrer le dix-huitiéme plan, qui contient neuf fois le second plan; tournant encore une fois le compas, on rencontrera le trente-deuxiéme plan, qui contient seize fois le second plan. Si enfin on tourne encore une autre fois, on doit rencontrer le cinquantiéme plan, qui contient celui de deux fois 25, & ainsi des autres plans semblables, parce qu'ils sont entr'eux, comme les quarrez de leurs côtez, homologues. C'est ce qui facilite la division de cette ligne des plans, puisqu'ayant le premier, on a le quatriéme, le neuviéme, le seiziéme, le vingt-cinquiéme, le trente-sixiéme, le quarante-neuviéme, & le soixante-quatriéme; ayant trouvé le second, on a le huitiéme, le dix-huitiéme, le trente-deuxiéme, & cinquantiéme; ayant pareillement trouvé le troisiéme, on a le douziéme, le vingt-septiéme, & le quarante-huitiéme, & ainsi du reste.

Preuve de la ligne des Solides.

ON connoît si cette ligne est bien divisée par la methode suivante. Prenez avec un compas ordinaire la distance de quelque point que ce soit de cette ligne jusqu'au centre du compas de proportion; arrêtez une pointe du compas ainsi ouvert sur le même point de division, & tournez l'autre pointe vers l'extremité de ladite ligne, elle doit rencontrer un nombre de solides huit fois plus grand que celui que vous aurez choisi. Si vous tournez encore une fois le compas, une de ses pointes tombera sur un solide vingt-sept fois plus grand que le nombre choisi. Ainsi, par exemple, l'ouverture du premier solide donnera celle du huitiéme, du vingt septiéme, & du soixante-quatriéme; l'ouverture du second solide donnera celle du seiziéme, & du cinquante-quatriéme; l'ouverture du troisiéme prise deux fois donnera celle du vingt-quatriéme. Par le quatriéme solide on aura le trente-deuxiéme, de même que par le

cinquiéme on aura le quarantiéme ; par le sixiéme on aura le quarante-huitiéme ; & enfin par le moyen du septiéme on aura le cin-
quante-sixiéme solide, parce que les solides semblables sont entre
eux, comme les cubes de leurs côtez, homologues ; & c'est ce qui
facilite la division de la ligne des solides.

Preuve de la ligne des Métaux.

NOus avons déja dit cy-devant, que la division de cette ligne
est fondée sur les experiences par lesquelles on a connu les differentes pesanteurs d'un pied cube de chacun des six métaux,
comme ils sont icy marquez.

Métaux.	Poids d'un pied cube.	
Or.	1326. livres.	4. onces.
Plomb.	802.	2.
Argent.	720.	12.
Cuivre.	627.	12.
Fer.	558.	0.
Estain.	516.	2.

Je vais icy rapporter comme de ces differens poids desdits
métaux, on a calculé la table cy-devant rapportée des nombres qui
servent à marquer sur le compas de proportion les côtez homologues des corps semblables, & d'égale pesanteur, faits desdits
métaux.

Or comme l'étain est le moins pesant, il est évident que si, par
exemple, on veut en faire une boule qui pese autant qu'une boule
de fer ou de cuivre, celle d'étain doit être la plus grosse de toutes,
& ensuite celle de fer plus grosse que celle de cuivre, & ainsi des
autres jusqu'à celle d'or qui seroit la plus petite. C'est pourquoi,
supposant le diametre de la boule d'étain de 1000. parties égales, il
est question de trouver de combien de ces mêmes parties doit être
le diametre de la boule de fer, ou celle de cuivre de pareille pesanteur : ce qui se peut trouver par l'analogie suivante, en se servant de
la table des solides cy-devant marquée.

Il faut faire une regle de proportion, dont le premier terme
soit toûjours le poids du plus pesant des deux métaux que l'on veut
comparer ensemble. Le second terme soit le poids de l'étain ; le
troisiéme soit le nombre 64, qui est le plus grand solide de ladite
table, auquel convient le nombre 1000. Si, par exemple, on veut
comparer le fer, dont le pied cube pese 558 liv. avec l'étain, dont le
pied cube pese 516 liv. & 2 onces, ayant réduit le tout en onces,

les 558 liv. feront 8928 onces, & les 516. liv. 2 onces feront 8258 ; il
faut donc dire : si 8928 donnent 8258, combien 64 ; la regle de trois
étant faite, le quatriéme terme sera 59, & un petit reste, je cherche
dans ladite table des solides le 59, & le nombre correspondant est
973, au lieu duquel je prends 974, à cause de la fraction restée.
C'est pourquoi je dis que le diametre de la boule de fer devroit être
de 974 parties égales à celles dont le diametre de la boule d'étain
est supposé. En faisant de la même maniere quatre autres regles
de trois, on connoîtra si les nombres marquez vis-à-vis des quatre
autres métaux sont bien calculez, & par consequent si la ligne des
métaux est bien divisée.

CHAPITRE II.

Des Usages du Compas de Proportion.

NOus ne rapporterons icy que les Usages qui sont les plus propres à cet instrument, & qui se font mieux par son moyen que
par aucun autre.

SECTION I.

Des Usages de la ligne des parties égales,

USAGE I.

Diviser une ligne donnée en tant de parties égales qu'on voudra ; comme, par exemple, en sept.

PRenez avec un compas ordinaire l'étenduë de toute la ligne
proposée, comme A B, & la portez sur la ligne des parties égales
à un nombre de part & d'autre, qui se puisse facilement diviser par
7, comme pourroit être en cet exemple 70, dont la septiéme partie est 10, ou bien au nombre 140, dont la septiéme partie est 20.
Ensuite laissant le compas de proportion ainsi ouvert, resserrez le
compas commun jusqu'à ce que les deux pointes rencontrent les
deux nombres 10, si l'on s'est servi du nombre 70, ou bien les deux
nombres 20, si l'on a pris 140 pour l'étenduë de toute la ligne, cette
ouverture du compas marquée par la figure 2, sera la septiéme partie de la ligne proposée.

Si la ligne proposée à diviser étoit trop longue pour être appliquée sur les jambes du compas de proportion, portez-en seulement une partie, comme la moitié ou le quart, que vous diviserez,

VII.
Planche.
Fig. 1.

comme il vient d'être dit, en 7, le double ou quadruple de cette septiéme partie divisera en 7 la grande ligne proposée.

USAGE II.

Estant données plusieurs lignes droites qui font la circonfe-rence d'un polygone, l'une desquelles soit estimée contenir autant de parties égales qu'on voudra, trouver combien de ces mêmes parties sont contenuës en chacune des autres lignes.

PRenez avec un compas commun la longueur de la ligne dont la mesure est connuë, & la portez sur la ligne des parties égales à l'ouverture du nombre qui exprime la mesure; le compas de pro-portion demeurant ainsi ouvert, transportez-y la longueur de cha-cune des autres lignes, les nombres de l'ouverture que chacune comprendra marqueront leur veritable longueur. Que si quelqu'une desdites lignes ne convient pas justement au même nombre de part & d'autre sur la ligne des parties égales, mais que, par exemple, une des pointes du compas tombant sur le nombre 29, l'autre tombe sur le nombre 30, cette ligne contiendra 29 & demy.

USAGE III.

Estant donnée une ligne droite, & le nombre des parties égales qu'elle contient, en retrancher une moindre ligne contenant tel nombre de ses parties que l'on voudra.

SOit pour exemple la ligne proposée de 120 toises, dont on en veut retrancher une ligne de 25. Prenez avec le compas com-mun la longueur de la ligne proposée; ouvrez le compas de pro-portion de telle sorte que cette longueur convienne de 120 à 120, marquez sur les deux lignes des parties égales, & ledit compas de proportion demeurant ainsi ouvert, prenez sur la même ligne la distance de 25 à 25, que vous retrancherez de ladite ligne de 120 toises.

Par les trois usages précedens il est aisé de voir que la ligne des parties égales du compas de proportion peut tres-commodement servir d'échelle pour toutes sortes de plans, pourvû qu'on sçache la quantité d'un de ses côtez, & que l'on peut par son moyen les ré-duire de petit en grand, ou de grand en petit.

USAGE IV.

A deux lignes droites données trouver une troisiéme proportionnelle, & à trois une quatriéme.

SI l'on ne propose que deux lignes, prenez avec un compas commun la longueur de la premiere, & la transportez sur une des iambes du compas de proportion depuis le centre le long de la ligne des parties égales, pour en connoître la valeur, & du nombre où elle se terminera, ouvrez le compas de proportion, en sorte que la longueur de la seconde ligne convienne à son ouverture, ledit compas demeurant ainsi ouvert, portez la longueur de ladite seconde ligne sur une des jambes depuis le centre, & remarquez le nombre des parties égales, où elle se termine, l'ouverture de ce nombre donnera la troisiéme ligne proportionnelle requise.

De la VII. Planche. Fig. 3.

Soit pour exemple la premiere ligne proposée A B, de 40 parties égales, & la seconde C D, de 20. Portez la longueur des 20 parties égales à l'ouverture des 40; & le compas restant ainsi ouvert, prenez l'ouverture de 20 à 20, cette ouverture sera la longueur de la troisiéme ligne proportionnelle que l'on cherche; & si vous la mesurez sur la ligne des parties égales depuis le centre, elle en contiendra 10, car 40 sont à 20, comme 20 sont à 10.

Que si à trois lignes données vous cherchez une quatriéme proportionnelle, portez, comme nous venons de dire, la seconde à l'ouverture de la premiere; & le compas de proportion demeurant ainsi ouvert, portez la troisiéme ligne sur une de ses jambes depuis le centre; l'ouverture du nombre où elle se terminera, donnera la quatriéme requise.

Soit pour exemple la premiere de ces trois lignes de 60 parties Fig. 3. égales, la seconde de 30, & la troisiéme de 50; portez la longueur de 30 parties égales à l'ouverture de 60; & le compas demeurant ainsi ouvert, prenez l'ouverture de 50, cette ouverture, qui contiendra 25, sera la quatriéme proportionnelle, car 60 sont à 30, comme 50 à 25.

USAGE V.

Diviser une ligne donnée selon une raison donnée.

QU'il faille, par exemple, diviser la ligne donnée en deux parties, dont la raison soit égale à celle de 40 à 70; ajoûtez ensemble ces deux nombres, leur somme sera 110. Prenez avec un compas commun la longueur de la ligne proposée, que je suppose être de 165 parties égales; portez cette longueur à l'ouverture des

nombres 110 de la ligne des parties égales ; & le compas de proportion demeurant ainsi ouvert, prenez l'ouverture des nombres 40
& 70, la premiere de ces deux ouvertures donnera 60, & la seconde 105, qui seront les parties de la ligne proposée à diviser, puisque 40 sont à 70, comme 60 sont à 105.

USAGE VI.

*Ouvrir le Compas de proportion, en sorte que les deux lignes
des parties égales fassent un angle droit.*

CHoisissez trois nombres qui puissent exprimer les côtez d'un
triangle rectangle, comme sont, par exemple, les nombres 3,
4, 5, ou leurs multiples ; mais comme il est mieux de les prendre un
peu grands, nous choisirons 60, 80, & 100. Prenez avec un compas commun la distance du centre du compas de proportion sur la
ligne des parties égales jusqu'au nombre 100 ; ouvrez ensuite le
compas de proportion de telle sorte qu'une des pointes du compas
commun tombe d'une part sur le nombre 60 des parties égales, &
l'autre pointe sur le nombre 80 des mêmes parties égales de l'autre
jambe ; alors le compas de proportion sera ouvert, de sorte que les
deux lignes de parties égales feront un angle droit.

USAGE VII.

*Trouver une ligne droite égale à la circonference d'un cercle
donné.*

LE diametre d'un cercle est à la circonference environ comme
100 à 314, ou comme 50 à 157 ; c'est pourquoi prenez avec un
compas ordinaire la longueur du diametre du cercle proposé, & la
portez sur les jambes de 50 à 50 de part & d'autre de la ligne des
parties égales ; le compas de proportion demeurant ainsi ouvert,
prenez avec ledit compas commun la distance de 157 à 157, vous
aurez une ligne droite à peu prés égale à la circonference du cercle
proposé : je dis à peu prés, parce que la veritable proportion du
diametre d'un cercle à la circonference, n'a point encore été trouvée geometriquement.

SECTION

SECTION II.

Des Usages de la ligne des Plans.

USAGE I.

Augmenter ou diminuer toutes sortes de figures planes,
selon une raison donnée.

SOit pour exemple proposé le triangle A B C, auquel on a des- Fig. 4.
sein d'en faire un semblable qui soit triple en surface.

Prenez avec un compas commun la longueur du côté A B ; portez-la sur la ligne des plans à l'ouverture du premier plan ; le compas de proportion restant ainsi ouvert, prenez avec le compas
commun l'ouverture du troisiéme plan, & vous aurez la longueur
du côté homologue audit côté A B ; vous trouverez de la même
façon les côtez homologues aux deux autres côtez du triangle proposé, & de ces trois côtez vous formerez le triangle triple du proposé, comme il se voit en la figure 4 de la planche 7. Si le plan
proposé a plus de trois côtez, reduisez-le en triangle par une ou
plusieurs diagonales.

Si c'est un cercle que l'on veüille diminuer ou augmenter, il faut
faire la susdite operation sur son diametre.

USAGE II.

Estant données deux figures planes semblables, trouver
quelle raison elles ont entr'elles.

PRenez lequel vous voudrez des côtez de l'une desdites figures,
& le portez à l'ouverture de quelque plan ; prenez ensuite le
côté homologue de l'autre figure, & voyez à l'ouverture de quel
plan il convient ; les deux nombres ausquels conviennent les deux
côtez homologues expriment la raison des plans entr'eux ; car si,
par exemple, le côté *a b* de la plus petite convient au qua- Fig. 5.
triéme plan, & que le côté homologue A B de l'autre convienne
au sixiéme, ces deux plans sont entr'eux comme 4 est à 6, c'est à
dire que le grand contient une fois & demie la surface du petit ; &
si le petit plan contient vingt toises quarrées, le grand en contient
trente, comme on voit dans les figures.

Mais si le côté d'une figure ayant esté mis à l'ouverture d'un
plan, le côté homologue ne peut s'ajuster à l'ouverture d'aucun
nombre entier, il faudra mettre ledit côté de la premiere figure à

D

l'ouverture de quelqu'autre plan , jufqu'à ce qu'on trouve un nôm-
bre entier , dont l'ouverture convienne à la longueur du côté homologue de l'autre figure, afin d'éviter les fractions.

Si les figures propofées font fi grandes , qu'aucun de leurs côtez
ne fe puiffe appliquer à l'ouverture des jambes du compas de proportion, prenez leurs moitiés, tiers ou quarts de chacun des deux
côtez homologues defdites figures , & les comparant enfemble,
vous aurez la proportion des plans.

USAGE III.

Ouvrir le Compas de proportion, en forte que les deux lignes
des Plans faffent un angle droit.

PRenez avec un compas commun fur la ligne des plans depuis le
centre l'étenduë d'un nombre de plans tel que vous voudrez,
comme , par exemple, 40 ; appliquez cette ouverture de compas
fur la même ligne des plans de part & d'autre à un nombre qui égale
la moitié du precedent, comme eft 20 en cet exemple ; alors les
deux lignes des plans feront au centre du compas un angle droit,
puifque par la conftruction de la ligne des plans, le nombre marqué 40 , qui fait comme le plus grand côté d'un triangle, fignifie
un plan égal aux deux autres plans femblables, marquez fur les
jambes du compas par les nombres 20 , d'où il fuit par la quarante-
huitiéme du premier que ledit angle eft droit.

USAGE IV.

Conftruire un plan femblable & égal à deux plans femblables
donnez.

OUvrez le compas de proportion à angles droits par l'ufage precedent , & portez deux côtez homologues tels que vous voudrez des deux plans propofez fur la ligne des plans depuis le centre,
l'un fur une jambe , & l'autre fur l'autre jambe , la diftance des deux
nombres trouvez donnera le côté homologue d'un plan femblable
& égal aux deux donnez.

Si , par exemple, le côté du moindre plan étant porté fur une des
jambes du compas de proportion depuis le centre , rencontre le
quatriéme plan , & que le côté homologue de l'autre plan porté fur
l'autre jambe , rencontre le neuviéme plan , la diftance de 4 à 9 qui
fera égale au treiziéme plan , fi le compas eft ouvert, comme il eft
dit , fera le côté homologue d'un plan égal aux deux propofez, par
le moyen duquel il fera facile de conftruire le plan femblable.

On peut par cet ufage ajoûter enfemble tant de plans femblables que l'on voudra, en ajoûtant enfemble les deux premiers, puis à leur fomme ajoûtant le troifiéme, & ainfi de fuite.

USAGE V.

Eftant donnez deux Plans femblables & inégaux, en trouver un troifiéme auffi femblable & égal à leur difference.

OUvrez le Compas de proportion de forte que les deux lignes des plans faffent un angle droit, & portez un côté du moindre plan fur une des jambes depuis le centre ; portez enfuite le côté homologue du plus grand plan, en mettant une des pointes du compas commun fur le nombre où fe termine le premier côté, fon autre pointe rencontrera fur l'autre jambe le nombre du plan requis.

Si, par exemple, ayant porté le côté du moindre plan depuis le centre, l'on trouve qu'il tombe fur le nombre 9 d'une jambe du compas de proportion, prenez avec un compas ordinaire l'étenduë du côté homologue du plus grand plan, en mettant une de fes pointes fur ledit nombre 9, l'autre pointe marquera fur l'autre jambe le nombre 4 ; c'eft pourquoi prenant la diftance dudit nombre 4 au centre du compas de proportion, vous aurez le côté homologue d'un plan femblable & égal à la difference des deux plans donnez, dont la raifon eft icy fuppofée de 9 à 13.

USAGE VI.

Entre deux lignes droites données, trouver une moyenne proportionnelle.

POrtez chacune des deux lignes données fur la ligne des parties égales du compas de proportion, afin de fçavoir le nombre que chacune en contient, & fuppofé, par exemple, que la moindre ligne foit de 20 parties égales, & la plus grande de 45 ; portez la plus grande, qui eft 45 à l'oûverture du quarante-cinquiéme plan qui dénote le nombre de fes parties ; le compas de proportion reftant ainfi ouvert, prenez l'ouverture du vingtiéme plan, qui marque le nombre des parties égales de la plus petite ligne, cette ouverture, qui doit contenir 30 des mêmes parties, donnera la moyenne proportionnelle, car 20 font à 30, comme 30 font à 45.

Mais comme le plus grand nombre de la ligne des plans eft 64, fi quelqu'une des lignes propofées contenoit un plus grand nombre de parties égales, on pourroit faire ladite operation fur leurs moitiés, tiers ou quarts en cette forte. Suppofant, par exemple, que la moindre des lignes proposées soit de 32, & l'autre de 72, portez la moitié de la grande ligne à l'ouverture du trente-sixiéme plan, & prenez l'ouverture du seiziéme, cette ouverture étant doublée donnera la moyenne proportionnelle que l'on cherche.

SECTION III.

Des Usages de la ligne des Polygones.

USAGE I.

Décrire un Polygone regulier dans un cercle donné.

Fig. 6. PRenez avec un compas commun la longueur du demy diametre du cercle donné A C, & l'ajustez à l'ouverture du nombre 6, marqué de part & d'autre sur la ligne des polygones ; & le compas de proportion demeurant ainsi ouvert, prenez l'ouverture des deux nombres égaux qui expriment le nombre des côtez du polygone que vous voulez décrire. Prenez, par exemple, l'ouverture de 5 à 5, pour décrire un pentagone ; de 7 à 7 pour un eptagone, & ainsi des autres. Cette ouverture étant portée autour de la circonference du cercle, le divisera en autant de parties égales, & il sera facile de décrire tout polygone regulier depuis le triangle équilateral jusqu'au dodecagone, comme est décrit le pentagone en la figure sixiéme.

USAGE II.

Sur une ligne donnée décrire un Polygone regulier.

SI, par exemple, on veut décrire sur la ligne A B de la susdite figure 6 un pentagone, prenez avec un compas commun la longueur de ladite ligne, & l'ayant appliquée à l'ouverture des nombres 5 marquez de part & d'autre sur la ligne des polygones, laissez le compas de proportion ainsi ouvert, & prenez sur la même ligne l'ouverture de 6 à 6, qui sera le demy diametre du cercle propre à décrire le pentagone regulier proposé ; c'est pourquoi si avec cette ouverture vous décrivez des extremitez de la ligne donnée A B deux arcs de cercle, leur intersection sera le centre dudit cercle.

Si l'on propose un eptagone, appliquez la longueur de la ligne donnée à l'ouverture des nombres 7 marquez de part & d'autre sur la ligne des polygones, & prenez toûjours l'ouverture de 6 à 6 pour trouver comme dessus le centre d'un cercle, dans lequel il sera facile d'inscrire l'eptagone, dont chaque côté sera égal à la ligne donnée.

USAGE III.

Couper une ligne donnée en moyenne & extrême raison,
comme D E, fig. 7.

APpliquez la longueur de la ligne donnée à l'ouverture des Fig. 7. nombres 6 & 6 marquez de part & d'autre sur la ligne des polygones; & le compas de proportion demeurant ainsi ouvert, prenez l'ouverture des nombres 10, qui sont ceux du decagone. Cette ouverture donnera D F, qui sera la mediane, c'est à dire, le plus grand segment de la ligne proposée, puisque la mediane du rayon d'un cercle coupé en moyenne & extrême raison, est la corde de 36 degrez, qui est la dixième partie de sa circonference.

Que si l'on ajoûte cette mediane au rayon du cercle, pour n'en faire qu'une ligne, ledit rayon deviendra la mediane, & la corde de 36 degrez sera le petit segment.

USAGE IV.

Sur une ligne donnée D F, fig. 8. décrire un triangle isocele,
qui ait les angles de sa base doubles de celuy du sommet.

APpliquez la longueur de la ligne donnée à l'ouverture des nombres 10 marquez de part & d'autre sur la ligne des polygones; & le compas de proportion restant ainsi ouvert, prenez l'ouverture des nombres 6, pour avoir la longueur des deux côtez égaux du triangle qu'on veut construire.

Il est évident que l'angle du sommet de ce triangle est de 36 degrez, & que chacun des angles de la base est de 72 degrez; or l'angle de 36 degrez est l'angle du centre d'un decagone.

USAGE V.

Ouvrir le Compas de proportion, en sorte que les deux lignes
des Polygones fassent un angle droit.

PRenez avec le compas commun sur la ligne des polygones la distance depuis le centre du compas de proportion jusqu'au nombre 5, ouvrez ensuite le compas de proportion, de sorte que cette distance soit appliquée d'une part sur le nombre 6, & de l'autre part sur le nombre 10 des deux lignes des polygones, elles feront au centre un angle droit, parce que le quarré du côté du pentagone est egal au quarré du côté de l'exagone, & au quarré du côté du decagone.

D iij

SECTION IV.

Des Usages de la ligne des Cordes.

USAGE I.

*Ouvrir le Compas de proportion de sorte que les deux lignes
des cordes fassent un angle de tant de degrez
qu'on voudra.*

PRenez avec un compas ordinaire le long de la ligne des cordes
la distance depuis le centre de la charniere jusqu'au nombre des
degrez proposez ; ouvrez ensuite le compas de proportion de sorte
que cette distance s'accorde aux deux nombres 60 marquez de part
& d'autre sur la ligne des cordes, elles feront l'angle requis.

Si, par exemple, vous voulez qu'elles fassent un angle de 40 degrez, comme en la figure 9 de la planche 7, prenez la distance du
centre au nombre 40, & la portez à l'ouverture de 60 à 60. Si vous
voulez un angle droit, prenez la distance du centre à 90 degrez,
& la portez pareillement à l'ouverture de 60 à 60, & ainsi des
autres.

USAGE II.

*Le Compas de proportion étant ouvert trouver les degrez
de son ouverture.*

PRenez l'ouverture de 60 degrez, & la portez le long de la ligne
des cordes depuis le centre, le nombre où elle se terminera,
marquera les degrez de son ouverture.

C'est sur la ligne des cordes que l'on place quelquefois des pinnules pour mesurer un angle sur la terre, ou pour y en faire un d'autant de degrez que l'on veut, en ajoûtant un genouil au compas
de proportion, & le plaçant sur un pied, pour l'élever à la hauteur
de l'œil, en pratiquant ce que nous venons de dire en ces deux
usages ; mais nous estimons qu'il est plus aisé de se servir d'un demy
cercle divisé pour faire ces sortes d'operations.

USAGE III.

*Sur une ligne droite donnée faire un angle rectiligne
d'autant de degrez qu'on voudra.*

DEcrivez sur la ligne donnée un arc de cercle ayant pour
centre le point auquel vous voulez faire l'angle, portez le

rayon dudit arc à l'ouverture de la corde de 60 degrez ; le compas
de proportion demeurant ainsi ouvert, prenez l'ouverture de la
corde du nombre des degrez proposez, & la portez depuis la ligne
sur l'arc que vous avez décrit ; tirez enfin une ligne droite du centre
par l'extremité de cet arc, pour former l'angle requis.

Soit proposé pour exemple de faire à l'extremité B de la ligne A B, Fig. 10.
un angle de 40 degrez ; ayant fait dudit point B un arc de cercle
à discretion, portez-en le rayon toûjours à l'ouverture de la corde
de 60 degrez, parce que le rayon d'un cercle est toûjours égal à
la corde de 60 degrez du même cercle ; prenez ensuite l'ouverture
de la corde de 40 degrez, & la portez sur l'arc de cercle C D ; enfin
tirant la droite du point B par le point D, vous aurez fait un angle
de 40 degrez, fig. 10.

On peut par cet usage tracer une figure, dont les angles & les
côtez sont connus.

USAGE IV.

Estant donné un angle rectiligne, trouver combien de degrez
il contient.

DU sommet de l'angle donné comme centre, décrivez un arc
de cercle, & portez son rayon à l'ouverture de la corde de 60
degrez ; prenez ensuite sur le papier la corde de l'arc décrit entre
les côtez qui forment l'angle, & cherchez sur les jambes du compas
de proportion à quelle ouverture elle convient, le nombre des degrez vous indiquera la valeur dudit angle.

USAGE V.

Prendre sur la circonference d'un cercle donné un arc.
d'autant de degrez que l'on voudra.

APpliquez le rayon du cercle donné sur les jambes du compas
de proportion, à l'ouverture de la corde de 60 degrez ; & ledit compas demeurant ainsi ouvert, prenez l'ouverture de la corde
du nombre de degrez proposé, & la portez sur la circonference du
cercle donné.

On peut par cet usage inscrire dans un cercle toutes sortes de polygones reguliers, aussi-bien que par la ligne des polygones, en
connoissant son angle du centre par la methode & par la table cy-
devant rapportée, en traitant de la construction de ladite ligne des
polygones.

Soit, par exemple, proposé de faire un pentagone regulier par la ligne des cordes. Ayant connu que son angle du centre est de 72 degrez, portez le rayon du cercle à l'ouverture de la corde de 60 degrez, & prenez ensuite l'ouverture de la corde de 72 degrez, laquelle étant portée sur la circonference du cercle donné, le divisera en cinq également, & les cinq cordes étant tracées, seront les côtez du pentagone.

Fig. 11.

USAGE VI.

Sur une ligne donnée F G, décrire un polygone regulier.

SI, par exemple, on propose de construire un pentagône, dont l'angle du centre est de 72 degrez, portez la longueur de la ligne donnée à l'ouverture de la corde de 72 degrez, & le compas de proportion demeurant ainsi ouvert, prenez l'ouverture de la corde de 60 degrez, avec laquelle, des extremitez de la ligne donnée, vous décrirez deux arcs de cercle, le point de leur intersection D sera le centre d'un cercle, dont la circonference sera divisée en cinq parties égales par la ligne donnée, & ladite corde de 60 degrez sera égale au rayon de ce cercle.

SECTION V.

Des Usages de la ligne des Solides.

USAGE I.

Augmenter ou diminuer tous Solides semblables, selon une raison donnée.

Fig. 12.

SOit proposé, par exemple, un cube, duquel on en demande un qui soit double en solidité. Portez le côté du cube donné sur la ligne des solides à l'ouverture de tel nombre que vous voudrez, comme par exemple de 20 à 20, puis prenez l'ouverture d'un nombre double, comme est en cet exemple le nombre 40; cette ouverture est le côté d'un cube double du proposé.

Si l'on propose une boule ou sphere, & qu'on veüille en faire une autre qui soit trois fois plus grosse, portez le diametre de la boule proposée à l'ouverture de tel nombre qu'il vous plaira, comme par exemple de 20 à 20, & prenez l'ouverture de 60, ce sera le diametre d'une autre boule triple en solidité.

Si l'on propose encore un coffre parallelipipede rectangle qui contienne trois mesures de grain, on en veut faire faire un autre semblable qui en contienne cinq. Portez la longueur de la base à l'ou-

verture du trentiéme solide, & prenez l'ouverture du cinquantiéme
pour le côté homologue de celui qui est à faire, portez ensuite la
largeur à l'ouverture du même nombre 30, & prenez l'ouverture du
cinquantiéme solide pour le côté homologue à ladite largeur; de ces
deux ouvertures ayant construit un parallelogramme, prenez enfin
la profondeur dudit coffre, & l'ayant portée à l'ouverture du trentiéme solide, vous prendrez l'ouverture du cinquantiéme solide,
pour avoir le côté homologue, c'est à dire, la profondeur, avec laquelle il sera facile de construire ledit paralielipipede rectangle, qui
contiendra les cinq mesures proposées.

Si les lignes sont trop grandes pour être appliquées à l'ouverture
du compas de proportion, prenez la moitié, tiers ou quart des
unes & des autres; ce qui en proviendra aprés l'operation sera moitié, tiers ou quart des dimensions requises.

USAGE II.

Estant donnez deux corps semblables, trouver quelle raison
ils ont entr'eux.

PRenez lequel vous voudrez des côtez de l'un desdits corps proposez, & l'ayant porté à l'ouverture de quelque solide, prenez
le côté homologue de l'autre corps, & voyez à quel nombre des
solides il convient; les nombres ausquels ces deux côtez homologues conviennent, indiquent la raison des deux corps semblables
entr'eux.

Que si le premier ayant été mis à l'ouverture de quelque solide,
le côté homologue du second ne peut s'accommoder à l'ouverture
d'aucun nombre, portez le côté du premier corps à l'ouverture de
quelqu'autre solide jusqu'à ce que le côté homologue du second
corps s'accommode à l'ouverture de quelque nombre des solides.

USAGE III.

Construire & diviser une ligne servant à connoître les calibres
des boulets & Canons.

L'Experience nous ayant appris qu'un boulet de fer fondu de
trois pouces de diametre pese quatre livres, il sera facile de
trouver les diametres des autres boulets de differens poids & de
même metal en cette maniere.

Portez l'étenduë de trois pouces à l'ouverture du quarriéme solide,& sans changer l'ouverture du compas de proportion, prenez sur
la même ligne des solides les ouvertures de tous les nombres depuis

un jusqu'à 64 ; portez toutes ces longueurs les unes aprés les autres sur une ligne droite tracée sur une regle ou sur le long d'une des jambes du compas de proportion, & là où ces diametres se termineront, marquez-y les chiffres qui feront connoître la pesanteur des boulets.

Pour marquer ensuite les fractions de la livre, comme un quart, une demie, trois quarts, portez le diametre du boulet d'une livre à l'ouverture du quatriéme solide, & prenez l'ouverture du premier solide pour le diametre d'un quart de livre, l'ouverture du second solide pour une demie, & celle du troisiéme pour trois quarts de livres, & ainsi du reste. Quand on connoît le calibre des boulets, on connoît aussi le calibre du canon auquel ces boulets sont propres, parce qu'ordinairement on donne deux ou trois lignes pour le vent des gros boulets, afin qu'ils puissent facilement y entrer, & les petits à proportion.

Les diametres des boulets se mesurent avec un compas spherique, comme il sera plus amplement expliqué, en parlant des instrumens propres à l'artillerie.

USAGE IV.

Estant donnez plusieurs Solides semblables, en construire un autre aussi semblable & égal aux donnez.

POrtez lequel vous voudrez des côtez de quelqu'un des corps proposez à l'ouverture de quelque solide, & ajoûtez à l'ouverture des autres solides les côtez homologues des autres corps. Ajoûtez ensemble les nombres qui expriment ainsi leur proportion, & prenez l'ouverture de la somme provenuë de cette addition, vous aurez le côté homologue d'un corps égal & semblable à tous les autres.

Supposons, par exemple, que le côté choisi du premier corps étant porté à l'ouverture du cinquiéme solide, les côtez homologues des autres conviennent, l'un à l'ouverture du septiéme, & l'autre à celle du huitiéme solide. J'ajoûte ensemble ces trois nombres 5, 7, & 8, leur somme est 20, c'est pourquoi l'ouverture du vingtiéme solide sera le côté homologue d'un corps égal & semblable aux trois autres.

USAGE V.

Estant donnez deux corps semblables & inégaux, en trouver un troisiéme aussi semblable, & égal à la difference des donnez.

POrtez lequel côté vous voudrez de l'un des corps à l'ouverture de quelque solide que ce soit, & voyez à quelle autre ouverture convient le côté homologue de l'autre corps; ôtez le moindre nombre du plus grand, & prenez l'ouverture du nombre reftant, vous aurez le côté homologue du corps égal à la difference des deux.

Si, par exemple, le côté du plus grand étant porté à l'ouverture du quinziéme folide, le côté homologue du moindre convient à l'ouverture du neuviéme, ôtant 9 de 15 refte 6; c'eft pourquoi l'ouverture du fixiéme folide donnera le requis.

USAGE VI.

Entre deux lignes données, trouver deux moyennes proportionnelles.

SOient propofées pour exemple deux lignes, dont l'une contienne 54 parties égales, & l'autre 16. ouvrez le compas de proportion, & portez la longueur de la ligne qui contient 54 parties égales à l'ouverture du cinquante-quatriéme folide, & prenez l'ouverture du feiziéme, cette ouverture fera la plus grande des deux moyennes proportionnelles qu'on cherche, & cette ligne qui en cet exemple contient 36 des mêmes parties égales étant portée à l'ouverture dudit cinquante-quatriéme folide, ce qui fe fait en refferrant les jambes du compas de proportion, prenez une feconde fois l'ouverture du feiziéme folide, vous aurez la moindre des deux moyennes proportionnelles qu'on cherche, laquelle en cet exemple contiendra 24 des mêmes parties égales, tellement que ces quatre lignes feront en proportion continuë, & en même raifon que ces quatre nombres 54, 36, 24, 16.

Si les lignes font trop longues, ou les nombres de leurs parties égales trop grands, il ne faut que prendre leurs moitiez, tiers, ou quarts, &c. & operer comme deffus. Si, par exemple, on cherche deux moyennes proportionnelles entre deux lignes, dont l'une contient 32, & l'autre 256, je prends le quart de chacune de ces lignes qui fera 8 & 64, je porte le premier nombre 8 à l'ouverture du huitiéme folide, & je prends l'ouverture du 64 qui me donne 16 pour la premiere des deux moyennes proportionnelles; puis je porte la longueur de la ligne de 16 à l'ouverture dudit huitiéme folide, & l'ouverture du foixante-quatriéme me donne une ligne de 32 parties égales, je multiplie ces deux nombres trouvez par quatre, pour les remettre en leur entier, tellement qu'entre les deux lignes propofées la premiere des deux moyennes eft de 94, & la feconde de 128, & ces quatre lignes en proportion continuë font en même raifon que ces quatre nombres 32, 64, 128, 256.

USAGE VII.

*Estant donné un Parallelipipede, trouver le côté d'un cube
qui lui soit égal.*

CHerchez un moyen proportionnel entre les deux côtez de la
base du parallelipipede, puis entre la valeur du nombre trouvé
& la hauteur du parallelipipede, cherchez le premier des deux nombres moyens proportionnels, lequel sera le côté du cube cherché.

Soient les deux côtez d'un parallelipipede 24 & 54, & sa hauteur 63, on demande le côté d'un cube qui lui soit égal ; je porte la
ligne de 54 parties égales à l'ouverture du cinquante-quatriéme
plan, & je prends l'ouverture du vingt-quatriéme, laquelle portée
sur la ligne des parties égales me donne 36 pour moyen proportionnel; ensuite je porte 36 à l'ouverture du trente-sixiéme solide, & je
prends l'ouverture du soixante-troisiéme qui me donne peu moins
de 44 & demy pour le côté du cube égal au parallelipipede proposé.

USAGE VIII.

*Construire & diviser une jauge, pour mesurer les tonneaux,
& tous vaisseaux semblables propres à contenir des liqueurs.*

LA jauge dont je prétends parler icy est une regle de quelque
métal divisée en certaines parties, qui marquent le nombre des
pintes contenuës dans le tonneau, l'ayant fait entrer par le bondon
jusqu'à ce que son extremité touche l'angle que fait le fonds avec
les douves dans la partie la plus éloignée du bondon, comme on
voit la ligne A C, située en forme de diagonale.

Cette jauge étant ainsi posée, la division qui répond au milieu de
l'ouverture du bondon au-dedans du tonneau, marque le nombre
des pintes qu'il contient.

Mais il est à propos de rechanger la position de ladite verge, en
sorte que son extremité C touche l'angle de l'autre fonds B, afin de
connoître si l'ouverture du bondon est justement au milieu, car s'il
se trouve quelque difference, il en faut prendre la moitié.

L'usage de cette jauge est tres facile, puisque sans calcul on
trouve d'abord la capacité des tonneaux ; toute l'adresse consiste à
la bien diviser.

Pour cet effet on peut faire construire un petit baril contenant un
septier, c'est à dire huit pintes, lequel soit parfaitement semblable
aux tonneaux qui sont en usage dans le pays, car cette jauge ne
peut être juste que dans des tonneaux semblables, c'est à dire, qui

ont les diametres des fonds, & celui à l'endroit du bondon avec la longueur dans les mêmes proportions que celuy qui a servi pour les divisions.

Supposons, par exemple, que le diametre de chacun des fonds d'un tonneau soit de vingt pouces, le diametre de la coupe à l'endroit du bondon de vingt-deux pouces, & sa longueur interieure de trente pouces, ce vaisseau contiendra vingt-sept septiers, mesure de Paris, comme sont les demi-queuës d'Orleans, & sa mesure diagonale qui répond au milieu de l'ouverture du bondon sera de vingt-cinq pouces neuf lignes & demie, comme il est aisé de trouver par le calcul, puisque dans le triangle rectangle A D C, on connoît le côté C D 15 pouces, & D A 21, & qu'ajoûtant leurs quarrez, on aura par la quarante-septiéme du premier livre d'Euclide le quarré de la diagonale ou hypotenuse A C, & ensuite sa racine.

Fig. 13.

Suivant les mêmes proportions un baril dont les dimensions seroient le tiers des precedentes, contiendroit un septier ou huit pintes, c'est à dire, que le diametre de chacun des fonds seroit de six pouces huit lignes, celui du milieu sept pouces quatre lignes, & sa longueur interieure de dix pouces, sa diagonale seroit de huit pouces sept lignes.

Un autre baril dont les dimensions seroient moitié de celles-cy, contiendroit une pinte, c'est à dire, si le diametre de chacun des fonds est de trois pouces quatre lignes, celui du milieu sous le bondon de trois pouces huit lignes, & la longueur interieure du baril de cinq pouces, la diagonale qui répond au milieu de l'ouverture du bondon sera de quatre pouces trois lignes & demie.

Prenez donc une verge ou regle longue de trois à quatre pieds, & servez-vous de laquelle vous jugerez à propos de ces trois mesures, comme, par exemple, si vous voulez y marquer les septiers, marquez un point au milieu de sa largeur distant d'un des bouts de huit pouces sept lignes; pour y marquer un septier, doublez cette mesure, & y marquez huit septiers; triplez la même mesure, & y marquez vingt-sept septiers; quadruplez la, & y marquez soixante-quatre septiers, parce que les solides semblables sont entr'eux comme les cubes de leurs côtez homologues.

Pour y marquer ensuite les autres nombres de septiers, prenez avec un compas commun la longueur de huit pouces sept lignes, & l'ayant portée à l'ouverture du premier solide, arrêtez fixement en cet état les deux regles ou jambes du compas de proportion, & prenez l'ouverture du second solide, pour marquer sur ladite jauge l'étenduë qui convient à deux septiers.

Prenez de même l'ouverture du troisiéme solide, pour marquer sur la jauge l'étenduë de la diagonale qui convient à trois septiers.

& ainſi de ſuite , & par ce moyen la jauge ſera diviſée de ſeptier en ſeptier.

On pourra avec la même facilité y marquer les pintes , car , par exemple , la moitié de l'étenduë qui convient à deux ſeptiers ſervira pour y marquer deux pintes ; la moitié de l'étenduë des trois ſeptiers ſervira pour y marquer trois pintes ; la moitié de la diagonale de quatre ſeptiers ſera celle de quatre pintes , & ainſi du reſte.

Si le compas de proportion n'eſt point aſſez grand pour porter la meſure diagonale d'un ſeptier à l'ouverture du premier ſolide, on y portera celle d'une pinte , & ayant marqué ſur la jauge autant de pintes qu'on pourra , on aura les diagonales des ſeptiers de même nombre , en doublant les meſures des pintes ; ainſi, par exemple, ſi on double la diagonale de ſix pintes , on aura celle de ſix ſeptiers ; ſi on double la meſure de ſept pintes , on aura celle de ſept ſeptiers , & ainſi de toutes les autres meſures.

Si la meſure diagonale d'une pinte eſt encore trop grande pour être portée à l'ouverture du premier ſolide , on y portera ſa moitié, & le compas de proportion reſtant ainſi ouvert , on prendra l'ouverture du ſecond ſolide , que l'on doublera pour avoir la diagonale de deux pintes ; ayant pris de même l'ouverture du troiſiéme ſolide , on la doublera pour marquer ſur la jauge la diagonale de trois pintes , & ainſi du reſte.

Les marques des ſeptiers traverſeront toute la largeur de la verge, & ſur icelles on gravera les chiffres qui expriment leurs nombres ; les marques des pintes ſeront plus petites , pour les diſtinguer.

Afin que cette jauge puiſſe ſervir à meſurer pluſieurs ſortes de tonneaux diſſemblables , on pourra marquer d'autres diviſions ſur chacune de ſes faces , ſuivant les proportions des diametres , & longueurs des differentes eſpeces de tonneaux uſitez dans le pays, & l'on marquera ſur un des bouts de chaque face les diametres & longueurs qui ont ſervi à faire les diviſions ; par exemple , au bout de la face où l'on aura marqué la diviſion precedente , on écrira : diametre des fonds 10, diametre du milieu 22, longueur 30, ou pour abreger , diametre reduit 11, long 30.

Si pour les diviſions d'une autre face on ſe ſert des meſures d'un tonneau, dont le diametre de chaque fonds ſoit de vingt & un pouces, celui du milieu 23, & la longueur interieure vingt-ſept pouces & demy , ce tonneau plus court que l'autre , mais plus gros, contiendroit à peu prés la même quantité , c'eſt à dire, vingt-ſept ſeptiers , & ſa diagonale ſeroit de vingt-ſix pouces.

Si un autre tonneau a toutes ſes dimenſions du tiers des precedentes, il contiendra un ſeptier , & ſa diagonale A C ſera de huit pouces huit lignes , au moyen de quoi il ſera facile de faire les diviſions, comme nous avons dit cy-devant , & de marquer ſur ladite face, diametre red. 22, longueur 27 & demy.

Si l'on fait quatre divisions differentes sur les quatre faces de la regle, on aura sur cette même regle quatre differentes jauges qui serviront à mesurer quatre especes differentes de tonneaux, & l'on choisira celle qui conviendra le mieux pour jauger ceux qui se presenteront, en examinant les proportions de leurs diametres & longueurs.

SECTION VI.

Contenant la construction & l'Usage de plusieurs autres sortes de jauges.

LA jauge que nous avons cy-devant expliquée n'est propre qu'à mesurer des vaisseaux semblables; mais celles dont nous allons parler, peuvent servir à mesurer toutes sortes de vaisseaux cylindriques, quoiqu'ils ne soient pas semblables.

Ces methodes de jauger sont fondées sur la supposition que le tonneau est égal au cylindre qui a sa hauteur égale à la longueur interieure du tonneau, & sa base égale au cercle dont le diametre est moyen proportionnel arithmetique entre le diametre à l'endroit des fonds, & celuy du milieu sous le bondon : ce qui est assez exact pour la pratique, principalement lorsqu'il y a peu de difference entre les cercles des fonds & celuy du milieu du tonneau.

Pour construire la premiere sorte de jauge, il faut déterminer la mesure dont on veut se servir, en la comparant avec quelque vase regulier, comme un cylindre concave, dans lequel on versera une mesure du pays remplie d'eau ou de quelqu'autre liqueur, dont on marquera exactement le diametre & la profondeur occupée par ladite liqueur.

Si, par exemple, on veut faire cette jauge pour Paris, où la pinte contient quarante-huit pouces cubiques, ou bien soixante & un pouces cylindriques, on trouvera par le calcul, qu'un cylindre concave ayant trois pouces onze lignes & un tiers de diametre, & autant de profondeur, contient une pinte, mesure de Paris, & qu'un cylindre dont les mesures sont doubles, c'est à dire, de sept pouces dix lignes & deux troisiémes, contient un septier ou huit pintes, car les solides semblables sont entr'eux comme les cubes de leurs côtez homologues.

Cela supposé, portez cette longueur de trois pouces onze lignes un tiers sur une des faces de la jauge, autant de fois qu'elle y pourra être comprise, & y marquez des points, où vous écrirez 1, 2, 3, 4, 5, &c. vous subdiviserez chacune de ces parties en quatre, ou plus, si vous voulez. Cette face ainsi divisée, sera appellée côté des par- Fig. 14.

ties égales, & servira à mesurer la longueur des tonneaux.

Il faut aussi marquer sur une autre face de la jauge le diametre du même cylindre, que nous supposons pareillement de trois pouces onze lignes & un tiers, & ensuite les diametres des cercles doubles, triples, quadruples, &c. par quelqu'une des methodes cy-devant expliquées pour diviser la ligne des plans du compas de proportion, dont la plus facile & la plus courte est de faire un triangle isocele rectangle A B C, dont chacune des jambes autour de l'angle droit soit de trois pouces onze lignes un tiers, l'hypotenuse B C sera le diametre d'un cercle double ; c'est pourquoi ayant prolongé vers D une desdites jambes A B autant qu'il est besoin pour y marquer tou[s] les diametres des tonneaux qu'on veut mesurer, vous porterez de D vers D ladite hypotenuse, & au point où elle se terminera vous marquerez le chiffre 2 ; prenez ensuite la distance C 2, & l'ayant portée sur la ligne A D, vous marquerez le chiffre 3 au point où elle se terminera ; prenez de même la distance C 3, & l'ayant portée sur la ligne A D, vous y marquerez le chiffre 4, & ainsi de tou[s] les autres diametres que vous voudrez marquer sur la jauge.

Remarquez que la ligne A 4, qui est le diametre d'un cercle quadruple du premier est double de A C, ou A B, parce que les cercles sont entr'eux comme les quarrez de leurs diametres. Or A B étant 1, son quarré est 1, & la ligne A 4 étant supposée 2, son quarré est 4.

Pour vous servir de cette jauge, appliquez le côté des parties égales sur la longueur exterieure du tonneau, dont il faudra diminuer la profondeur des jables de chaque fond, & l'épaisseur des douves qui composent les mêmes fonds, afin d'avoir au juste la longueur interieure.

Appliquez ensuite le côté des diametres de ladite jauge sur le diametre des fonds du tonneau, & remarquez le nombre qui leur convient, & s'ils sont égaux ou non ; car s'il y a quelque difference entre les diametres des fonds, il faut les égaler, en prenant la moitié de leur somme.

Faites encore entrer la jauge à plomb par le trou du bondon, afin d'avoir le plus grand diametre interieur de la coupe du milieu, que vous ajoûterez avec le diametre des fonds, & en prendrez la moitié, pour avoir un diametre moyen arithmetique, lequel étant multiplié par la longueur interieure du tonneau, le produit vous marquera le nombre des mesures qu'il contient.

Soit pour exemple la longueur interieure d'un tonneau de quatre mesures & trois quarts, aprés en avoir diminué deux pouces de chaque côté sur la longueur exterieure, sçavoir un pouce & demy pour la profondeur des jables, & demy pouce pour l'épaisseur des douves qui composent les fonds : soit aussi le diametre de chaque fonds 15 & le diametre du milieu 17 parties, j'ajoûte 15 & 17, la somme est 32, dont la moitié est 16, que je multiplie par la longueur 4 & trois quarts, le produit 76 sera le nombre des pintes ou mesures contenuës dans le tonneau proposé.

Pour la seconde sorte de jauge, on trouve par le calcul, qu'un cylindre qui a pour diametre trois pieds trois pouces & six lignes, & autant pour sa hauteur, contient mille pintes, mesure de Paris.

Prenez donc sur une regle une longueur de trois pieds trois pouces & six lignes; divisez cette longueur en dix; chacune de ces parties sera le diametre, & la hauteur d'un cylindre contenant une pinte, puisque les solides semblables sont entr'eux comme les cubes de leurs côtez homologues : subdivisez encore chacune de ces parties en dix, ce qui se pourra facilement faire par le moyen de la ligne des parties égales du compas de proportion : chacune de ces dernieres parties sera la hauteur, & le diametre d'un cylindre solide contenant la milliéme partie d'une pinte. Vous ajoûterez ces petites parties jusqu'au bout de votre regle, & les ayant chiffrées de Fig. 16. cinq en cinq, votre jauge sera faite. Vous lui pourrez donner quatre à cinq pieds de long, si vous voulez qu'elle serve pour mesurer de grands vaisseaux, comme sont les pipes, &c.

Pour vous en servir, voyez combien les diametres des fonds & de la bonde, comme aussi la longueur du vaisseau, contiennent de petites parties de votre jauge.

Par la longueur du vaisseau, il faut entendre la longueur intérieure, qui est l'espace compris en ligne droite entre les fonds ; & par les diametres, on entend les diametres pris en-dedans entre les douves.

Si les diametres des fonds sont égaux, comparez l'un d'eux avec le diametre de la coupe du milieu à l'endroit du bondon, le milieu entre les deux s'appellera le diametre égalé du tonneau.

Si les diametres des fonds ne sont pas égaux, ajoûtez-les ensemble, & prenez-en la moitié, qui s'appellera le diametre égalé des fonds ; comparez ensuite le diametre égalé avec le grand diametre du milieu au-dessous du bondon ; ajoûtez les ensemble, & prenez la moitié de leur somme, pour avoir le diametre égalé du vaisseau.

Multipliez le diametre égalé du vaisseau par lui-même, & le produit par la longueur, vous aurez le nombre de milliémes de pintes contenuës dans le vaisseau ; tranchez donc les trois dernieres figures vers la droite, les restantes montreront combien ledit vaisseau contient de pintes.

Soit pour exemple le diametre de chaque fond, 58 parties de ladite jauge, & le diametre du milieu 62, ajoûtez ensemble ces deux nombres, vous aurez 120, dont la moitié 60 est le diametre égalé du vaisseau ; multipliez ce nombre par lui-même, pour avoir son quarré 3600 ; supposons la longueur interieure du vaisseau 80

E

des mêmes parties ; multipliez 3600 par 80, le produit sera 288000, dont ayant retranché les trois dernieres figures, on connoîtra que ce vaisseau contient 288 pintes, mesure de Paris.

Ces methodes de jauger sont assez exactes dans la pratique, lorsqu'il y a peu de difference entre les cercles des fonds & celui du milieu du tonneau, comme aux muids qui se font aux environs de Paris ; mais lorsque la difference est considerable, comme elle est aux pipes d'Anjou, dont le diametre du milieu est beaucoup plus grand que celui des fonds, la mesure faite par les methodes que nous venons de donner, seroit un peu plus petite que la veritable ; mais pour en approcher, & la rendre plus juste, divisez en sept la difference qui fait l'excez du diametre du milieu, & ajoûtez-en quatre au diametre égalé des fonds, comme si, par exemple, le diametre des fonds étoit de 50 petites parties, & celui du milieu de 57 des mêmes parties, vous en prendrez 54 pour le diametre égalé du vaisseau, & ferez le reste, comme il a esté dit cy-devant.

Ayant connu par la jauge combien un tonneau contient de pintes de Paris, on pourra trouver ce que le même vaisseau contient de toutes autres mesures par la methode suivante.

La pinte d'eau douce, mesure de Paris, pese trente-une onces poids de marc, c'est pourquoi il n'y aura qu'à faire peser dans le pays où l'on se trouvera, la mesure d'eau, & par une regle de proportion on trouvera ce que l'on cherche.

Si, par exemple, la mesure d'eau de quelque pays pese cinquante onces, & que l'on veüille sçavoir combien de pareilles mesures sont contenuës dans un muid qui contient 288 pintes, mesure de Paris, on dira par une regle de trois, comme 50 sont à 31, ainsi 288 pintes sont à un quatriéme nombre, la regle étant faite, on trouvera 178 mesures & demie.

On pourroit marquer sur une des faces de ladite jauge les pieds & pouces, & subdiviser chaque pouce en quatre : ce qui donnera un second moyen de jauger les tonneaux, qui servira comme de preuve. On marquera les pieds par des chiffres romains, & les pouces par d'autres chiffres plus petits.

Nous avons dit cy-devant, que la pinte de Paris contient soixante-un pouces cylindriques. C'est pourquoi ayant reduit la solidité du vaisseau en pouces cylindriques, il faudra les diviser par soixante-un, pour avoir le nombre des pintes qu'il contient. Un exemple ou deux vont donner tout l'éclaircissement necessaire.

Soit, par exemple, la longueur interieure d'un tonneau 36 pouces, le diametre des fonds 23 pouces, & celui du milieu du tonneau 25. Ajoûtez ces deux diametres, leur somme est 48 dont la moitié est 24 pour le diametre égalé. Multipliez ce nombre 24 par lui-même, le produit est 576, & le multipliez encore par 36, vous

trouverez 20736 pouces cylindriques, lesquels étant divisez par 61,
le quotien est 339 pintes, & environ trois quarts.

Si les mesures dont on s'est servy pour la longueur & les diametres sont des quarts de pouces, on divisera le dernier produit par
3904, pour avoir le nombre des pintes.

Soit, par exemple, la longueur interieure du vaisseau proposé 35
pouces & un quart, le diametre des fonds 23 pouces, & celui du
milieu 25 pouces & un demy; ajoûtez ensemble ces deux diametres, leur somme sera 48 & demy, & sa moitié 24 un quart,
lesquels pour la facilité du calcul vous reduirez en quarts, le
nombre est 97 qu'il faut multiplier par lui-même, le produit sera
9409, lesquels il faut multiplier par 141, à quoi se réduisent les 35
pouces un quart de longueur, ce dernier produit sera 1326669, lequel étant divisé par 3904, le quotien sera, comme cy-devant,
339 pintes, & environ trois quarts.

Construction & Usage d'une nouvelle jauge.

MOnsieur Sauveur, Maître de Mathematiques des Rois d'Espagne & d'Angleterre, & de Messeigneurs les Princes Fils
de France, Professeur Royal, & de l'Academie des Sciences, a
bien voulu nous communiquer une nouvelle jauge de son invention, par le moyen de laquelle on trouve par la seule addition le
contenu de toutes sortes de tonneaux, au lieu que toutes les manieres de jauger qui ont paru jusqu'à present, ne se peuvent executer que par des multiplications & divisions : & c'est ce qui doit
faire la preference de cette nouvelle jauge à toutes les autres.

Pour construire cette jauge, choisissez une petite piece de bon
bois sec & sans nœuds, comme de cormier ou poirier, longue
d'environ cinq pieds en forme de parallelipipede rectangle, & de
six ou sept lignes d'épaisseur à chacune de ses quatre faces qui doivent être égales. La figure 17 montre à peu prés le dévelopement
de ces quatre faces.

Sur la premiere de ces quatre faces on marquera des nombres
qui serviront à mesurer les diametres des tonneaux.

Les divisions de la seconde face serviront à mesurer leurs longueurs.

Les divisions de la troisiéme face feront pour le contenu des tonneaux. Enfin on trouvera sur la quatriéme face le nombre des septiers & pintes qu'ils contiennent.

Ces divisions se feront en la maniere qui suit.

Divisez premierement la quatriéme face de pouce en pouce, &
chaque pouce en dix parties égales. Ces petites divisions marqueront des pintes, chiffrant 1, 2, 3, 4, 5, 6, &c. & de 8 en 8 ce se-

ront des feptiers, puifqu'un feptier contient huit pintes. Sur un des bouts de cette quatriéme face on écrira pintes & feptiers.

On divifera les trois autres faces par le moyen des logarithmes, comme nous allons l'expliquer.

Les divifions de la quatriéme face ferviront d'échelle pour la troifiéme qui lui doit être contiguë.

Divifion de la troifiéme face pour le contenu.

POur placer un nombre fur la troifiéme face, comme, par exemple, 240, cherchez dans les logarithmes 2.40, ou le nombre qui en approche le plus, vous le trouverez vis-à-vis de 251; mettez donc 240 dans la troifiéme face vis-à-vis 251 pintes de la quatriéme face, & ainfi des autres.

J'ai dit le nombre qui en approche le plus, car je ne trouve pas juftement 2.40 vis-à-vis de 251, mais en fa place je trouve 2.3996 qui en approche, puifqu'il ne s'en manque que quatre unitez, en negligeant les trois dernieres figures du nombre entier marqué dans les tables des logarithmes.

Cependant pour ne rien negliger de l'exactitude neceffaire, en faifant ces divifions, j'ajoûte 1 au premier chiffre, & au lieu du logarithme 240, je cherche 340, vis-à-vis duquel je trouve 2512 qui fignifie qu'il faut placer le logarithme 240 vis-à-vis de 251 divifion des pintes, & deux parties davantage d'une pinte, qu'on doit fuppofer être divifée en dix. Sur un des bouts de la troifiéme face on écrira *contenu*.

Divifion de la feconde face pour les longueurs.

UN vaiffeau cylindrique ayant trois pouces onze lignes & un tiers de diametre, & autant de profondeur ou de longueur, contient une pinte, mefure de Paris; c'eft pourquoi la premiere partie de la feconde face qui eft fans divifion, doit être de cette longueur qu'il faut pofer dix fois & plus, fi l'on veut, le long de ladite face, en marquant feulement des points occultes. Une de ces parties doit être divifée en cent fur une regle feparée qui fervira d'échelle.

Pour placer un nombre fur la feconde face comme 60, cherchez dans les logarithmes le nombre 60, qui fe trouvera entre 39 & 40, ou plutôt vis-à-vis de 3981, fans avoir égard aux chiffres 1. 2. 3. qui le precedent, & qui fe nomment Lettres caracteriftiques. C'eft pourquoi je prends 98 ou 981, en eftimant une partie divifée en 10 fur la petite échelle divifée en 100, & je pofe cet intervale aprés le troifiéme point occulte qui marque trois centaines ou troismille;

Il faut ainſi marquer toutes les diviſions de cinq en cinq, & les ſubdiviſer en cinq parties égales. Enfin ſur le bout de cette face on écrira *Longueurs*.

Diviſion de la premiere face pour les diametres.

LA premiere partie de cette face qui eſt ſans diviſion, repreſente le diametre d'un vaiſſeau cylindrique contenant une pinte, meſure de Paris; c'eſt pourquoi la longueur doit être de trois pouces onze lignes un tiers de même que la premiere partie de la ſeconde face.

Pour le reſte, portez-y les diviſions de la ſeconde face, mais au lieu d'écrire 5, 10, 15, 20, 25, &c. écrivez-y leur double 1 20, 30, 40, 50, &c. & ſubdiviſez les intervals en 10, & ſur le bout de cette face écrivez *Diametres*.

USAGE.

MEſurez avec la premiere face *des diametres* le diametre moyen du tonneau : marquez ce diametre par nombres de la jauge, ajoûtant les ſubdiviſions par 10, qui ne ſont pas marquées, je ſuppoſe que le diametre moyen tombe ſur 153.00.

Meſurez de même la longueur interieure du vaiſſeau avec la ſeconde face *des longueurs*, je ſuppoſe qu'elle tombe ſur 92. 85. ajoûtez enſemble ces deux logarithmes,

$$
\begin{array}{r}
153. 00. \\
92. 85. \\
\hline
245. 85.
\end{array}
$$

Cherchez cette ſomme 245. 85. ſur la troiſiéme face du contenu, vous trouverez vis-à-vis ſur la quatriéme face 36 ſeptiers ou 288. pintes de Paris.

Pour rendre cette meſure generale.

PEſez une pinte d'eau douce, meſure du pays; je ſuppoſe qu'elle peſe 50 onces, poids de marc.

Cherchez 31 onces, poids de la pinte de Paris ſur la quatriéme face *des ſeptiers*, ce nombre 31 répondra vis-à-vis de 239. 4. de la troiſiéme échelle.

Cherchez de même 50 ſur la quatriéme face, il répond vis-à-vis de 260. 2.

De   260. 2.
Oſtez   239. 4.
Reſtera   20. 8.

E iij

Il faut enſuite de 245. 85. trouvé cy-devant

Oſter   20. 80.

Reſtera   225. 05.

Vis-à-vis de ce nombre 225. 05 pris dans la troiſiéme échelle du contenu, vous trouverez dans la quatriéme échelle 22 ſeptiers pintes, ou 178 pintes du pays propoſé, & ainſi des autres.

Des differentes Meſures du Vin.

LE poiſſon eſt la plus petite meſure, dont on ſe ſert pour meſurer le vin à Paris; il contient environ un verre de feugere d'une moyeune grandeur.

Deux poiſſons font le demi-ſeptier.

La chopine contient deux demi-ſeptiers.

La pinte deux chopines.

Nous avons dit cy-devant ce que la pinte contient de pouce.

La quarte contient deux pintes.

Le ſeptier, huit pintes de Paris.

Le quarteau contient neuf ſeptiers.

Le demy muid, dix-huit ſeptiers; & le muid, trente-ſix.

La demi-queuë de Champagne contient vingt-quatre ſeptiers.

La demi-queuë d'Orleans, vingt-ſept ſeptiers

La demi-queuë de Beaune, trente ſeptiers.

Le buſſard d'Anjou eſt de trente à trente-deux ſeptiers, & le gros buſſard en contient trente-ſix à quarante.

Le muid de Mantes contient trente-neuf à quarante ſeptiers.

La pipe, cinquante-quatre ſeptiers.

Et la pipe de Coignac ſoixante-ſix à ſeptante ſeptiers.

Il y a encore d'autres meſures rondes ou cylindriques qui ſervent à meſurer les grains, le ſel, les fruits, & autres choſes ſemblables.

Le litron, dont on ſe ſert à Paris, contient trente-ſix pouces cubes; les demis & quarts à proportion.

Le boiſſeau contient ſeize litrons.

Le minot de ſel contient quatre boiſſeaux, & doit peſer cent livres.

Le minot de bled contient trois boiſſeaux.

Le ſeptier contient quatre minots, ou douze boiſſeaux.

Le muid eſt de douze ſeptiers, mais celui d'avoine eſt double de celui de bled.

Le minot de charbon contient huit boiſſeaux, & la voie qui eſt un ſac, eſt dè deux minots.

Le muid de plâtre contient trente-ſix ſacs, & chaque ſac trois boiſſeaux.

Toutes ces mesures doivent être rases, & les étalons ou matrices qui ont été reglées en l'année 1669, se conservent à l'Hôtel de Ville de Paris au Bureau des Mesureurs de sel.

SECTION VII.

Des Usages de la ligne des Métaux.

USAGE I.

Estant donné le diametre d'une boule de quelqu'un des six métaux, trouver le diametre d'une autre boule de même poids, & duquel on voudra desdits métaux.

PRenez le diametre donné, & le portez à l'ouverture des deux Fig. 12. points marquez du caractere qui dénote le métal de la boule; & le compas de proportion demeurant ainsi ouvert, prenez l'ouverture des points cottez du caractere qui signifie le métal dont on veut faire la boule, cette ouverture sera son diametre. Soit pour exemple A B, le diametre d'une boule de plomb, & l'on demande le diametre d'une boule de fer qui soit de même poids; portez la ligne A B à l'ouverture des points ♄ qui marquent le plomb, & prenez ensuite l'ouverture des points ♂ qui dénote le fer, cette ouverture donne la longueur C D pour diametre de la boule de fer d'un poids égal à celle de plomb.

Si au lieu de boules on propose des corps semblables ayant plusieurs faces, faites la même operation que dessus pour trouver chacun des côtez homologues, les uns aprés les autres, afin d'avoir les longueurs, largeurs & épaisseurs des corps qu'on veut construire.

USAGE II.

Trouver la proportion que les six métaux ont entr'eux selon leur pesanteur.

ON demande, par exemple, quelle proportion auroient entr'eux deux corps semblables de même grandeur & volume, mais de differens métaux.

Prenez sur la ligne des métaux la distance du centre de la charniere jusqu'au point du caractere qui dénote le métal moins pesant des deux proposez, qui est toûjours le plus éloigné dudit centre; portez cette distance sur la ligne des solides, à l'ouverture duquel nombre vous voudrez; & le compas de proportion demeurant ainsi ouvert, prenez sur la ligne des métaux la distance du

centre de la charniere jufqu'au point qui marque l'autre metal, &
les portant fur la ligne des folides, voyez fi elle peat convenir à
l'ouverture de quelque nombre; fi elle y convient, ces deux
nombres exprimeront la propo tion des deux metaux propofez, en
permutant les nombres.

Soit propofé, par exemple, de trouver quelle raifon a le poids
d'une certaine maffe ou lingot d'or au poids d'un autre lingot d'argent femblable & de même volume. Comme l'argent pefe moins
que l'or, je prends la diftance du centre de la charniere jufqu'au
point cotté D, & la porte à l'ouverture du cinquantiéme folide,
puis je prends la diftance du même centre au point marqué ☉, &
trouve qu'elle convient environ à l'ouverture du vingt-feptiéme folide, peu plus, d'où je conclus que le poids de l'or eft à celui de l'argent, comme cinquante à vingt-fept un fixiéme, ou comme cent
cinquante-quatre un tiers, c'eft à dire que fi le lingot d'or pefe cent
livres, celui d'argent pefera cinquante-quatre livres & un tiers, &
ainfi des autres metaux, dont la proportion eft exprimée plus exactement par les nombres de livres & onces que pefe un pied cube de
chacun de ces metaux, rapportez cy-devant en parlant de la preuve
de la ligne des metaux, & en la table cy-aprés; fi neanmoins on veut
exprimer leur proportion par de plus petits nombres, on trouvera
que fi un lingot d'or eft fuppofé pefer cent marcs, un lingot de
plomb de même groffeur & volume en pefera environ foixante &
demy, un d'argent cinquante-quatre un tiers, un de cuivre 47 un
quart, un de fer quarante-deux un dixiéme, & un d'étain 39.

USAGE III.

Eftant donné quelque corps que ce foit de l'un des fix métaux,
trouver combien il faut d'un des cinq autres métaux,
pour faire un autre corps femblable & égal au propofé.

SOit pour exemple un reliquaire d'étain, on propofe d'en faire
un autre d'argent tout femblable, & de même grandeur. Premierement je pe e ce reliquaire d'étain, & trouve qu'il pefe trente-
fix livres; c'eft pourquoi je prends fur la ligne des metaux la diftance
du centre du compas de proportion jufqu'au point marqué D, qui
eft le métal dont on veut faire le nouveau reliquaire, & porte cette
diftance à l'ouverture du trente-fixiéme folide qui eft le poids fuppofé du reliquaire d'étain; puis je prends encore fur ladite ligne des
metaux la diftance du centre au point marqué ♀, qui dénote le métal du reliquaire d'étain, & portant cette diftance à l'ouverture
de quelque folide, je trouve qu'elle convient au cinquante-neu-
viéme un peu plus: ce qui me fait connoître qu'il faut environ cin-

quante livres d'argent & un quart, pour faire un reliquaire semblable, & de même grandeur que celui d'étain proposé.

La preuve de cette operation se peut faire par le calcul, sçavoir en multipliant reciproquement ces differens poids par ceux d'un pied cube de chacun de ces métaux, comme en cet exemple, multipliant 720. l. 12. onces, qui est le poids d'un pied cube d'argent par 36 liv. qui est le poids dudit reliquaire d'étain, & ensuite multipliant 516. liv. 2. onces, qui est le poids d'un pied cube d'étain par 50 liv. un quart, qui est le poids du reliquaire d'argent, les produits de ces deux multiplications doivent être à peu prés égaux.

USAGE IV.

Estant donnez les diametres, ou costez de deux corps semblables de divers metaux, trouver en quelle raison sont les poids de ces deux corps.

SOit, par exemple, la ligne droite E F le diametre d'une boule d'étain, & G H le diametre d'une boule d'argent, il faut trouver la raison des poids de ces deux boules. Prenez le diametre E F, & le portez à l'ouverture des points ♃, qui dénotent le métal de cette boule; le compas de proportion demeurant ainsi ouvert, prenez l'ouverture des points ☽, qui dénotent le métal de l'autre boule; comparez cette ouverture avec le diametre G H, afin de reconnoître si elle lui est égale, car en ce cas les deux boules seroient de même pesanteur. Mais si le diametre de la boule d'argent est plus petit que l'ouverture des points ☽, comme est icy K L, c'est une marque que la boule d'argent pese moins que celle d'étain, & pour connoître de combien, il faut comparer ensemble sur la ligne des solides les diametres G H & K L, c'est pourquoi portez ladite ouverture des points ☽, qui est icy G H à l'ouverture de quelque solide, comme, par exemple, du soixantiéme; voyez ensuite à quel autre solide convient le diametre K L, & supposant qu'il convienne à l'ouverture du vingtiéme solide, c'est une marque que la boule d'argent, dont le diametre est K L, ne pese que le tiers de la boule d'étain, dont le diametre est E F.

USAGE V.

Estant donnez le poids & le diametre d'une boule, ou le côté de quelqu'autre corps d'un des six metaux, trouver le diametre, ou le côté homologue d'un autre corps semblable d'un des cinq autres metaux, lequel soit d'un poids donné.

SOit, par exemple, la ligne droite M N le diametre d'une boule de cuivre qui pese dix livres, on demande le diametre d'une boule d'or qui pese quinze livres. Il faut premierement trouver par la ligne des métaux le diametre d'une boule d'or de poids égal à celle de cuivre, & puis l'augmenter par la ligne des solides. Portez pour cet effet le diametre M N à l'ouverture des points ♀, qui dénote le cuivre, & prenez l'ouverture des points ☉, qui dénote l'or, marquez le diametre de la boule d'or O P du poids de dix livres, & le portez à l'ouverture du dixiéme solide. Prenez ensuite l'ouverture du quinziéme ; cette derniere ouverture Q R donnera le diametre d'une boule d'or pesant quinze livres, comme on l'a demandé.

Voicy une table du poids de differentes matieres, réduit au pied & au pouce cubes.

Le poids d'un pied cube.			Le poids d'un pouce cube.		
Or	1326. liv.	4. onces.	12. onces.	2. gros.	52. grains.
Vif-argent	946.	10.	8.	6.	8.
Plomb	802.	2.	7.	3.	30.
Argent	720.	12.	6.	5.	28.
Cuivre	627.	12.	5.	6.	38.
Fer	558.	0.	5.	1.	24.
Estain	516.	2.	4.	6.	17.
Marbre blanc	188.	12.	1.	6.	0.
Pierre de taille	139.	8.	1.	2.	24.
Plâtre	85.	0.	0.	5.	6.
Ardoise	150.	0.	1.	7.	12.
Tuile	127.	0.	1.	0.	18.
Eau de Seine	69.	12.	0.	5.	12.
Eau de Mer	70.	10.	0.	6.	0.
Vin	68.	6.	0.	5.	5.
Cire	66.	4.	0.	4.	65.
Huile	64.	0.	0.	4.	43.

Fin du second Livre.

Fig. 1.
A 1 2 3 4 5 6 7 B

Fig. 2.
Parties 20 40 60 80 100 120 140 160 180
Egalles 20 40 60 80 100 120 140 160 180

Fig. 3.
A 40. B
C 20. D
10.

Fig. 4.
B
A C

Fig. 4.
B
A C

Fig. 5.
Surface 20. Toises
a b
Surface 30. Toises
A B

Fig. 6.
C
A B

Fig. 7.
D F E

Fig. 8.
36
D 72 72 E

Fig. 9.
Cordes 10 20 30 40 50 60 70 80 90 100 120 140
Cordes 10 20 30 40 50 60 70 80 90 100 120 130

Fig. 10.
D
40
B C A

Fig. 11.
D
F G

Fig. 12.

Fig. 13.
A

Fig. 15.
C A
3 p. 1 1/3
B 1
2
3
4
5
6
7
8
9
D D
Pour les Diametres

Fig. 14.
5
10
15
20
25
30
35
40
Partie Egalles.

Fig. 16.
3. p. 3. p. 6 l.

Fig. 17.
1. 2. 3. 4
3 p. 1 1/3

Diametres.
Longueur.
Contenu.
Jauge de Mr. Sauveur.

Fig. 18.
Fer
C O D

Plein
A B

Fig. 19.
E 2 F
G H
K L

Fig. 20.
10. L. 10. L. 15. L.
M N O P Q R

H. van Loon fec.

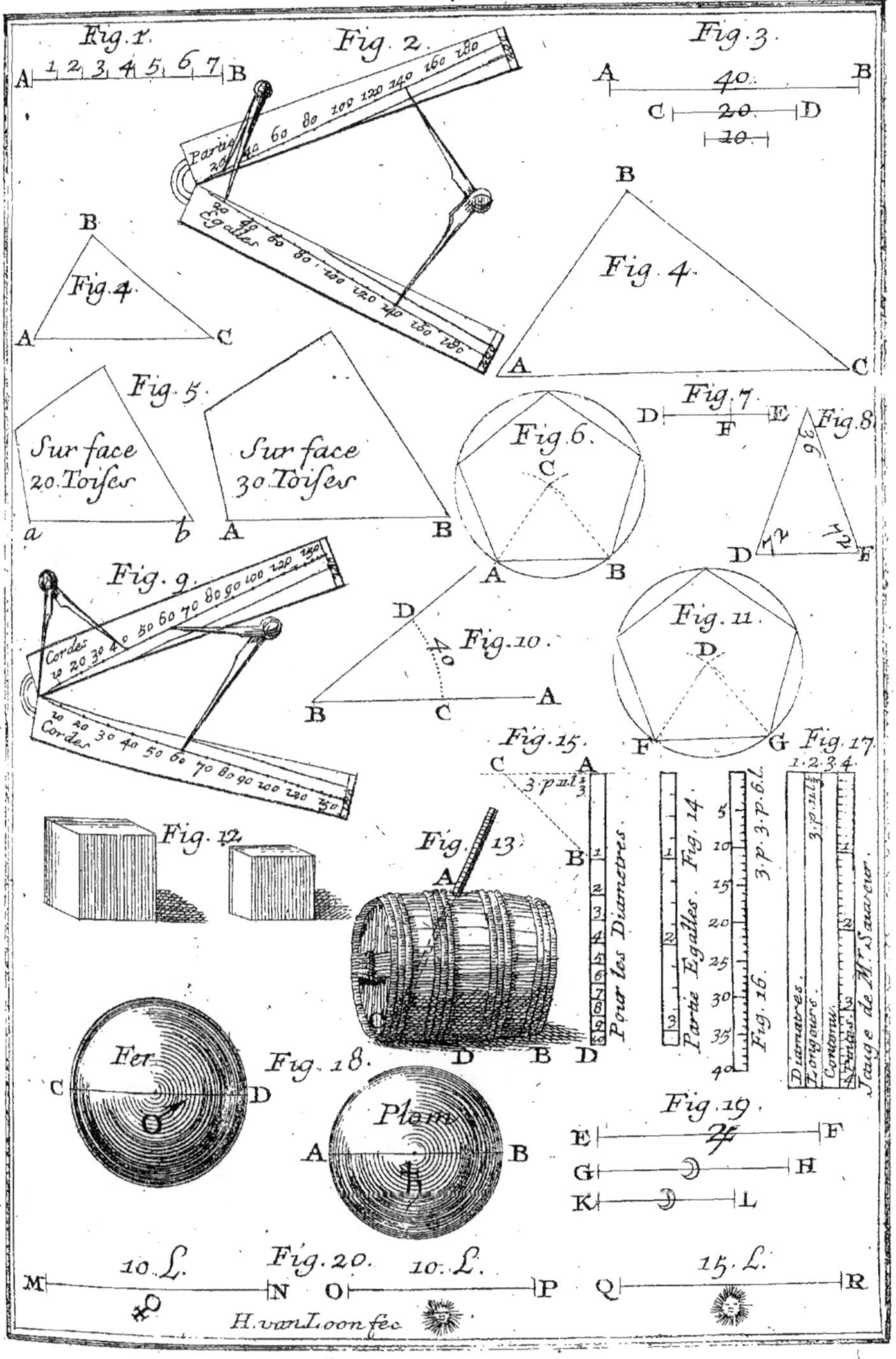

C

ET

D

C
facile
Nous
que le
bien é

DE LA
CONSTRUCTION
ET DES USAGES
DE PLUSIEURS COMPAS,
ET AUTRES INSTRUMENS CURIEUX,

Qui servent ordinairement au Cabinet.

LIVRE TROISIEME.

CHAPITRE PREMIER.

De la Construction & des Usages de plusieurs differens Compas.

NOUS avons déja parlé des Compas qui se mettent ordinairement dans les Estuis de Mathematique, il nous reste à parler de quelques autres que l'on y place aussi quelquefois, dont les longueurs sont arbitraires.

Construction du Compas à pince.

CE Compas se nomme Compas à pince, à cause d'une entaille qui est au milieu du corps, en sorte qu'étant fermé, on l'ouvre facilement d'une main, en pressant les doigts l'un contre l'autre. Nous avons dit que la principale bonté des compas consiste en ce que leurs mouvemens soient bien doux, & qu'ils s'ouvrent & ferment bien également ; il faut pour cela que les charnieres soient bien fen- *Planche VIII Fig. A.*

duës & tres-égales d'épaisseur; on se sert pour cela d'une scie d'acier, la teste est fenduë en deux fois, de maniere qu'il reste au milieu un simple de l'épaisseur d'une carte à joüer ; l'autre branche du compas est fenduë par le milieu de la charniere, pour recevoir le simple qui a esté reservé à la teste ; il faut ensuite limer & dresser les charnieres, en sorte qu'elles joignent bien par-tout ; on perce ensuite le compas au milieu de la teste d'un trou d'une grosseur proportionnée à la grandeur du compas, les plus petits sont ordinairement d'une ligne de diametre, & les plus gros environ de deux lignes, mais il faut que le clou soit bien rond, & qu'il remplisse exactement le trou de la teste. Quand il est rivé, on fait couler un peu de cire jaune entre les charnieres, en faisant chauffer la teste du compas, cela empesche que le métal ne s'attache l'un contre l'autre, en l'ouvrant ou le fermant ; on y met ordinairement deux rosettes tournées qui servent de contrerivûres, & maintiennent la teste. La petite vis qui est au bas du corps du compas sert à avancer ou reculer la pointe d'acier tant & si peu qu'on le veut : c'est ce qui fait qu'on le nomme Compas de division. Cette pointe est attachée par deux clous au haut du compas, en sorte qu'elle fait ressort en tournant la vis ; l'autre pointe d'acier est soûdée au feu, comme toutes les autres pointes de compas qui sont fixes. On fait pour cela ausdites pointes une entaille plate, que l'on fait entrer dans une fente faite au bas du corps du compas, en sorte qu'elles se joignent bien, afin que la soudure les fasse tenir fortement. On se sert ordinairement de soudure d'argent au tiers de cuivre, c'est à dire qu'on met deux fois plus d'argent que de cuivre ; par exemple, sur un gros d'argent, on met un demy gros de laiton que l'on fond ensemble dans un creuset, & qu'on amincit ensuite au marteau de l'épaisseur d'une bonne carte, pour les couper ensuite en petits morceaux, pour la faire couler plus facilement ; on se sert aussi assez souvent de soudure de cuivre mêlée avec du zin, on fond ensemble trois quarts de laiton avec un quart de zin qu'on jette ensuite tout fondu dans l'eau froide, afin de la rendre en petite grenaille ; il faut avoir soin de poudrer l'endroit qu'on veut souder avec du borax broyé bien fin, c'est ce qui fait couler & penetrer la soudure aux jointures qu'on veut souder ; ce que je dis icy de la maniere de souder les pointes de compas, se doit entendre de même de toutes autres pieces qu'on veut souder.

Du Compas à l'Allemande.

Fig. B.   CE Compas a ses branches un peu courbées, en sorte que les pointes ne se joignent que par les bouts ; il change de pointes, c'est à dire, qu'il y en a plusieurs qui s'ajustent dans un petit trou quarré fait à la boëte où eſt la vis qui ſert à les retenir fermes. Il faut que ces pointes entrent bien juſte dans le petit trou quarré, afin qu'elles ne vacillent point. On met quelquefois à ces ſortes de compas une pointe à tire-ligne, afin de tracer des lignes groſſes ou menuës par le moyen de la petite vis qui approche ou écarte les pointes du tire-ligne ; on le fait à mouvement par le moyen d'une petite charniere à peu prés comme la teſte de compas, afin de pouvoir mettre ladite pointe perpendiculaire ſur le papier, le compas étant peu ou beaucoup ouvert ; la petite figure marquée 3 donne une idée de cette pointe ; le porte-craïon marqué 2 eſt auſſi mobile, afin que le crayon ſoit auſſi à plomb dans les grandes ouvertures de compas ; la pointe à roulette marquée 1 ſert à faire des lignes ponctuées ; elle a auſſi un mouvement de la même maniere, & pour la même raiſon que le tire-ligne. On met dans l'un & dans l'autre de l'encre avec une plume entre les lames, afin de ne pas s'expoſer à gâter les deſſeins. Ce qu'on appelle roulette eſt une petite roue de cuivre, ou autre métal d'environ trois lignes de diametre autour de laquelle on fait de petites dents pointuës, elle eſt attachée au bout de deux petites lames de laiton par une petite goupille, de maniere qu'elle tourne librement, à peu prés comme un éperon ; les pointes des dents doivent être aſſez proches l'une de l'autre, pour ne pas faire des points trop éloignez ; le reſte de ce compas ſe fait de la même maniere que celui dont e viens de parler ; je dirai ſeulement qu'il doit être bien ajuſté, & limé bien plat par-tout. La beauté d'un compas conſiſte auſſi en ce qu'il ſoit bien adouci & bien poli ; on ſe ſert pour cela d'une pierre douce qu'on paſſe à l'eau ſur tous les pans du compas ; on prend enſuite un bâton de bois doux qu'on applatit, & qu'on paſſe bien droit ſur toutes les parties du compas avec de la potée d'émery trempée dans de l'huile ou du tripoly bien fin ; on eſſuye bien aprés tout le compas avec un linge blanc, ou un morceau de chamois.

Conſtruction du Compas à reſſort.

CE Compas eſt fait tout d'acier trempé, c'eſt à dire dur par-tout, en ſorte que la lime ne peut y mordre, & ſa teſte eſt contournée de telle maniere qn'il s'ouvre de lui-même par ſon reſ- *Fig. C.* fort. La vis qui le traverſe en arc, ſert à l'ouvrir & le fermer tant que l'on veut par le moyen de l'écrou qui eſt derriere. Cette ſorte de compas eſt fort commode pour prendre de petites meſures, & faire de petites diviſions, mais ils doivent être un peu courts, & trempez de maniere qu'ils faſſent bien reſſort, & qu'ils ne caſſent pas.

Construction du Compas d'Horlogeur.

Fig. D CE Compas est nommé Compas d'Horlogeur, il est fort & solide, car son usage ordinaire est de servir à couper le carton, le cuivre, & autres choses semblables. Le quart de cercle qui le traverse est pour l'arrêter fixement à une ouverture, en serrant la vis qui appuye sur ledit quart de cercle qui est le plus souvent d'acier; l'écrou qui est à son extremité sert à ouvrir & fermer le compas tant & si peu qu'on le veut, en tournant ledit écrou qui doit être rivé de telle maniere à la branche du compas, qu'il fasse avancer ou reculer l'autre branche; les quatre pointes doivent être d'acier bien trempé, comme nous allons l'expliquer. Celle marquée 1 est limée en talu à peu prés comme un burin, pour couper le cuivre; celle marquée 2 est faite en maniere de champignon pointu, pour remplir les centres de differentes grandeurs; les deux autres pointes sont comme à l'ordinaire, excepté qu'elles doivent être fortes à proportion des compas; le reste de la construction est comme cy-devant.

Pour tremper les pointes de compas ou autres pieces d'acier, on doit s'y prendre de differentes manieres; par exemple, les bouts des pointes des petits compas se trempent à la chandelle par le moyen d'un chalumeau de cuivre, car en soufflant dedans, cela fait un rayon de flamme fort vif qui rougit en un instant les pointes qu'il faut tremper aussi-tôt dans le suif de chandelle; alors quand les pointes sont d'acier, elles deviennent tres-dures; les pointes des gros compas & autres outils d'acier se trempent au feu, en les faisant rougir d'une couleur de cerise; les faisant tremper en cet état dans l'eau, cette matiere devient fort dure. Je donnerai à la fin de cet ouvrage une figure des principaux outils dont on se sert pour faire les instrumens de Mathematique, & j'expliquerai en abregé leurs principaux usages.

Construction du Compas à trois branches.

Fig. E CE Compas sert à prendre trois points à la fois, pour former un triangle tel qu'il peut être, & aussi pour placer trois positions à la fois d'une carte que l'on veut copier, &c.

La construction de ce compas est à peu prés comme les autres, excepté que la troisiéme branche doit avoir un mouvement en tout sens, & cela se fait par le moyen du clou tourné qui sert à river par un bout les deux branches ordinaires, & à l'autre bout il doit y avoir une rosette & une plaque ronde qui sert de charniere à la troisiéme branche, qui se rive comme les autres compas. La petite fi-

gure 1 marqué comment ce clou est fait ; ce compas a ses pointes Fig 1.
d'acier comme les autres.

Du Compas à Cartes Marines.

CE Compas a ses jambes recourbées & relargies vers la teste, Fig. F
afin que l'on puisse l'ouvrir d'une seule main ; ce qui se fait en
pressant les deux branches dans la main ; sa figure fait assez connoître sa construction, & nous parlerons de son usage, en traitant
des instrumens de la Navigation.

Construction du Compas de reduction simple.

ON nomme ce Compas de reduction & de division, à cause Fig. G
qu'il est fait pour diviser une ligne, & reduire un plan de petit
au grand, & du grand au petit. On en fait qui servent à diviser
une ligne en deux, d'autres en trois, d'autres en quatre, en cinq,
&c. Il faut bien prendre garde en le construisant, que la teste soit
percée en ligne droite avec les branches, & que le dedans des pointes d'acier n'avance pas plus l'une que l'autre. Si, par exemple, on
veut faire un compas qui serve à prendre la moitié d'une ligne, il
faut que depuis le centre du clou jusqu'à l'extremité des plus longues pointes, il y ait bien exactement deux fois la longueur des
plus courtes, & ainsi à proportion des autres mesures. Le compas
de la figure G est fait pour prendre le tiers d'une figure, c'est pourquoi depuis le centre marqué 5 jusqu'aux deux extremitez des
pointes marquées 2, il y a trois fois la longueur depuis le même
centre jusqu'aux extremitez des petites pointes marquées 3 & 4 ; en
sorte que si l'on veut avoir le tiers de la ligne 2, 2, il faut prendre
toute sa longueur avec le plus grand côté du compas, lequel restant
ainsi ouvert, les plus petites branches donneront ce tiers qui sera la
ligne 3, 4.

Construction du Compas de reduction à teste mobile.

CET instrument est une autre sorte de compas de reduction ou Fig. H
de division à teste mobile ; il sert à diviser une ligne proposée
en parties égales, comme aussi à diviser la circonference de tout
cercle, pour y inscrire tout polygone regulier.

Cette sorte de compas est composé de deux jambes égales, dont
chacune est garnie de deux pointes d'acier. Ces jambes sont évidées pour y faire couler une espece de boëte, au milieu de laquelle
il y a une vis qui sert de clou pour les joindre, & les serrer en divers endroits avec l'écrou ; mais il faut que les branches soient évi-

dées bien juste au milieu, en sorte que le centre du clou soit en ligne droite avec le dedans des pointes, que la boëte coule tres-justement au long des branches, & que la vis à teste remplisse exactement le trou de la boëte, afin que rien ne vacille quand il est serré avec l'écrou.

Fig. H. 1. 2. 3. La figure 1 represente la vis, la figure 2 marque l'écrou, la figure 3 montre la moitié de la boëte qui doit se joindre avec une pareille moitié. On voit par cette petite figure qu'il y a une épaisseur au milieu pour remplir exactement le vuide des branches; ce qui est ombré des deux côtez est pour embrasser les deux côtez des branches, en sorte que cette moitié de boëte doit être juste d'épaisseur, & couler au long d'une des branches; elle doit être aussi percée pour recevoir la vis; il faut ajuster une pareille moitié de boëte à l'autre branche pour joindre les deux ensemble, & on les fait tenir ferme à telle ouverture qu'on veut par le moyen de l'écrou; la figure 1 est une des branches separées où sont les divisions des parties égales, car sur une des jambes on marque d'un côté les chiffres qui servent à diviser toute ligne donnée en parties égales, & sur l'autre jambe on marque de l'autre côté les chiffres qui servent à inscrire dans un cercle proposé tout polygone regulier.

Pour faire la division des lignes en parties égales, ayez une échelle bien divisée qui soit de la même grandeur que tout le compas de reduction; ou plutôt servez-vous d'un compas de proportion, parce qu'il peut servir d'échelle de plusieurs grandeurs.

Prenez avec un compas commun la longueur exacte d'une des jambes du compas de reduction, & la portez sur la ligne des parties égales du compas de proportion à l'ouverture de 120, lequel restant ainsi ouvert, prenez avec le compas commun 40 des mêmes parties, que vous porterez sur une des jambes du compas de reduction, & y marquerez le chiffre 2, qui servira pour diviser en deux parties égales toute ligne proposée.

Le compas de proportion restant toûjours de la même ouverture, prenez 30 parties égales, que vous porterez sur ladite jambe du compas de reduction, pour y marquer le nombre 3 qui servira pour partager en trois parties égales toute ligne proposée.

Prenez ensuite vingt-quatre parties égales, & l'ayant porté sur la jambe du compas de reduction, marquez-y le nombre 4, qui servira pour diviser la ligne donnée en quatre parties égales.

Prenez de même vingt parties égales, & l'ayant porté sur la jambe du compas, marquez-y le nombre 5 pour servir à diviser la ligne proposée en cinq parties égales.

La même ouverture du compas de proportion peut servir encore à diviser en sept, en neuf, & en onze parties égales; mais pour éviter les fractions, il faudra changer ladite ouverture, pour diviser en six, en huit, en dix, & en douze.

Avant

Avant que de changer ladite ouverture du compas de proportion, prenez avec le compas commun quinze defdites parties égales, que vous porterez fur la jambe du compas de reduction, & y marquerez le nombre 7, pour divifer toute ligne donnée en fept.

Prenez enfuite 12, pour marquer fur ladite jambe le nombre 9.

Prenez enfin 10, pour marquer fur ladite jambe le nombre 11, qui fervira pour divifer en onze toute ligne donnée.

Mais pour divifer en fix, prenez avec un compas commun la longueur exacte d'une des jambes du compas de reduction; portez-la fur la ligne des parties égales du compas de proportion à l'ouverture de 140; & ce compas reftant ainfi ouvert, prenez l'ouverture de 20, portez la fur la jambe du compas de reduction, pour y marquer le nombre 6, qui fervira pour divifer toute ligne donnée en fix parties égales.

Ayant pris de même la longueur entiere d'une des jambes du compas de reduction, portez-la fur la ligne des parties égales du compas de proportion à l'ouverture de 180, & prenez-en vingt, & avec cette ouverture marquez fur la jambe du compas de reduction le nombre 8, qui fervira pour divifer en huit toute ligne propofée.

Portez de même toute la longueur du compas de reduction à l'ouverture de 110, dont vous en prendrez 10 pour marquer fur la jambe du compas de reduction le nombre 10 qui fervira pour divifer en dix toute ligne donnée.

Portez enfin la longueur du compas de reduction à l'ouverture de 130, dont vous en prendrez 10 pour marquer fur la jambe du compas de reduction le nombre 12, qui fervira pour divifer toute ligne donnée en douze.

L'ufage en eft facile : car fi, par exemple, vous voulez divifer une ligne droite en trois parties égales, pouffez la boëte, en forte que le milieu de la vis fe trouve juftement fur le point marqué 3, & l'ayant arrêté fixement fur ce point, ouvrez le compas de reduction, en forte que les deux pointes des plus longues parties des jambes conviennent exactement à la longueur de la ligne droite propofée; puis ayant tourné le compas, fans changer fon ouverture, les deux plus courtes parties defdites jambes diviferont en trois parties égales la ligne droite propofée, & ainfi des autres.

Pour faire la divifion des polygones reguliers, divifez en deux parties égales la jambe du compas de reduction; prenez avec le compas commun fa moitié jufte, & la portez à l'ouverture des chiffres 6 de part & d'autre de la ligne des polygones du compas de proportion, lequel reftant ainfi ouvert, prenez l'ouverture des chiffres 3 pour le triangle équilateral, & portez-la fur la jambe du compas de reduction, commençant par l'extremité de ladite jambe, fur laquelle vous marquerez le même chiffre 3; prenez enſuite l'ouverture des chiffres 4. ſur le compas de proportion pour le quarré, portez-la ſur la même jambe du compas de reduction, & du même côté, pour y marquer le même nombre 4 ; prenez de même avec le compas commun l'ouverture des nombres 5 de part & d'autre ſur la ligne des polygones du compas de proportion, & ayant porté cette longueur ſur la jambe du compas de reduction, marquez-y le même nombre 5 pour le pentagone ; faites la même choſe pour l'eptagone, & pour tous les autres polygones juſqu'au dodecagone. Il ſeroit inutile d'y marquer l'exagone, puiſque le demy diametre de tout cercle diviſe ſa circonference en ſix parties égales.

Il eſt aiſé de remarquer que les côtez du triangle, du quarré, & du pentagone, ſont plus grands que le demy diametre du cercle dans lequel on les veut inſcrire, & que les côtez de l'eptagone, octogone, & de tous les autres, ſont plus petits que le demy diametre du cercle où ils ſont inſcrits.

L'uſage en eſt facile, & ſe pratique ainſi. Si, par exemple, vous ſouhaittez d'inſcrire un pentagone dans un cercle propoſé, pouſſer la couliſſe en ſorte que le milieu de la vis ſoit arrêté fixement ſur le chiffre 5 des polygones. Prenez avec les plus courtes jambes du compas de reduction le demy diametre du cercle, & tournez ledit compas ſans y rien changer, l'ouverture des plus longues jambes diviſera le cercle en cinq parties égales.

Mais ſi l'on propoſe d'inſcrire un eptagone, arrêtez la vis ſur le nombre 7, prenez avec les plus longues jambes le demy diametre du cercle propoſé, & retournant ledit compas, l'ouverture des plus courtes jambes diviſera le cercle en ſept parties égales.

Du Compas à couliſſe.

CE Compas ſe nomme Compas à branche ou à couliſſe, il eſt fait d'une branche quarrée de cuivre ou d'acier bien dreſſée, longue depuis un pied juſqu'à trois ou quatre. Il y a deux boëtes de cuivre quarrées qui embraſſent exactement ladite branche, chacune deſquelles ſe monte à vis une pointe d'acier, que l'on peut démonter pour en mettre une autre qui porte encre ou un crayon. Il y a une de ces boëtes qui coule au long de la branche, & qui s'arrête à l'endroit où l'on veut par le moyen de la vis qui appuye ſur un petit reſſort. L'autre boëte eſt preſque fixe à un des bouts, où il y a un écrou qui luy eſt attaché de maniere que le faiſant tourner autour de la vis qui eſt à l'extremité de la branche, il fait avancer ou reculer la pointe d'acier, tant & ſi peu qu'on ſouhaite.

Ces ſortes de compas ſervent à prendre de grandes longueurs, comme aussi à tracer bien juste de grandes circonferences, & à les diviser bien exactement.

Construction du Compas à tracer les Ellipses ou ovales.

CEt instrument est fait pour tracer des ovales ou ellipses de differentes especes ; il est composé d'une branche de cuivre Fig. L. quarrée bien droite & bien égale d'environ un pied de longueur, sur laquelle sont ajustées trois boëtes pour couler au long de ladite branche. A l'une de ces boëtes se monte à vis une pointe d'acier ordinaire, ou bien une pour tracer à l'encre, & quelquefois un porte-crayon. On joint aux deux autres boëtes deux coulisses à queuë d'aronde ou en talud, comme la petite figure 1 le montre. Ces coulisses s'ajustent au long des branches de la croix, sur laquelle sont attachées de petites regles à bizeaux, ou en talud par-dessous, de même que la coulisse à queuë d'aronde. Lesdites coulisses qui sont attachées par un clou rond, & qui tournent en tout sens sous les boëtes quarrées, font qu'en tournant le compas à verge, elles avancent ou reculent au long de la croix, mais il faut faire passer pour cela une des coulisses dans une branche de la croix, & l'autre dans l'autre branche, comme on voit par la figure.

Il faut remarquer que la distance qu'il y a entre les deux coulisses, est la distance des deux foyers de l'ellipse, car changeant cette distance, elle est plus ou moins enflée. Aux extremitez des branches de la croix, & par-dessous, il y a quatre petites pointes d'acier pour la faire tenir ferme sur le papier, & au milieu de ladite croix il y a un petit quarré entaillé jusqu'aux bizeaux, pour faire passer les coulisses d'une branche à l'autre, pendant le mouvement du compas. L'usage de cette machine est fort facile, parce qu'en faisant faire un tour au compas à verge, la pointe à encre ou au crayon trace l'ovale ou l'ellipse telle qu'on la souhaite. Sa figure fait assez connoître sa construction & son usage.

Du Compas d'épaisseur & à repeter les grosseurs.

CEtte figure represente un compas d'épaisseur & de repetition. Il sert à faire connoître l'épaisseur de ce qui est engagé sous des rebords, comme seroit l'épaisseur d'un canon, d'un tuyau, & autres choses semblables : ce que l'on ne pourroit pas faire, si le compas n'avoit que deux pointes ; il est composé de deux pieces de laiton ou autre matiere, auxquelles il y a deux pointes enflées, Fig. M. & de deux autres plates un peu recourbées par les bouts. Pour s'en servir, on fait entrer une des pointes plates dans le canon, & l'autre par-dehors, lesquelles étant serrées, les autres pointes opposées marquent l'épaisseur.

Il faut prendre garde, en le conſtruiſant, que la teſte ſoit bien percée dans le centre, c'eſt à dire, qu'en tirant une ligne d'une pointe à l'autre, oppoſée, elle paſſe préciſément par le centre, lequel la doit diviſer également, & que fermant le compas, toutes les pointes ſe joignent ; on y met ordinairement des petites pointes d'acier aux extremitez.

Du Compas Spherique.

Fig. N. **L**E Compas ſpherique ou d'épaiſſeur ne differe en rien pour ſa conſtruction des compas ordinaires, excepté que ſes jambes ſont recourbées pour prendre la groſſeur ou diametre des corps ronds, comme boulets, &c.

Fig. O   Enfin le compas marqué O eſt encore un compas d'épaiſſeur à repetition, dont les branches doivent être toutes égales en tout ſens. Sa figure fait aſſez connoître ſa conſtruction & ſon uſage.

CHAPITRE II.

De la Conſtruction & des Uſages de pluſieurs Inſtrumens de Mathematique, qui peuvent ſervir dans le Cabinet.

Du Porte-crayon à Compas.

IX.
Planche
Fig. A
  CET Inſtrument eſt nommé Porte-crayon à compas ; il eſt limé à huit pans en dehors, & on les fait ordinairement de quatre, cinq, & ſix pouces de long ; le dedans doit être parfaitement rond, afin d'y placer & faire couler un porte-crayon par le moyen de ſon reſſort & de ſon bouton, dont nous parlerons cy-après ; à un des bouts ſe monte à vis un compas ; la figure montre la maniere dont il eſt fait ; ſa conſtruction ne differe en rien de celle des autres compas, ſi ce n'eſt qu'il eſt rond, & qu'il y a une vis au-deſſous de ſa teſte, pour le monter dans le porte-crayon. Ladite vis ſe fait par le moyen d'une filiere double, puis on la repaſſe enſuite dans une filiere ſimple, afin de ne pas forcer les charnieres des compas en les tarodant, car c'eſt à quoi on doit bien prendre garde.

On trace ordinairement ſur les pans de ce porte-crayon les lignes qui ſe mettent ſur le compas de proportion. On les prend ſur une regle d'égale longueur, que l'on a diviſée ſuivant les methodes expliquées pour le compas de proportion, & que l'on tranſporte ſur chacun des pans. L'uſage en eſt à peu prés le même, ſinon qu'il ſe

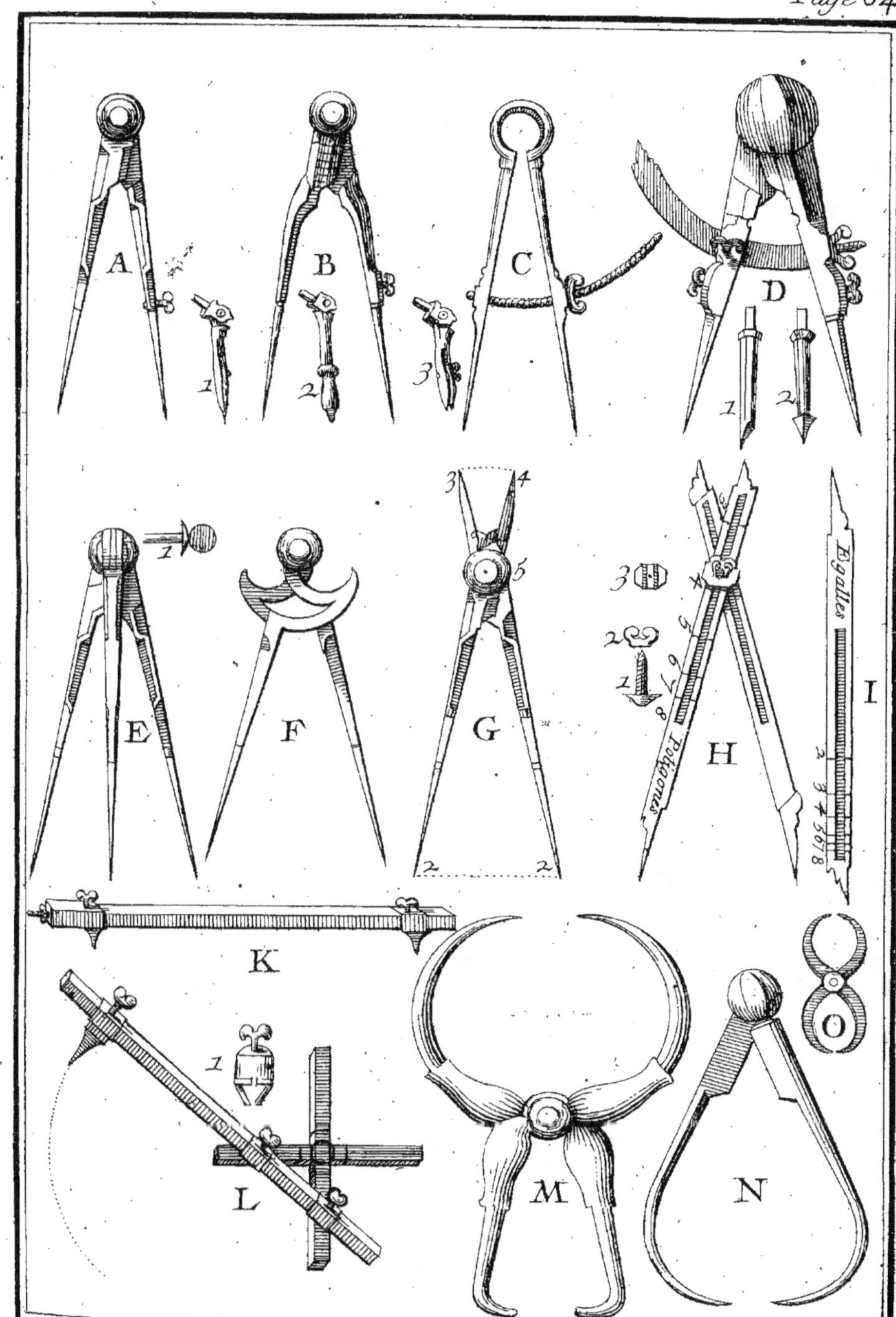
A
B
C
D
1
2
3
1
2
E
F
G
H
I
1
3
4
5
3
4
2
1
2
2
Egalles
Poligones
2 3 4 5 6 7 8
K
L
1
M
N
O

faut toûjours servir de la même grandeur ; car si, par exemple, il
s'agit de tracer un angle de 40 degrez sur une ligne donnée, on
prend avec le compas commun l'étenduë depuis le premier point
de division de la ligne des cordes jusqu'au point marqué 60 ; de
cette ouverture on fait un arc sur la ligne donnée, & ensuite on
prend avec le même compas la distance du premier point de division jusqu'au point 40, laquelle on transporte sur l'arc tracé, &
de son centre on tire une ligne qui fera avec la donnée un angle de
40 degrez, & ainsi des autres lignes.

On fait aussi de ces sortes de porte-crayon à compas qui sont
ronds, & sur lesquels on marque les pouces, dont on divise un en
douze lignes.

Construction du Porte-crayon à coulisse.

CE Porte-crayon est rond en-dedans & tourné en dehors ; Fig. C
on les fait aussi quelquefois à pans, & on y marque les
pouces & lignes par des traits fins qui se font par le moyen du
tour. On prend une lame de laiton ou d'autre matiere de la longueur & largeur qu'on veut faire le porte-crayon, puis on la con-
tourne autour d'un arbre ou verge de fil d'acier bien rond, bien
droit, & bien égal de grosseur par-tout. On soude ensuite la jointure de ladite lame, qu'on nomme la charniere ou corps du porte-
crayon, qu'il faut tirer & faire passer dans une filiere à trou rond par
le moyen d'un banc ; on tire ladite charniere jusqu'à ce qu'elle presse
l'arbre d'acier par-tout également, afin que le dedans soit bien rond
& égal, puis après l'avoir tourné comme la figure le montre, on le
fend jusqu'à environ demy pouce des bouts, & on le perce aux
extremitez de la fente & au milieu, d'un petit trou rond, pour y
recevoir le bouton. La figure D est le dedans du porte-crayon ;
aux deux extremitez on y place les crayons qui sont ferrez avec de
petits anneaux ; le milieu doit être de la grosseur juste du dedans du
corps marqué C, afin qu'il puisse y couler facilement. On entaille
ladite piece, pour y placer un petit ressort d'acier ou de cuivre bien
endurci au marteau. Le milieu dudit ressort marqué 1 est percé à
vis pour recevoir le petit bouton marqué E ; on le fait d'acier avec
une vis par le bout. Au-dessus de la vis il y a un petit colet rond
de la grosseur des trous qui sont au corps C ; & au-dessus du colet on
fait une entaille de chaque côté dudit bouton, pour y faire un tenon de l'épaisseur de la fente dudit corps. Le haut doit être limé
ou tourné en rond. Enfin, pour monter ledit porte-crayon, il faut
faire entrer le dedans, en sorte que le trou du ressort soit vis à vis
un des trous du corps, & ensuite on monte à vis le petit bouton
jusqu'à ce qu'il soit appuyé sur le colet rond, en telle sorte que le

tenon ſoit au long de la fente ; alors en preſſant ſur ledit bouto
on fait couler le dedans du porte-crayon d'un côté & d'autre. l
figure fait aſſez connoître ce que nous venons d'expliquer.

Conſtruction de la Plume ſans fin.

Fig. F   CET Inſtrument eſt compoſé de differentes pieces de cuivr
d'argent, ou d'autre matiere ; les pieces F G H étant join
enſemble font environ cinq pouces de long ; ſa groſſeur eſt à p
prés de trois lignes de diametre. Le milieu marqué F porte
plume, qui doit être fenduë & bien taillée, & ajuſtée ſur un p
tuyau taraudé à vis, lequel eſt ſoudé à un autre petit tuyau, d
groſſeur juſte du dedans du couvercle G, dans lequel eſt ſoudée u
vis qui ſert à monter ledit couvercle, & entrant dans la plum
boûcher un petit trou qui eſt à l'endroit marqué 1, pour empêc
que l'ancre ne ſorte. A l'autre bout du corps F il y a un petit tu
taraudé à vis en dedans & en dehors. Celle de dehors ſert à m
ter le couvercle marqué H, dans lequel entre un petit porte-cray
qui ſe monte à vis au dedans du petit tuyau, dont nous venons
parler, & qui ſert à boûcher l'ouverture du colet, qui eſt l'endr
par où l'on fait entrer l'encre dans le corps F.

Pour ſe ſervir de ladite plume, il faut démonter le couvercle
& un peu ſecouër la plume, aprés quoi l'encre ſort doucemen
meſure qu'on écrit. Il faut remarquer que l'autre côté doit ê
bouché du porte-crayon, car autrement la colonne d'air peſerol
l'encre, & la feroit ſortir toute à la fois. Aux deux bouts ſont ſo
dez deux cachets, pour y graver un chiffre & des armes. La con
truction de cette machine eſt à peu prés comme le porte-cray
dont je viens de parler.

Conſtruction d'une Pince à tenir les papiers.

Fig. I.   CEtte petite machine ſert à tenir pluſieurs papiers enſemb
elle eſt fort commode quand on veut calquer quelque deſſei
on en met aux quatre coins du papier. Elle eſt faite de deux lame
de cuivre bien battuës au marteau, pour les rendre plus dures; el
ſont attachées par le haut, & renforcées par une lame de laiton q
fait faire reſſort. Il y a un coulant au milieu qui ſert à preſſer l
papiers, en faiſant approcher les deux bouts qui ſont élargis po
mieux tenir ce qui eſt entre deux. Toute cette piece a environ deu
pouces de longueur. La figure fait aſſez connoître ſa conſtructio
& ſon uſage.

Construction du Pantagrophe.

L'Instrument, dont nous allons parler, est nommé Pantagrophe, on le nomme aussi Singe, parce qu'il sert à copier toutes sortes de desseins. Il est composé de quatre regles de cuivre ou de bois dur, tres égales en largeur & en épaisseur ; il y en a deux qui ont quinze **Fig. K.** à dix-huit pouces de longueur, & deux autres qui n'en ont que la moitié ; ces regles ont d'ordinaire deux à trois lignes d'épaisseur, & cinq à six lignes de largeur.

La justesse de cet instrument consiste en ce que les trous qui sont aux extremitez & au milieu des grandes regles soient tres-justes & en égale distance des trous qui sont aux extremitez des petites, afin qu'étant montées, elles fassent toûjours un parallelogramme parfait. Il y a six petites pieces de cuivre, pour monter & mettre en pratique ledit instrument.

La piece marquée 1 est un petit balustre de cuivre tourné, au bout duquel il y a une vis garnie de son écrou, qui sert à joindre & à serrer les deux grandes regles ensemble. A l'autre bout il y a une petite pomme qui sert à faire couler l'instrument sur la table de côté & d'autre, suivant les differens mouvemens qu'on lui donne. La piece marquée 2 est un clou à teste tourné avec la vis & son écrou ; il en faut deux pareilles pour joindre les petites regles au milieu des grandes aux endroits marquez 2. La piece marquée 3 est une vis en bois qui est au-dessous d'un petit balustre avec la vis & son écrou, pour joindre ensemble les deux petites regles à l'endroit marqué 3. La piece marquée 4 est un porte-crayon, ou une plume qui entre dans le balustre avec la vis & son écrou, pour le tenir ferme au bout de la grande regle à l'endroit marqué 4. Enfin la piece marquée 5 est une pointe de cuivre un peu mousse, qui est jointe au balustre garni de sa vis & de son écrou, pour le placer au bout de l'autre grande regle à l'endroit marqué 5. L'instrument étant monté & disposé comme la figure le marque, il ne s'agit plus que d'en donner l'usage.

Lorsqu'on veut copier un dessein de la même grandeur que l'original, il faut disposer l'instrument comme il paroît dans la figure K, c'est-à dire qu'il faut faire entrer la vis en bois dans la table à l'endroit marqué 3, puis mettre le papier blanc sous le crayon marqué 4, & le dessein sous la pointe marquée 5 : alors il n'y a qu'à conduire ladite pointe sur tous les traits du dessein, en même temps le crayon trace la même figure sur le papier blanc. Mais si on vouloit reduire le dessein, & le faire plus petit de la moitié que l'original, il faudroit placer la vis en bois à un des bouts d'une grande regle, le papier blanc & le crayon au milieu, & conduire toûjours la pointe sur tous les traits du deffein ; le crayon executera la même chofe, mais les lignes feront plus petites de la moitié que celles de l'original, dont la raifon eft, que le crayon placé comme nous venons de dire, fait la moitié moins de chemin que la pointe, & par une raifon contraire, fi l'on veut faire le deffein plus grand, comme, par exemple, double de l'original, il faut placer la pointe & le deffein au milieu à l'endroit marqué 3, le crayon ou la plume avec le papier blanc au bout d'une des grandes regles, & la vis en bois attachée au bout de l'autre grande regle : car de cette maniere on tracera le deffein double de l'original, foit un plan, une figure, ou tel autre deffein qu'on voudra.

Pour augmenter ou diminuer le deffein felon d'autres proportions, on perce plufieurs trous fur chaque regle en diftances égales, fçavoir fur les petites regles, tout le long, & jufqu'à la moitié des grandes, afin d'y placer la pointe ; le crayon & la vis toûjours en ligne droite ; c'eft à dire, que fi l'on remonte la pointe de trois trous, il faut remonter pareillement de trois trous les deux autres pieces ; mais en ce cas il faut placer à l'extremité des petites regles une vis à tefte pareille à celle marquée 2, de maniere que l'inftrument conferve toûjours le parallelogramme.

Il eft à remarquer que fi l'on place la pointe & le deffein à quelqu'un des trous d'une grande regle, & le crayon avec le papier blanc fous un des trous de la petite regle qui fait angle, & fe joint au milieu de la même grande regle, pour lors la copie fera plus petite que la moitié de l'original ; mais fi le crayon & le papier font placez fous un des trous de la petite regle qui eft parallele à la grande, alors la copie fera plus grande que la moitié de l'original. Il fera facile de connoître toutes ces differentes proportions par l'experience.

Conftruction du Carat, pour connoître le poids des perles.

IX.
Planche.
Fig. M

CEtte petite machine fe nomme Carat, elle fert à connoître le poids des perles fines & bien rondes ; elle eft compofée de cinq petites lames de laiton ou autre métal, minces de deux pouces de longueur fur fix à fept lignes de largeur. Ces lames font percées de plufieurs trous ronds de differens diametres. Les trous de la premiere lame font connoître le poids des perles depuis un demi grain jufqu'à fept grains ; la feconde lame marque depuis huit grains, qui font deux carats, jufqu'à cinq ; la troifiéme marque les carats depuis deux & demy jufqu'à cinq & demy ; la quatriéme fert depuis fix carats jufqu'à huit ; & la cinquiéme marque le poids des perles depuis fix carats & demy jufqu'à huit & demy.

Nous allons donner le diametre du plus petit trou & du plus

grand de chaque lame, les autres se pouvant trouver par leurs differentes proportions ; leurs diametres sont fondez sur l'experience de plusieurs perles qu'on a pesées avec des petites balances bien fines.

Le petit trou qui fait connoître le poids d'une perle d'un grain a une ligne & un quart de ligne de diametre, celui de sept grains a deux lignes & un tiers de ligne ; celui qui marque le poids de deux carats a deux lignes & demie ; celui qui marque cinq carats a quatre lignes ; celuy qui marque le poids de deux carats & demy a deux lignes trois quarts, & celui de cinq carats & demi a quatre lignes & un quart ; celui qui donne le poids de six carats a quatre lignes un tiers ; celui de huit carats a quatre lignes & demy ; enfin celui qui donne le poids de huit carats & demy a quatre lignes trois quarts.

Ces lames sont attachées ensemble par un de leurs bouts avec un clou qui leur laisse la liberté de mouvoir en tous sens, & se renferment entre deux autres lames de laiton qui leur servent comme d'étuy. La figure fait assez connoître le reste de sa construction.

Les Jouailliers se servent encore de petites balances bien fines & de petits poids qu'ils nomment carats, pour peser les diamans & autres pierres precieuses, comme aussi les perles qui ne sont pas rondes. Le carat pese quatre grains ; il se divise en demie, tiers, quart, huitiéme, & seiziéme partie de carat. On se sert aussi du mot de carat pour marquer le titre de l'or. Le carat d'or fin est la vingt-quatriéme partie d'une once de pur or, lequel est si mol, qu'on ne peut le mettre en œuvre. L'or à vingt-deux carats est le titre des Orfévres de Paris, c'est à dire qu'il y a vingt-deux parties d'or fin & deux parties de cuivre, afin que par cet alliage l'or soit plus ferme & se puisse mieux travailler.

Les Orfévres se servent du mot de denier pour specifier le titre & la bonté de l'argent ; le marc d'argent fin est à douze deniers ; l'argent au titre de Paris est à onze deniers douze grains, en comprenant les deux grains de remede qu'on accorde pour faire recevoir l'argent, comme s'il étoit au titre, étant tres-difficile de faire l'alliage bien juste, à cause des differens degrez du feu.

Construction de l'Equerre fixe.

CET instrument est nommé équerre fixe, c'est à dire, qui ne se plie point. Toute sa justesse consiste en ce qu'elle soit bien dressée, & qu'elle fasse angle droit en dedans & en dehors, & pour cet effet il faut que l'interieur de chaque branche soit parallele à l'exterieur, quand l'instrument est juste en dehors.

Fig. L.

De l'Equerre pliante.

Fig. N. CETTE Equerre se plie dans l'angle par le moyen d'un clou rond ajusté dans une branche qui sert à faire mouvoir une piece mince de laiton qui sert comme de charniere, & où est attachée l'autre branche avec quatre petits clous, laquelle étant ouverte à angles droits, s'appuye par un de ses bouts sur l'épaisseur de la plus grande branche, & forme l'Equerre. L'on marque ordinairement les pouces & les lignes sur ces sortes d'équerres. Leur principal usage est pour tracer des lignes perpendiculaires, & connoître si une chose est bien à angle droit.

Construction du Pied à niveau.

Fig. O CET instrument se nomme Pied à niveau ; il est composé de deux branches de cuivre ou autre matiere d'environ six lignes de largeur, dont l'une tourne autour de la teste de l'autre, & est attachée par un clou rond dans son centre. Elles sont fenduës tout le long en dedans jusqu'à la moitié de leur largeur, pour y placer une languette ou petite lame de laiton, quand l'instrument est fermé. Cette languette est attachée à une des branches par un petit clou, pour la faire mouvoir, & quand elle est placée dans l'autre branche où il y a une petite goupille qui la retient, le pied demeure ouvert à angle droit, tel que la figure le montre. On ajuste à la tête une petite plaque de laiton quarrée, afin que l'instrument serve d'équerre, on perce un petit trou au bas de l'angle de la petite plaque, pour y passer une soye fine avec son plomb, laquelle tombant sur une ligne perpendiculaire tracée au milieu de la languette sert de niveau. On coupe les angles interieurs des branches, afin que l'instrument se puisse mieux appuyer sur le plan que l'on veut niveler.

Nous ne nous arrêterons pas davantage à sa construction, la figure la faisant assez connoître : Nous dirons seulement qu'il sert d'équerre & de niveau de la maniere dont il est placé, de pied droit & de regle quand il est ouvert tout-à-fait.

Du pied de Roy & des differentes Mesures.

Fig. P. LA construction du pied de Roy pour le corps ne differe guere de celle du compas de proportion dont nous avons cy-devant parlé. Quand on n'y veut marquer simplement que le pied de Paris, chaque branche n'a qu'environ cinq lignes de largeur, mais quand on y veut mettre les mesures étrangeres, on les fait plus larges. Nous allons donner le rapport du pied de Paris avec les principales mesures étrangeres de l'Europe.

Le point est la douziéme partie de l'épaisseur d'un moyen grain d'orge : la ligne est longue de 12 points ou de l'épaisseur d'un grain d'orge, le pouce contient 12 lignes, & le pied 12 pouces. Le pied de Roi ou de Paris est de 12. pouces, de ceux dont on vient de parler ; mais on le divise quelquefois en 720, ou en 1440. parties égales, pour mieux exprimer son rapport avec les mesures étrangeres ; le Pied de Lyon & de Grénoble est un peu plus grand que celui de Paris, car il contient 12. pouces 7. lignes. Le Pied de Dijon est plus petit & ne contient que 11. pouces 7. lignes ; celui de Besançon 11. pouces 5. lignes ; celui de Mâcon 12. pouces 4. lignes. Le Pied de Roüen est égal à celui de Paris.

Le pied de Sedan a 12 pouces 3 lignes.

Le pied de Lorraine a 10 pouces 9 lignes.

Celui de Bruxelle a pareillement 10 pouces 9 lignes.

Le pied d'Amsterdam 10 pouces 5 lignes.

Le pied du Rhin, qui est fort en usage dans les pays du Nord, a 11 pouces 7 lignes.

Celui de Londre 11 pouces 3 lignes.

Celui de Dantzic 10 pouces 7 lignes.

Celui de Suede 12 pouces 1 ligne.

Celui de Dannemarc 10 pouces 9 lignes.

Le pied Romain 10 pouces 10 lignes.

Le pied de Boulogne 14 pouces 1 ligne.

Celui de Venise 11 pouces 11 lignes.

Celui de Milan est de 2 sortes, le grand a un pied 10 pouces, le petit 1 pied 2 pouces 8 lignes

Celui de Turin a 1 pied 6 pouces 11 lignes.

Celui de Savoye n'a que 10 pouces.

Celui de Généve 18 pouces.

Celui de Vienne a 11 pouces 8 lignes.

Celui de Constantinople contient 2 pieds 2 pouces 2 lignes.

Nous allons encore donner quelques-autres mesures par rapport au pied.

LA Palme Romaine à 8 pouces 2 lignes ; Celle de Genes a 9 pouces 1 ligne ; celle de Naples a 9 pouces 9 lignes, & celle de Portugal 8 pouces 2 lignes. Le pan quisert de mesure en plusieurs autres Villes d'Italie contient 8 à 9 pouces de long.

L'Aune de Paris est de 3 pieds 8 pouces. L'Aune de Provence, de Montpellier & d'Avignon contiennent une Aune 2 tiers de celle de Paris. L'Aune de Flandre & d'Allemagne ne contient que 7 douziémes de celle de Paris.

La braſſe de Milan pour les étoffes de ſoye eſt d'un pied 7 pouces 4. lignes ; celle pour les draps & autres étoffes de laine eſt de 2 pieds 11 lignes.

La braſſe de Florence eſt d'un pied 9 pouces 6 lignes.

Le Ras de Piemont & de Luque eſt de 22 pouces.

La Verge de Seville eſt de 30 pouces 11 lignes.

La Verge d'Angleterre eſt de 33 pouces 11. lignes.

La Barre de Caſtille eſt de 31 pouces 3 lignes.

Celle de Valence eſt de 33 pouces 7 lignes.

La Varre de Madrid & celle de Portugal ſont de 3 pieds 9 lignes.

La Varre d'Eſpagne en general eſt de 5 pieds 5 pouces 6 lignes.

La Canne de Toulouſe eſt de même longueur.

La Canne de Rome contient 6 pieds 11 pouces 7 lignes.

La Canne de Naples 6 pieds 10 pouces 2 lignes.

Le Pic de Conſtantinople 2 pieds 2 pouces 2 lignes.

La Geuſe des Indes & celle de Perſe 2 pieds 10 pouces 11. lignes.

Conſtruction des Regles paralleles.

CEs inſtrumens ſe font ordinairement de cuivre ou de bois dur, comme Ebene & bois de la Chine, depuis 6 pouces juſqu'à 18 de long ſur un pouce de large, & environ 2 lignes d'épaiſſeur. Il faut ſur tout que leſdites regles ſoient bien dreſſées en tout ſens, & bien paralleles, c'eſt-à-dire, trés-également larges depuis un bout juſqu'à l'autre ; car c'eſt en partie d'où dépend la juſteſſe de cet inſtrument.

Nous allons donner la deſcription de deux differentes ſortes de regles paralleles également juſtes.

Fig. R   LEs deux regles du premier de ces deux inſtrumens ſont jointes enſemble par deux petites lames de laiton d'environ 2 à 3 pouces & demi de long, & de 6 lignes de largeur, limez & façonnez à peu-prés comme la figure le marque ; elles ſont percées par les deux bouts bien également, & pour cet effet il eſt à propos de les percer l'une ſur l'autre ; il faut tourner 4 clous à tête qui rempliſſent exactement les trous deſdites lames, puis on trace une ligne au milieu de la largeur des regles, & on les partage en deux également, enſuite on diviſe une des moitiez de chaque regle en trois, & à la premiere meſure en comptant du milieu, on perce un trou à chaque regle dans la ligne droite qui partage leur largeur, pour y placer une lame avec son clou. Ensuite les regles étant bien jointes ensemble, il faut tracer avec la pointe d'une éguille un trait autour des trous des petites lames toûjours sur la ligne du milieu, & percer exactement les trous au milieu de ces traits ; mais pour bien faire il n'en faut percer qu'un, & y mettre son clou, pour voir si le trait de l'autre regle est toûjours vis-à-vis du trou de la lame; car c'est ce quatriéme trou qui donne toute la precision à l'instrument, & l'ayant percé & mis le clou, on pourra verifier s'il est bien juste en l'ouvrant à droite & à gauche ; car si les regles sont bien percées elles se joindront aussi-bien d'un côté que de l'autre. Il faut avoir soin de river les clous doucement afin de ne rien forcer ni étendre.

Construction d'une autre sorte de regle parallele.

LEs regles qui composent cet instrument doivent être pareille- Fig. Q
ment droites & égales d'épaisseur ; les deux grandes sont attachées par deux autres un peu plus courtes, percées juste d'une même longueur par les deux bouts & par le milieu , & ajustées de
maniere qu'elles font une espece de zig-zag , qui en s'écartant &
se rapprochant font aussi écarter & rapprocher les autres regles parallelement , & ce par le moyen des trous qui sont percez à un
des bouts de chaque regle & attachez aux regles à zig-zag avec
des clous à tête tournez. Les autres bouts des grandes regles sont
fendus à biseaux pardessous environ au quart de leur longueur,
pour faire couler les bouts des petites regles par le moyen des
clous à chanfrain qui remplissent les biseaux, & que l'on rive aussi
par dessous. Enfin on met un bouton tourné de cuivre au milieu de
chaque regle de ces deux instrumens pour les manier plus aisément, le tout comme il est aisé de voir par leurs figures.

Leur principal usage est pour tracer des lignes paralleles , en les
ouvrant ou les fermant. Elles sont fort commodes pour les desseins d'Architecture & de Fortification où il y a beaucoup de lignes paralleles à tracer l'une contre l'autre.

Construction du Pedometre.

CEt instrument se nomme Pedometre ou Compte-pas ; toutes Fig S
les pieces de cet instrument sont reünies ensemble dans une
boëte à peu-prés semblable à celle d'une montre ; sa grandeur est
environ de 2 pouces de diametre , & de six à huit lignes d'épaisseur. Nous allons donner la construction de toutes les pieces en
particulier.

La plaque marquée T se place dans le fond de la boëte. Sur cet-

te plaque font attachées plufieurs pieces , comme on les voit difpo-
fées en la figure. La piece marquée I eft un petit pied de Biche d'a-
cier avec fes deux refforts ; il eft retenu par un tenon rond qui entre dans un trou , de maniere qu'en tirant la petite lame , qui déborde ladite plaque & qui eft attachée par un bout au pied de biche, on lui fait faire un mouvement de baffecule qui fait tourner
une étoile d'acier à 6 pointes marquée 2 , elle porte un pignon de
6 dents auffi d'acier de la même hauteur des 2 roües dont nous allons parler. Le reffort d'acier marqué 4, eft fait pour empêcher que
l'étoile ne recule , & celui marqué 5 , eft pour faire relever le bout
du pied de biche , quand il a fait avancer l'étoile d'une pointe.

La plaque marquée V , eft la même que celle marquée T , fi ce
n'eft qu'elle eft recouverte de deux roües d'une même grandeur,
& placée l'une fur l'autre ; celle de deffous a 101 dents , & celle de
deffus n'en a que 100 ; elles font toutes deux engrenées par le pignon qui eft fur l'étoile ; enforte que par une efpece de declic ou
de détente qui fait tourner l'étoile & fon pignon , quand la premiere roüe a fait fon tour , & parcouru 100 parties avec fon éguille fur le
plus grand cadran de la figure S , la roüe qui a une dent de plus recule d'un point , & fait avancer l'éguille du milieu fur le petit cadran auffi divifé en 100 parties , laquelle n'acheve un de fes tours
que lorfque l'éguille du grand cadran en a fait 100 des fiens , qui
font autant de pas , & par confequent l'éguille du petit cadran
n'a fait un tour entier qu'au bout de 10000 pas.

Il y a 3 tenons percez & attachez à la plaque de deffous , pour
la faire tenir avec des goupilles à la plaque de deffus fur laquelle
font pofez les cadrans de la figure S.

Toute la machine eft renfermée dans fa boëte , recouverte d'un
criftal , & d'un côté il y a 2 anneaux pour y paffer un ruban afin
d'attacher cet inftrument à la ceinture ; & à l'autre extremité de la
boëte il y a une ouverture par où paffe la petite lame d'acier pour
y recevoir un cordon qui s'attache à la jarretiere.

L'ufage de cet inftrument eft qu'étant ainfi attaché, à chaque ten-
fion du genouil que l'on fait pour avancer un pas, le cordon tire la
lame d'acier , & cette lame fait mouvoir le pied de biche , & par le
même moyen l'étoile avec le pignon , en même-tems les roües font
avancer l'éguille du grand cadran d'une divifion. A l'inflexion du
genouil le reffort fe replace, & fe tire de nouveau par une autre ten-
fion , & lors que l'on a pris une mefure , ou qu'on a fait beaucoup
de chemin , on regarde fur fon cadran , & l'on écrit la quantité de
pas qu'on a trouvez. Les pas ordinaires font à-peu-près de deux
pieds , & il eft aifé de s'accoûtumer en marchant de les faire juftes
de cette mefure.

Il faut remarquer que quand le terrain n'eft pas de niveau , les

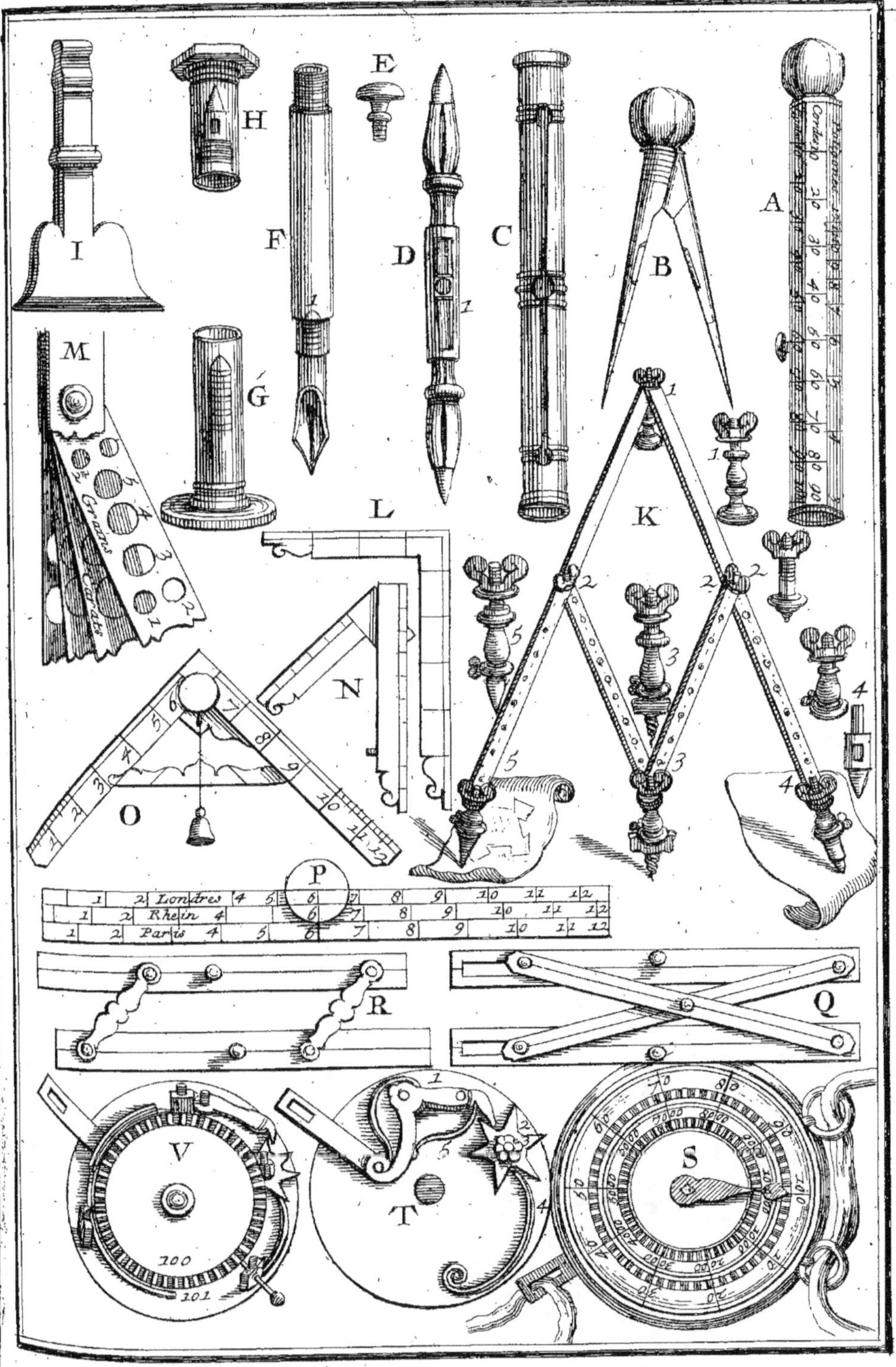

A B C D E F G H I K L M N O P Q R S T V

1	2	Londres	4	5	6	7	8	9	10	11	12
1	2	Rhein	4	5	6	7	8	9	10	11	12
1	2	Paris	4	5	6	7	8	9	10	11	12

pas ne font pas égaux ; car en defcendant ils s'alongent, & en montant ils fe racourciffent ; il faut y avoir égard, & les reformer par l'experience.

On fait auffi de ces fortes d'inftrumens qu'on ajufte à une roüe dont on connoît la circonference, qui eft par exemple d'une toife, & quand ladite roüe arrive à un certain point où il y a un tenon qui tire une branche de fer, le pied de biche fe détend ; & par ce moyen fait avancer les roües, qui font en même-tems avancer l'éguille d'une divifion, & par-là on connoît combien on a parcouru de toifes.

On ajufte auffi le compte-pas au derriere d'un carroffe, de telle maniere que quand la grande roüe du carroffe eft parvenuë à un point, elle fait détendre le cliquet & fait avancer l'éguille d'une divifion ; en connoiffant la circonference de ladite roüe, on fçait combien on a fait de chemin.

Conftruction de la plate-forme, pour divifer & fendre les roües des horloges.

L'Inftrument marqué **A** de la planche dixiéme, eft nommé plate-forme d'Horlogeur ; il fert à divifer & fendre ou faire les dents des roües des pendules & montres de poches. Cette machine eft trés-commode, & abrege beaucoup le tems aux horlogeurs, pour fendre facilement les dents des roües, & les divifer bien exactement. La plaque **A**, eft faite de laiton bien dreffée de 7 à 8 pouces de diametre, & d'une ligne d'épaiffeur ; on y trace plufieurs cercles concentriques qu'on divife en differens nombres pairs ou impairs, dont les plus grands font toûjours les plus prés du bord.

X.
Planche.
Fig. A

Si par exemple on veut divifer un de ces cercles en 120 parties égales, on le divife premiérement en 2, dont chaque moitié en contient 60, que l'on fubdivife encore en 2, dont chaque partie contient 30, que l'on fubdivife encore en 2, & chaque partie fera de 15, lefquelles étant divifées en 3, feront 5, enfin chacune de ces dernieres parties en 5, & par ce moyen tout le cercle fe trouvera divifé en 120 parties.

Mais fi l'on veut divifer un de ces cercles en nombre impair, comme par exemple en 81 parties égales, il faut dabord le divifer en 3, dont chacune fera de 27, lefquelles étant fubdivifées en 3 chaque partie fera de 9, & chacune de ces nouvelles parties en 3, & puis encore en 3, & par ce moyen le cercle fe trouvera divifé en 81 parties égales.

Ainfi de tout autre nombre en cherchant leurs parties aliquotes les plus convenables aux divifions que l'on fe propofe de faire.

Les cercles de cette plate-forme étant divifés, on fait avec une pointe d'acier bien fine, de petits points à chaque divifion.

Quand on veut diviser simplement une roüe d'horloge, pour la fendre à la main, on place le trou qui est à son centre à l'arbre qui fait le centre de la plate-forme, & l'ayant arrêté fixement, on trace avec une regle à centre d'acier mince, que l'on fait tourner de division en division d'une des circonferences convenable au nombre des dents que l'on veut avoir sur la roüe, & elle se trouvera divisée.

Ensuite on refend les dents avec une lime mince, laissant à-peu-près autant de plein que de vuide, & la roüe se trouve achevée.

Mais quand on veut se servir de cette machine pour fendre tout d'un coup les roües d'horloge, elle est composée de la maniere que nous allons expliquer.

La figure premiere represente le plan de la machine toute montée, & prête à s'en servir. La piece marquée I, est le touret qui porte une roüe d'acier de l'épaisseur du vuide que l'on veut laisser entre les dents, elle est taillée en lime par le bord, & est montée sur un arbre quarré sur lequel il y a une petite bobine ou poulie afin de la faire tourner entre 2 pointes d'acier. L'endroit marqué 2, est le porte-touret, il a un mouvement aux deux extremitez comme la tête d'un compas, afin d'élever ou baisser la roüe à lime.

La figure 2, represente le touret de face ; à l'endroit marqué I, est la roüe taillée en lime montée sur son arbre avec la bobine entre les deux pointes qui sont arrêtées ferme par les deux vis à tête marquées 7. A l'endroit marqué 2, est le mouvement pour placer le touret vis=à-vis de la roüe qu'on veut fendre. Les vis marquées 9, sont pour arrêter le touret qu'on fait entrer dans la piece de fer marquée 3 qui est une espece de regle par le trou quarré où aboutissent lesdites vis. La dite regle est double, c'est-à-dire qu'il y en a une dessus la plate-forme, & l'autre dessous. Elles sont d'une épaisseur convenable, & se tiennent ensemble par les deux bouts avec deux fortes vis, laissant un vuide entre-deux suffisant pour contenir la plate-forme, & y faire couler le touret, & le ressort qui porte la pointe dont nous parlerons cy-après.

La figure 3, represente le profil de toute la machine montée. La piece marquée I, est le touret placé proche la roüe qu'on veut fendre marquée 6, la dite roüe est posée au centre, & arrêtée par des vis à l'arbre qui traverse la machine. La piece marquée 3, est la regle de fer sur laquelle coulent le touret marqué 2, & le ressort qui porte la pointe marquée 4. La piece qui est au dessous marquée 5, est une queuë de fer, pour tenir ferme toute la machine dans un étau, quand on s'en veut servir.

La figure 4, est une pointe d'acier bien fine & bien trempée qui entre à vis au bout d'une espece de ressort qui a un mouvement circulaire pour placer la pointe dans tous les points de division qui sont font fur la plate-forme ; il y a une autre piéce qui fe réjoint fur le reffort afin d'appuyer par une vis la pointe & l'empêcher de fortir de chaque divifion où elle eft pofée.

L'endroit marqué 3 , eft l'ouverture par où ladite piéce coule le long de la regle de fer , & qu'on arrête où l'on veut , par le moyen de la vis qui eft au bout.

Enfin la figure 5 , eft l'arbre qui fe met au centre de la ma-chine , & fur lequel on pofe les roües qu'on veut fendre en les arrêtant ferme par le moyen des écrous qui font deffus & deffous. On a pour l'ordinaire plufieurs arbres de differente groffeur à pro-portion des ouvertures des centres des roües qu'on veut fendre. Fig. A.

L'ufage de cette machine eft facile ; il n'y a qu'à faire tenir ferme les roües au centre à l'endroit marqué 6 , puis ajufter le reffort marqué 4 , dont la pointe doit être placée bien jufte fur la divifion qui eft autour de la circonference qui contient pareil nombre à ce-lui des dents qu'on veut faire. On approche enfuite le touret avec fa roüe à refendre par le moyen de la grande vis qui eft arrêtée par un collet taraudé , & qui eft attaché au bout de la regle de fer à l'endroit marqué 5. L'autre bout de la vis qui doit être entaillé, & non taraudé , entre dans un trou rond qui eft au bas du touret, & arrêté par une goupille , en forte qu'en tournant la vis on fait avancer ou reculer le touret tant & fi peu qu'on veut. Ayant ainfi placé le touret , il n'y a qu'à faire tourner la roüe à refendre 4 ou 5 tours par le moyen d'un archet dont la corde eft paffée autour de la petite poulie , alors la dent fera fenduë d'un côté , & ayant fait faire le tour de la circonference à la machine en plaçant toûjours bien jufte la pointe du reffort dans chaque point de divifion , & donnant toûjours à chaque point 4 ou 5 coups d'archet , la roüe fe trouvera fenduë , & les dents parfaitement bien faites.

Il eft à remarquer que l'on a des roües à refendre de differente épaiffeur conformément au vuide que l'on veut faire à chaque dent.

Conftruction des armures des pierres d'aiman , comme auffi la maniere de tailler lefdites pierres pour les armer.

LEs figures B & C , reprefentent deux pierres d'aiman armées ; la premiere en forme de parallelipipede , & la feconde en forme de fphere ; nous allons expliquer la maniere de les bien ar-mer , aprés avoir parlé des vertus & proprietez de cette pierre.

L'aiman eft une pierre trés-dure , & trés-pefante , qui fe trou-ve dans les mines de fer , & eft à peu-prés de la même couleur, c'eft pourquoi on la met au rang des mineraux ; elle a des proprie-tez merveilleufes , dont l'une eft d'attirer le fer , & l'autre de fe diriger vers les Poles du monde.

G

L'aiman attire le fer, & reciproquement le fer attire l'aiman, &
même à travers des corps qui leur sont interposez. Cette pierre
communique aussi au fer la faculté d'en attirer un autre ; car par
exemple un anneau de fer qui a été touché d'une bonne pierre
d'aiman enleve un autre anneau par un simple attouchement, &
ce second un troisiéme, & ainsi de suite, & font comme une espece de châine ; mais il faut que le premier anneau soit plus fort que
le second, & le second plus que le troisiéme.

On voit aussi que la lame d'un couteau qui a été touchée d'un
aiman enleve des éguilles, & des petits morceaux de fer. Si l'on
met plusieurs éguilles à coudre sur une table les unes prés des autres,
& qu'on approche un aiman de la premiere, cette premiere ayant
acquis la vertu magnetique attirera la suivante, & celle-cy une autre, & semblent comme attachées les unes aux autres.

Le fer attire réciproquement l'aiman, lorsque cette pierre se peut
mouvoir librement ; car ayant mis une pierre d'aiman dans une
espece de petit bateau leger qui puisse flotter sur l'eau d'un bassin,
si on lui presente un morceau de fer à une distance convenable, on
verra que ce petit batteau fendra l'eau par la vertu de l'aiman qui
veut se joindre au fer.

Pour éviter l'embarras de se servir de l'eau & des petits bateaux,
principalement en hyver, Monsieur Joblot a inventé une espece de
balance magnetique qui consiste en un fil de laiton ou d'argent
contourné en maniere d'anse de petit seau ; on passe cette anse dans
une piece en baluftre qui se termine en pointe, afin qu'en la posant sur un petit enfoncement qui est au bout d'un morceau de fil
de laiton ou d'argent, & qui est attaché à un petit pied d'estal, qui
sert à porter toute la machine, en sorte qu'elle puisse se mouvoir en
tous sens. Aux deux extrêmitez de l'anse sont deux petits bassins,
dans l'un desquels on met un aiman, & dans l'autre une boule de fer
qui fasse équilibre avec l'aiman ; on peut faire avec cette petite máchi-
ne les mêmes experiences qu'avec les petits bateaux ; car étant posée
sur le pivot, elle tourne trés-facilement ; en sorte que presentant le
pole boreal d'un aimant au pole boreal de l'aiman placé dans le
bassin, cet aiman fuira avec beaucoup de vîtesse celui qu'on lui presente, & presentant le pole boreal de l'aiman qu'on tient à la main au
pole austral de celui qui est dans le bassin, cet aiman s'aprochera
aussi-tôt & s'arrêtera dans l'instant ; on fait aussi avec cette balance les mêmes choses par les boules d'acier qu'avec les bateaux.

A l'égard de la proprieté de l'aiman, qui est de se diriger vers les
Poles du monde, on la reconnoît par l'experience suivante ; quand
on laisse flotter un morceau de liege avec une pierre d'aiman sur
une eau dormante, sans qu'il y ait de fer ou autre chose qui l'empêche de se mouvoir librement & de prendre sa situation naturelle,

on remarque qu'elle se dispose toûjours d'une même façon à l'égard du Midy, & du Septentrion, de sorte qu'un endroit de cette pierre regarde toûjours le Septentrion & son opposé le Midy.

On doit remarquer que l'aiman ne se dirige pas droit au Pole du monde, à cause de sa declinaison, qui est à present de plus de 10 degrez 15 minutes Nord-Oüest, en sorte que le Pole boreal de l'aiman se dirige à plus de 10 degrez prés de celui du monde, & son opposé également. Ce qui a fait appeller Poles de l'aiman ces deux endroits qui regardent les deux Poles magnetiques du monde & axe principal de l'aiman, la ligne droite qui s'étend d'un Pole à l'autre ; c'est autour de cet axe que se manifeste la plus grande force de l'aiman, & c'est aux deux Poles que sa vertu se communique davantage. On a aussi imaginé un équateur qui est un cercle autour de la surface de l'aiman également distant des Poles, & même des Meridiens, passant par les deux Poles principaux, & on a nommé cela Sphere magnetique.

Pour trouver les Poles principaux d'un aiman il faut percer une carte de la figure de la pierre afin de l'enchasser dans le trou, en sorte que son axe principal se trouve dans le plan de cette carte ; puis semer de la limaille de fer ou d'acier en la tamisant ; ensuite de quoy on frappe doucement avec un petit bâton, afin que mettant en mouvement cette limaille la matiere magnetique lui fasse prendre un arrangement conforme au chemin que tient cette matiere pour passer d'un pore boreal dans un autre pore austral, & on s'apercevra que cette limaille sera rangée en forme de plusieurs demi circonferences dont les extrêmitez opposées marqueront les poles de l'aiman.

On peut encore connoître les poles d'un aiman en le plongeant dans de la limaille de fer ou d'acier, ou pour le mieux dans de petits bouts de fil d'acier qu'on a coupé ; car pour lors ils feront plusieurs differentes configurations autour de la pierre ; il y en aura qui seront tout à fait couchez ; d'autres à demi courbez, & enfin d'autres tout droits ; & ces endroits de la pierre où ces petits bouts d'acier seront perpendiculaires, ou que la limaille sera herissée, seront immanquablement ses poles, & l'endroit où ils se tiennent couchez marque son équateur.

Connoissant ainsi les poles de l'aiman on déterminera leurs noms en les faisant flotter sur l'eau avec un petit morceau de liege ou le suspendant avec un fil ; de telle sorte que son axe soit parallele à l'horison ; alors le pole de cette pierre qui se tournera vers le Nord du monde sera le Sud de l'aiman, & le point opposé sera le Nord.

On connoîtra aussi les poles d'un aiman avec une boussole ; car presentant une éguille aimantée à une pierre d'aiman, le bout qui aura été touché tournera auffi-tôt vers le pole de la pierre qui lui convient ; & l'autre bout de l'éguille tournera de même vers l'autre pole de la pierre.

Les poles de la pierre étant trouvez il eft neceffaire de la tailler, & lui donner une forme reguliere, en retranchant ce qui eft inutille, foit avec une fcie & de la poudre d'Emery, ou bien fur une meule de Gagne-petit, lui confervant fon axe le plus long qu'il fera poffible, & donnant à fes poles une figure femblable; pour achever de l'adreffer & adoucir on la frottera fur une pierre unie avec du grais ou du fable.

Pour faire un grand nombre d'experiences il eft à propos de faire prendre à la pierre une figure la plus reguliere qu'il eft poffible, laquelle figure fe détermine par raport à celle de la maffe irreguliere qu'on veut travailler ; la cubique, la parallelipipede, l'ovale, & la ronde font les plus avantageufes ; mais il faut preferer la parallelipipede ou l'ovale, à caufe que l'axe principal de l'aiman én étant plus long l'effet en fera plus fenfible. Si on veut tailler une pierre en forme de fphere, il ne faut pas s'embaraffer de chercher d'abord fe poles ni fon axe ; il faudra feulement la degroffir dans un baffin de fer bien concave, fe fervant pour cela de poudre d'émery, puis achever de l'arondir dans une matrice ou baffin de cuivre concave avec du grais, & enfuite pour l'adoucir on fe fert de fable fin.

La figure fpherique d'un aiman eft fort avantageufe pour plufieurs experiences ; on trouve fes poles de la même maniere que nous avons dit cy-devant.

Mais auparavant que de fe donner la peine de couper & de tailler une pierre d'aiman il eft à propos de s'affurer de fa bonté, en voyant fi elle fe charge bien de limaille de fer ou de petits morceaux d'acier, & fi elle n'a point de matiere étrangere qui traverfe fes pores, & qui empêche la matiere magnetique de circuler, & de paffer d'un pole à l'autre.

La bonté d'un aiman confifte en deux chofes effentielles; qui font d'être hormogene, ayant un grand nombre de pores remplis de matiere magnetique qui les parcoure formant autour de lui un tourbillon trés-étendu, & rempli d'un grand nombre de particule magnetique. En fecond lieu, fa figure comme nous avons dit, contribuë beaucoup à fa force, étant certain que de tous les aimans de pareille bonté, celui qui fera le mieux poli, qui aura fon axe le plus long, & dont les poles fe rencontreront jufte aux deux extrêmitez, fera le plus vigoureux.

Deux aimans à qui on prefente leurs poles de divers noms, s'approchent, au lieu que quand on leur prefente leurs poles de même nom ils fe fuïent, étant fur l'eau dans une petite gondole.

Si un aiman eft coupé en deux pieces parallelement à fon axe, les côtez des pieces qui étoient ensemble avant la division se fuient.

Si un aiman est coupé en deux pieces, suivant son équateur, les côtez des pieces qui étoient ensemble avant la coupe, se trouvent poles de divers noms, & s'aprochent.

Un aiman fort qui touche un foible l'atire par son pole de même nom, &c.

Description des armures.

L'Armure d'un aiman taillé en parallelipipede rectangle, est composée de deux morceaux d'acier ou de fer bien doux en forme d'équerre ; l'acier trempé est plus propre que le fer, parce que ses pores sont plus serrés & en plus grande quantité. Il faut avoir grand soin que les armures embrassent, & touchent bien justement les poles, & les faire épaisses à proportion de la bonté de l'aiman : car si à un foible aiman on y mettoit une forte armure, elle ne feroit point d'effet, parce que la matiere magnetique n'auroit pas assez de force pour passer à travers ; de même si l'armure d'une forte pierre étoit trop mince, elle ne pourroit pas contenir toute la matiere magnetique qu'elle devroit contenir, & par consequent ne feroit pas tant d'effet.

Cela se reconnoît en éprouvant & limant peu à peu les armures, tant que l'on voit que l'effet s'augmente, & quand il n'augmente plus, c'est une marque qu'elles sont dans la juste proportion, & qu'elles ont l'épaisseur convenable. Aprés quoi il faut les adoucir en dedans, & les polir en dehors.

A l'égard des têtes des armures elles doivent être plus épaisses que le reste, & couvrir environ les deux tiers de la longueur de l'axe.

On éprouvera de même l'épaisseur & la longueur qui conviendront le mieux à la pierre.

Il faut sur tout avoir grand soin que les deux têtes soient d'égale épaisseur, & que leurs bases se rencontrent bien juste dans un même plan. Ensuite on ajustera une ceinture de laiton ou d'argent marquée 5 autour de la pierre qui servira à serrer & maintenir les armures par le moyen des deux vis marquées 1. on mettra aussi au-dessus une platine de laiton, ou autre matiere, qui portera le pendant & son anneau ; ladite platine maintiendra le haut des armures avec deux écroux aux endroits marquez 6. On ajuste enfin un porte-poids avec son crochet de même matiere. Il est composé d'une lame d'acier de longueur, largeur & épaisseur convenables, & du côté où il doit toucher les bases des têtes des armures, il faut qu'il soit bien droit, bien adouci, & un peu arrondi par les bords, afin que le contact s'en fasse mieux.

G iij

A l'égard de l'armure de l'aiman sphérique, elle est composée de deux coquilles d'acier qui se tiennent par le haut avec une charniere aux endroits marquez 6, d'une ceinture à l'endroit 5, d'un anneau à l'endroit 4, & d'un porte-poids à l'endroit 2. Il faut sur tout que les coquilles soient bien fraisées en rond par dedans, & qu'elles joignent bien juste la superficie ; de maniere que chacune embrasse bien ses poles, & qu'elle couvre une tres-grande partie de la convexité de la pierre. On connoît l'épaisseur & largeur qui convient à cette armure par des épreuves semblables à celles dont nous avons parlé cy-devant. Au reste les figures B & C font assez connoître ce que nous venons de dire.

C'est une chose merveilleuse que deux petits morceaux d'acier qui font l'armure d'un aiman, semblent augmenter tellement sa force, qu'on a vû de bonnes pierres, lesquelles après avoir été armées, enlevoient plus de cent cinquante fois plus qu'elles ne faisoient lors qu'elles étoient nuës.

Il y a des pierres passablement bonnes, qui pesent nuës environ trois onces, & n'enlevent qu'une demi-once de fer ; mais étant armées, elles levent plus de sept livres.

Pour conserver un aiman on le tient dans un lieu sec parmi de petits bouts de fil d'acier : car la limaille, qui est toujours pleine de poussiere, le fait roüiller.

On le suspend aussi quelquefois, afin qu'ayant la liberté de se mouvoir, il se dirige vers les Poles du monde.

Dans cette situation on luy met son porte-poids avec le crochet, auquel on attache la charge qu'il porte d'ordinaire, & de tems en tems on y ajoûte quelque petit poids nouveau ; & ayant continué pendant quelques jours, on verra qu'il soutient beaucoup plus de poids qu'il ne faisoit auparavant.

Nous allons rapporter plusieurs experiences que l'on fait ordinairement avec la pierre d'aiman.

LA premiere & la plus utile est celle d'aimanter les éguilles des boussoles. Pour le faire adroitement, on coule doucement & on tire de loin l'éguille trois ou quatre fois sur un des poles de l'aiman depuis son milieu jusqu'à son extremité ; mais il faut remarquer que le bout de l'éguille d'une boussole qui a touché à un des poles de l'aiman, se tourne vers l'endroit du monde opposé à celuy qui regarde ce pole ; c'est pourquoy si on veut que le bout de l'éguille se dirige vers le Nord, il faut le faire toucher au pole de l'aiman qui regarde le Sud. Plus les éguilles font longues, moins elles ont de vibration.

Cette merveilleuse direction de l'aiman & de l'éguille aimantée vers les Poles du monde, n'est connuë en Europe que depuis en

viron deux cent ans, & les Pilotes en tirent la principale connoissance de leurs routes dans les grandes navigations. Ce qui est
incommode, c'est que l'éguille aimantée ne se dirige pas toujours exactement vers les Poles du monde, mais qu'elle decline
tantôt plus, tantôt moins vers l'Orient ou vers l'Occident, &
que sa declinaison n'est pas même égale par tout. En l'année 1610.
elle declinoit à Paris de 8. degrez du Septentrion vers l'Orient ; en
1658. elle n'y declinoit point du tout ; en 1709. elle decline de
10 degrez 15 minutes vers l'Occident.

Outre la declinaison de l'éguille aimantée, on y remarque encore une inclinaison, c'est-à-dire qu'une éguille de boussole étant
en équilibre sur son pivot avant que d'être aimantée, perd cet
équilibre en l'aimantant, & le bout qui dans ce pays tourne au
Nord, panche vers la terre, comme si elle étoit devenuë plus pesante de ce côté-là. Cette inclinaison augmente à mesure qu'on
approche du Pole, & diminuë quand on approche de l'Equateur ;
tellement que sous la Ligne équinoxiale l'éguille se trouve en
équilibre ; quand on a passé la Ligne pour aller vers la partie meridionale du Monde, pour lors l'autre bout de l'éguille, qui regarde le Pole du Sud, commence à pancher vers la terre, tellement
que les Pilotes sont obligez de mettre un peu de cire tantôt à
un bout de l'éguille, tantôt à l'autre, pour la mettre en équilibre. Plus l'aiman sur lequel on touche les éguilles, a de force,
plus il les fait pancher.

On fait exprés des éguilles pour observer cette inclinaison.
C'est un morceau d'acier fort uni, traversé par le milieu à angles
droits d'un fil de laiton qui sert à la soûtenir sur deux petits pivots,
à la maniere que le fleau d'une balance est soutenu. Elle est d'a-
bord mise en équilibre ; mais aprés qu'elle a été frottée d'un bon
aiman, quand on la met dans le plan du Meridien à Paris, le bout
de l'éguille qui regarde le Nord, trebuche ; & quand elle est arrêtée, elle incline à l'horison environ de 70 degrez.

Si on passe une lame d'acier sur un des poles de l'aiman ar-
mé, cette lame acquiert en un instant la vertu magnetique, &
ne la perd que peu à peu & aprés plusieurs mois, à moins qu'on
ne la mette au feu.

Les deux bouts de cette lame ainsi aimantée deviennent poles de
divers noms; l'un boreal, sçavoir celui dont l'attouchement finit sur
le pole austral de la pierre; & austral si l'attouchement a été fait sur le
pole boreal de la pierre : car si cette lame est assez legere pour
nager sur l'eau, elle se dirigera, comme l'aiman, au Nord & au Sud.

Le bout de cette lame par lequel l'attouchement a fini, leve
beaucoup plus de fer que l'autre bout ; & si on passe une seule
fois cette lame à contre-sens sur la pierre, elle ne levera plus

G iiij

& aura perdu sa vertu. Il en est de même d'une éguille de bousole, d'une lame de couteau, &c.

Deux lames aimantées se fuyent, & s'approchent comme l'aiman.

Si une lame d'acier nage sur l'eau, on la fera mouvoir comme on voudra, selon qu'on luy presentera les poles d'un aiman, ou d'une autre lame aimantée.

Une éguille fine, enfilée & soutenué par un fil, fera voir ce qu'on nomme sympathie & antipathie : car cette éguille sera chassée par un pole d'un aiman, & attirée par l'autre.

L'on fera tenir debout une éguille, sans qu'elle touche à l'aiman, en sorte qu'on pourra passer entre elle & l'aiman une piece d'argent, ou autre matiere, pourvû que ce ne soit pas de fer.

Si autour d'un aiman rond, ou d'une autre figure, suspendu par un fil, on place circulairement plusieurs petites éguilles de boussole aimantées, sur leurs pivots, & qu'on fasse mouvoir l'aiman en tout sens, on verra aussi mouvoir toutes ces éguilles d'une maniere agreable, en prenant differentes situations, & lorsque l'aiman cessera de se mouvoir, ces éguilles cesseront aussi, en observant chacune à part une disposition conforme à la façon dont on l'aura aimantée.

Nous avons parlé de l'arrangement de la limaille autour d'un aiman posé sur un carton ; il en sera à peu prés de même autour d'une lame d'acier aimantée.

Si on seme de la limaille sur un carton, & qu'on passe un aiman dessous, la limaille se dressera, puis se couchera du côté d'où vient l'aiman.

Si au lieu de limaille on met sur un carton un ou plusieurs bouts d'éguilles cassées, ils se dresseront par un bout en presentant un des poles de l'aiman ; mais si on presente l'autre pole, ils feront la culbute, puis se redresseront sur l'autre bout.

Il n'est pas facile de separer une poussiere noire mêlée parmy du sable blanc ; & le proposer à faire à une personne qui n'en auroit pas le secret, ce seroit demander l'impossible : cependant si on mêle de la limaille de fer avec du sablon d'Etampes, on les separe facilement avec une pierre d'aiman ou une lame d'acier aimantée : car enfonçant l'un ou l'autre dans ce mélange, on enleve à diverses fois tout ce qu'il y a de fer parmy ce sable qui reste seul.

Un aiman enleve une piroüette qui tourne, & dont l'axe est d'acier ; & si elle est un peu pesante, elle tournera plus longtemps en l'air qu'elle n'auroit fait sur une table, où le frottement fait plutôt cesser son mouvement. Si l'aiman a assez de force, la piroüette qui y tient peut en enlever une seconde, & toutes les deux tourneront à contre-sens.

On peut encore faire une experience assez divertissante, en mettant dans un bassin plat, où il y a de l'eau, de petits poissons, ou des cygnes d'émail, qui sont ordinairement enfilez d'un fil d'acier. On aura le plaisir de les voir nager & courir çà & là en passant sous le bassin une bonne pierre d'aiman. On peut leur donner tel mouvement qu'on veut en promenant la pierre de differentes façons : car si on la tourne en serpentant, les poissons serpenteront ; si on leur presente le pole de l'aiman, ils plongeront comme pour s'y joindre. On y peut aussi mettre de petits soldats d'émail, que l'on pourra faire approcher ou écarter les uns des autres en forme de combat, & en leur presentant l'Equateur de l'aiman ils se couchent & semblent tomber.

C'est une chose assez curieuse, de voir une éguille à coudre enfilée, ou une petite fleche attachée par un cheveu à l'arc d'un Cupidon, demeurer suspenduë en l'air à 8 ou 10 lignes de distance d'un bon aiman ; & quoiqu'avec le bout d'une éguille on écarte un peu plus cette fleche à droit ou à gauche, elle se rapproche aussi-tôt, & par son agitation elle semble vouloir se joindre à cette pierre avec beaucoup de vitesse.

Nous laissons plusieurs autres experiences, parce qu'elles nous meneroient trop loin. Celles que fait Mr Joblot à Paris, & Mr Pugel à Lyon, sont aussi des plus belles & des plus curieuses.

Construction d'un Aiman artificiel.

CEt instrument est de l'invention de Mr Joblot. Il est composé de plusieurs lames d'acier bien dressées & bien unies, Fig.BB. mises les unes sur les autres. Pour le faire passablement bon, il en faut du moins une vingtaine, suivant la force de l'aiman qu'on veut faire, qui ayent environ dix pouces de longueur, un pouce de largeur, & demi-ligne d'épaisseur. Il seroit inutile de les faire plus épaisses, parce que la vertu magnetique ne se communique pas plus avant dans l'acier.

Ces lames étant aimantées avec une bonne pierre, on les place l'une sur l'autre, suivant leurs plus larges surfaces, ayant leurs poles de même nom tournez du même côté, formant un parallelipipede rectangle. Ces lames sont pressées par quatre étriers de laiton, & autant de petits coins de même matiere marquez 3, & terminez par deux armures de fer, de longueur, largeur & épaisseur convenables. La base de leurs têtes a environ deux pouces de largeur. Ces armures sont retenues par une ceinture de laiton, & serrées avec des vis marquées 2. Il y a une plaque de laiton qui les couvre par dessus, à laquelle est attaché le pendant avec son anneau, & au-dessous est son porte-poids marqué 5. Il faut faire en sorte que le dessus du porte-poids fasse un contact le plus parfait qu'il eſt poſſible avec les têtes des armures. Quand les aimans artificiels ſont bien faits, & touchez avec de bonnes pierres, ils ont autant de vertu que les bons aimans naturels, & on peut s'en ſervir pourfaire les mêmes experiences.

Conſtruction du Peſon à reſſort.

Fig. D   CEtte machine eſt un peſon qui ſe peut porter aiſément à la poche, & dont on ſe ſert bien facilement pour peſer un poids, depuis une livre juſqu'à environ 40.

Cet inſtrument eſt compoſé d'un tuyau ou canon de cuivre boûché par les deux bouts, long de quatre à cinq pouces, & large de ſept à huit lignes, dont on voit un bout marqué 3, le reſte étant ouvert pour faire voir le dedans, qui eſt un reſſort de fil d'acier trempé, fait en maniere de vis, comme un tire-boure d'arquebuſe, marqué 2. Il y a par le bout d'en haut une petite virolle marquée 6, qui a un trou quarré par où paſſe une verge de cuivre marquée 1, qui eſt auſſi quarrée, & qui traverſe le reſſort, ſur laquelle verge ſont les diviſions des livres qu'on y a marquées, en mettant ſucceſſivement au crochet marqué 4 un poids d'une, deux & trois livres, &c. ſuivant qu'on veut que le peſon porte de poids; on écrit auſſi les chiffres de 5 en 5, ſur la verge, & le lieu où elle ſe trouvera coupée par le bord du trou quarré, marquera les livres; ce qui arrivera en divers points par les differens poids attachez au crochet 4, qui par leur peſanteur feront étendre & retrecir le reſſort, & en même temps ſortir en dehors une plus grande ou plus petite partie de la verge qui doit être arrêtée par le bout d'en bas au reſſort par une petite vis.

L'uſage en eſt fort facile: car la virolle à vis marquée 6, étant miſe au haut de la grande virolle, le reſſort ſera dans toute ſon étenduë au long de la branche, & en mettant un poids au crochet, il fera repliſſer ledit reſſort & ſortir la branche en dehors; alors remarquant le nombre qui ſera coupé par le bord de la petite virolle, ce ſeront autant de livres que peſera ce qui ſera attaché au crochet.

La principale juſteſſe de cette machine conſiſte en la trempe du reſſort, afin qu'il ſe ploye & ſe tende ſuivant la force du poids qu'on luy veut faire porter. Il faut auſſi que le fil d'acier ſoit gros à proportion du poids que le peſon portera de livres, ce qui determinera auſſi la groſſeur & la longueur de l'inſtrument.

Conſtruction du Peſon à fleau.

Fig. E   CEt Inſtrument eſt une eſpece de Peſon ou balance de l'invention de Mr Caſſini. Cette balance conſiſte en une verge ſuſpenduë par un fleau en ſon point d'équilibre 5, qui diviſe ladite verge en deux bras, comme celle des balances communes. Chacun de ces bras est divisé en parties égales suivant la longueur de l'instrument, dont l'ordre commence du point de l'équilibre, allant vers les deux extremitez marquées 1, & 2.

L'usage de cette balance est de connoître le poids & le prix des marchandises en même temps. Si on veut se servir de cette balance pour peser les marchandises, il faut mettre à un des bras de la balance un contrepoids marqué 4, d'une livre ou d'une once, suivant que les marchandises se pesent par livres ou par onces, en telle maniere qu'il puisse couler le long du bras, comme dans les Romaines, & de l'autre côté il faut mettre un fil de soye pour soutenir la marchandise. Pour en sçavoir le poids, il faut mettre le fil de soye à la premiere division qui est la plus proche du point de l'équilibre, & faisant couler le contrepoids jusqu'à ce qu'il fasse équilibre, il marquera dans ce point le nombre des livres ou des onces de la marchandise.

Si on veut sçavoir le prix de toute la marchandise à raison du prix convenu, comme par exemple à 7 sols l'once ou la livre, mettez le fil qui soutient la marchandise à la septiéme division du même bras, ensuite faisant couler le contrepoids sur l'autre bras jusqu'à ce qu'il soit en équilibre, le nombre des divisions depuis le point de suspension jusqu'au contrepoids, sera le nombre des sols ou la valeur de la marchandise pesée.

Pour les marchandises qui ne sçauroient être pesées que dans un bassin, prenez-en un qui soit d'un poids connu, comme d'une once ou d'une livre, le crochet pour le suspendre y compris; & pour trouver le poids & le prix de la marchandise, faites la même chose que vous avez faite avec le fil de soye, & en ôtez celuy d'une livre ou d'une once, qui est le poids du bassin.

La livre dont on se sert à Paris est de 16 onces, & se divise en 2 marcs, chacun de 8 onces; l'once se subdivise en 8 gros, le gros en 72 grains, & le grain, qui est à peu prés le poids d'un grain de froment, est le plus petit poids qui soit en usage.

Le quintal pese cent livres.

Rapports du poids de Paris à ceux des Pays étrangers.

LA livre d'Avignon, Lyon, Montpellier & Thoulouse ne pese que 13 onces.

La livre de Marseille & de la Rochelle pese 19 onces.

La livre de Roüen, Besançon, Strasbourg & Amsterdam pese 16 onces, comme celle de Paris.

La livre de Milan, Naples & Venise pese 9 onces.

La livre de Messine & de Gennes pese 9 onces trois quarts.

La livre de Florence, Ligourne, Pife, Sarragoffe, Valence pefe 10 onces.

La livre de Turin & de Modene pefe 10 onces & demie.

La livre de Londres, Anvers & Flandre pefe 14 onces.

La livre de Bafle, Berne, Francfort, Nuremberg pefe 16 onces & 14 grains.

Celle de Genéve 17 onces.

Conftruction d'une moufle.

Fig. F. L'Inftrument marqué F eft une moufle double. Elle eft compofée de deux chappes, dont chacune porte huit poulies creu-
fées dans l'épaiffeur d'un petit canal pour recevoir la corde &
l'empêcher de fe détourner. Elle eft attachée par un bout à la
chappe fuperieure, & aprés avoir fait le contour de toutes les poulies, l'autre bout de la corde fe joint à la puiffance reprefentée
par une main. Quatre de ces poulies font portées par un même
effieu, & quatre par un autre, auffi-bien dans la chappe fuperieure que dans l'inferieure. Au deffus de la chappe d'en haut il
y a un anneau pour attacher la machine en un lieu fixe, & au-
deffous de la chappe d'en bas il y a un autre anneau pour attacher le poids.

L'ufage de cette machine eft pour élever ou attirer à foy de
gros fardeaux, en multipliant la force de la puiffance, laquelle augmente dans la raifon de l'unité au nombre double des poulies
d'en bas : de forte que dans cet inftrument, où la moufle d'en
bas contient huit poulies, fi le poids marqué 4 pefe 16 livres, il
ne faudra à peu prés qu'une livre de force à la puiffance pour faire équilibre. Je dis à peu prés, parce qu'il en faut un peu plus à
caufe du frottement de la corde & des effieux. Les poulies de la
chappe d'en haut ne contribuënt point à augmenter la force,
mais feulement à faciliter le mouvement en évitant le frottement
des cordes, parce qu'étant comme des leviers de la premiere efpece, dont le point fixe eft au milieu, la puiffance eft égale
au poids ; mais les poulies de la moufle d'en bas font comme des
leviers de la feconde efpece, dont le point fixe eft à un des
bouts : car leur diametre eft comme appuyé fur un bout, & levé
de l'autre ; ce qui fait que chacune de ces poulies double la
force, parce que la diftance de la puiffance eft double de celle
du poids.

Conftruction de la Canne à vent.

CEtte machine reprefente une Canne à vent, ou même une
arquebufe, dont la difference eft peu de chofe pour la con-

struction. Elle a environ trois pieds de long sur 12 ou 15 lignes de grosseur. Le tuyau 4 est fait de laiton bien rond & bien soudé, de quatre à six lignes de diametre. Il est bouché du côté opposé à l'ouverture. Le creux du tuyau est ce que l'on nomme l'ame du canon ; l'endroit marqué 1 est un autre tuyau aussi de laiton tellement disposé autour du premier, qu'il demeure un espace marqué 4, dans lequel l'air peut être enfermé. Ces deux tuyaux doivent être unis ensemble par une plaque circulaire attachée au bout & exactement soudée à l'un & à l'autre, pour que l'air n'en puisse sortir. La piece marquée 8, est une soupape qui bouche une ouverture qui se peut faire du dehors en dedans, c'est à dire qui permet à l'air de passer de 2 vers 1, mais non pas de retourner de 1 vers 2. Il y a encore deux ouvertures au tuyau interieur vers environ le bout, qui ressemble à la culasse d'un canon ordinaire ; l'un est marqué 6, par où l'air pourroit échaper de la cavité 4, dans l'ame du canon, s'il n'en étoit empêché par une soupape à ressort, qui ne se peut ouvrir que de dehors en dedans, & que l'air presse d'autant plus contre le trou, qu'il fait plus d'effort pour sortir. L'autre ouverture est marquée 5, par laquelle il y a communication du dehors de toute la machine au dedans du canon interieur, de telle sorte cependant que l'air que l'on a renfermé dans la cavité 4, ne peut sortir par l'ouverture 5, en étant empêché par le moyen d'un petit bout de tuyau qui est soudé aux deux tuyaux 1 & 4. Enfin le tuyau 2 represente le corps d'une seringue par laquelle on introduit le plus d'air qu'on peut dans l'espace 4, aprés quoy ayant fait couler une bale prés le petit tuyau 5 dans l'ame à l'endroit marqué 8, la canne ou arquebuse se trouve toute chargée.

Pour la décharger, il ne faut qu'enfoncer dans le petit tuyau 5, une petite cheville ou poinçon rond qui remplisse le trou par lequel on pousse la soupape à ressort qui est à l'ouverture marquée 6 : car alors l'air qui étoit pressé dans la cavité 4, se dilate, & sortant par l'ouverture marquée 5 dans l'ame du canon, pousse la balle au dehors avec impetuosité, & d'une si grande force, qu'elle perce une planche d'une moyenne épaisseur.

Le piston marqué 9, est à peu prés semblable à celuy d'une seringue. L'étrier marqué 12, qui est au bout, est fait pour passer le pied dedans, afin de pomper l'air plus facilement. Il faut avoir grand soin que le corps de la seringue soit bien juste & bien rond, afin que l'air ne s'en retourne pas. Il est aussi necessaire que le piston remplisse tres-juste le corps de pompe, & qu'il y ait deux petits trous, afin qu'en tirant l'étrier en dehors, l'air pressé fasse lever une petite plaque de cuir qui est attachée au bout dudit piston, pour le laisser passer entre le piston & la soupape ;

enfuite repouffant le pifton en dedans, l'air fe trouvant encore preffé, fait lever la petite foupape qui bouche le trou de communication, & par ce moyen l'air paffe dans la capacité 4, & n'en peut fortir fans faire fon effet.

La Canne fe démonte en deux à l'endoit marqué 7, par le moyen d'une groffe vis creufe.

La figure 10, qui eft à part, reprefente la petite foupape qui bouche le trou de communication. Il y a une efpece de vis en tire-boure, afin que par fon reffort elle puiffe fe relever & re baiffer, fuivant que l'air la fait agir.

La petite figure 11, reprefente le reffort en foupape. On le met en dedans du canon quand la canne eft démontée. Il fert à boucher le trou qui eft à l'ame du canon. Il faut fur tout qu'il foit bien ajufté, que l'air ne s'échape point du tout. On attache audit reffort, à l'endroit qui bouche le trou, un morceau de cuir de hongrie, afin que le trou foit bien bouché. L'on démonte auffi l'étrier qui eft au bout du pifton, pour mettre une pomme de canne ordinaire à fa place.

Conftruction de l'Eolipile.

Fig. H CEt Inftrument eft fait de laiton battu & retraint en forme de boule ou poire creufe. On foude une efpece de tuyau en forme de goulet, qui eft percé d'un tres-petit trou par le bout. Le vafe n'eft d'abord rempli que d'air, que l'on fait rarefier en l'approchant du feu, afin qu'il en échape une bonne partie par la petite ouverture; enfuite on plonge l'Eolipile dans de l'eau froide, qui fait condenfer l'air contenu dans l'inftrument, & donne paffage à l'eau qui entre par la petite ouverture, & remplit le vuide.

Ayant ainfi rempli en partie d'eau cette Eolipile, environ le tiers de fa capacité, fi on la pofe fur des charbons ardens dans une fituation femblable à celle que vous voyez dans la figure, l'eau qui eft dans la partie baffe venant à s'échauffer, fe dilatera petit à petit & s'élevera peu à peu en vapeurs, qui volant dans l'efpace d'en haut, où il n'y a que de l'air, fe chaffent les unes les autres pour fortir en foule par la petite ouverture, en telle forte que celles qui font auprés du trou fortent par là avec beaucoup de viteffe. Ces vapeurs entraînant l'air avec foy, produifent un vent & un fifflement violent qui fouffle le feu & qui continue jufqu'à ce que toute l'eau foit évaporée, ou que la chaleur foit tout-à-fait éteinte, & ce vent a toutes les proprietez qu'on re marque dans ceux que nous fentons au-deffus de la furface de la terre.

Construction du Microscope à liqueur.

L'Instrument marqué I est un Microscope pour voir les plus petits objets & les petits animaux qui sont dans les liqueurs. Il est composé de deux plaques de cuivre, ou d'autre metal, longues d'environ trois pouces sur huit lignes de large. Elles sont attachées ensemble par les deux bouts avec deux vis marquées 2, & qui servent à éloigner ou approcher les deux plaques tant & si peu qu'il est necessaire pour laisser tourner une roue qui porte six ouvertures rondes, dans lesquelles il y a de petits verres plats pour mettre les differens objets marquez 3, 4, 5, &c. Du côté de l'œil il y a une piece de cuivre marquée 1. Elle est concave comme une petite coquille ronde, dont le trou qui est au milieu aboutit à une coulisse qui porte une tres-petite boule de verre. Cette boule doit être bien ronde & bien polie, afin de distinguer les objets. Le bout d'en bas de la machine est limé en maniere de manche pour la tenir à la main.

L'usage de cet Instrument est assez facile. Si les objets qu'on veut voir sont transparens sans être liquides, tels que sont les pieds d'une puce, d'une mouche, leurs ailes, les mittes de fromages, ou autres petits animaux, comme aussi les cheveux, leurs racines, &c. on mettra ces objets du côté de l'œil sur les verres plats qui sont joints à la roue, en les faisant tenir par leurs extremitez avec un peu d'eau gommée; & pour voir les petits animaux qui sont dans l'urine gardée, dans le vinaigre, dans l'eau dans laquelle on aura fait infuser des grains de poivre, de la coriante, &c. Il en faut prendre une petite goutte avec le bout d'un petit tuyau de verre & l'étendre sur lesdits verres; il faut ensuite tourner la roue & la hausser ou baisser par le moyen des vis marquées 2, & du ressort qui est entre les deux plaques, qui sert à maintenir ladite roue dans la situation qu'on veut qu'elle ait, & en telle sorte que les petits objets, ou la goutte de liqueur, soit directement au dessous de la petite boule de verre. Les choses étant ainsi disposées, prenez à la main le manche du Microscope, & ayant appliqué l'œil dans la coquille marquée 1, vis à vis de la petite boule de verre, regardez fixement l'objet au grand jour, ou la nuit à la lumiere d'une bougie, tournez en même temps & peu à peu la vis du bout pour approcher ou éloigner l'objet plus ou moins de la boule de verre, jusqu'à ce que vous ayez trouvé le point de vûe dans lequel le petit objet transparent, ou les animaux qui nagent dans la goutte de liqueur, paroissent tres-grands & tres-distinctement; alors vous remarquerez des choses tres-singulieres.

Il faut avoir bien soin d'essuyer la petite boule de verre, afin qu'elle soit toujours bien claire.

Construction d'un Microscope à trois verres.

CEt Instrument est composé de trois verres ; sçavoir, le verre oculaire marqué 3, le verre du milieu 4, & la lentille ou verre objectif marqué 5. Il y a un couvercle pardessus pour garantir de la poussiere le verre oculaire. Ces trois verres sont enchâssez dans des cercles de bois & à vis, pour les maintenir en leur place & pour les démonter facilement, afin de les nettoyer sans peine.

L'oculaire & le verre du milieu sont ajustez aux extremitez d'un tuyau de vélin qui entre juste dans le tuyau exterieur, afin d'alonger le Microscope & le mettre à son juste point, suivant une ligne qui est tracée autour dudit tuyau. Pour que cet Instrument soit d'une grandeur raisonnable, il faut que le verre oculaire soit d'environ 20 lignes de foyer, & le verre du milieu d'environ trois pouces de foyer, & placez à environ trois pouces trois lignes l'un de l'autre.

La lentille est placée au bout d'un cul de lampe de bois qui est collé à l'extremité du tuyau exterieur. Ladite lentille est enfermée dans une petite boëte percée au fond & qui se démonte à vis, afin de changer de lentille & en mettre de different foyer. Il y en a ordinairement de 2, 3, 4 & 5 lignes de foyer, & elles sont plus ou moins convexes. La bonté de ces verres dépend de voir des bassins de cuivre concaves tournez d'une juste proportion aux verres qu'on veut travailler ; comme aussi du mouvement de la main, de la bonté de la matiere que vous employez pour les construire, & sur tout de les bien polir : on se sert d'abord de grais pour les dégrossir dans les bassins, ensuite de sable fin pour les adoucir, & puis du tripoli bien doux pour les polir. Je ne m'arrêteray pas davantage à la construction de ces verres, le P. Cherubin en ayant suffisamment parlé.

Le pied marqué 1 qui doit estre un peu pesant à cause qu'il porte le Microscope en l'air, est fait de cuivre de 4 à 5 pouces de diametre. Il y a au milieu un creux, dans lequel on met une petite piece qui est blanche d'un côté & noire de l'autre, on met les objets noirs sur le côté blanc, & les blancs sur le côté noir.

La branche est attachée au bord du pied, elle est de cuivre ronde au long de laquelle le Microscope se peut hausser, baisser & tourner par le moyen du support fait en double équerre marqué 2. Il y a un cercle qui est fortement attaché à la double équerre & qui embrasse bien juste le tuyau exterieur. Il y a aussi un ressort d'acier qui appuye contre la branche, & fait tenir l'instrument à la hauteur & dans la situation qu'on a besoin.

La piece marquée 6, est un petit chassis de cuivre qui porte un morceau de glace ou de verre blanc pour mettre dessus les objets transparens. Il coule aussi au long de la branche au-dessous du Microscope, & est porté de même par une double Equerre.

Enfin la piece marquée 7, est un verre convexe qui rassemble dans un petit espace les rayons de lumiere qu'il reçoit la nuit d'une bougie allumée, & qui la reflechit vivement sous l'objet transparent qui est sur la glace, & le fait voir bien plus distinctement. Ce verre est enchâssé dans un cercle de cuivre, & hausse, baisse, alonge & raccourcit par le moyen d'un petit bras qui le porte, comme la figure le montre.

Usage de ce Microscope.

POur s'en servir, par exemple, à voir la circulation du sang de quelque animal, on met un petit poisson vivant sur la glace en telle maniere qu'une partie des nageoires de la queue soit juste vis-à-vis du verre objectif & au dessus du rayon du verre convexe au grand jour ou à la lumiere de la bougie, la nuit ; alors plaçant le Microscope juste à son point, vous verrez le sang circuler.

La petite piece marquée 9, est un petit canal de plomb qu'il faut mettre sur le poisson pour l'empêcher de sauter hors de sa place & de retirer sa queuë du petit espace éclairé.

Par ce Microscope on peut aussi fort bien examiner les liqueurs : car si vous mettez une petite goutte de vinaigre sur le verre justement dans le milieu de l'espace éclairé, vous verrez tres-distinctement les petits animaux qui y sont. Il en sera de même de l'eau où l'on aura fait infuser du poivre, de l'orge, &c. comme aussi les vers & les autres petits insectes qui sont dans l'eau croupie.

Le sang dont on veut observer ce qu'il contient de visible, se peut connoître en y en mettant une tres-petite quantité & tout chaud vis-à-vis le rayon de lumiere. Alors on y remarquera tres-bien la serosité & les petites boules qui paroissent d'une couleur rougeâtre.

Il sera facile d'avoir du sang sur le champ. En se serrant le pouce avec un cordon, & se piquant avec une épingle, on en aura suffisamment.

Les liqueurs se mettent sur la glace avec un petit bout de tuyau de verre que l'on trempe dans la liqueur, & on la fait descendre sur la glace, soit en soufflant doucement dans le tuyau, ou en pressant du pouce par le haut : car l'air pressé dans le tuyau presse de même la liqueur, qui est contrainte d'en sortir.

Pour retirer beaucoup d'anguilles dans une petite quantité de vinaigre, il faut mettre cette liqueur dans une petite bouteille fort étroite par en haut & l'entretenir toujours pleine ; par ce moyen les animaux qui montent en haut pour y respirer, seront pompez

H

avec le petit tuyau en plus grande quantité que si le vaisseau
les contient étoit plus large en haut.

Les yeux de mouche, les fourmis, les poux, les puces &
mites de fromages se mettent au milieu du pied du Microscope
aussi-bien que le sable, le sel & toute autre poudre, pour examiner leurs couleurs & leurs qualitez, en observant toujours de
mettre sur le côté blanc les objets noirs, & sur le côté noir les objets blancs.

L'on suppose icy que les verres de ce Microscope soient bien
travaillez & bien placez en leurs foyers. Il est bon aussi de faire
voir que l'image de l'objet & sa grandeur seront d'autant plus considerables, que la lentille sera d'un plus court foyer ; mais il ne
sera pas tout-à-fait si net.

Construction d'un Microscope à un verre.

LE petit Instrument marqué L est un Microscope assez commode pour sa simplicité. Il est composé d'une branche de laiton, ou autre metal, qui a un mouvement vers le haut pour le
mettre dans la situation que la figure le montre. Il y a au bout une
piece marquée 1, qui porte une petite lentille de verre fort convexe qui grossit beaucoup l'objet. Elle se monte à vis dans une petite boëte percée au fond. La piece marquée 4, sont deux res-
forts attachez ensemble par le milieu avec un clou rond pour
leur donner le mouvement qu'on souhaite. Dans un des ressorts
on enfile la branche qui porte la lentille, & dans l'autre on enfile une petite branche qui porte par un de ses bouts une piece
marquée 2, qui est blanche d'un côté & noire de l'autre, pour
mettre les differens objets. L'autre bout marqué 3, est une petite
pince qui s'ouvre en pressant les deux petits boutons. Elle sert à tenir les petits animaux & autres objets. Le pied marqué 5, a environ un pouce & demi de diametre. La branche s'y met à vis afin
de démonter l'instrument, pour qu'il ne tienne guere de place.

L'usage en est fort facile. On place les objets sur la petite piece
ronde, ou au bout de la petite pince, & on les approche de la lentille en faisant couler le ressort au long de la branche, jusqu'à ce
que l'on voye l'objet tres-distinctement. Alors on y remarquera des
choses curieuses qui feront plaisir.

On voit aussi avec ce Microscope les animaux qui sont dans les
liqueurs, en metrant un verre plat à la place de la petite piece ronde marquée 2, qui se démonte à vis. Nous ne dirons rien davantage de son usage. Ce que nous avons expliqué pour les autres
peut aussi servir pour celui-cy.

Fin du troisiéme Livre.

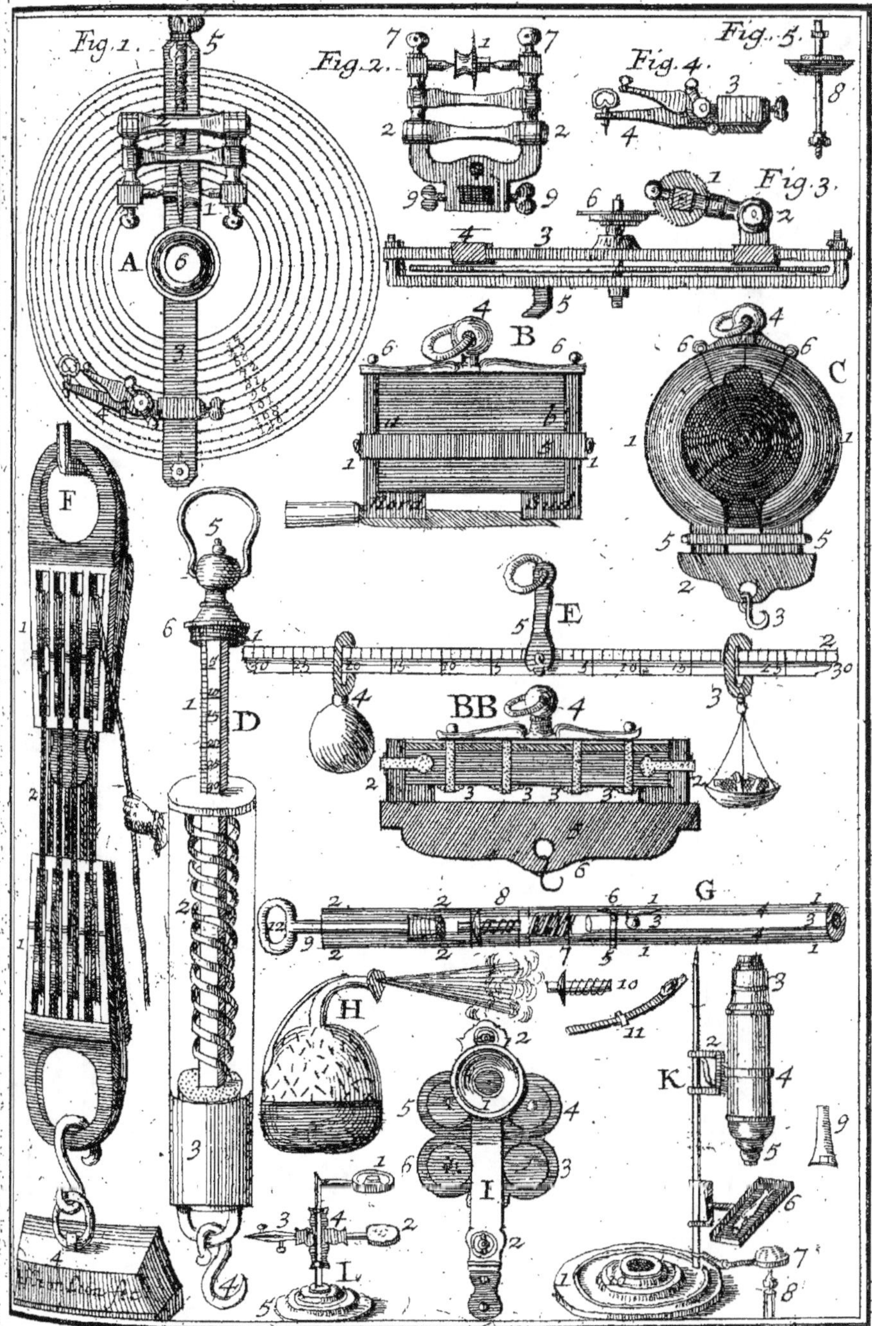
Fig. 1.
Fig. 2.
Fig. 4.
Fig. 5.
Fig. 3.
A
B
C
D
E
BB
F
G
H
I
K
L

DE LA
CONSTRUCTION
ET DES USAGES
DES INSTRUMENS
DE MATHEMATIQUE

Qui servent à travailler à la campagne, pour arpenter les terres, lever les plans, mesurer les distances & prendre les hauteurs. Les plus usitez sont les Piquets, les Cordeaux, la Toise, la Chaîne, les Equerres d'Arpenteur, les Recipiangles ou Mesurangles, les Planchettes, le quart de Cercle, le demy-Cercle & la Boussole.

LIVRE QUATRIÉME.

CHAPITRE PREMIER.

Contenant la description & les usages des Piquets, des Cordeaux, de la Toise & de la Chaîne.

LES Piquets sont de petits morceaux de bois de Cormier de deux à trois pieds de long, arrondis & pointus par un bout que l'on garnit de fer, pour être plus facilement enfoncez en terre. On en fait quelques-uns de plus longs, afin d'être vûs de loin, comme on les voit representez par la planche II.

X I.
Planche.
Fig. A.

H ij

VIII.
Planche.

Fig. A Les Cordeaux doivent être de bonne ficelle bien torſe & d'une groſſeur convenable, pour ne pas s'allonger facilement, telle que la figure B le marque.

Fig. C. La Toiſe eſt une meſure de ſix pieds de long d'un bâton rond tout d'une piece, diviſé en ſes pieds marquez par de petits anneaux ou de petits clous de cuivre. Le dernier pied ſe diviſe en 12 pouces, qui ſe diſtinguent auſſi par de petits clous.

Il y en a qui ſont briſées & qui ſe montent à vis en 2, 3, ou 4 pieces par le moyen des viroles & des vis de cuivre qui ſont attachées à chaque bout, & on met auſſi aux deux bouts des Toiſes une virole de cuivre ou d'acier pour la conſerver dans ſa longueur.

Fig. D. La Chaîne eſt compoſée de pluſieurs pieces de gros fil de fer ou de laiton recourbées par les deux bouts. Chacune de ces pieces a un pied de long, y compris les petits anneaux qui les joignent enſemble.

Fig. E. Les Chaînes ſe font ordinairement de la longueur de la Perche du lieu où l'on veut s'en ſervir, ou bien de quatre à cinq toiſes de long diſtinguées par un plus grand anneau de toiſe en toiſe. Ces ſortes de chaînes ſont fort commodes, en ce qu'elles ne ſe noüent point comme celles qui ſont faites de petites mailles de fer.

En 1668 on a placé un nouvel Etalon de la toiſe fort juſte, au bas de l'Eſcalier du grand Châtelet de Paris, pour y avoir recours en cas de beſoin.

Nous avons dit que la toiſe en longueur contient ſix pieds, & chaque pied, douze pouces.

La toiſe quarrée contient trente-ſix pieds quarrez, & chaque pied cent quarante-quatre pouces.

La toiſe cube contient deux cens ſeize pieds cubes, & chaque pied mil ſept cens vingt-huit pouces cubes.

La Perche n'a point de longueur déterminée.

Celle de la Prevôté de Paris a trois toiſes ou dix-huit pieds. En d'autres Pays elle a vingt, vingt-deux & vingt-quatre pieds.

La Perche dont on ſe ſert en France pour arpenter les Eaux & Forêts, ſuivant les derniers Reglemens, a vingt-deux pieds de longueur, & parconſequent la Perche quarrée contient quatre cens quatre-vingt-quatre pieds quarrez.

L'Arpent eſt une meſure quarrée dont on ſe ſert pour la vente des terres & des bois.

L'Arpent des environs de Paris contient cent Perches quarrées ou neuf cens toiſes, & chaque côté eſt parconſequent de dix Perches ou trente toiſes.

La lieuë eſt un eſpace de terre dont on ſe ſert pour meſurer les chemins. Sa meſure n'eſt pas déterminée, eſtant differente ſelon les differens Pays.

On compte depuis la Porte de Paris, qui joint le Grand Châtelet, jusqu'à la Porte de l'Eglise de S. Denys, deux lieuës, dont chacune est de deux mille deux cens toises.

Messieurs de l'Academie Royale des Sciences en travaillant à la mesure de la terre, ont observé qu'un dégré de la circonference d'un méridien terrestre contient cinquante-sept mille soixante toises, & donnant vingt-cinq lieuës au degré, chaque lieuë contiendra deux mille deux cens quatre-vingt-deux toises.

La lieuë Marine est un peu plus grande, puisqu'on n'en compte que vingt au dégré; c'est pourquoy elle contient prés de trois mille toises.

Les Italiens comptent par mille, dont chacun contient mille pas géométriques.

Le pas géométrique est de cinq pieds antiques, dont le palme est les trois quarts du pied ancien Romain, qu'on peut estimer environ onze de nos pouces. Et parconsequent le mille d'Italie à Rome contient sept cens soixante-neuf de nos toises, à tres-peu prés.

Les Allemans comptent aussi par mille, mais ils sont bien plus grands que ceux d'Italie; ils contiennent trois mille six cens vingt-six toises.

On compte par lieuës en Espagne, qui contiennent deux mille huit cens cinquante-trois toises, & reviennent justement à vingt lieuës par dégré terrestre.

Il en est de même en Angleterre & en Hollande.

USAGE I.

Par deux points donnez sur la terre, tracer une ligne droite & la prolonger tant qu'il est besoin.

PLantez un Piquet sur chaque point donné, & ayant tendu un cordeau d'un piquet à l'autre, faites tracer un sillon le long dudit cordeau; mais si les deux piquets sont trop éloignez, plantez-en d'autres dans le même allignement, & pour operer justement, faites en sorte qu'ils soient bien à plomb sur le terrain, & qu'en les bornayant ou les regardant, le premier cache tous les autres à l'œil.

C'est de la même maniere que l'on peut prolonger une ligne droite sur la terre; car ayant planté deux Piquets on en peut planter tant d'autres qu'on voudra dans le même allignement, en bornayant comme nous venons de dire; mais il faut qu'il y ait toûjours deux Piquets bien plantez pour servir à alligner le troisiéme.

Lorsque les distances sont grandes on se sert quelquefois de flambeaux allumez pendant la nuit pour prolonger un allignement.

USAGE II.

Mesurer une ligne droite sur la terre.

LOrsqu'on a une longue ligne à mesurer sur le terrain, il faut user de précaution pour ne se pas tromper & n'estre pas obligé de recommencer. Pour ce faire, il faut deux hommes portans chacun une toise ; le premier ayant étendu sa toise sur le terrain ne la doit pas lever que le second n'ait posé la sienne au bout de la premiere. Le premier homme ayant relevé sa toise, comptera tout haut, une ; & quand il l'aura remise au bout de la seconde, le second homme relevera la sienne & comptera deux, en continuant ainsi de suite jusqu'au bout. Il est à propos de remarquer lequel des deux hommes a commencé par un, parce qu'il doit continuer de compter par tous les nombres impairs, au lieu que celui qui a commencé par deux, doit continuer par tous les nombres pairs ; & afin de bien poser les toises en ligne droite, il faut toûjours avoir devant les yeux deux piquets pour les bornayer, car s'il n'y en avoit qu'un, les toiseurs iroient tout de travers & ne feroient rien qui vaille.

De plus il faut toûjours que les Mesureurs posent leurs toises de niveau ; c'est pourquoy si le terrain est haut & bas, il faut qu'ils fassent tomber du bout de leur toise une pierre pour marquer où se doit poser la toise suivante.

Pour abreger le temps & la peine, on doit avoir une chaîne, laquelle est souvent composée de trente pieds ou cinq toises, avec un anneau à chaque bout. Celuy des deux hommes qui va devant, porte aussi plusieurs piquets, Lorsque la chaîne est bien étenduë en ligne droite, bien allignée & de niveau, il pose un piquet au bout des cinq toises, afin que celuy qui va derriere puisse connoître où la chaîne a fini ; car toute l'adresse consiste à bien compter & mesurer juste.

USAGE III.

Sur une ligne droite, & d'un point donné en icelle, élever une perpendiculaire.

XI.
Planche.
Fig. I. SOit la ligne donnée A B, & le point donné C.
Plantez un piquet au point C, & deux autres comme E, D, sur la même ligne en distance égale dudit point C ; ayez un cordeau dont chaque bout soit noüé de telle maniere qu'il y ait un petit anneau où l'on puisse faire entrer le haut des piquets ; pliez ce cordeau en

deux également & faites une marque au milieu; passez enfin les anneaux qui sont à chaque bout du cordeau autour des piquets E & D, & tenant en main le milieu dudit cordeau tendu également, plantez en terre un piquet comme F ; la ligne F C , sera perpendiculaire sur A B.

Autrement du point donné C, mesurez sur la ligne A B, de quel côté vous voudrez quatre pieds ou quatre toises, & plantez-y le piquet G. Ayez un cordeau qui contienne huit pareilles mesures, c'est à dire, des pieds ou des toises. Mettez un des anneaux du cordeau autour du piquet C, & l'autre anneau autour du piquet G ; puis ayant tendu ce cordeau en sorte que trois de ces parties soient du côté du point C, & les cinq autres du côté de G, plantez le piquet H, la ligne C H, sera perpendiculaire sur A B.

Fig. 2.

USAGE IV.

D'un point donné hors la ligne tirer une perpendiculaire.

SOit la ligne donnée A B & le point F donné hors la ligne. Pliez le cordeau en deux parties égales, arrêtez le milieu au piquet F ; étendez les deux moitiez que je suppose assez grandes pour que les bouts puissent atteindre la ligne A B, plantez deux piquets; sçavoir, un à chaque bout du cordeau , & divisez leur distance en deux également, ce qui se peut faire par le moyen d'un cordeau aussi long que la distance A B, que l'on pliera en deux, plantez le piquet C, au milieu, & la ligne C F, sera perpendiculaire sur A B.

Fig. 3.

USAGE V.

D'une distance donnée tracer une ligne parallelle à une ligne donnée.

SOit la ligne donnée A B , à laquelle on propose de tracer une parallelle distante de quatre toises.

Tracez par l'Usage troisiéme deux perpendiculaires de quatre toises chacune, sur les deux points A & B. plantez un piquet à chacune de leurs extrêmitez C & D, & par ces deux piquets tracez la droite C D, elle sera parallelle à A B.

Fig. 4.

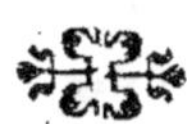

USAGE VI.

D'un point donné sur le bout d'une ligne tracer sur le terrain un angle semblable à celuy d'un Plan proposé.

Fig. 5.
SOit A B C , l'Angle d'un Plan proposé auquel on en veut faire un semblable sur le terrain.

Du point B , comme centre , décrivez sur le papier l'Arc A C , & tirez la droite A C , qui sera soûtendante dudit Arc. Mesurez sur une Echelle , ou sur la ligne des parties égales d'un compas de proportion une des jambes égales dudit Angle A B ou B C. Mesurez aussi sur la même Echelle la soûtendante A C , laquelle je suppose par exemple contenir trente-six parties égales à celle dont la jambe A B en contient, trente.

Soit sur la terre une ligne droite comme B C , sur laquelle il faut tracer une autre ligne F B , qui fasse un angle semblable au proposé. Plantez un piquet au point B , & ayant mesuré trente pieds ou cinq toises le long de la ligne B C , plantez-y un autre piquet, comme D ; ayez deux cordeaux , l'un de trente pieds de long que vous attacherez par un anneau au piquet B , & l'autre de trente-six pieds , que vous attacherez aussi par un anneau au piquet D. Tendez ces deux cordeaux jusqu'à ce qu'ils se joignent par leurs extremitez au point F , où vous planterez encore un piquet d'où vous tracerez la ligne F B , laquelle formera au point B , l'angle semblable au proposé avec la ligne B C ; & ainsi de l'autre.

USAGE VII.

Dessigner sur le papier un Angle semblable à celui que font deux lignes sur la terre.

Fig. 5.
CEtte proposition est la converse de la precedente.

Soit proposé sur la terre l'angle F B C , formé par les deux côtez d'une terre labourable , auquel on veut en faire un semblable sur le papier. Mesurez de B vers C trente pieds ou cinq toises , & plantez un piquet D au bout ; mesurez pareillement de B vers F trente pieds & plantez-y un autre piquet ; mesurez aussi la ligne droite qui fait la distance des deux piquets F D , que je supposeray de trente-six pieds , comme en l'exemple de l'usage precedent.

Soit sur le papier la ligne B C ; du point B comme centre & d'une ouverture de trente parties égales , prises sur une Echelle , décrivez l'arc A C , prenez avec le compas sur la même Echelle trente-six parties égales , portez cette ouverture sur l'arc A C , en posant une des pointes du compas fur le point C. L'autre jambe marquera fur ledit Arc le point par lequel fe do't tirer la ligne B A.

Si de plus on veut fçavoir la valeur dudit angle, on connoîtra par le moyen d'un rapporteur qu'il eft peu moins de foixante & quatorze degrez.

On pourra connoître plus précifément en degrez & minuttes la valeur des angles dont on aura mefuré les bafes ou foûtendantes par la table fuivante. Elle eft calculée pour des angles toûjours compris par deux côtez égaux de trente pieds chacun.

L'ufage de cette Table eft tres-facile pour connoître la grandeur de tous les Angles Plans fur le terrain.

Mefurez trente pieds fur chacune des lignes qui forment l'angle, & plantez un piquet fur chaque ligne où finiffent les trente pieds ; mefurez enfuite la bafe de l'Angle qui eft la ligne droite étenduë entre les deux piquets, que je fuppofe être de trente - fix pieds comme en l'exemple precedent, cherchez dans ladite Table en la colonne des Bafes trente-fix pieds, & vous trouverez vis à vis en la colonne des Angles foixante & treize degrez, quarante-quatre minuttes pour la valeur dudit Angle.

TABLE DES ANGLES PLANS

toûjours compris par deux côtez de trente pieds.

Chaque groupe porte pour en-tête « Bases » et « Angles » (D = degrés, M = minutes).

Bases	D	M	Bases	D	M	Bases	D	M	Bases	D	M	Bases	D	M
2	0	19	2	6	3	2	11	48	2	17	34	2	23	24
4	0	38	4	6	22	4	12	8	4	17	54	4	23	44
6	0	57	6	6	41	6	12	27	6	18	13	6	24	3
8	1	8	8	7	0	8	12	46	8	18	32	8	24	23
10	1	36	10	7	20	10	13	5	10	18	52	10	24	42
1	1	55	4	7	39	7	13	24	10	19	11	13	25	1
2	2	14	2	7	58	2	13	43	2	19	30	2	25	21
4	2	33	4	8	17	4	14	2	4	19	50	4	25	41
6	2	52	6	8	36	6	14	22	6	20	19	6	26	1
8	3	11	8	8	55	8	14	41	8	20	29	8	26	20
10	3	30	10	9	14	10	15	0	10	20	48	10	26	40
2	3	49	5	9	34	8	15	20	11	21	8	14	26	53
2	4	8	2	9	53	2	15	39	2	21	27	2	27	18
4	4	28	4	10	12	4	15	58	4	21	46	4	27	38
6	4	47	6	10	31	6	16	18	6	22	6	6	27	58
8	5	6	8	10	50	8	16	37	8	22	25	8	28	18
10	5	25	10	11	9	10	16	56	10	22	45	10	28	38
3	5	44	6	11	29	9	17	15	12	23	6	15	28	57

Chaque groupe porte pour en-tête « B » et « Angles ».

B	D	M	B	D	M	B	D	M	B	D	M	B	D	M
2	29	17	2	35	15	2	41	19	2	47	30	2	53	51
4	29	37	4	35	35	4	41	40	4	47	51	4	54	12
6	29	56	6	35	55	6	42	0	6	48	12	6	54	34
8	30	16	8	36	15	8	42	20	8	48	33	8	54	55
10	30	36	10	36	35	10	42	40	10	48	54	10	55	16
16	30	56	19	36	55	22	43	1	25	49	15	28	55	38
2	31	16	2	37	15	2	43	22	2	49	36	2	56	0
4	31	36	4	37	36	4	43	42	4	49	57	4	56	22
6	31	56	6	37	56	6	44	3	6	50	18	6	56	43
8	32	16	8	38	16	8	44	24	8	50	39	8	57	5
10	32	35	10	38	36	10	44	44	10	51	0	10	57	26
17	32	55	20	38	56	23	45	5	26	51	21	29	57	48
2	33	15	2	39	17	2	45	26	2	51	42	2	58	10
4	33	35	4	39	38	4	45	46	4	52	3	4	58	32
6	33	55	6	39	58	6	46	7	6	52	24	6	58	54
8	34	15	8	40	18	8	46	28	8	52	46	8	59	16
10	34	35	10	40	38	10	46	48	10	53	8	10	59	38
18	34	55	21	40	59	24	47	9	27	53	29	30	60	0

TABLE DES ANGLES PLANS

toûjours compris par deux côtez de trente pieds.

Bases	Angles		Bases	Angles		Bases	Angles		Bases	Angles		Bases	Angles	
	D	M		D	M		D	M		D	M		D	M
2	60	22	2	67	7	2	74	8	2	81	30	2	89	18
4	60	44	4	67	30	4	74	32	4	81	55	4	89	45
6	61	6	6	67	53	6	74	56	6	82	20	6	90	12
8	61	28	8	68	16	8	75	20	8	82	46	8	90	39
10	61	50	10	68	39	10	75	44	10	83	12	10	91	6
31	62	13	34	69	2	37	76	9	40	83	37	43	91	33
2	62	35	2	69	25	2	76	33	2	84	3	2	92	1
4	62	58	4	69	48	4	76	57	4	84	29	4	92	29
6	63	20	6	70	12	6	77	22	6	84	54	6	92	56
8	63	43	8	70	35	8	77	46	8	85	20	8	93	24
10	64	5	10	70	59	10	78	9	10	85	46	10	93	52
32	64	28	35	71	22	38	78	35	41	86	13	44	94	20
2	64	50	2	71	46	2	79	0	2	86	39	2	94	48
4	65	13	4	72	10	4	79	25	4	87	5	4	95	16
6	65	36	6	72	33	6	79	50	6	87	32	6	95	20
8	65	58	8	72	56	8	80	15	8	87	58	8	96	13
10	66	21	10	73	20	10	80	40	10	88	25	10	96	42
33	66	44	36	73	44	39	81	5	42	88	51	45	97	11

B	Angles		B	Angles		B	Angles		B	Angles		B	Angles	
2	97	40	2	106	48	2	117	2	2	129	3	2	144	39
4	98	9	4	107	20	4	117	39	4	129	48	4	145	43
6	98	38	6	107	52	6	118	16	6	130	33	6	146	48
8	99	8	8	108	25	8	118	53	8	131	19	8	147	57
10	99	37	10	108	57	10	119	31	10	132	6	10	149	8
46	100	6	49	109	30	52	120	9	55	132	53	58	150	20
2	100	36	2	110	4	2	120	47	2	133	44	2	151	36
4	101	6	4	110	37	4	121	26	4	134	30	4	152	55
6	101	36	6	111	11	6	122	6	6	135	20	6	154	19
8	102	7	8	111	44	8	122	45	8	136	11	8	155	48
10	102	37	10	112	18	10	123	25	10	137	3	10	157	22
47	103	8	50	112	53	53	124	6	56	137	57	59	159	3
2	103	39	2	113	23	2	124	47	2	138	49	2	160	53
4	104	10	4	114	3	4	125	28	4	139	44	4	162	54
6	104	41	6	114	38	6	126	10	6	140	40	6	165	12
8	105	12	8	115	14	8	126	52	8	141	38	8	167	48
10	105	44	10	115	49	10	127	35	10	142	36	10	171	28
48	106	16	51	116	26	54	128	19	57	143	36	60	180	0

Il faut remarquer que dans la colonne des bases les pouces n'y font marquez que de deux en deux, & les pieds y font marquez d'un en un. L'on trouvera toûjours avec autant de facilité que de justesse l'ouverture & la valeur de tous les Angles; car supposant, par exemple, que vôtre base soit de la longueur de cinquante toises trois pouces, & les deux autres côtez toûjours de trente pieds, vous chercherez dans la colonne des bases le nombre de cinquante pieds trois pouces, & vous trouverez vis à vis dans la colonne des Angles cent treize degrez & quarante-quatre minuttes pour la valeur de l'Angle requis, en gardant les proportions des minuttes & des pouces comme on fait en cet exemple.

En réduisant ce nombre de pieds par le moyen d'une Echelle bien divisée sur du cuivre, l'on mesurera les mêmes Angles sur la carte & sur le papier avec autant de justesse que par les cordeaux sur la terre; d'autant qu'aux triangles équiangles les côtez sont proportionels entr'eux.

Cette methode de mesurer les Angles Plans peut aussi servir à construire les desseins de Fortification des Places, tant regulieres que irregulieres, pour en connoître l'ouverture des Angles, tant des Bastions que du Poligone formé par les rencontres des lignes des Bases, ou côtez exterieurs, tant sur le papier que sur la terre.

Pour tracer les Angles, cherchez dans la Table le nombre des degrez & minuttes que vous aurez à tracer, par exemple, de cinquante-quatre degrez trente-quatre minuttes, & après l'avoir trouvé prenez à côté dans la colonne des bases, le nombre des pieds & pouces qui luy répond, à sçavoir, vingt-sept pieds & six pouces pour la mesure de la longueur de la base de l'Angle toûjours compris par les deux autres côtez du triangle de trente pieds chacun; & ainsi des autres.

USAGE VIII.

Pour lever le Plan d'une Place dans laquelle on peut entrer.

Fig. 6. SOit la place A B C D E, de laquelle on veut lever le Plan. Faites premierement sur vôtre papier une figure à peu près semblable à vôtre Plan, & après avoir mesuré avec la toise sur le terrain les côtez A B, B C, C D, & D E, écrivez les mesures trouvées sur chacune des lignes qui leur correspondent sur le papier; ensuite au lieu de mesurer les Angles qui font les côtez de la Place, mesurez les Diagonales comme font les lignes A D, B D, dont vous écrirez la valeur en nombre sur vôtre broüillon; laquelle sera réduite en trois triangles dont tous les côtez font connus, puisqu'ils ont esté mesurez actuellement.

Vous remettrez au net ce broüillon par le moyen d'une Echelle de parties égales qui en contienne autant que la plus longue ligne du Plan.

De toutes les methodes de lever un Plan celle de le lever par dedans est la plus exacte & la moins sujette à erreur.

USAGE IX.

Pour lever le Plan d'une Place par dehors.

SOit proposé un Bois ou un Etang dont on veut lever le Plan,   Fig. 7 comme seroit E F G H J.

Faites-en d'abord le broüillon en vous promenant tout autour, si vous le pouvez faire sans perdre beaucoup de temps.

Mesurez avec la toise ou la chaîne tous les côtez qui font l'enceinte du lieu proposé, & marquez en les nombres sur chacune des lignes de vôtre broüillon; mais pour les Angles, vous les mesurerez par la methode cy jointe.

Pour mesurer, par exemple, l'Angle E F G, prolongez en bornayant le côté E F, de cinq toises, & plantez un piquet à l'extremité K; prolongez également le côté G F, & plantez un piquet à l'extremité L, mesurez avec la toise la distance L K, & supposant qu'elle soit de six toises quatre pieds, c'est à dire, quarante pieds, marquez ce nombre sur la ligne L K de vôtre broüillon; par ce moyen vous aurez les trois côtez du triangle isocele L F K, qui serviront à vous faire connoître l'ouverture de l'Angle L F K, soit par la Table cy-devant ou autrement. Or cet Angle est égal à son opposé par la pointe E F G, & si l'on cherche dans la Table quarante pieds en la colonne des bases, on trouvera que cet Angle est de 83 d. 37 m.

Vous mesurerez de même l'Angle F G H, & tous les autres de la figure, ou bien de cette autre maniere; prolongez en bornayant le coté H G, de cinq toises de G en N, où vous planterez un piquet; mesurez le long du côté G L, de G en M, cinq toises, au bout desquelles vous ferez une marque en y plantant un piquet ou autrement. Mesurez exactement la distance M N, laquelle je suppose pour exemple de six toises deux pieds, ou de trente-huit pieds, que vous écrirez sur la ligne M N, de vôtre broüillon.

Ce nombre cherché dans la colonne des Bases, correspond à soixante & dix-huit degrez trente-cinq minuttes pour l'Angle exterieur M G H, dont le complément cent-un degré vingt-cinq minuttes est la valeur de l'Angle de la figure F G H, parce que deux Angles de suite valent autant que deux Angles droits.

Vous remettrez ensuite vôtre broüillon au net avec une Echelle de parties égales, tant pour marquer la longueur des côtez que celle des Bafes de tous les Angles que l'on peut avoir exactement, fans fe mettre en peine de leur valeur en degrez & minuttes.

USAGE X.

Pour tracer fur la terre tout Polygone regulier fur une ligne donnée.

Fig. 8. SOit pour exemple la ligne donnée A B, fur laquelle on propofe de tracer un triangle équilateral

Mefurez fur cette ligne du point A allant vers B, trente pieds, & plantez y un piquet D; ayez deux cordeaux mefurez de trente pieds chacun, dont vous en attacherez un au piquet D, & l'autre au piquet A, & les tendez également jufqu'à ce qu'ils fe joignent par les deux autres bouts au point C, où vous planterez un autre piquet.

Faites la même chofe à l'autre extremité B, de la ligne donnée, & prolongez les lignes jufqu'à ce qu'elles fe joignent pour former le triangle équilateral & équiangle A BE.

S'il s'agit de tracer fur la terre un quarré parfait fur la ligne donnée A B.

Fig. 9. Elevez fur chaque extremité A & B une perpendiculaire par l'Ufage troifiéme.

Prolongez ces perpendiculaires pour les faire égales à la ligne donnée, plantez des piquets à leurs extremitez C & D, & tracez la ligne C D, qui achevera le quarré propofé.

S'il faut tracer un Pentagone fur la ligne donnée A B.

Fig. 10. Souvenez-vous que les Angles formez par les côtez d'un Pentagone regulier font de cent huit degrez chacun, comme nous l'avons expliqué cy-devant en l'Ufage troifiéme du Rapporteur, & en la Section troifiéme de la ligne des Polygones du compas de proportion; c'eft pourquoy cherchez dans la Table des Angles plans compris par deux côtez de trente pieds dans la colonne des Bafes, le nombre qui correfpond à cent huit degrez ou le plus approchant, vous trouverez quarante-huit pieds fix pouces & quelque peu plus; car ce nombre correfpond à cent-fept degrez cinquante-deux minutes, qui eft moindre de huit minutes que cent-huit degrez; c'eft pourquoy on peut prendre quarante-huit pieds fix pouces & demi pour ladite bafe.

Suivant cette methode, mefurez fur la ligne donnée, du piquet A vers B, trente pieds, & plantez un piquet au point C, où fe termine ladite mefure. Ayez deux cordeaux mefurez, l'un de trente pieds, que vous attacherez par un de fes bouts au piquet A, & l'autre de quarante-huit pieds fix pouces & demy que vous attacherez

de même au piquet C, tendez également ces deux cordeaux juſqu'à ce qu'ils ſe joignent au point E où vous planterez un piquet,
& vous aurez par ce moyen un Angle de cent-huit degrez ; prolongez la ligne A E, pour la tracer égale à A B, faites la même choſe à
l'autre extremité B de la ligne donnée, & par ce moyen vous aurez
déja trois côtez du Pentagone A B, A G, B D, que vous acheverez
par la même méthode.

Si le Pentagone n'eſt pas trop grand, on peut l'achever par le
moyen de deux cordeaux égaux au côté donné, en attachant l'un
au piquet D, & l'autre au piquet G ; car ſi vous les tendez également, ils formeront les deux autres côtez du Pentagone en ſe joignant au point H.

Vous pourrez par la même methode tracer ſur le terrain tout
autre Polygone regulier ou irregulier, en cherchant dans la ſuſdite
Table le nombre des pieds & pouces qui correſpond à l'Angle du
Polygone que l'on veut tracer.

USAGE XI.

*Connoître la diſtance de deux objets inacceſsibles de l'un à
l'autre, chacun eſtant acceſsible en particulier.*

ON demande, par exemple, la diſtance en ligne droite de la Fig. 11.
Tour A, au Moulin B.

Plantez le piquet C en une place d'où il ſoit facile de meſurer la
diſtance en ligne droite juſqu'aux lieux A & B.

Meſurez exactement ces diſtances, comme par exemple de C
en A, que je ſuppoſe de cinquante-quatre toiſes, prolongez la ligne
A C, juſqu'en D, d'une quantité égale, c'eſt à dire de cinquante-
quatre toiſes ; meſurez pareillement la ligne B C, que je ſuppoſe de
trente-ſept toiſes & la prolongez juſqu'en E, d'une quantité égale,
c'eſt à dire de trente-ſept toiſes ; vous formerez par ce moyen le
triangle C D E égal & ſemblable au triangle A B C, & par conſequent la diſtance D E ſera égale à la diſtance propoſée inacceſſible
de A en B.

USAGE XII.

*Connoître la diſtance de deux objets, dont un ſeulement
eſt acceſsible.*

SOit propoſé pour exemple à trouver la largeur d'un Foſſé ou du Fig. 12.
lit d'une Riviere A B ; eſtant ſur un des bords au point A, plantez-y le piquet A C, de quatre à cinq pieds de haut & bien perpendiculaire ; faites à l'extremité C du piquet une petite fente pour

y faire entrer une lame d'un morceau de cuivre ou d'acier bien droit
qui puisse hausser ou baisser, long d'environ trois pouces, que
vous hausserez ou baisserez jusqu'à ce que vous voyiez le point
de l'autre côté de la Riviere, en bornayant le long de ladite lame;
ensuite tournez le piquet toûjours perpendiculaire en conservant
la lame dans la même situation, & bornayez le long du bord de la
Riviere sur un terrain de niveau, en remarquant le point comme
D, où se termine le rayon visuel. La distance A D, estant mesurée avec la chaîne, vous donnera la largeur de la Riviere ou du
Fossé à laquelle elle est égale, comme il est facile de juger.

Cette proposition, toute simple qu'elle est, peut servir à connoître
de quelle longueur on doit couper des branches d'arbres, pour
faire un pont sur un Fossé ou sur une Riviere que l'on veut traverser.

USAGE XIII.

Fig. 13.   SOit proposé de tracer sur la terre une ligne droite du point A au
point B, entre lesquels il y a un bâtiment ou autre obstacle qui
empêche de continuer l'allignement.

Cherchez sur un terrain bien de niveau un troisiéme point comme C, duquel vous puissiez voir les piquets plantez aux points A
& B; mesurez exactement la distance de C en A, & de C en B;
prenez la moitié, le tiers ou toute autre partie égale de chacune
de ces lignes; plantez-y des piquets comme en D, moitié de C B,
& en E moitié de C A; tirez une ligne droite de D en E, laquelle
vous prolongerez tant qu'il sera besoin, & tracez à cette ligne une
parallelle qui passe par les points A & B, par le moyen des piquets
que vous planterez entre le point A & la maison, de même qu'entre ladite maison & le point B, tous en égale distance de la ligne
D E, & ainsi vous continuerez l'allignement de A en B.

USAGE XIV.

Fig. 14.   SOit proposé à percer une butte de terre pour y faire une gallerie
qui communique de A en B.

Tracez d'un côté une ligne droite comme D C. & de l'autre côté
de la butte une autre ligne droite comme F E, parallelle à C D;
du point A, tirez sur la ligne C D, la perpendiculaire A G, & en
quelque autre point par dela la butte, tirez une autre perpendiculaire comme C H, égale à A G.

Du point B tirez sur E F la perpendiculaire B I, & en quelque
autre point par delà la butte une autre perpendiculaire sur la même
ligne comme L M, égale à B I, en telle sorte que la distance I L soit
égale à C G; tracez ensuite une ligne droite du piquet H au piquet

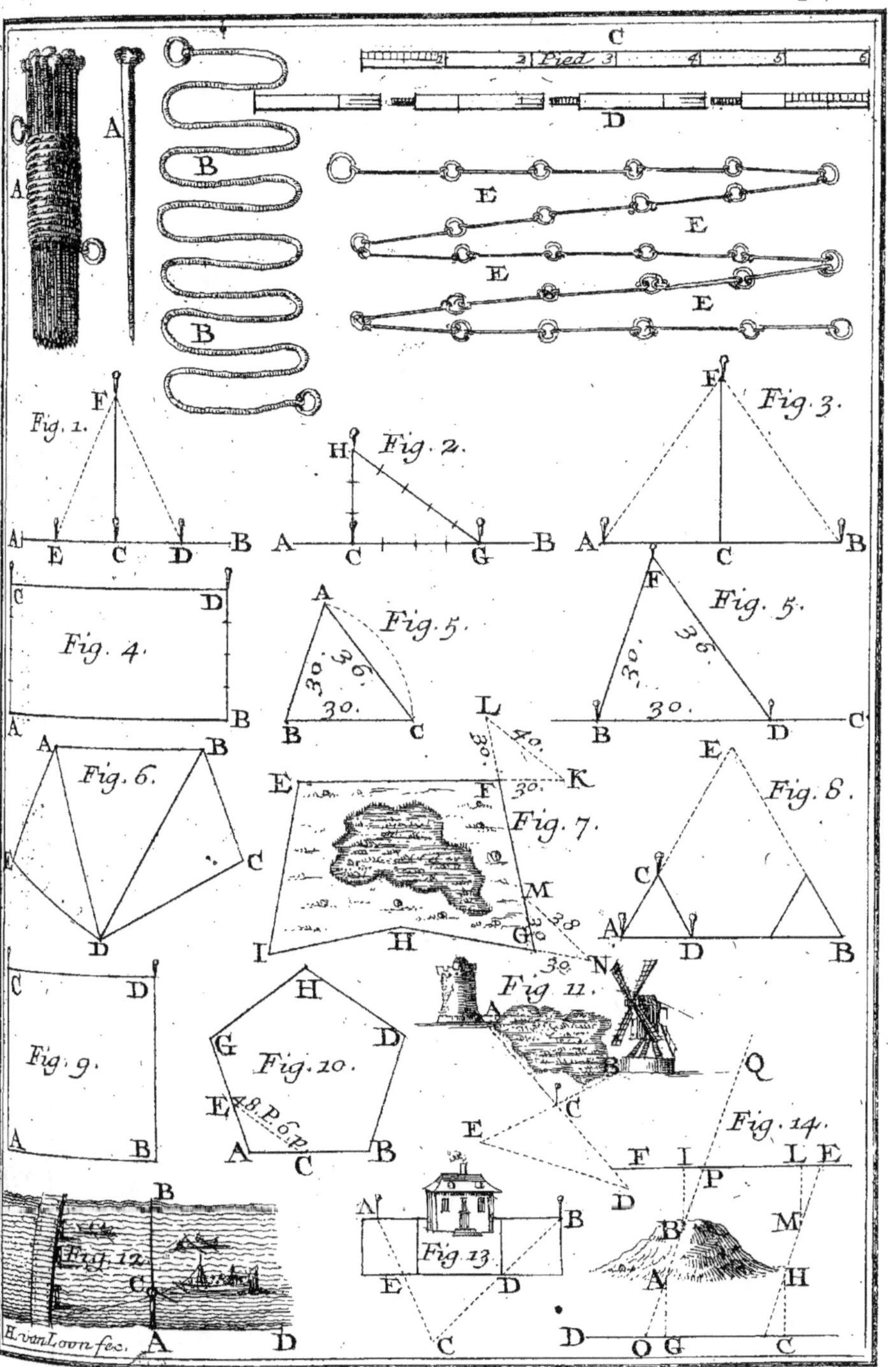

C
Pied
D
E
E
E
E
Fig. 1.
Fig. 2.
Fig. 3.
F
H
F
A E C D B
A C G B
A C B
Fig. 4.
C D
A B
Fig. 5.
A
30. 36. 30.
B C
Fig. 5.
F
30. 36.
30.
B D C
Fig. 6.
A B
E C
D
Fig. 7.
E F 30. K
L 30. 40.
M
38.
I H G 30. N
Fig. 8.
E
C
A D B
Fig. 9.
C D
A B
Fig. 10.
H
G D
E 48. P. 6 P.
A C B
Fig. 11.
Q
E
D
F I L E
P
Fig. 14.
B
A
M
H
O G C
Fig. 12.
B
C
A D
Fig. 13.
A B
E D
C
H. van Loon fec.

que
para.
pour
d'au:
P, Q

L'é
divise
à ang
& au
dans
dites
déco
dre p
Au
une v
cinq
doit
l'autr
To
les foi
noîtr
& un
ner l'I
par le
l'align
trume
Pou
en ten
Equer
On
de la r
çavoir
aligne

que vous prolongerez tant qu'il sera besoin , cette ligne sera parallelle à la gallerie proposée à faire de A en B ; c'est pourquoy on pourra planter en distance égale de cette parallelle H M de côté & d'autre de la butte , tant de piquets que l'on voudra , comme O, P,Q, qui serviront à percer la butte de A en B.

CHAPITRE II.

Contenant la description & l'usage de l'Equerre d'Arpenteur.

L'Equerre d'Arpenteur est un cercle de cuivre d'une bonne épaisseur & de quatre, cinq ou six pouces de diametre. On le divise en quatre parties égales par deux lignes qui s'entrecoupent à angles droits au centre. Aux quatre extrêmitez de ces lignes & au milieu du limbe on y met quatre fortes pinules bien rivées, dans des trous quarrez & tres perpendiculairement fenduës sur lesdites lignes , avec des trous au dessous de chaque fente pour mieux découvrir les objets en campagne. On évuide ce cercle pour le rendre plus leger.

XII.
Planche.
Fig. A.

Au dessous & au centre de l'Instrument se doit monter à vis une virolle qui sert à soûtenir l'Equerre sur son bâton de quatre à cinq pieds suivant la hauteur de l'œil de l'observateur. Ce bâton doit estre garni d'un fer pointu par le bout qui entre en terre , & l'autre bout doit être arrondi pour que la virolle y reste juste.

Fig. B.

Toute la précision de cet instrument consiste en ce que les pinules soient bien exactement fenduës à angles droits;ce que l'on connoîtra facilement en bornoyant un objet éloigné par deux pinules , & un autre objet par les deux autres pinules. Il faut ensuite tourner l'Equerre bien juste sur son bâton & regarder les mêmes objets par les pinules opposées; s'ils se rencontrent bien exactement dans l'alignement des fentes , c'est une marque de la justesse de l'instrument.

Pour éviter de fausser l'Equerre il faut premierement enfoncer en terre le bâton seul , & quand il est bien affermi, placer ladite Equerre sur la virolle par le moyen de sa vis.

On fait aussi de ces sortes d'Equerre , où l'on met huit pinules de la même maniere que celle décrite cy-dessus ; elles servent pour avoir les Angles de 45 degrez ,comme aussi aux Jardiniers , pour aligner & planter les allées d'Arbres en étoile.

I

USAGE I.

Pour lever le Plan & faire la mesure d'un Champ ou d'un Pré dans lequel on peut entrer.

Fig. 1.

SOit proposé le champ A B C D E : plantez à tous les angles des piquets ou Jallons bien à plomb, mesurez exactement la ligne A C, par parties, de la maniere que nous allons dire cy-après, ou telle autre qu'il vous plaira, mais d'où l'on puisse découvrir tous les piquets plantez aux angles.

Faites un broüillon ou mémorial sur une feüille de papier qui re-presente à peu prés la figure du plan proposé, sur lequel vous écri-rez toutes les mesures des parties de la ligne A C, & des lignes per-pendiculaires tirées des angles, à la rencontre de la ligne A C.

Si par exemple vous commencez par le piquet A, cherchez le long de la ligne A C le point F, sur lequel tombe la perpendiculaire E F, mesurez les lignes A F, F E, & marquez leur longueur sur les lignes corréspondantes de vôtre mémorial.

Pour trouver ce point F plantez plusieurs piquets à discretion le long de la ligne A C ; plantez aussi le pied de vôtre Equerre dans la même ligne, en sorte que par deux de ses pinules opposées, vous découvriez deux de ces piquets, & que par les fentes des deux au-tres pinules, qui font angle droit avec les deux premiers, vous puis-siez voir le piquet E. Que si du premier coup vous ne découvrez pas ce piquet, approchez ou reculez du point A le pied de l'Instru-ment jusqu'à ce que les lignes bornoyées A F, E, fassent angle droit au point F, au moyen de quoy vous aurez le plan & la sur-face du triangle A F E.

C'est de la même maniere que vous trouverez le point H où tom-be la perpendiculaire D H, laquelle vous mesurerez actuellement, aussi-bien que G F, & en marquerez les longueurs sur vôtre memo-rial afin d'avoir le plan & la surface du trapeze E F H D.

Mesurez ensuite H C faisant angle droit avec H D, vous aurez le plan & la surface du triangle rectangle D H C.

Ayant ainsi mesuré toute la ligne A C, il ne s'agit plus que de trouver sur cette ligne le point G où tombe la perpendiculaire B G, & de la mesurer afin d'avoir le plan & la surface du triangle rec-tiligne A B C, au moyen dequoy vous aurez le plan du champ proposé A B C D E. Vous aurez aussi sa surface totale en ajoûtant celles des triangles & trapeze qui en font les parties, & qu'ils con-noîtront facilement par les regles de la planimetrie de la ma-niere qui suit.

Suppofons, par exemple, que A F foit de fept toifes, & la perpendiculaire E F de dix, multipliant fept par dix, le produit eft foixante & dix, dont la moitié trente-cinq fera la furface du triangle A F E.

Si de plus la ligne F H eft de quatorze toifes, & la perpendiculaire H D de douze, ajoûtant douze avec dix, que contient la parallelle F E, on aura vingt-deux, dont la moitié onze eftant multipliée par quatorze, produit 154 toifes quarrées pour la furface du trapeze E F H D. Et fi la ligne H C eft de 8 toifes, multipliant 8 par 12, le produit eft 96, dont la moitié 48 fera la furface du triangle C H D.

Toute la ligne entiere A C eft de 29 toifes, & la perpendiculaire B G de dix; le produit eft 290, dont la moitié 145 eft la furface du triangle A B C. Enfin ajoûtant les 4 furfaces partiales 35, 154, 48 & 145, la fomme 382 toifes quarrées fera la furface totale du plan A B C D E, figure 1 de la planche 12.

USAGE II.

Pour lever le plan d'un terrain dans lequel il n'eft pas facile
d'entrer, comme pourroit eftre un Bois, un Etang,
un Marais & autre chofe de cette nature.

SOit propofé le Marais E F G H I : plantez des piquets à tous les angles, faites en forte de renfermer fa figure dans un rectangle, lequel vous mefurerez; puis en fouftrayant les triangles & trapezes qui fe trouveront ajoûtez autour de fon plan, le refte fera la furface du terrain propofé.

Si par exemple vous commencez par le piquet E, prolongez avec vôtre Equerre la ligne E F tant qu'il eft befoin, pour tracer fur fon prolongement une perpendiculaire qui rencontre le piquet G, comme eft icy la ligne K G; plantez un piquet en K & prolongez cette ligne jufqu'en L, c'eft à dire, tant qu'il fera neceffaire pour y tracer une perpendiculaire qui paffe par le point H, comme la ligne L H que vous prolongerez auffi tant qu'il fera befoin; retournez enfuite au piquet E pour y tracer une autre perpendiculaire fur la ligne E F, laquelle eftant prolongée rencontrera au point M la perpendiculaire L H; ce qui eftant fait vous aurez le rectangle E M L K dont vous mefurerez les longueur & largeur avec vôtre chaîne ou une toife.

Suppofons pour exemple que la longueur E K, ou fa parallelle M L qui lui doit eftre égale, foit de 35 toifes, & que la largeur E M ou fa parallelle L K, foit de 10 toifes, multipliant ces deux nombres l'un par l'autre, vous aurez trois cens cinquante toifes quar-

Fig. 2.

I ij

rées pour la surface totale dudit Rectangle.

Mais si le prolongement F K est de cinq toises, & K G de quatre, multipliant 4 par 5, le produit est 20, dont la moitié 10 toises est la surface du triangle F K G. La ligne G L, étant de six toises, & L H de quatre, le produit de 4 par 6 est 24, dont la moitié 12 est la surface du triangle G L H.

Il faut ensuite trouver dans la ligne H M un point où tombe la perpendiculaire qui part du piquet I, laquelle formera un triangle & un trapeze : de sorte que si la distance H N est de 24 toises, & la perpendiculaire N I de 4 toises, le produit de 24 par 4 est 96, dont la moitié 48 est la surface du triangle H N I. Enfin N M, étant de sept toises, M E de 10, & sa parallele N I de 4 toises, ajoûtant 10 & 4, la somme est 14, dont la moitié 7 multipliée par 7 fait 49 pour la surface du trapeze E M N I.

C'est pourquoy ajoûtant ensemble les surfaces de ces trois triangles & celle du trapeze, on aura 119 toises, lesquelles étant ôtées de 350, qui est la surface totale du quarré long, restent 231 toises pour la surface du Marais proposé E F G H I. On fera la même chose de toute autre figure. Ces deux usages font assez connoître la maniere dont les Arpenteurs se servent de leurs Instrumens pour lever les plans & mesurer toutes sortes de pieces de terre.

CHAPITRE III.

Contenant la construction & usages de differens Recipiangles.

XII.
Planche.
Fig. AA

IL y a plusieurs sortes de Recipiangles ou Mesurangles, mais les meilleurs & les plus en usage sont ceux dont nous allons faire la description.

Le Recipiangle marqué A est composé de deux Regles parfaitement égales en largeur : car il faut que les côtez interieurs de chaque Regle soient bien paralleles aux côtez exterieurs. Leur largeur est d'environ un pouce, & leur longueur d'un pied ou plus. Ces deux Regles sont arrondies par la tête également & attachées l'une sur l'autre par le moyen d'un clou à tête artistement tourné, de sorte que l'instrument se puisse ouvrir & fermer facilement. Lors qu'on a pris l'ouverture d'un angle, on met le centre d'un rapporteur à l'endroit où les deux Regles se joignent, & les degrez du bord marquent l'ouverture de l'angle, ou bien on trace sur le papier l'ouverture que font les Regles du Recipiangle, & puis on la mesure avec un rapporteur.

Fig. B.   Le Recipiangle marqué B est fait comme le precedent, excepté qu'il y a deux pointes d'acier aux extremitez, afin qu'il puisse servir de compas. On le nomme ordinairement fausse Equerre.

Le Recipiangle marqué C est different des autres en ce qu'il Fig. C. marque l'ouverture des angles sans rapporteur.

Il est composé de deux regles de cuivre d'égale largeur & bien paralleles, longues de deux pieds ou environ, larges de deux ou trois pouces & d'une ligne d'épaisseur, jointes ensemble par un clou bien rond. Il y a de plus un cercle divisé en 360 degrez au bout d'une des regles & un petit index attaché au clou, lequel à mesure que l'on ouvre ou ferme l'instrument, marque les degrez de son ouverture. Nous ne repetons pas icy la maniere de diviser le cercle, l'ayant expliqué suffisamment en parlant du rapporteur. On dira seulement qu'on commence toujours à compter les degrez du milieu de la regle où est le centre.

On fait encore de cette sorte de Recipiangle en divisant un cercle sur la regle inferieure, & l'on lime la regle de dessus comme la tête d'un compas de proportion, de sorte qu'en ouvrant l'instrument les deux épaulieres marquent les degrez de son ouverture.

Pour mesurer un angle saillant avec quelqu'un de ces trois Recipiangles, on applique les côtez interieurs des deux regles sur les lignes qui forment l'angle. Et pour mesurer un angle rentrant, on applique les côtez exterieurs des mêmes regles le long des lignes qui forment ledit angle.

Le Recipiangle marqué D est composé de quatre regles de cui- Fig. D vre, de largeur parfaitement égale, jointes ensemble par quatre clous ronds à tête tournée, lesquelles forment un parallelogramme equilateral. Au bout de l'une desdites regles il y a un demy-cercle de trois à quatre pouces de diametre, divisé en 180 degrez, & même en demis, si l'on veut, & c'est ce qui doit faire preferer ce Recipiangle aux autres. L'autre branche qui passe sur le demy-cercle est prolongée jusques sur la division, afin d'y marquer l'ouverture des angles.

Ces Regles se font d'un pied ou deux de longueur, de huit ou dix lignes de largeur, & d'épaisseur convenable. Elles doivent estre percées tres-également en longueur, sçavoir celle où est le demy-cercle au point 2, où est son centre, & à l'autre bout au point marqué 1. Celle qui sert d'alidade doit estre percée aux points marquez 2 & 3, & enfin les deux autres regles, chacune à leurs extremitez, au point marqué 4. La regle qui sert d'alidade doit estre attachée au centre & dessus le demy-cercle; les deux autres Regles, qui sont d'une même longueur, doivent estre attachées par dessous les deux autres; le tout de maniere que leur mouvement soit bien uniforme.

Quand on veut mesurer un angle saillant avec ce Recipiangle,

I iij

on fait paſſer les deux Regles égales par deſſous les deux autres
afin que les quatre Regles n'en faſſent que deux, pour embraſſer
l'angle ; mais quand on veut meſurer un angle rentrant, on retire
ces deux Regles en dehors, & on les applique dans l'enfoncement
de l'angle ; & comme en tout parallelogramme les angles oppoſez ſont égaux, on en connoît l'ouverture par les degrez du demy
cercle oppoſé.

Uſage du Recipiangle.

POur lever le plan d'un Baſtion, comme par exemple de celuy
cotté A B C D E, tracez un broüillon ſur une feüille de papier,
meſurez avec le Recipiangle rentrant l'angle E, formé d'une courtine de la place & du flanc du Baſtion propoſé, en l'appliquant
horizontalement de ſorte qu'une des regles ſoit dans l'alignement
de ladite courtine, & l'autre regle dans l'alignement du flanc ;
ayant reconnu ſa valeur en degrez, marquez-la ſur votre memorial dans un petit arc, pour faire connoître que c'eſt la cotte d'un
angle. Faites enſuite meſurer la longueur du flanc E D, que vous
marquerez le long de la ligne e d, de votre broüillon ; embraſſez
avec les regles de votre Recipiangle l'angle ſaillant D, de l'épaule
& cottez ſa valeur dans un petit arc ; faites meſurer la longueur
de la face gauche D C ; meſurez avec le Recipiangle l'ouverture
de l'angle flanqué C, & enſuite celle des autres angles du Baſtion
de même que la longueur de ſes faces & flancs ; aprés quoy il ſera
facile de le remettre au net par le moyen d'une échelle de parties
égales & d'un rapporteur.

Mais comme il ſe rencontre ſouvent que les angles, qui d'ordinaire ſont de pierre de taille, ont été mal taillez par la negligen-
ce des Ouvriers ; qui les font ou trop aigus ou trop obtus ; pour
y remedier on applique une longue regle ſur chaque mur, dont l'a-
lignement peut eſtre bon, quoique l'angle ſoit mauvais, & poſant de niveau ſur ces deux regles les jambes du Recipiangle, on
aura plus exactement l'ouverture de l'angle à meſurer.

USAGE II.

Lever le plan d'un terrain dont l'enceinte ſoit de figure rectiligne.

SOit propoſé le plan A B C D E F G. Il faut d'abord en deſſiner
la figure à vûë ſur un memorial, meſurer exactement ſur le
terrain la longueur de tous les côtez, & les marquer à meſure ſur
les lignes relatives du memorial ; prenez enſuite avec tel Recipi-

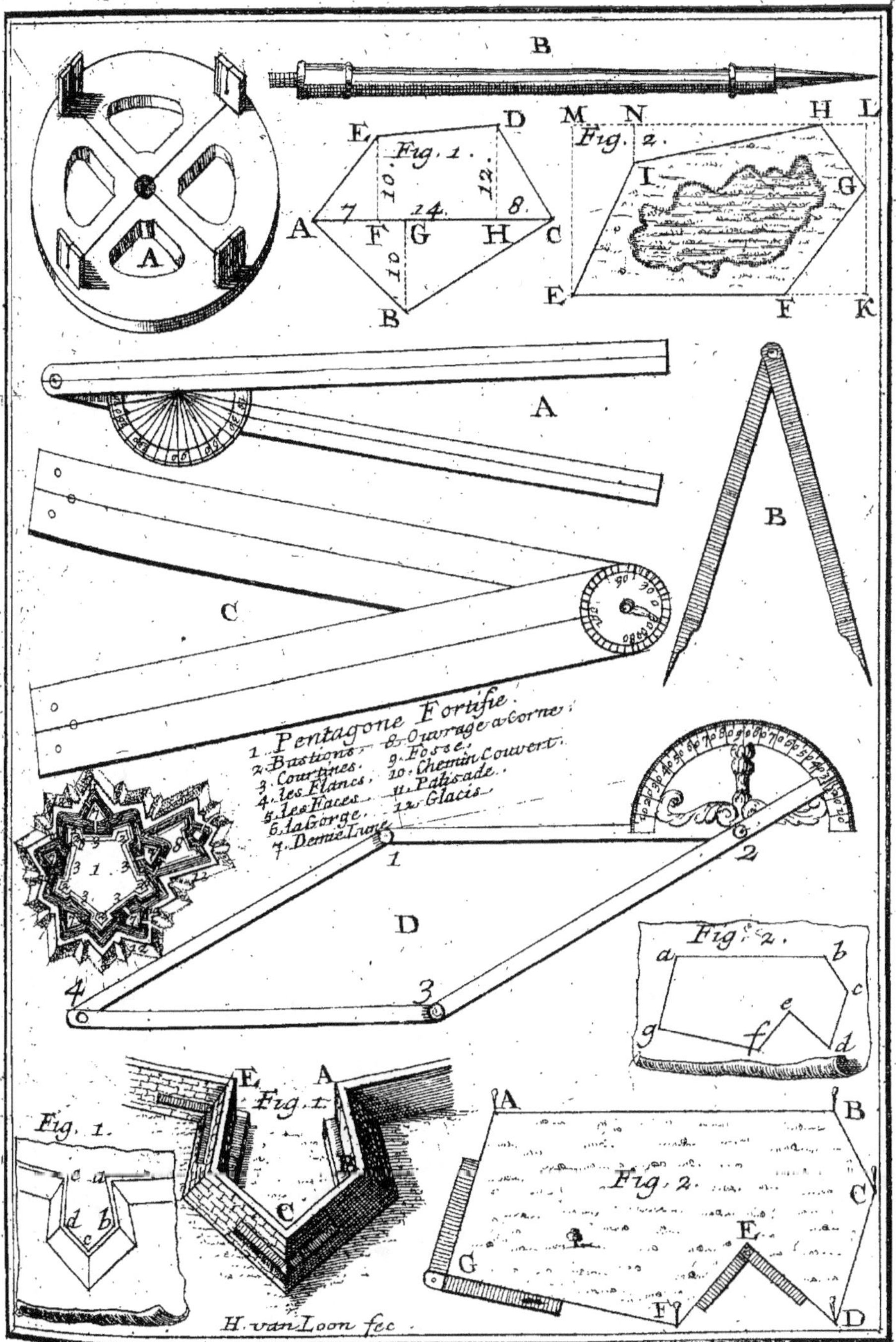
B
A
E D M N H L
Fig. 1.
Fig. 2.
10 12
I G
7 14 8
A F G H C
16
B E F K
A
B
C
1. Pentagone Fortifié.
2. Bastions. 8. Ouvrage a corne.
3. Courtines. 9. Fossé.
4. les Flancs. 10. Chemin Couvert.
5. les Faces. 11. Palissade.
6. la Gorge. 12. Glacis.
7. Demie lune.
1 2
D
4 3
Fig. 2.
a b
c
e
g f d
E A
Fig. 1.
C
A B
Fig. 2.
Fig. 1.
C
a d
d b
c
G E
F D
H. van Loon fec.

gle
par
du
gle
en
en f
du
rela
man
mef.
on
S.
fort

C
luy
peti
que
lune
foy
estre
laqu
Au
nir
les c
Il
perc
forte
deffi
le m
& qu
chaq
fervi
Au
luy
entr
par
rolle

gle que vous voudrez choifir l'ouverture de chaque angle, comme
par exemple de l'angle faillant A G F, l'enfermant avec les jambes
du Recipiangle, & marquez les degrez de fon ouverture fur l'angle relatif *a g f* du memorial; mefurez auffi l'angle rentrant F E D,
en mettant la tête du Recipiangle dans le fond de cet angle,
en forte que l'exterieur des branches joigne exactement les côtez
du terrain qui forment l'angle, & marquez-en la valeur fur l'angle
relatif du memorial, & ainfi de tous les autres angles, dont ayant
marqué les degrez, auffi-bien que la longueur de toutes les lignes
mefurées fur le terrain, on le remettra au net, & par ce moyen
on aura le plan femblable *a b c d e f g*. Figure 2.

Sur la même planche on verra le plan d'un pentagone regulier
fortifié avec les noms des parties de fa fortification.

CHAPITRE IV.

Contenant la conftruction & l'ufage de la Planchette.

CEt Inftrument fe fait de bois, de cuivre, ou de toute autre
matiere folide. Sa figure la plus ordinaire eft la circulaire. On
luy donne environ un pied de diametre. En fon centre il y a un
petit cylindre de cuivre élevé à plomb qui fert de clou, autour duquel tourne une regle ou alidade garnie de deux pinnules ou d'une
lunette. Cette regle doit avoir une ligne droite appellée Ligne de
foy, qui réponde exactement au centre du clou, dont le haut doit
eftre tourné en vis pour y recevoir un écrou qui ferre la regle, à
laquelle on attache une petite bouffole pour orienter les plans.

Autour de la Planchette il y a un cercle d'une épaiffeur à contenir environ fix cartons, & d'une largeur convenable à recevoir
les divifions de 360. degrez, & quelquefois les minutes de 5 en 5.

Il faut avoir plufieurs cartons de la grandeur de la Planchette
percez dans le milieu, d'un trou égal à la groffeur du pivot, de
forte qu'on puiffe enfiler tous ces cartons, & mettre la regle par
deffus. Il faut auffi que l'on puiffe arrêter le carton de deffus par
le moyen d'une petite pointe attachée au bord de la Planchette,
& qui entre un peu dans le carton. On marque ordinairement fur
chacun de ces cartons un rayon ou demy-diametre à l'ancre pour
fervir de ligne de ftation.

Au deffous de la Planchette on attache un genoüil, comme celuy marqué D. Il eft compofé d'une boule de cuivre renfermée
entre deux coquilles de même metal, que l'on ferre plus ou moins
par le moyen d'une vis. La tige de ce genoüil, qui eft une virolle, s'emboëte autour d'un pied à trois branches, qui s'é-

XIII.
Planche.
Fig. A.

l iiij

cartent & se resserrent suivant l'inégalité du terrain.

La figure A de la planche 13 represente l'instrument tout mon-té. Nous allons donner la construction des pieces qui le composent, en commençant par la division de son bord ou limbe.

On y trace premierement deux ou trois circonferences pour y marquer les degrez avec les chiffres de 10 en 10. On divise d'a-bord une de ces circonferences en quatre parties bien égales, dont chacune est de 90 degrez, que l'on divise en trois, & chacune encore en trois, & par ce moyen le cercle se trouve divisé de 10 en 10 degrez. On subdivise ces parties en deux, & enfin chacune en cinq, & tout le cercle se trouve divisé en 360. degrez. On tra-ce avec une regle à centte les lignes de ces divisions dans les circonferences qui leur conviennent, puis on y marque les chiffres de 10 en 10, en commençant par la ligne de foy de l'instrument, qui est celle où l'on attache les deux pinnules fixes ou la lunette.

Une Planchette ainsi divisée est d'un usage plus étendu que les simples Planchettes dont le limbe n'est pas divisé, car elle peut servir pour lever exactement les plans & mesurer les distances in-accessibles, par la trigonometrie.

Les figures marquées B representent les pinnules qui se placent sur les differens instrumens. Celle de laquelle on approche l'œil a une fente longue & étroite, qui doit estre bien perpendiculaire-ment fenduë avec une scie mince, & celle qui est tournée vers l'ob-jet, a une ouverture quarrée assez large, afin de donner un grand champ pour appercevoir les environs de l'objet, & au milieu de cette ouverture il y a un filet de cuivre tres-delié & limé bien droit, afin de couper verticalement l'objet & répondre juste à la fente de l'autre pinnule; mais afin que l'on puisse indifferemment approcher l'œil de telle pinnule que l'on veut, afin d'observer aussi-bien d'un côté que de l'autre avec l'instrument sur lequel elle est posée, on fait à chaque pinnule une fente étroite & un filet delicat, l'une au dessus & l'autre au dessous, comme les petites figures le montrent. On fait aussi le plus souvent un petit trou entre le filet & la fente. Ces pinnules doivent estre exactement posées aux extremitez & dans la ligne de foy aussi-bien des instrumens que des alidades; on les y attache, soit dans des petits quarrez avec un écrou au dessous, ou bien par le moyen de vis, suivant que la place le requiert.

La petite figure marquée C represente le cilindre qui sert de clou avec son écrou pour joindre l'alidade à la planchette : ceux des demy-cercles & autres instrumens sont faits à peu prés de la même maniere, excepté qu'on les rive par dessous.

La figure marquée D represente le genou pour porter les instru-mens. Il est composé d'une boule de cuivre renfermée entre deux coquilles de même metal, qui sont fraisées, bien rondes, avec des boules d'acier trempée & taillée en maniere de lime ; ces coquilles font ferrées plus ou moins par le moyen d'une vis, & preffent auffi par ce moyen la boule qui eft renfermée entre les 2 coquilles, & dont une eft foudée à une virole tournée dans laquelle s'emboëte le pied de l'inftrument ; ce genoüil fe fait de differente groffeur, fuivant la grandeur des inftrumens, & on les y attache avec des vis & une plaque qui eft rivée au haut de la boule.

Conſtruction des pieds à poſer les inſtrumens en campagne.

NOus avons parlé du pied fimple pour porter les Equerres d'Arpenteur; ceux dont nous allons donner la defcription font faits pour n'eftre pas enfoncez en terre, mais s'étendre ou refferer felon que l'inégalité du terrain le requiert.

Le pied marqué E eft compofé d'une platine en triangle qui porte dans fon milieu une tige qui entre dans la virolle du genoüil.

Au deffous de la platine font attachées trois virolles ou doüilles à charniere, comme des têtes de compas pour recevoir les trois bâtons ronds, d'une longueur convenable pour que l'œil de l'obfervateur foit environ vis à vis des pinulles de l'inftrument quand il eft monté ; les extrémitez de ces bâtons font garnies d'une virolle & d'une pointe de fer, afin de tenir ferme fur la terre & de refifter au mouvement que l'on donne aux Inftrumens quand on les veut tourner, élever ou abaiffer.

Le pied marqué F eft fait de quatre bâtons de chêne ou de noyer d'environ deux pieds de long, & dont celui du milieu, que l'on nomme tige, a fon extrêmité arrondie pour entrer dans la virolle du genoüil. Le refte de ce bâton eft taillé en figure triangulaire, afin de recevoir fur fes trois faces les trois autres bâtons qui y font attachez par le moyen d'une vis en trois qui eft attachée au bâton triangulaire, & de trois écrous pour le tenir ferme quand on l'ouvre, & s'en fervir en campagne. Ces trois bâtons font garnis d'une virole & d'une pointe de fer & font plats en dedans & à trois faces en dehors.

Quand on veut porter ce pied on réünit tous les bâtons enfemble, de forte qu'ils n'en font qu'un, & font par ce moyen plus courts d'environ de la moitié que quand on s'en fert.

A l'un & à l'autre de ces pieds on acroche au milieu un fil avec fon plomb qui tombe fur le terrain, pour marquer le point de ftation.

Vſage de la Planchette.

POur lever la carte d'un pays, choififfez deux endroits éminens, comme font par exemple, l'Obfervatoire & la Salpetriere, d'où

Fig. 1.

l'on puisse découvrir le pays proche de Paris, dont on veut faire la carte; marquez autour du centre d'un de vos cartons le nom du lieu où vous prétendez faire cette premiere station, & ce carton estant arrêté par la pointe qui est au bord de la planchette, mettez la regle par dessus en la serrant suffisamment par le moyen de la vis & de son écrou.

Posez la planchette sur son pied en lui donnant une situation à peu prés horisontale, en sorte qu'elle demeure ferme quoy qu'on tourne l'alidade, & la supposant plantée à l'Observatoire, mirez par les pinules de la regle le clocher de la Salpetriere & marquez le long de la ligne de foy depuis le centre, la ligne de station.

Tournez ensuite la Regle alidade pour observer par ses pinules quelques objets remarquables, comme par exemple, le clocher de Vaugirard, vers lequel il faut tracer une ligne sur le carton au long du côté de la regle qui répond au centre de l'instrument, & écrite le long de cette ligne le nom du lieu où vous avez miré.

Tournez encore la regle vers un autre objet comme vers Montrouge, & faites la même chose vers tous les autres lieux considerables que l'on peut appercevoir de l'Observatoire.

Levez la planchette de la premiere station ayant bien remarqué sa place, & la transportez au lieu désigné, comme à la Salpetriere, faites mesurer exactement la distance entre les deux stations sur un terrain de niveau, dont vous marquerez le nombre des toises sur vôtre carton, lequel vous tournerez pour en avoir un blanc sous la regle, car il en faut changer autant de fois que l'on fait de stations differentes pour observer les angles de position des lieux. Marquez autour du centre de ce nouveau carton le nom du lieu de la seconde station, & sur la ligne de base, le nombre des toises mesurées, afin de vous souvenir que cette ligne est la même que celle du precedent carton. La planchette estant placée en ce lieu, disposez-la de maniere qu'en mettant la ligne de foy de la regle sur la ligne de station, vous découvriez par ses pinules le lieu de l'Observatoire où s'est faite la premiere station.

L'instrument demeurant ferme en cette situation, tournez la regle pour mirer l'un aprés l'autre les mêmes objets qui ont esté vûs de l'Observatoire, & tracez de même sur le carton des lignes le long de la regle, depuis le centre vers les lieux que vous pourrez voir, en écrivant leur nom sur chaque ligne qui leur correspond.

Si l'on ne peut voir tous les lieux que l'on veut placer sur la carte, des deux stations precedentes; il faudra choisir quelqu'autre lieu d'où l'on puisse les observer & faire autant de nouvelles stations qu'il sera necessaire pour voir chaque objet remarquable de deux endroits suffisamment éloignez l'un de l'autre.

Pour representer cette carte sur une feüille de papier, tracez-y une ligne droite longue à volonté, pour servir de base commune, & la divisez en autant de parties égales que vous avez mesuré de toises sur le terrain d'une extrêmité de la ligne comme centre, décrivez des arcs de cercles égaux à ceux qui ont esté tracez sur le premier carton; de l'autre extrêmité décrivez des arcs de cercle égaux à ceux qui ont esté tracez sur le second carton, & prolongez les lignes jusqu'à ce qu'elles se rencontrent; les points où ces lignes se couperont seront les points de position des lieux qui auront esté observez.

On peut encore rapporter les stations plus facilement en posant le centre du carton sur le point, & marquer sur le papier les extrêmitez des lignes du carton & tirer des lignes depuis leurs stations.

Par le moyen de cette Planchette on a tous les angles de position des lieux où l'on peut pointer les pinules ou lunettes, par rapport aux lieux où l'on a placé l'instrument, quand même on ne connoîtroit pas leur valeur en degrez.

Ce que nous venons de dire est suffisant pour l'usage de la Planchette par rapport aux positions des lieux, pour la construction des Cartes de Geographie, parce que les operations sont les mêmes pour tous les differens endroits; à l'égard de ses usages par rapport à la Trigonometrie, ce sont les mêmes que ceux du demi cercle & du quart de cercle dont nous allons parler.

CHAPITRE V.

Contenant la construction & les usages du quart de Cercle & du quarré geometrique.

LA figure marquée G, represente un quart de cercle & un quarré géometrique avec son alidade & ses pinules.

On le fait ordinairement de cuivre ou d'une autre matiere solide, de 12 à 15 pouces de rayon, d'une épaisseur raisonnable & bien dressée: sa circonference se divise premierement en 90 degrez, & chaque degré se subdivise en autant de parties égales qu'il est possible de le faire sans confusion, & de telle sorte que les divisions & subdivisions des degrez puissent estre justes & bien distinctement marquées sur le bord de l'instrument.

Pour cet effet on décrit premierement deux circonferences sur le bord du quart de cercle; l'une interieure & l'autre exterieure, éloignées l'une de l'autre d'environ 8 ou 9 lignes, & aprés les avoir divisées en degrez on tire des lignes transversales entre ces deux circonferences du premier degré au second, du second au troisiéme, & ainsi de suite, jusqu'au dernier.

Fig. G.

Enſuite dequoi ſi l'on veut ſubdiviſer chaque degré de 10 en 10 minutes, on décrit du centre de l'inſtrument 5 autres circonſerences concentriques qui coupent toutes les tranſverſales ; mais ſi l'on vouloit ſubdiviſer chaque degré de 5 en 5 minutes, il faudroit décrire onze circonferences concentriques entre les deux extremitez.

Les diſtances entre ces circonferences ne doivent pas eſtre tout à fait égales, à cauſe que l'étenduë d'un degré priſe dans la largeur du bord forme une eſpece de trapeze plus large vers la circonference exterieure, & plus étroite vers l'interieure, ce qui fait que la circonference moyenne qui diviſe chaque degré en deux parties égales doit eſtre un peu plus prés de la circonference interieure que de l'exterieure, & les autres à proportion.

Pour faire exactement ces ſubdiviſions les tranſverſales doivent eſtre des lignes courbes comme B C D, figure H, que l'on décrit en faiſant paſſer une portion de circonference par le centre du quart de cercle B, par le commencement du 1 degré marqué D, ſur le bord en la circonference interieure, & par la fin du même degré C, en la circonference exterieure ; ce qui eſt facile à executer par l'uſage 18, du 1 Liv. qui enſeigne à faire paſſer la circonference d'un cercle par trois points donnez, & par ce moyen on trouvera le point F pour centre de la tranſverſale courbe qui paſſe par le premier degré.

On diviſe enſuite une de ces lignes courbes tranſverſales en parties égales, & du centre de l'inſtrument on trace autant de circonferences concentriques qu'il en faut pour ſubdiviſer chaque degré en autant de parties égales qu'il eſt poſſible de le faire ſans confuſion.

La raiſon de cette operation eſt que la tranſverſale courbe eſtant diviſée en parties égales, ſi du centre de l'inſtrument vous menez par tous les points de diviſion de cet arc des lignes droites, vous aurez audit centre autant d'angles égaux entr'eux ; puiſqu'ils ſeront tous dans la circonference d'un même cercle, & qu'ils s'appuyeront tous ſur des arcs égaux ; & les côtez de ces angles eſtant continuez, diviſeront le degré en autant de parties égales.

Mais comme ce n'eſt pas une petite peine de trouver les centres de quatre-vingt-dix arcs qui paſſent chacun par trois points ſemblables à B D C, & que d'ailleurs il eſt évident que tous les centres de ces arcs doivent eſtre placez dans la circonference d'un cercle qui ait le point B pour centre, puiſque tous ces arcs paſſent par le point B, il n'y a qu'à décrire un cercle du centre B & de l'intervale B F, & diviſer ſa circonference en 360 degrez, ſur leſquels poſant l'un aprés l'autre le pied immobile du compas, vous décrirez avec la même ouverture F B tous les arcs ſemblables à B D C entre les cer-

cles A C, D E, & les arcs de cercle qui seront les transversales diviseront pareillement en degrez les circonferences qui sont au bord
de l'instrument. Il est à remarquer que la figure n'est divisée que de
cinq en cinq degrez, estant trop petite pour qu'elle pût estre divisé
de degrez en degrez.

On peut encore tracer les transversales courbes de cette autre maniere, sans transferer le pied immobile du compas sur tous les degrez l'un aprés l'autre : Tenez la pointe du compas immobile dans
un seul & même point, comme f ; mais en ce cas il faudra faire avancer par degrez l'instrument que vous voulez diviser autour du centre d'un grand cercle déja divisé par degrez, par le moyen d'une regle, laquelle lui sera fortement attachée, & qui s'étend jusque sur
la division du grand cercle.

Les ouvriers adroits pourront abreger leur travail en ajustant
une regle d'acier, mince suivant la courbure de la premiere transversale qu'ils auront tracée, & par ce moyen ils pourront tracer
toutes les autres.

Si l'on veut tirer les transversales en lignes droites d'un degré à
l'autre, on peut trouver par le calcul de la Trigonometrie rectiligne
la longueur des rayons de chacune des circonferences qui coupent
les transversales, dont voicy un exemple.

Je suppose un quart de cercle ayant 6 pouces de rayon, qui est
un des plus petits que l'on ait coûtume de diviser par des transversales. Je suppose aussi une Echelle de mille parties égales, & que la
largeur du bord de ce quart de cercle entre la circonference interieure & l'exterieure soit de 9 lignes, lesquelles correspondent à
125 des mêmes parties égales dont le rayon en contient mille ; je
trouve par le calcul que la transversale droite, tirée d'un degré à
l'autre qui suit, est de 126 des mêmes parties, & que le rayon de la
circonference interieure qui est de 5 pouces & 3 lignes, en contient
875.

L'Angle obtus fait de ce rayon & de la transversale est de 172 d.
2 m. & calculant ensuite la longueur de chaque rayon des circonferences qui coupent les transversales & qui les divisent de dix en dix
minutes, je trouve que le rayon de dix minutes contient 894 des
mêmes parties, au lieu de 896 qu'il contiendroit si l'on divisoit la
largeur du bord du quart de cercle en six parties égales. Le rayon de
20 minutes en doit contenir 913, au lieu qu'il en auroit 917. Le rayon
de 30 minutes en doit contenir 933, au lieu de 938. Le rayon de 40
minutes en doit contenir 954, au lieu de 959. Enfin le rayon de 50
minutes en doit contenir 977, au lieu de 980 qu'il auroit si l'on divisoit la largeur du bord de ce quart de cercle en six parties égales.

La plus grande erreur qui est de 5 parties répond environ à un
tiers de ligne, ce qui pourroit causer erreur de deux minutes. Mais

cette erreur diminuë à proportion que le rayon du quart de cercle
a de longueur comparé aux transversales ; de sorte que l'erreur est
moindre de moitié, si le rayon du quart de cercle estant d'un pied,
la largeur du bord entre les deux circonferences extrêmes n'est que
de 9 lignes.

Ce que nous venons de dire pour la division du quart de cercle
se doit entendre de même pour les Planchettes, le cercle, le demi
cercle & toutes portions de cercle que l'on veut diviser en minutes.

A l'égard du quarré Géometrique chaque côté se divise en cent
parties égales, commençant par les extrêmitez afin que le centiéme
nombre finisse à l'angle de 45 degrez. On distingue ces divisions par
de petites lignes de 5 en 5 & des chiffres de 10 en 10. Toutes ces divisions estant prolongées de part & d'autre forment un petit treillis qui contient en sa surface dix mille petits quarrez égaux.

Ce quart de cercle est garni de deux pinules immobiles, attachées
à un de ses demi diametres, & d'un fil avec son plomb, suspendu au
centre, & d'une alidade mobile, avec deux autres pinules, laquelle
est attachée au centre par le moyen d'un clou à tête, tourné à
peu-prés comme celui de la Planchette. Les pinules sont presque
de la même façon que celle de la figure B.

Au lieu des pinules immobiles on attache quelquefois à un des
rayons du quart de cercle une Lunette de longue veuë, & l'on cherche ensuite le premier point de division de la circonference en la
maniere qui est expliquée cy-aprés dans le traité du quart de cercle
Astronomique : car pour celui-cy nous le destinons principalement
à mesurer sur la terre les hauteurs & distances tant accessibles qu'in-
accessibles.

A la surface inferieure de ce quart de cercle on attache avec trois
vis un genoüil, par le moyen duquel il peut estre situé en toutes
les positions convenables à ses differens usages. Ce genoüil est le
même que celui marqué D.

Cet instrument se met en usage en differentes situations ; car premierement il peut estre disposé en sorte que son plan fasse angles
droits avec l'horison, afin de pouvoir observer les hauteurs & profondeurs ; ce qui se peut encore faire en deux manieres differentes, sçavoir, en se servant des pinules immobiles & du fil avec son
plomb, & pour lors aucun de ses demi-diametres ne se trouve parallelle au plan de l'horison : ou bien en se servant des pinules attachées à l'alidade mobile, & pour lors il faut toûjours qu'un des demi-diametres du quart de cercle soit parallelle à l'horison, & que
l'autre lui soit perpendiculaire ; ce qui se peut faire par le moyen du
plomb suspendu au centre, & pour lors les pinules immobiles sont
inutiles.

Enfin ce quart de cercle se peut placer de maniere que son plan soit à peu prés parallelle à l'horison pour observer les distances horisontales avec l'alidade mobile & les pinules immobiles, & pour lors le fil avec son plomb n'est pas d'usage.

Usages du quart de cercle avec deux pinules immobiles & un plomb suspendu au centre.

Premierement par les degrez.

POur observer les hauteurs comme celle d'un Astre au ciel, ou la hauteur d'une Tour, placez le quart de cercle verticalement; mettez l'œil sous la pinule immobile qui est vers la circonference du quart de cercle, & dirigez l'instrument de maniere que le rayon visuel passant par les ouvertures des deux pinules tende au point de l'objet proposé; à l'égard du Soleil il suffit qu'un de ses rayons passe par les deux petits trous qui doivent estre percés au bas des pinules.

L'Arc de la circonference compris entre le fil du plomb & le demi-diametre où sont attachées les pinules, marque le complément de la hauteur de l'Astre sur l'horison ou sa distance du Zénith; l'arc compris entre le fil & l'autre demi-diametre qui est vers l'objet marque sa hauteur sur l'horison.

Ce même arc détermine aussi l'ouverture de l'angle fait par le rayon visuel & la ligne horisontale parallelle à la base de la Tour.

Mais pour observer des profondeurs, comme celle d'un fossé ou d'un puits, il faut mettre l'œil au dessus de la pinule qui est vers le centre du quart de cercle.

Toute l'operation consiste à calculer des triangles par des regles de trois, formées de la proportion des sinus des angles à leurs côtez opposez; suivant les preceptes de la Trigonometrie rectiligne dont nous allons donner icy quelques exemples.

USAGE I.

SOit proposé à connoître la hauteur de la Tour A B, dont le pied est accessible.

Ayant planté le pied de vôtre instrument au point C, regardez le sommet de la Tour A par les deux pinules immobiles; le fil du plomb suspendu librement s'arrêtera sur le nombre des degrez qui détermine la valeur de l'angle qui se fait au centre du quart de cercle par le rayon visuel & la ligne horisontale, parallelle à la base de la Tour; comptant les degrez compris entre le fil & le demi-diametre qui est du côté de la Tour.

XIII. Planche. Fig. 2.

Suppofé donc que ce fil foit arrêté fur 35 degrez 35 minutes, & qu'ayant mefuré exactement la diftance du pied de la Tour fur le terrain de niveau, avec la chaîne jufqu'au lieu où s'eft faite l'obfervation, on ait trouvé 47 pieds; on aura trois chofes connuës, fçavoir, le côté mefuré B C, & les angles du triangle A B C; car comme on fuppofe toûjours les murs bâtis à plomb, l'angle B eft droit ou de 90 degrez, & par confequent les 2 angles aigus A & C valent enfemble 90 degrez, puifque les 3 angles de tout triangle rectiligne font égaux à deux droits.

Or l'angle obfervé eft de 35 degrez 35 m. donc l'angle A eft de 54 d. 25 m. enfuite dequoy vous formerez cette analogie; le finus de 54 d. 25 m. donne 47, que donnera le finus de 35 d. 35 m.

Le calcul eftant fait on trouvera 33 pieds & demi, pour 4ᵉ terme de la regle de trois, auquel nombre ajoûtant 5 pieds pour la hauteur du centre du quart de cercle, & qui eft ordinairement la hauteur de l'œil d'un homme qui obferve au deffus du terrain, on aura 38 pieds & demi pour la hauteur de la Tour propofée.

USAGE II.

SOit propofé à connoître la hauteur de la Tour innacceffible D E.

Il faut en ce cas faire deux obfervations, comme je vais l'expliquer.

Fig. 3. Placez le pied de vôtre quart de cercle au point F, & regardant le fommet de la Tour D par les 2 pinules immobiles, remarquez fur quel degré s'arrête le fil du plomb, que je fuppofe pour exemple eftre arrêté fur 34 degrez; levez enfuite l'inftrument avec fon pied, à la place duquel vous planterez un piquet; reculez-vous fur un terrain de niveau pour placer une feconde fois le pied de l'inftrument, comme au point G, en forte que le piquet laiffé au point F, foit dans le même alignement que la Tour; & regardant par les 2 pinules immobiles le fommet de ladite Tour D, remarquez le point de la circonference du quart de cercle marqué par le fil du plomb, lequel je fuppofe par exemple, eftre 20 degrez; mefurez auffi rres-exactement la diftance entre les 2 ftations, laquelle je fuppofe 9 toifes ou 54 pieds.

Cela eftant fait, vous connoîtrez tous les angles du triangle D F G, & de plus le côté mefuré F G, & par ce moyen il fera facile de trouver le côté D F, enfuite le côté D E en faifant les analogies fuivantes.

L'angle E F D eftant trouvé de 34 degrez, l'angle de fuite D F G fera de 146, & l'angle G ayant efté trouvé de 20 degrez, il s'enfuit que l'angle F D G eft de 14; c'eft pourquoy vous direz fi le finus de

14

14 degrez donne 54 pieds, que donnera le sinus de 20 degrez ; le calcul estant fait on trouvera 76 pieds & environ un tiers, pour le côté DF ; aprés quoy il faut calculer le triangle rectangle DEF, duquel on connoît déja tous les angles & l'hypotenuse DF : c'est pourquoy on dira si le sinus total donne 76 pieds & un tiers, que donnera le sinus de 34 degrez ; le calcul estant fait on trouvera 42 pieds & deux tiers pour le côté D E, auquel ajoûtant 5 pieds pour la hauteur du centre du quart de cercle au dessus du terrain, on aura 47 pieds & deux tiers pour la hauteur de la Tour proposée.

Ces calculs se font bien plus promptement par les Logarithmes que par les nombres ordinaires, puisque le tout se résout par additions & soustractions, comme il est expliqué plus amplement dans les Livres qui traitent de la Trigonometrie.

Ces propositions & toutes autres de même, se peuvent aussi résoudre sans calcul, faisant sur le papier des triangles semblables à ceux qui se forment sur le terrain.

Ainsi pour résoudre la presente question faites une Echelle de 10 toises, c'est à dire, tracez la ligne droite A B assez longue, afin que la division en soit exacte ; divisez-la en 10 parties égales & subdivisez une desdites parties en 6 pour avoir une toise divisée en pieds.

Tirez ensuite la ligne indéterminée E G ; faites avec un rapporteur au point G un angle de 20 degrez, & tirez la ligne indéterminée G D, portez de G en F 9 toises ou 54 pieds, prises sur vôtre Echelle ; faites au point F un angle de 34 degrez, & tirez la ligne F D, laquelle coupera la ligne G D en un point comme D, duquel vous abaisserez la perpendiculaire D E, qui representera la hauteur de la Tour proposée, & mesurant cette ligne D E sur l'Echelle, vous trouverez qu'elle contient 47 pieds & 8 pouces.

Tous les autres côtez de ces triangles se mesureront sur la même Echelle.

USAGE III.

Connoître la largeur d'un Puis ou d'un Fossé dont on peut mesurer la profondeur.

Soit proposé à mesurer la largeur du Fossé C D, dont on peut approcher.

Placez le quart de cercle sur le bord au point A, en sorte que par les ouvertures des pinnules immobiles vous puissiez voir le fonds du Fossé au pied de l'autre bord D. Examinez quel angle est marqué par le fil du plomb, que je suppose en cet exemple de 63 degrez. Mesurez la profondeur A C depuis le centre du quart de cercle, laquelle je suppose de 25 pieds & perpendiculaire. Faites ensuite un petit triangle rectangle semblable, dont un des angles

Fig. 4.

aigus ſoit de 63 degrez, & par conſequent l'autre ſera de 27, & que le plus petit côté ſoit de 25 parties égales priſes ſur une Echelle; meſurez enfin ſur cette même Echelle le côté C D du petit triangle; il ſera d'environ 49 parties, ce qui fait juger que la largeur du Foſſé propoſé eſt de 49 pieds.

Uſage du quarré géometrique.

LE quart de cercle eſtant bien placé verticalement & les pinnules dirigées vers le haut de la Tour propoſée à meſurer; ſi le fil du plomb coupe le côté du quarré où eſt marqué, ombre droite, la diſtance du pied de la Tour au point de ſtation eſt moindre que ſa hauteur; ſi le fil tombe le long de la diagonale du quarré, la diſtance eſt égale à la hauteur; mais ſi le fil coupe le côté du quarré où eſt marqué, ombre verſe, la diſtance de la Tour eſt plus grande que ſa hauteur.

Ayant donc meſuré la diſtance du pied de la Tour, au lieu où ſe fait l'obſervation, on en trouvera la hauteur par le moyen de la regle de proportion dont on aura trois termes connus, mais leur diſpoſition n'eſt pas toûjours la même; car lorſque le fil coupe le côté du quarré où eſt marqué, ombre droite, le premier terme de la regle de trois, doit eſtre la partie dudit côté coupée par le fil, le ſecond terme ſera le nombre entier du côté du quarré géometrique, & le troiſiéme terme, la diſtance meſurée.

Et lorſque le fil coupe le côté du quarré où eſt marqué, ombre verſe, le premier terme de la regle de trois doit eſtre le côté entier du quarré géometrique, le ſecond terme, la partie du côté coupée par le fil, & le troiſiéme, la diſtance meſurée.

Suppoſons, par exemple, qu'ayant obſervé le haut d'une Tour, le fil du plomb ait coupé le côté d'ombre droite au point marqué 40, & que la diſtance meſurée ſoit de 20 toiſes; je diſpoſe la regle de proportion en la maniere ſuivante.

40.   100.   20.

Multipliant 20, par cent, & diviſant le produit 2000 par 40, on trouvera pour quatriéme terme de cette regle 50, qui ſignifie que la hauteur de la Tour eſt de 50 toiſes.

Mais ſi le fil du plomb a coupé le côté d'ombre verſe, comme par exemple, au point marqué 60, & que la diſtance meſurée ſoit de 35 toiſes, diſpoſez les trois premiers termes de la regle de proportion en cette autre maniere.

100.   60.   35.

Multipliez 35 par 60, & le produit 2100, eſtant diviſé par 100, le quotien 21 ſera la hauteur de la Tour.

Usage du Treillis sans calcul.

Toutes ces operations se peuvent résoudre sans calcul, comme nous allons le faire voir par quelques exemples.

USAGE I.

Suppofons, comme nous avons déja fait, que le fil du plomb Fig. G. coupe le côté d'ombre droite au point marqué 40, & que la diftance mefurée foit de 20 toifes; cherchez dans le treillis celle des perpendiculaires au rayon, qui foit de 20 parties depuis le fil; cette perpendiculaire coupera le côté du quarré qui aboutit au centre au point marqué 50; c'eft pourquoy en ce cas la hauteur de la Tour fera de 50 toifes.

On divife quelquefois l'alidade mobile en parties égales à celles du Treillis, & par ce moyen on peut connoître la longueur de l'hypoteneufe ou rayon vifuel, en rapportant l'alidade divifée à la place du fil.

USAGE II.

Mais fi le fil coupoit le côté d'ombre verfe au point marqué 60, & que la diftance mefurée fut de 35 toifes, comptez fur le rayon du quart de cercle depuis le centre, 35 parties; comptez auffi les divifions de la perpendiculaire depuis ce point 35 jufqu'au fil, vous y trouverez 21 parties, c'eft pourquoy en ce cas la hauteur de la Tour feroit de 21 toifes.

Souvenez-vous qu'en tous les cas il faut ajoûter la hauteur du centre de l'inftrument au deffus du terrain. Si par exemple cette hauteur eft 5 pieds, la hauteur de la Tour dans le dernier exemple fera de 21 toifes 5 pieds.

USAGE III.

Connoître avec le Treillis une hauteur inaccefsible.

Pour cet effet il faut faire deux ftations & mefurer la diftance entre les deux ftations, mais il y a trois cas à obferver.

PREMIER CAS.

Où le côté d'ombre droite eft coupé toutes les deux fois par le fil du plomb.

Suppofons, par exemple, qu'à la premiere obfervation le fil coupe le côté d'ombre droite au point marqué 30, & que s'estant reculé de 20 toises en place bien de niveau, au premier point, ce fil coupe le même côté d'ombre droite au point 70; marquez la position du fil en ces deux stations, en traçant sur le treillis une ligne de crayon depuis le centre jusqu'audit point 30, & une autre jusqu'au point marqué 70; cherchez entre ces deux lignes une portion de parallelle qui soit d'autant de parties que la distance mesurée contient de toises, c'est à dire 20 en cet exemple; ladite parallelle estant continuée, conviendra au nombre 50, compté depuis le centre; c'est pourquoi la hauteur de la Tour observée sera de 50 toises; on connoîtra aussi par le même moyen que la distance du pied de la Tour jusqu'à la premiere station qui n'avoit pû estre mesurée, est de 15 toises; parce qu'il y a 15 parties comprises sur la parallelle entre le nombre 50 & la ligne de crayon de la premiere station.

Au lieu de tirer des lignes de crayon on pourroit se servir de deux fils tendus depuis le centre, dont celui où est attaché le plomb en seroit un.

SECOND CAS.

Où le côté d'ombre verse est coupé toutes les deux fois par le fil.

SUpposons qu'en la premiere station le fil du plomb coupe le côté d'ombre verse au point marqué 80, & que s'étant reculé en place unie, de 15 toises, le fil coupe le même côté d'ombre verse au point 50; marquez sur le treillis les deux differentes positions du fil par deux lignes de crayon ou autrement, & cherchez entre ces deux lignes une portion de parallelle qui contienne autant de parties que la distance mesurée contient de toises, comme en cet exemple 15 parties à cause des 15 toises de distance supposée entre les deux stations; à ces 15 parties ajoûtez-en 25, qui font la continuation de la même parallelle jusqu'au côté du quarré qui aboutit au centre, ce qui fait en tout 40 parties, c'est pourquoy la distance de la Tour jusqu'au point de la seconde station est de 40 toises; & pour avoir sa hauteur, cherchez sur le côté du quarré qui aboutit au centre le nombre 40, qui est celui de sa distance, & comptez depuis ce nombre jusqu'à la premiere ligne de crayon les parties de la parallelle, qui en cet exemple se trouveront au nombre de 20; c'est pourquoy la hauteur de ladite Tour est de 20 toises, en y ajoûtant toûjours, comme nous avons déja dit, la hauteur du centre du quart de cercle par dessus le terrain.

TROISIE'ME CAS.

SI dans une des stations le fil tombe le long de la diagonale du quarré, & que dans l'autre il coupe le côté d'ombre droite, il faut faire la même chose que si le côté d'ombre droite avoit esté coupé toutes les deux fois par le fil du plomb.

Mais si le fil tombe le long de la diagonale à une des deux stations, & qu'il coupe le côté d'ombre verse en l'autre station ; il faut faire comme si toutes les deux fois le côté d'ombre verse avoit esté coupé par le fil.

La raison de tout cecy est qu'il se fait toûjours sur le Treillis un petit triangle semblable au grand, qui se fait sur la terre, quoyque diversement posé. La ligne marquée par le fil du plomb represente toûjours le rayon visuel ; les 2 autres côtez du petit triangle qui font angle droit, representent la hauteur de la Tour & sa distance ; quand le fil du plomb coupe le côté d'ombre droite, la hauteur est representée par les divisions du côté qui part du centre ; mais quand le fil coupe le côté d'ombre verse, la distance est representée par les divisions du côté du Treillis qui part du centre, & la hauteur par la perpendiculaire, qui convient au nombre de la division dudit côté.

USAGE IV.

Pour connoître une profondeur comme celle d'un Puis ou d'un Fossé.

IL en faut mesurer la largeur & voir le fond par les ouvertures des deux pinules immobiles, mais de telle sorte que d'une seule veuë on voye le bord interieur d'enhaut de devers nous, & l'opposite d'en bas où touche l'eau. Alors le fil coupera la parallele correspondante au nombre des pieds ou toises de la largeur du Puits, que l'on suppose avoir esté mesurée actuellement ; & le nombre de la perpendiculaire où aboutira cette parallele, déterminera la profondeur, dont il faudra soustraire la hauteur du centre de l'instrument au dessus du bord du Puits.

On trouvera de même la largeur d'un Fossé dont on pourra mesurer la profondeur.

Pour bien entendre tout cecy il est bon d'avoir en main le quarré géometrique avec son Treillis.

Usage du quart de cercle, en se servant de l'Alidade mobile avec ses pinules, pour mesurer les hauteurs & profondeurs.

PLacez le quart de cercle, de sorte que son plan fasse angles droits avec l'horison, & qu'un de ses rayons ou demi-diametres soit exactement parallele audit horison, ce qui sera lorsque le fil du plomb librement suspendu, tombera le long de l'autre demi-diamêtre.

En cette situation les deux pinules immobiles ne font d'aucun usage, à moins que l'on ne voulût s'en servir pour observer la distance de deux étoiles, & pour lors il faut incliner le quart de cercle en dirigeant les pinules immobiles vers un astre & les pinules mobiles vers l'autre ; l'arc compris entre deux donnera leur distance, d'où l'on peut conclure la diversité de leurs aspects.

S'il s'agit d'observer une hauteur, le centre de l'instrument doit estre au dessus de l'œil ; mais si l'on observe une profondeur il faut que l'œil soit au dessus du centre.

USAGE I.

Pour observer une hauteur comme celle d'une Tour, dont le pied est accessible.

AYant placé le quart de cercle de la maniere que nous venons de dire, tournez l'alidade de telle sorte que vous puissiez voir le sommet de la Tour par les ouvertures des pinules ; l'Arc de la circonference du quart de cercle compris entre le demi-diametre, parallelle à l'horison, & la ligne de foy de l'alidade marquera l'ouverture de l'angle qui se fait au centre de l'instrument. Si ensuite on mesure exactement la distance du pied de la Tour au lieu où est placé l'instrument, on aura trois choses connuës dans le triangle à mesurer ; sçavoir, la base & les deux angles faits à ses extrêmitez, dont l'un est toûjours droit, puisqu'on suppose la Tour bâtie & dressée à plomb, & l'autre angle égal à celui que fait la ligne de foy de l'alidade avec le demi-diametre, parallelle à l'horison ; le reste se trouvera par les regles de la Trigonometrie rectiligne, comme nous avons dit cy-devant ; ou bien sans calcul en traçant sur le papier des triangles semblables à ceux qui se font sur le terrain ; Ou bien par le quarré géometrique, en observant que dans cette position du quart de cercle le côté d'ombre droite doit toûjours estre parallelle à l'horison, & le côté d'ombre verse lui doit estre perpendiculaire.

USAGE II.

Pour connoître la hauteur d'une Tour soit accessible ou innaccessible, par le moyen du Treillis.

EN cette situation du quart de cercle, il se forme toûjours sur le Treillis des petits triangles semblables, dont les côtez homologues font paralleles & femblablement pofez à ceux des grands triangles qui fe forment fur la terre ; ce qui rend les operations plus fimples & plus faciles que dans l'autre fituation du quart de cercle ; comme nous allons l'expliquer en faifant trois differentes fuppofitions, felon les differens cas qui peuvent fe rencontrer.

PREMIER CAS.

SUppofons, par exemple, qu'ayant obfervé le haut d'une Tour dont le pied eft acceffible, par les ouvertures des pinules de l'alidade mobile, la ligne de foy coupe le côté d'ombre droite au point marqué 40. & que la diftance du pied de la Tour foit de 20 toifes, cherchez entre les paralleles à l'horifon, depuis celle qui paffe par le centre jufqu'à l'alidade. La parallele qui eft de vingt parties, à caufe des vingt toifes de diftance fuppofée, vous verrez qu'elle aboutit au nombre cinquante, du côté perpendiculaire du quarré, compté depuis le centre ; d'où vous jugerez que la hauteur de cette Tour eft de 50 toifes au deffus du centre du quart de cercle.

SECOND CAS.

SUppofons que dans une autre obfervation l'alidade coupe le côté d'ombre verfe au point marqué 60, & que la diftance mefurée foit de 35 toifes ; comptez depuis le centre du quart de cercle le long du côté parallele à l'horifon 35 parties, pour les 35 toifes de diftance, & de ce point, comptant les parties de la perpendiculaire jufqu'à l'interfection de la ligne de foy, vous en trouverez 21 ; ce qui doit faire juger que la hauteur de la Tour propofée à mefurer eft de vingt & une toifes.

TROISIEME CAS.

SUppofons enfin que le pied de la Tour foit inacceffible, & qu'il faille faire deux ftations ; comme nous avons dit cy-devant, on peut trouver fa hauteur fans aucune diftinction d'ombre droite ou verfe ; car ayant mefuré la diftance entre les deux ftations, & marqué fur le treillis deux lignes qui faffent connoître la fituation de l'alidade dans ces deux differentes pofitions, cherchez entre ces deux lignes une portion de parallele à l'horifon, qui foit d'autant de parties que la diftance mefurée contient de toifes ; Si vous la continuez jufqu'au côté perpendiculaire du quarré géometrique qui part du centre, vous y trouverez un nombre qui exprimera la hauteur de la Tour, & la continuation de cette parallele jufqu'à ce nombre vous fera connoître la distance jusqu'au pied de la Tour, laquelle n'avoit pû estre mesurée.

Remarquez qu'en cette situation du quart de cercle les distances horisontales sont toûjours representées sur le treillis par des lignes paralleles à l'horison, & les élevations ou hauteurs y sont toûjours representées par des lignes perpendiculaires sur ledit horison; ce qui rend, comme nous avons déja dit, les operations plus faciles à connoître.

Il n'en est pas de même dans l'autre situation verticale du quart de cercle où l'on se sert des pinules immobiles; car si en observant la hauteur d'une tour inaccessible, le fil du plomb dans une des stations coupe le côté d'ombre droite, & dans l'autre station le côté d'ombre verse, la distance entre les deux lignes de crayon qui marquent les deux differentes positions du fil, traverse les quarrez du treillis par leurs diagonales, lesquelles n'ont point de communes mesures avec les côtez, & ainsi on ne pourroit pas s'en servir pour trouver la hauteur de la tour proposée.

Usage du quart de cercle pour mesurer les distances horisontales.

Quoyque le quart de cercle ne soit pas si propre pour mesurer les distances horisontales que le demi-cercle ou le cercle entier, à cause que l'on ne peut s'en servir à mesurer les Angles obtus, nous ne laisserons pourtant pas d'en donner icy quelques usages, par rapport au quarré géometrique & au treillis que nous supposons tracé sur le plan de cet instrument.

Placez sur son pied la surface du quart de cercle horisontalement, de sorte que sa circonference soit à peu prés parallele à l'horison, car il n'est pas besoin que son plan soit parfaitement de niveau, estant quelquefois necessaire de l'incliner pour apercevoir les objets par les ouvertures des pinules.

Mettez le pied de cet instrument dans la ligne que vous pretendez mesurer & faites deux observations en la maniere suivante, où le plomb n'est plus d'usage, mais on se sert des quatre pinules tant mobiles qu'immobiles.

Fig. 5.   Supposons, par exemple, qu'il faille mesurer la distance perpendiculaire A B: plantez plusieurs piquets dans la ligne A C D, & le quart de cercle au point A, en sorte que les deux pinules immobiles soient dans la ligne A C, & que le point B soit vû par les ouvertures des deux pinules de la regle mobile, placée à angle droit avec la ligne A C; ôtez ensuite le quart de cercle & plantez un piquet au point A, mesurez depuis A vers C telle quantité qu'il vous plaira, comme, par exemple, dix-huit toises, au bout desquelles

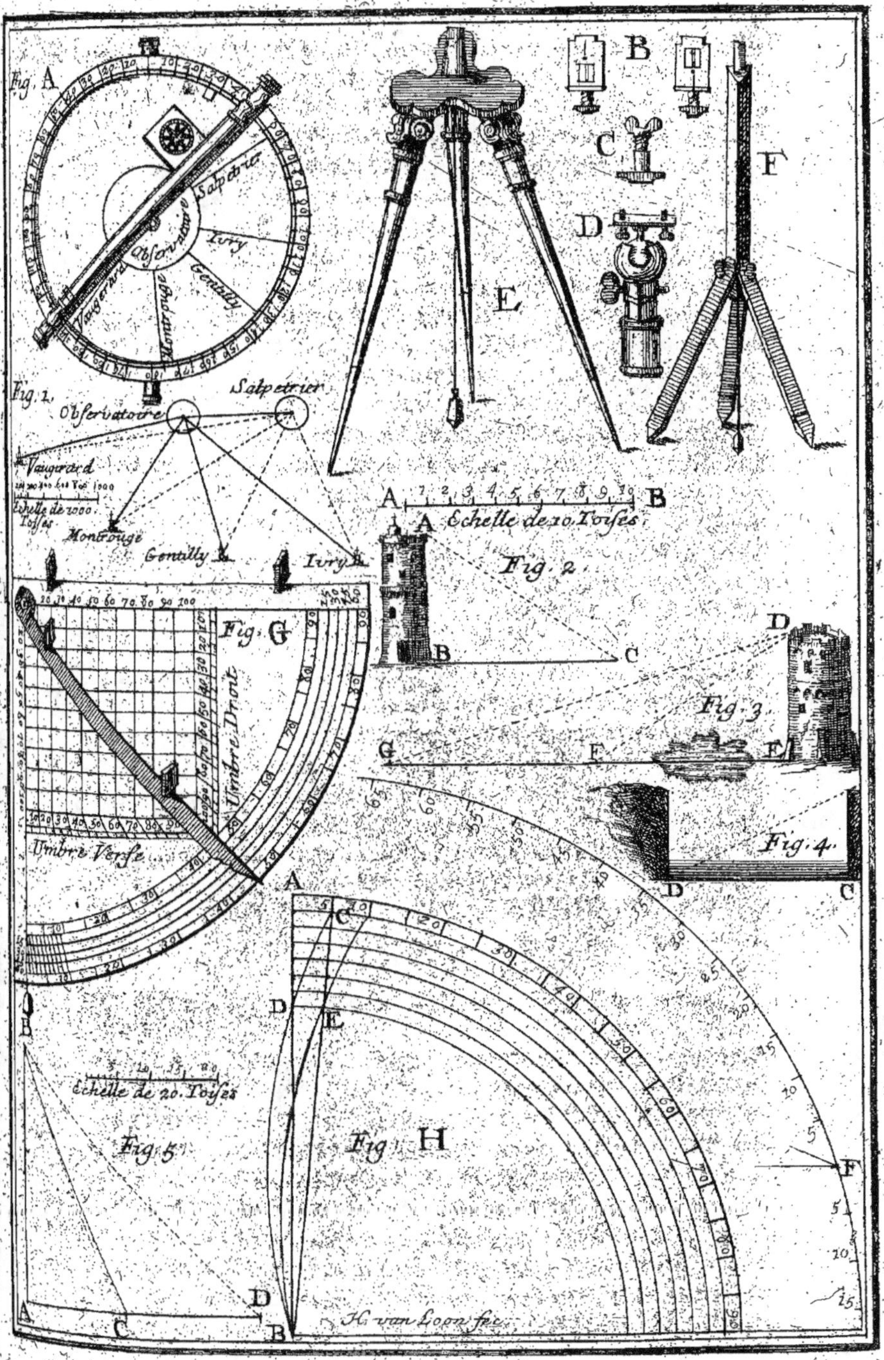

Fig. A
Salpetre
Observatoire
Ivry
Gentilly
Vaugirard
Bicêtre
B
C
D
E
F
Fig. 1.
Observatoire
Salpetrier
Vaugirard
Echelle de 1000. Toises
Montrouge
Gentilly
Ivry
A 1 2 3 4 5 6 7 8 9 10 B
Echelle de 10 Toises
Fig. 2
A
B
C
D
Fig. 3
G
F
E
Fig. 4
D
C
Fig. G
Umbra Droit
Umbra Verse
A
B
C
D
E
F
Echelle de 20. Toises
Fig. 5
Fig. H
H. van Loon fec.

ayant placé l'instrument, en sorte que les deux pinules immobiles soient dans la ligne A C, tournez l'alidade mobile jusqu'à ce que vous puissiez voir le point B par les ouvertures de ses deux pinules, vous aurez sur le treillis un petit triangle tout semblable au grand qui se fait sur la terre; c'est pourquoy cherchez entre les paralleles coupées par l'alidade, celle qui a autant de parties que la distance mesurée a de toises, c'est à dire, dix-huit en cet exemple, elle aboutira sur le demy-diametre du quart de cercle, à un nombre, lequel compté depuis le centre de l'instrument, contient autant de parties qu'il y a de toises dans la ligne A B, proposée à mesurer.

AUTREMENT.

On pourra trouver encore la distance A B, soit perpendiculaire ou non, d'une autre maniere, sans s'assujettir à faire une station à angle droit au point A.

Supposons, par exemple, que la premiere station se fasse au point C, & la seconde au point D; tracez sur le treillis deux lignes droites avec du crayon ou autrement, qui marquent les deux differentes positions de l'alidade; & ayant mesuré la distance du point C au point D, que je suppose icy 20 toises, cherchez entre les deux lignes de crayon une portion de parallele qui soit de 20 parties, elle correspondra sur le demy-diametre du quarré géometrique à un nombre, lequel compté depuis le centre contiendra autant de parties qu'il y a de toises sur la terre en ligne droite, depuis A jusqu'en B.

On connoîtra aussi la longueur des distances C B & D B par les divisions de l'alidade; car il se fait sur le treillis un petit triangle obliquangle semblable au grand C D B, qui se fait sur la terre.

CHAPITRE VI.

Contenant la construction & les usages du demy-Cercle.

L'On nomme aussi ces Instrumens Graphometres. On les fait de laiton battu ou de cuivre fondu en sable, suivant les modeles que l'on donne aux Fondeurs, depuis sept pouces de diametre jusqu'à quinze. La division se fait de la même maniere que celle de la planchette, & du quart de cercle, comme nous avons expliqué cy-devant. Le plus simple de ces Instrumens est celuy marqué B. Aux extremitez de son diametre & dans un petit trou quarré fait sur la ligne de foy, on ajuste deux pinules immobiles qu'on arrête avec un écrou au-dessous, & à son centre une regle ou alidade mobile garnie de deux autres pinules faites de la même

X I V.
Planche.
Fig. A.
& B.

maniere que celle dont nous avons parlé cy-devant, & qu'on arrête avec une vis. On emboëte une bouſſole au milieu de ſa ſurface pour ſervir à orienter les cartes & les plans.

Au-deſſous du demy-cercle il y a un genoüil qui eſt attaché au centre, dont la virolle entre autour d'un pied à trois branches, comme la figure le montre.

Il eſt neceſſaire de dire icy que ces Inſtrumens doivent eſtre d'abord bien dreſſez au marteau; puis il faut les dégroſſir avec une lime rude; enſuite on les adoucit avec une lime bâtarde & une douce. Quand ces Inſtrumens ſont ainſi limez, il faut prendre garde ſi on ne les a pas gauchis en limant. En ce cas on les doit bien redreſſer à la regle ſur une pierre ou un marbre bien droit, puis on paſſe une pierre de ponce avec de l'eau pour ôter les traits de la lime. Pour bien polir les demy-cercles, comme tout autre Inſtrument, on ſe ſert de pierre douce d'Allemagne, puis d'un charbon bien doux, en ſorte qu'il ne raye pas l'ouvrage, enſuite pour la bien éclaircir on ſe ſert de tripoli fin trempé dans de l'huile, & qu'on paſſe fortement avec un morceau de caſtor ou de chamois.

Le demy-cercle à lunettes marqué A ſert à prendre des diſtances fort éloignées, & a les degrez de ſon limbe diviſez en minutes par des lignes tranſverſales droites ou courbes, comme il a été dit cy-devant en parlant du quart de cercle.

Il y a une lunette d'approche attachée par deſſous au long de ſon diametre, dont les bouts marquez B excedent de part & d'autre. A l'alidade de ce demy-cercle eſt ajuſtée une autre lunette. Lorſque la ligne de foy coupe le milieu de l'alidade, il faut que la lunette qui y eſt attachée ſoit un peu plus courte, afin que l'on puiſſe voir les degrez de la diviſion coupez par la ligne de foy; mais pour le mieux il eſt plus à propos que les deux lunettes ſoient égales en longueur, & pour lors il faut que la ligne de foy de l'alidade ſoit tracée du bout marqué C, & que paſſant par le centre du demy-cercle, elle aille aboutir à l'extremité oppoſée marquée D. On échancre les deux bouts de l'alidade de maniere qu'ils conviennent aux diviſions des degrez du limbe, comme on voit aux endroits marquez C F, G D, de telle ſorte que la ligne C F E G D eſt la ligne de foy du demy-cercle.

Il eſt bon de remarquer que l'on ne commence pas à compter les degrez de ce demy-cercle depuis le diametre, comme aux autres, mais à l'endroit où ſe trouve l'échancrure de la ligne de foy, quand les rayons viſuels des deux lunettes étant l'une ſur l'autre ſont d'accord, & pour les faire convenir on avance ou recule le petit châſſis qui porte les filets par le moyen des vis. La largeur depuis le centre des lunettes juſqu'aux échancru es de l'alidade eſt ordinairement de cinq degrez, ce qui fait que la diviſion avance d'autant de degrez plus d'un côté que de l'autre, comme la figure le montre.

Ces lunettes sont à deux ou à quatre verres, & ont toutes une soye tres-fine tenduë au foyer du verre objectif, pour servir de pinule.

Les lunettes à quatre verres font voir les objets dans leur veritable situation ; mais celles des deux verres les renversent en sorte que ce qui est à droit paroît à gauche, & ce qui est en haut paroît en bas ; mais cela n'ôte pas la justesse de l'operation, parce qu'elles donnent toujours le point de direction.

Ces lunettes font faites de tuyaux de cuivre soudez & tournez en forme cylindrique, comme on voit par la figure D, qui represente une lunette détachée. Le verre oculaire, qui est celuy dont on approche l'œil pour regarder les objets, est au bout marqué 1. On le pose dans un autre petit tuyau qui est à part, aussi marqué 1, que l'on avance ou recule dans le tuyau de la lunette selon les differentes vûës. Ce petit tuyau porte aussi quelquefois au foyer du verre la soye fine qui sert de pinule ; mais pour le mieux cette soye est attachée sur une petite piece de cuivre, qu'on voit aussi à part, sur laquelle on a tracé bien juste un trait quarré marqué 2, sur lequel on pose ces soyes. On place cette piece dans une rainure faite dans un petit châssis de cuivre soudé au tuyau de la lunette à l'endroit marqué 2. La petite vis marquée 5, est faite pour avancer ou reculer la petite piece qui porte les soyes. Le verre objectif est placé à l'autre bout de la lunette du côté de l'objet que l'on veut voir. Il est aussi placé dans un petit tuyau marqué 3, & qui entre à force dans le canal de la lunette, afin que ce verre ne change pas facilement de place quand la lunette est ajustée. Ces verres sont convexes, ce qui rend leur milieu plus épais que leurs bords. Mais l'oculaire doit avoir plus de convexité que l'objectif, afin que les objets paroissent plus grands qu'à la vûë simple..

On appelle le foyer d'un verre convexe l'endroit où les rayons qui viennent d'un objet lumineux ou coloré, lequel est dans une distance fort éloignée, vont se réünir aprés avoir passé au-delà du verre ; c'est pourquoy la peinture des objets qui font opposez au verre, se representent tres-distinctement dans cet endroit. Par exemple, le point R, à l'extremité du cône de la figure H, est le foyer du verre S, à cause que c'est le point où les rayons, qui entrent par l'autre bout N du tuyau, vont se réünir aprés avoir passé à travers du verre S.

Les lunettes les plus en usage font celles à deux verres, qui font placez de maniere que leurs foyers soient communs & se réünissent à un même point dans le tuyau de la lunette, & c'est en ce point que l'on place les filets ; si le foyer du verre objectif est sept ou huit fois plus éloigné que celuy du verre oculaire, l'objet paroîtra sept ou huit fois plus grand que si les foyers de ces deux verres étoient égaux.

Le foyer du verre oculaire étant commun avec celuy de l'objectif, les rayons colorez, qui aprés s'être rompus en tombant sur la surface du verre objectif, se sont réünis à son foyer, continuënt leur chemin en s'écartant, & rencontrant le verre oculaire, se rompent derechef en passant au travers, & se dirigent de telle sorte qu'en mettant l'œil derriere ce verre on apperçoit les objets, dont la peinture se fait au foyer : car c'est l'objet qui renvoye son espece à l'œil ; ce qui se prouve encore tres-manifestement par l'experience suivante. On bouche entierement le jour d'une chambre, & l'on fait un petit trou rond à un volet de fenêtre exposée à un lieu bien éclairé, on y applique un verre convexe, & l'on met un papier ou un linge blanc à l'opposite de ce verre au-dedans de la chambre à la distance de son foyer ; alors on voit sur le papier une peinture tres-nette & tres-distincte des objets qui sont opposez au verre par dehors, dans une situation renversée, & cette peinture se fait par les rayons de lumiere qui rejaillissent des objets. On trouvera le foyer du verre en approchant ou reculant le papier tant que l'on voye la peinture bien nette & bien determinée.

Il y a une boussole & un genoüil à ce demy-cercle, qui étant bien fait de cette maniere, est un des plus parfaits qu'on puisse faire.

L'Instrument marqué C est un Rapporteur d'environ huit à dix pouces de diametre avec son alidade ou regle mobile. On le fait quelquefois aussi grand que les grafometres, dont on se sert en campagne, afin que l'on puisse marquer sur son bord les minutes, & qu'il serve à rapporter sur le papier les mêmes angles en degrez & minutes que ceux qui ont été observez en campagne.

Ce rapporteur est évuidé, & son alidade tourne autour d'un petit cercle aussi évuidé, au milieu duquel il y a une petite pointe qui marque le centre du rapporteur. La division se fait de même qu'au demy-cercle, & par la methode que nous avons marquée.

USAGE I.

POur lever le plan d'un champ proposé, comme A B C D E, faites planter un piquet bien à plomb à chaque angle de la figure, & mesurez exactement avec la toise un de ses longs côtez, comme A B, lequel je suppose pour exemple de 50 toises 2 pieds : faites un memorial en crayonnant sur le papier une figure à peu prés semblable à celle du terrain ; mettez le demy-cercle avec son pied à la place du piquet **A**, en sorte que bornoyant par les fentes des pinules immobiles du diametre, vous voyiez le piquet **B**; ensuite le demy-cercle demeurant ferme en cette situation, tournez l'alidade mobile en sorte que par ses pinules vous puissiez voir le piquet **C**; remarquez quel angle fait la ligne de foy de l'alidade avec le côté **A B**, & marquez sur votre memorial le nombre des degrez de l'angle **B A C**; tournez ensuite l'alidade de sorte que par les pinules vous puissiez voir le piquet **D**, & marquez sur votre memorial le nombre des degrez que contient l'angle **B A D**; tournez encore l'alidade de sorte que par les pinules on puisse voir le piquet **E**, & marquez le nombre des degrez que contient l'angle **B A E**. Mais toutes les fois que vous bornoyez chacun des piquets par les pinules de l'alidade, ayez soin de regarder si le piquet **B** est toujours bien dans l'alignement des pinules immobiles du diametre.

Cecy étant fait, levez le demy-cercle avec son pied, & ayant replanté le piquet **A**, allez poser le demy-cercle avec son pied à la place du piquet **B**, en sorte que bornoyant par les ouvertures des pinules immobiles du diametre, vous voyez le piquet **A**, & le demy-cercle demeurant ferme en cette situation, tournez, comme vous avez déja fait, l'alidade mobile, en sorte que par ses pinules vous puissiez voir l'un aprés l'autre les piquets **C**, **D**, **E**, & marquez sur le memorial la valeur de chaque angle **A B C**, **A B D**, **A B E**.

Enfin mettez au net la figure en traçant exactement avec un demy-cercle ou rapporteur tous les angles dont la valeur est marquée aux extremitez de la ligne **A B**, d'où vous tirerez autant de lignes droites, & de leurs intersections d'autres lignes qui formeront le plan proposé. La longueur de tous les côtez qui n'ont pas été mesurez se pourra connoître par le moyen d'une échelle de parties égales, dont la ligne **A B** en contiendra 50 & un tiers, & l'on pourra trouver la surface de ce champ en mesurant chacun des triangles du plan ainsi reduit, par les regles de la planimetrie, dont traitent quantité de Livres.

Remarquez qu'il est à propos de mesurer actuellement une des plus longues lignes du plan proposé, pour la faire servir de base commune; & faire à chacune de ses extremitez toutes les observations necessaires pour y former les angles des triangles qu'on est obligé d'y faire : car si l'on prenoit pour base commune de tous ces triangles une des plus courtes lignes, les angles qui se forment par les intersections des rayons visuels en bornayant les piquets, deviendroient trop aigus, & l'intersection trop incertaine.

On pourra orienter ce plan par le moyen de la boussole, dont la ligne Nord & Sud se trace ordinairement parallele au diametre

du demy-cercle : car comme la base commune de tous les triangles observez est parallele à ce diametre, il n'y a qu'à remarquer
l'angle qu'elle fait avec l'aiguille aimantée, ce qui se connoîtra facilement en dirigeant la ligne de foy de l'alidade parallelement à
ladite aiguille. Ensuite dequoy on dessigne sur le plan une petite
rose des Rumbs des Vents, où les principaux sont marquez par
leurs noms, & placez conformement à l'observation qui en a été
faite sur le terrain.

USAGE II.

Pour sçavoir la distance du Clocher A à la Tour C, que l'on suppose estre inaccessible.

Fig. 2. AYant choisi deux endroits aux environs, d'où l'on puisse
voir le Clocher & la Tour, & mesuré leur distance pour servir de base, placez le demy-cercle à l'un de ces lieux, comme en
D, & un piquet à l'autre, comme au point E, tournez-le de maniere que par les pinules fixes de son diametre, ou par la lunette,
vous découvriez le piquet E, faites mouvoir l'alidade en sorte
que par ses pinules vous puissiez voir le Clocher A, les degrez
du demy-cercle compris entre le diametre & l'alidade, donneront l'ouverture de l'angle A D E, qui dans cet exemple est de
32 degrez, que vous marquerez sur le Memorial. Tournez encore l'alidade jusqu'à ce que vous puissiez voir la Tour C par ses
pinules ou lunette, en conservant toujours le diametre dans la ligne D E, alors les degrez compris entre le diametre & l'alidade
donneront l'ouverture de l'angle C D E, qui sera de 123 degrez,
& que vous marquerez sur le Memorial. Vous ôterez ensuite le
demy-cercle de la station D, & vous y laisserez un piquet ; mesurez exactement la distance du piquet D au piquet E, que je
suppose icy de 32 toises, que vous écrirez sur le Memorial ; posez le demy-cercle à la place du piquet E, de telle sorte que
les pinules fixes du diametre, ou la lunette, soient directement
sur la ligne E D ; tournez l'alidade, afin de voir par ses pinules
la Tour C, les degrez compris entre le diametre & l'alidade donneront l'ouverture de l'angle C E D, qui est en cet exemple de
26 degrez. Tournez enfin l'alidade pour voir par ses pinules la
Tour A, & l'angle A E D sera de 125 degrez, que vous chiffrerez
sur le Memorial ; & par le moyen d'une Echelle & d'un Rapporteur vous ferez une figure semblable pour connoître la distance A C, proposée à mesurer.

Pour resoudre la même proposition par le calcul de la Trigonometrie. Premierement on connoît par observation dans le trian-

gle D A E, l'angle aigu A D E, de 32 degrez, & l'obtus D E A de 125 degrez, d'où il suit que le troisiéme angle D A E est de 23 degrez, puisque les trois angles de tout triangle rectiligne sont égaux à deux droits; & pour connoître le côté A E, vous ferez cette analogie. Le sinus de 23 degrez, auquel répond dans les tables ce nombre 39073, est à 32 toises, comme le sinus de 32 deg. 52992 est à la ligne A E de 43 toises, peu plus. On connoît de même par observation dans le triangle C D E l'angle aigu C E D de 26 deg. & l'obtus E D C de 123 deg. d'où s'ensuit que le troisiéme angle D C E est de 31 deg. & pour connoître le côtez C E, faites cette seconde analogie, comme le sinus de 31 deg. 51504 est à 32 toises; ainsi le sinus de 123 deg. ou de son complément 57, qui est le même, 83867 est à C E 52 toises. Ensuite pour connoître la distance C A, examinez le triangle C A E, duquel vous connoissez les deux côtez C E & A E, avec l'angle compris A E C de 99 deg. & par conséquent les deux autres angles inconnus valent ensemble 81 degrez, & pour les connoître chacun en particulier, faites encore cette autre analogie : Comme la somme des deux côtez connus 95 toises est à leur difference 9 toises, ainsi la tangente de 40 deg. 30, moitié des deux angles inconnus 85408 est à un quatriéme nombre 8091, qui est tangente de la moitié de la difference des deux angles inconnus, ce quatriéme terme cherché dans la colonne des tangentes répond à 4 d. 37, qu'il faut ajoûter à ladite moitié 40 d. 30 pour avoir le plus grand des deux angles aigus C A E 45 d. 7, & par conséquent le troisiéme angle A C E sera de 35 d. 53. Enfin pour avoir la longueur C A, dites : comme le sinus de 35 d. 53. 58613 est à 43 toises, ainsi le sinus de 99 d. ou de son complément 81 d. 98768 est à la distance A C de 72 toises 2 pieds.

USAGE III.

POur avoir la hauteur de la Tour A B, du pied de laquelle on ne peut approcher à cause d'un ruisseau qui passe au bas de ladite Tour, cherchez un terrain à peu prés de niveau, propre à y faire deux stations, comme en cet exemple C & D; placez le demy-cercle verticalement au point D, de sorte que son diametre soit parallele à l'horison, ce qui se fait par le moyen d'un fil avec son plomb, que l'on accroche au haut d'une ligne perpendiculaire qui est tracée derriere le demy-cercle; tournez l'alidade, afin de voir par ses pinules le sommet de la Tour B, examinez de combien de degrez est l'angle B D A, que nous supposons icy de 42 degrez, que vous marquerez sur le Memorial; puis ayant levé le demy-cercle & placé à l'autre station C, mesurez

Fig. 3.

la diftance D C, que je fuppofe icy de 12 toifes, & aprés avoir ajufté le demy-cercle de maniere que fon diametre foit parallele à l'horifon, tournez l'alidade jufqu'à ce que vous voyiez le haut de la Tour B, remarquez l'angle B C D, pour l'écrire fur le Memorial, que nous fuppofons icy de 22 degrez, faites enfuite une figure femblable par le moyen d'une échelle & d'un rapporteur, & vous connoîtrez la hauteur A B, laquelle fe peut auffi trouver par le calcul de la Trigonometrie en cette maniere.

L'angle B D A de 42 degrez donne l'angle de fuite B D C de 138 deg. & parce que l'angle C a été mefuré de 22 deg. le troifiéme angle du triangle C B D fera de 20 degrez. Vous direz donc par une regle de proportion : comme le finus de 20 deg. 34202 eft à 12 toifes, ainfi le finus de 22 deg. 37461 eft à la ligne B D 13 toifes 10 pouces : or cette ligne B D eft l'hypotenufe du triangle rectangle B D A, dont tous les angles font connus ; c'eft pourquoy vous direz par une feconde regle de trois, comme le finus total 10000 eft à 13 toifes 10 pouces, ainfi le finus de 42 degrez 66913 eft à la hauteur A B huit toifes, & peu moins de cinq pieds.

USAGE IV.

Pour lever la carte d'un Pays.

CHoififfez premierement deux endroits éminens, d'où l'on puiffe découvrir une grande étenduë de pays, lefquels foient affez éloignez l'un de l'autre pour fervir de bafe commune à plufieurs triangles qu'il faut obferver pour faire cette carte ; mefurez actuellement avec la chaîne la diftance de ces deux lieux.

Ces deux hauteurs étant fuppofées A & B, éloignées l'une de l'autre de 200 toifes, placez horifontalement le plan du demy-cercle avec fon pied au point A, en forte que par les pinules immobiles du diametre, ou par la lunette, vous découvriez le point B ; l'inftrument reftant ferme en cette fituation, tournez l'alidade mobile pour découvrir l'un aprés l'autre les Tours, Clochers, Moulins, Arbres & autres lieux remarquables que vous fouhaitez placer fur votre carte ; examinez quels angles ils font avec la bafe commune, & les marquez auffi-tôt fur le Memorial avec les noms-propres de chaque lieu bornayé par les pinules ou lunette, par exemple, l'angle B A I de 14 degrez, B A G de 47, B A H de 53, B A F de 68, B A E de 83, B A D de 107, & enfin l'angle B A C de 130 degrez ; ce qui étant fait, & les angles marquez fur le Memorial avec la diftance A B des deux ftations que nous avons fuppofé de 200 toifes, pofez le demy-cercle au point B, pour y faire la feconde ftation.

Fig. 4.

L'Inftru-

L'Instrument étant placé de maniere que son diametre convienne avec la ligne B A, tournez l'alidade mobile & observez les angles que font les mêmes objets qui sont vûs du point A, comme par exemple l'angle A B C de 20 degrez, A B F de 37, A B D de 44, A B E de 56, A B G de 83, A B H de 96, & l'angle A B I de 133 degrez, que vous marquerez sur le Memorial, comme vous avez fait les autres.

Si quelque objet a esté vû du point A, & que l'on ne puisse pas le voir du point B, il faut changer de base en choisissant un autre point, d'où l'on puisse les découvrir; car il est absolument necessaire qu'un même objet soit vû de deux lieux differens; puisqu'on ne peut avoir sa position que par le point d'intersection de deux lignes, dont chacune se tire des extremitez de la Base, avec laquelle ils forment un triangle rectiligne.

Il est à propos de se souvenir que l'étenduë de la Base que l'on mesure doit estre assez grande, à proportion des triangles ausquels elle doit servir, & de plus bien alignée & nivelée, car si l'on suivoit les inégalitez du terrain haut & bas, on auroit des Bases trop longues à proportion des Angles & des rayons visuels qui se tirent en bornayant les objets.

Pour mettre cette Carte au net, réduisez tous ces triangles observez dans leur juste proportion, par le moyen d'une Echelle & d'un Raporteur, de la maniere que nous avons dit cy-devant.

CHAPITRE VII.

Contenant la construction & les usages de la Boussole.

CEt instrument se fait de Cuivre, d'Ivoire, de Bois, ou de toute autre matiere solide. Il s'en fait depuis deux pouces jusqu'à six de diametre. Son milieu est fait en cercle comme une boëte ronde, au fonds de laquelle on décrit une rose des vents & une circonference divisée en 360 deg. Ce cercle est apliqué sur une plaque quarrée; à son centre on place un petit pivot de cuivre ou d'acier bien pointu, qui sert à porter une éguille d'acier aimantée, posée en équilibre afin qu'elle puisse tourner librement; & par dessus on met un verre taillé en rond que l'on fait tenir dans une petite renure faite exprés au tour du cercle, pour empêcher que l'agitation de l'air ne donne trop de mouvement à l'éguille.

Un des bouts de l'éguille aimantée, sçavoir celui qui a esté frotté du Pole méridional de la Pierre d'aiman, se tourne toûjours vers la partie Septentrionale du monde, non pas précisément, mais avec quelque déclinaison qui change de temps à autre.

L

Suivant les obfervations faites au mois d'Octobre de l'année 1708 dans l'Obfervatoire Royal, l'éguille aimantée déclinoit de dix degrez dix minutes du Nord à l'Oüeft.

Les Eguilles font faites de lames d'acier, de la longueur du diametre de la Bouffole. On y foude au milieu une petite chape de cuivre, que l'on perce fort droit, en forme de cône, & on donne un petit cou de pointeau au fond, afin que l'Eguille ait un mouvement bien libre fur fon pivot. On les lime fort délicatement en leur donnant differentes figures; les unes en dard par un bout, & par l'autre une fléche; ce font ordinairement les grandes qu'on lime de cette façon. Aux moyennes & aux petites on y fait un anneau vers l'extremité, pour diftinguer le côté qui doit tourner vers le Nord, telles que les petites figures qui font auprés de la Bouffole le montrent.

Pour aimanter les Eguilles il faut les faire paffer fur le Pole d'un bon aiman ou fur fon armure, de maniere que le bout qui doit tourner vers le Sud, touche le premier fur la pierre, en coulant l'Eguille au long de l'aiman; & que le bout qui doit fe diriger au Nord y paffe le dernier. Il faut faire la même chofe trois ou quatre fois, écartant la main en arc afin que la vertu y refte mieux imprimée.

Cette admirable proprieté de l'aiman & de l'Eguille aimantée n'eft connuë en Europe que depuis environ l'an 1260.

C'eft par fon moyen que l'on a ofé entreprendre de grands voyages par Mer, & que l'on a découvert 200 ans aprés, des terres fort riches vers l'Orient & d'autres vers l'Occident.

On peut auffi par fon moyen fe conduire par terre dans un voyage, lorfqu'on ne trouve perfonne pour enfeigner le chemin, ayant une Carte géographique; car pour cet effet il n'y a qu'à pofer le centre de la Bouffole fur le lieu du départ, faire convenir l'Eguille aimantée avec le Meridien de ce lieu, & remarquer quel angle fait ce Méridien avec la ligne de Route; c'eft à dire, qui conduit au lieu où l'on veut aller. Ainfi les Pilotes & les Voyageurs connoiffent par la Bouffole la fituation dans laquelle ils fe trouvent à l'égard des Poles du monde.

Elle eft auffi fort utile aux gens qui travaillent fous terre dans les Carrieres & dans les Mines; car ayant remarqué fur terre le point où l'on veut aller, on pofe la Bouffole à l'ouverture du trou pour voir l'angle que fait la ligne de direction avec l'Eguille; & quand on eft fous terre on fait une tranchée qui faffe le même angle avec la Bouffole, & par ce moyen on arrive au lieu propofé.

Il y a encore beaucoup d'autres ufages dont nous alons expliquer les principaux.

USAGE I.

Pour trouver avec la Boussole la déclinaison d'un Mur.

IL faut se souvenir qu'il y a quatre points que l'on appelle Cardinaux ; sçavoir, le Septentrion, le Midy, l'Orient & l'Occident, lesquels partagent l'horison en quatre parties égales, comme il est marqué par la figure première.

Fig. 1.

Quand on a trouvé un de ces points, on a tous les autres ; car, par exemple, si vous avez le Septentrion devant les yeux, le Midy sera derriere vous, l'Orient à vôtre droite & l'Occident à vôtre gauche.

Un Mur qui seroit élevé sur la ligne qui tend du Septentrion au Midy, seroit dans le plan du Meridien ; de maniere qu'une de ses faces seroit tournée directement vers l'Orient, & l'autre vers l'Occident.

Un autre Mur qui feroit angles droits avec ce premier, c'est à dire, qui seroit élevé sur la ligne qui tend d'Orient en Occident, seroit parallele au premier vertical & ne déclineroit point ; une de ses faces seroit tournée directement au Midy & l'autre au Septentrion.

Mais si l'on s'imagine un Mur élevé sur la ligne D E, il sera dit décliner d'autant de degrez qu'en contient l'arc F ; c'est pourquoy, si, par exemple, cet arc est de 40 degrez, la face de ce Mur qui est tournée vers le Midy, décline du Midy vers Orient de 40 degrez ; la face opposée du même Mur décline du Septentrion à l'Occident de 40 degrez ; de sorte que la déclinaison d'un Mur n'est autre chose que l'angle que fait ce mur avec le premier vertical.

Un autre Mur qui seroit parallele à la ligne G H, déclineroit d'autant de degrez qu'en contient l'arc C ; c'est pourquoy si cet arc est de 30 degrez, la face du Mur qui regarde le Midy déclineroit de 30 degrez du Midy à l'Occident, la face opposée déclineroit pareillement de 30 degrez du Septentrion à l'Orient.

En toutes les operations qui se font avec la Boussole, il faut avoir grand soin d'éloigner toute sorte de fer, & prendre bien garde qu'il n'y en ait de caché, car le fer change entierement la direction de l'Eguille aimantée.

Je suppose que le Pivot sur lequel est posée la chappe de l'Eguille est au centre d'un cercle divisé en 360 degrez, ou quatre fois 90, dont le premier degré est dans la ligne qui tend du Septentrion au Midy, & que la Boussole est quarrée, comme elle est icy representée.

Appliquez le long du Mur le côté de la Boussole où est la marque du Septentrion ; le nombre des degrez où s'arrêtera l'Eguille aimantée, marquera la déclinaison du Mur, & de quel côté. Si, par exemple, la pointe de l'Eguille qui marque le Septentrion tend vers le Mur, c'est une marque qu'il peut estre éclairé du Soleil à midy ; & si elle s'arrête sur le 30 degré compté du Septentrion vers l'Orient, la déclinaison est d'autant de degrez du Midy à l'Orient. Si elle s'arrête sur le 30ᵉ degré compté du Septentrion vers l'Occident, la déclinaison est d'autant de degrez du Midy à l'Occident.

Mais comme l'Eguille aimantée décline presentement à Paris d'environ dix degrez & demi au Nord Oüest ; à present pour corriger ce deffaut on doit les ajoûter au nombre des degrez marquez par l'Eguille lorsque la déclinaison est vers l'Orient. Il faut au contraire les ôter lorsque la déclinaison est du côté d'Occident.

Ainsi supposant, commé nous venons de faire, que l'Eguille soit arrêtée sur le 30ᵉ degré vers l'Orient ; la déclinaison du Mur sera de 40 degrez du Midy vers Orient. Mais si l'Eguille s'arrête du côté d'Occident sur le 30ᵉ degré, la déclinaison du Mur sera de 20 degrez du Midy vers l'Occident.

Que si la pointe de l'Eguille aimantée qui marque le Midy tend vers le mur, c'est une marque que le midy est de l'autre côté du mur, & par consequent que la face dont on veut trouver la déclinaison ne sera point éclairée du Soleil à midy ; c'est pourquoy sa déclinaison sera du Septentrion à l'Orient, ou à l'Occident selon qu'il sera tourné vers l'une ou l'autre de ces parties du monde. Cecy sera plus amplement expliqué en parlant des Cadrans solaires.

USAGE II.

Pour mesurer un angle sur la terre avec la Boussole.

Fig. 2. SOit l'angle D A E proposé à mesurer, appliquez le long d'une des lignes qui forment l'angle, comme le long de la ligne A D, le côté de la Boussole où est la marque du Septentrion ; faites en sorte que l'Eguille tourne librement sur son pivot, & quand elle sera arrêtée, prenez garde quel nombre de degrez répond à la pointe de l'Eguille qui indique le Septentrion ; & le trouvant, par exemple, de 80 degrez, la déclinaison de ladite ligne sera d'autant de degrez. Prenez ensuite de la même maniere la déclinaison de la ligne A E, que je suppose de 215 degrez, ôtez le petit nombre 80, du plus grand 215, restera 135, qu'il faut souftraire de 180 ; ce dernier reste sera 45 degrez pour la valeur de l'angle proposé à mesurer.

Mais si la déclinaison de la ligne A D n'estoit, par exemple, que de 30 degrez, & que celle de la ligne A E fût de 265, la différence

de ces deux déclinaisons qui eft 235 , feroit trop grande pour eftre
ôtée de 180 ; c'eft pourquoy en ce cas il faudroit ôter 180 du plus
grand nombre 235, le refte 55 feroit la valeur de l'angle propofé.

Quand on mefure des angles avec la Bouffole , il n'eft pas neceffaire d'avoir aucun égard à la variation de l'Eguille aimantée, puifque cette variation fera toûjours la même en toutes les differentes
pofitions de l'Eguille , pourvû toutefois qu'il n'y ait pas de fer
qui la faffe dévoyer ; & lorfqu'on ne peut pofer la Bouffole proche
du plan, par quelque empêchement , il fuffira de la placer bien parallelement , comme la figure le montre ; elle fera le même effet.

USAGE III.

Pour lever le plan d'une Foreft , d'un Marais ou d'un Chemin
avec fes détours.

SOit propofé à lever le Plan d'un Marais ou Etang A B C D E,
dans lequel on ne peut entrer. Pour ces fortes d'operations il Fig. 3.
faut qu'il y ait fur la Bouffole deux pinules immobiles attachées
fur la ligne qui tend du Septentrion au Midy. Faites planter des
piquets affez longs & bien à plomb , de manière qu'ils foient dans
des lignes paralleles aux côtez qui font l'enceinte du Marais; placez la Bouffole fur fon pied dans une fituation horifontale ; bornoyez deux de ces piquets par les fentes des pinules , mettant toûjours auprés de l'œil celle qui eft fur la partie meridionale de la
Bouffole ; puis ayant tracé fur du papier une figure qui reprefente
à peu prés le plan du Marais , écrivez fur chaque ligne le nombre
des degrez que marquera l'Eguille lorfqu'elle fera arrêtée. Faites en
même-temps mefurer avec la toife la longueur exacte de chaque
côté du Marais , & marquez-en la valeur fur chaque ligne correfpondante de vôtre mémorial. Lorfque vous aurez fait tout le tour
du Marais, les degrez marquez par l'Eguille de la Bouffole ferviront
à former les angles de la figure , & la longueur de chaque ligne
déterminera tout le plan du Marais propofé.

Suppofons pour exemple, qu'ayant placé la Bouffole le long du
côté A B, ou ce qui eft la même chofe , le long d'une ligne parallele à ce côté , & que mettant l'œil proche la pinule du midy, on
découvre deux piquets plantez dans ladite ligne; fi l'Eguille s'arrête
fur le 30ᵉ degré vers l'Occident , j'écris ce nombre 30 degrez le
long de la ligne A B du mémorial , & en même temps la quantité
de 50 toifes qui ont efté mefurées du point A au point B. Je tranf-
porte enfuite la Bouffole avec fon pied , le long du côté B C , ou
dans l'alignement des piquets , plantez parallelement audit côté ,

mettant toûjours la pinule du Sud ou midy du côté de l'œil,
l'Eguille s'arrête sur le 100 degrez, j'écris ce nombre sur la ligne B C,
& en même temps la quantité de 70 toises qui ont esté mesurées
du point B au point C, faisant ainsi tout le tour du Marais, on
marquera sur chaque ligne correspondante le nombre des degrez
& des toises, par le moyen desquels on mettra au net le plan proposé en la maniere suivante, en se servant d'un Rapporteur, ou
demi-cercle, & d'une Regle divisée en parties égales, ou bien d'un
Compas de proportion.

Angles observez	Angles souftraits.	Marquez de suite tous les Angles observez avec la Boussole, & souftrayez le moindre du plus grand que vous marquerez entre deux, comme on voit en cette Table.
30 degrez	Degrez.	
100 . . .	70	
130 . . .	30	
240 . . .	110	
300 . . .	60	

Commencez par tracer la ligne indéfinie A B, sur laquelle vous
porterez 50 parties égales de vôtre Echelle, à cause des 50 toises mesurées sur le terrain ; faites au point B avec un Rapporteur l'angle
exterieur de 70 degrez, & tirez la ligne indéfinie B C, sur laquelle
vous marquerez de B en C 70 toises, qui ont esté mesurées sur le terrain : faites au point C l'angle exterieur de 30 degrez, & tirez la
ligne indéfinie C D, laquelle vous déterminerez de 65 toises de longueur, conformement à la mesure qui en a esté trouvée. Faites pareillement au point D l'angle exterieur de 110 degrez, & tirez la ligne D E de 70 toises. Faites enfin au point E l'angle exterieur de 60
degrez, & tirez la derniere ligne A E de 94 toises, & le plan sera
achevé.

Ensuite il sera facile de l'orienter, puisque vous sçavez quel angle fait l'eguille avec chaque côté du plan.

Remarquez que les angles souftraits vous donnent les angles exterieurs, & que leurs complémens font les angles de la figure.

Remarquez aussi que tous les angles de la figure pris ensemble
doivent faire deux fois autant d'angles droits, moins quatre, qu'elle
a de côtez. Ainsi, par exemple, la figure de cet usage ayant 5 côtez,
tous ses angles ajoûtez ensemble font 540 degrez ou 6 fois 90, ce
qui peut servir à prouver les operations.

Cette maniere de lever un plan paroît assez expeditive, mais il y
a bien de la difficulté de faire avec la Boussole des operations fort
exactes, à cause du fer caché qui se peut rencontrer dans les lieux
où l'on est obligé de la placer.

Fin du quatriéme Livre.

Planche Quatorzieme.

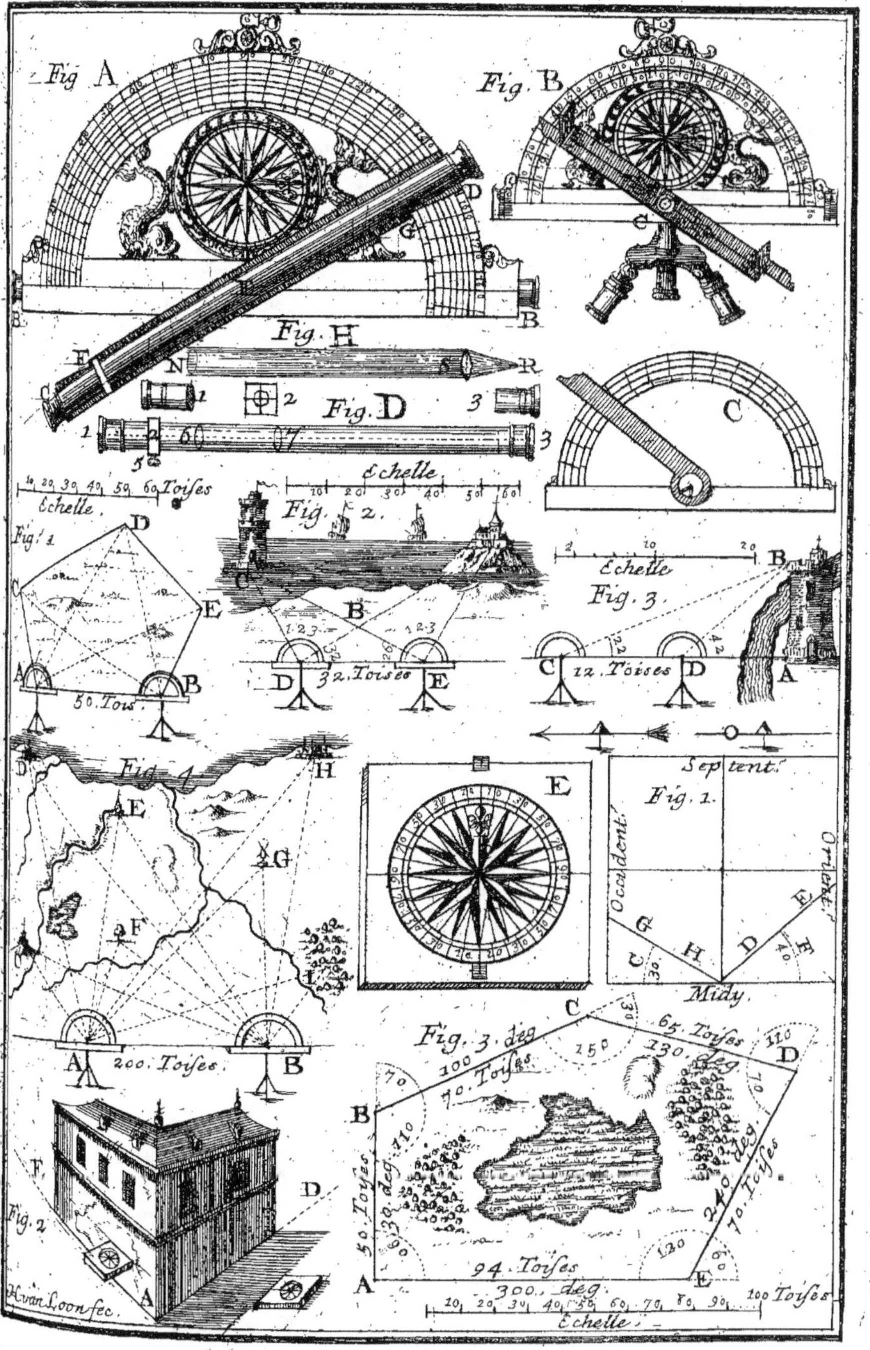
Fig A
Fig. B
Fig. H
Fig. D
C
10 20 30 40 50 60 Toises
Echelle
Echelle
Fig. 1
50. Tois.
Fig. 2.
32. Toises
Echelle
Fig. 3.
12. Toises
Fig. 4
200. Toises
E
Septent.
Fig. 1.
Occident.
Orient.
Midy
Fig. 3. deg
65. Toises
130. deg
100
70. Toises
30. deg
50. Toises
94. Toises
300. deg
240. deg
70. Toises
100 Toises
Echelle
Fig. 2
H. van Loon fec.

DE LA
CONSTRUCTION
ET DES USAGES
DE PLUSIEURS DIFFERENS
NIVEAUX
POUR LA CONDUITE DES EAUX.

Comme aussi des Instrumens servans à l'Artillerie.

LIVRE CINQUIÉME.

CHAPITRE PREMIER.

De la construction & des usages de plusieurs Niveaux.

Construction du niveau à l'eau.

LE premier de ces Instrumens est un niveau d'eau. Il est **XV.** *Planche* composé d'un tuyau rond de cuivre ou autre matiere, *Fig. A.* long d'environ trois pieds, sur 12 à 15 lignes de diametre.

Il est recourbé par les bouts à l'équerre pour y recevoir deux tuyaux de verre de 3 ou 4 pouces, que l'on fait tenir avec de la cire ou du mastic. Il y a par dessous une virolle attachée au milieu pour le placer sur son pied.

On y verse de l'eau ordinaire ou colorée par un des bouts jusqu'à ce qu'il y en ait assez pour paroître dans les deux tuyaux de verre.

L iiij

Ce niveau quoyque fort fimple, eft tres-commode pour niveler de moyennes diftances.

Il eft fondé fur ce que l'eau fe place toûjours de niveau d'elle-même ; c'eft pourquoy il n'eft pas neceffaire qu'elle foit également éloignée des extremitez des deux tuyaux de verre. Car elle s'y mettra toûjours d'égale hauteur par rapport au centre de la terre.

Fig. B.   Le Niveau d'air marqué B, eft un tuyau de verre bien droit, d'égale groffeur & épaiffeur par tout.

Il s'en fait de differente longueur & groffeur à proportion ; on le remplit à quelque goute prés d'efprit de vin ou d'autre liqueur qui n'eft point fujette à fe geler. Les bouts de ce tuyau font terminez en pointe & fermez hermetiquement ; c'eft à dire, que le bout par lequel on a verfé l'efprit de vin, a efté enfuite bouché avec le verre même, en le tortillant au rayon du feu d'une lampe que l'on foufle pour le rendre bien ardent.

On connoît que cet inftrument eft parfaitement de niveau lorfque la goute d'air s'arrefte juftement au milieu ; car quand il n'eft pas de niveau la goute d'air comme plus legere, court vers le haut.

Conftruction du niveau d'air monté.

CEt inftrument eft compofé d'un niveau d'air d'environ huit pouces de long fur 7 à 8 lignes de diametre marquez 1. Il eft enchâffé dans un tuyau de cuivre marqué 2, qui eft évuidé dans fon milieu, afin que l'on puiffe voir au deffus la bulle d'air.

Fig. C.   Il eft porté fur une regle bien droite d'environ un pied de long, aux extremitez de laquelle font placées deux pinules juftement de même hauteur & femblables à celle marquée 3, qui eft veuë de front ; elle a une ouverture quarrée, dans laquelle il y a deux filets de cuivre tres-délicatement limées, qui fe croifent à angles droits. On y perce un petit trou au milieu & on y attache une petite piece de cuivre mince, avec un petit clou à tête, afin de boucher l'ouverture quarrée quand il eft befoin. Cette piece eft percée d'un petit trou qui répond à celui qui eft au milieu des filets. Le tuyau de cuivre eft attaché fur la regle par le moyen de deux vis, dont l'une marquée 4, fert à lever ou baiffer le tuyau, tant & fi peu que l'on veut pour le placer de niveau & le faire accorder avec les pinules.

La boule du genoüil eft rivée à une petite regle, qui fait reffort, & eft attachée par un de fes bouts avec deux vis à la grande regle, & à l'autre bout il y a une vis à oreiller, marqué 5, qui fert à hauffer ou baiffer tout l'inftrument quand il y a peu de chofe à changer.

La maniere d'ajufter ce niveau eft facile. Il n'y a qu'à le placer fur fon pied, de maniere que la goute d'air foit juftement au milieu du tuyau ; alors fermant la pinule du côté de l'œil & ouvrant l'autre, le point de l'objet qui est coupé par le filet horisontal est de niveau avec l'œil ; & pour connoître si le niveau d'air est bien d'accord avec les pinules, il n'y a qu'à retourner l'instrument bout pour bout, fermer la pinule qui estoit ouverte & ouvrir l'autre, puis regardant par le petit trou, si le même point de l'objet est coupé par le filet horizontal, c'est une marque que le niveau est juste ; & s'il s'y trouve quelque difference, il faut tant soit peu hausser ou baisser le tuyau, par le moyen de la vis marquée 4, & repeter cette operation jusqu'à ce que les pinules soient d'acord avec le niveau ; c'est à dire, que regardant un objet, la bulle d'air estant au milieu & ensuite retournant l'instrument on voye le même objet.

Le niveau marqué D, est composé d'un petit tuyau de verre Fig. D. enchâssé dans un autre tuyau de cuivre attaché sur une regle parfaitement égale d'épaisseur. Il sert à connoître si un plan, comme une table, pendule, ou autre chose semblable, est de niveau.

Construction du niveau d'air à lunette.

CE niveau est semblable à celui marqué C, excepté qu'au lieu de pinules, il y a une Lunette d'approche afin de découvrir de plus loin. Cet Lunette est dans un tuyau de cuivre, d'environ quinze pouces de long, attaché sur la même regle que le niveau, laquelle doit estre d'une bonne épaisseur & fort droite.

A l'extremité du tuyau de la Lunette marquée 1, entre le petit Fig. E. tuyau, aussi marqué 1, qui porte le verre oculaire & une soye tres-déliée, placée horizontalement au foyer de l'objectif marqué 2, on avance ou recule ce petit tuyau dans le grand pour ajuster la lunette aux differentes veuës.

A l'autre bout de la lunette est placé le verre objectif, dont la construction est la même que celle du demi cercle. Tout le corps de cette lunette est attaché à la regle, aussi-bien que le niveau, avec des vis, sur 2 petites plaques quarrées, qui sont soudées vers les extremitez de chaque tuyau, & qui doivent estre d'épaisseur parfaitement égale.

Il y a une vis à la petite figure marquée 3, qui doit traverser la regle & le tuyau de la lunette, afin de pouvoir hausser ou baisser la petite fourchette qui porte la soye & la faire accorder avec la bulle d'air, quand l'instrument est de niveau. La vis marquée 4 est pour faire aussi accorder la bulle d'air avec la lunette.

Au dessous de la regle il y a une plaque de cuivre qui fait ressort & qui porte le genoüil, comme au niveau à pinules.

Le niveau marqué F, est en forme d'Equerre, ayant ses deux branches parfaitement égales en longueur. A la jonction de ses deux branches on fait un petit trou d'où pend une foye chargée d'un plomb, qui bat fur une ligne perpendiculaire, au milieu du quart de cercle, qui le plus fouvent eft divifé en 90. degrez. Son ufage eft fort facile, car les extremitez de fes deux branches eftant pofées fur un plan, on connoît qu'il eft de niveau lorfque la foye bat fur la ligne qui eft au milieu du quart de cercle.

Conftruction d'un niveau à plomb & à lunette.

CEt inftrument eft compofé de deux regles attachées enfemble, faifant angles droits ; celle qui porte le plomb a environ un pied & demy.

Fig. G.   On attache le filet vers le haut, à un petit clou qui eft au point marqué 2. Le milieu de la regle où paffe la foye eft évuidé, afin qu'elle ne touche en aucun endroit que vers le bas, à l'endroit marqué 3, où eft une petite lame d'argent, fur laquelle on a tracé délicatement une ligne perpendiculaire à la lunette.

On recouvre le vuide par deux pieces de cuivre pour empêcher que le vent n'agite la foye ; & pour la même raifon il y a un criftal qui couvre la lame d'argent, & que l'on puiffe voir à travers quand la foye avec fon plomb eft fur la perpendiculaire. La lunette marquée 1, eft attachée fur l'autre regle qui a environ deux pieds de long ; elle eft conftruite comme les autres lunettes dont nous avons parlé cy-devant. Toute la jufteffe de cet inftrument confifte en ce que cette lunete foit parfaitement à angle droit à la perpendiculaire.

Fig. H.   Il y a un genoüil de la maniere ordinaire, attaché derriere cette regle, pour placer tout l'inftrument fur fon pied.

L'inftrument marqué H, eft un petit niveau fimple, fondé fur le même principe que les deux precedens. Sa figure fait affez connoître fon ufage & fa conftruction.

Fig. I.   Le niveau marqué I, fe place de lui-même. Il eft compofé d'une regle de cuivre, d'une forte épaiffeur, d'environ un pied de long fur un pouce de large. Il y a deux pinules de même hauteur, placées aux extremitez de la regle, & au milieu un efpece de fleau à peu près comme aux balances ordinaires pour fufpendre librement le niveau ; au deffous de ladite regle eft attachée avec des vis une piece de cuivre qui porte une boule auffi de cuivre, un peu groffe, afin de lui donner plus de poids. Toute la jufteffe de cet inftrument confifte dans un parfait équilibre. Il eft facile de le connoître, car en tenant l'inftrument fufpendu par fon anneau, & ayant remarqué un objet par les pinules, il ne faut que retourner l'inftrument pour approcher l'œil de l'autre pinule & voir fi le même objet paroît à même hauteur, c'eft une marque que l'inftrument eft en parfait équilibre ; mais fi l'objet paroît un peu plus haut ou plus bas, on pourra y remedier en pouſſant un peu la piece qui porte la boule, juſqu'à ce qu'elle ſoit juſtement au milieu du point de ſuſpenſion & l'arrêter avec les vis, lorſque par les experiences on aura reconnu que l'inſtrument ſera de niveau.

Conſtruction du niveau de Monſieur Hugens.

LA principale partie de cet inſtrument eſt une lunette d'approche Fig. K. de 15 à 18 pouces de long marquée 1, & compoſée de la même maniere que celle que nous avons décrite cy-devant, la lunette qui eſt de forme cylindrique, paſſe par une virolle où elle eſt arreſtée par le milieu. Cette virolle a deux branches plates pareilles, l'une en haut & l'autre en bas, marquée 2, chacune d'environ le quart de la lunette ; de ſorte que le tout fait une maniere de croix. Au bout de chacune de ces deux branches eſt attachée une petite piece mouvante en forme de pince, dans laquelle eſt arreſtée une ſoye aſſez forte, qui eſt paſſée en pluſieurs doubles dans un anneau.

Par l'un de ces anneaux on ſuſpend la croix à un crochet qui eſt au bout de la vis marquée 3, & par enbas on attache à l'autre anneau un poids qui égale au moins la peſanteur de la croix, afin de la maintenir en ſon équilibre ; ce poids eſt enfermé dans la boëte marquée 5, dont il ne ſort que ſon crochet ; ce qui reſte d'eſpace dans cette boëte eſt rempli de quelque huile de noix, ou de lin, ou autre qui ne ſe fige point, pour arreſter plus promptement les balancemens du poids & de la lunette.

On met quelquefois deux lunettes à cet inſtrument, l'une à côté de l'autre & bien paralleles ; l'oculaire d'une de ces lunettes eſt d'un côté, & l'oculaire de l'autre eſt du côté oppoſé, afin de pouvoir voir des deux côtez ſans tourner le niveau. Si le tuyau de la lunette eſtant ſuſpendu ne ſe trouve pas de niveau, comme il arrive ſouvent, on y mettra une virolle ou anneau marqué 4, que l'on pourra faire couler le long du tuyau de la lunette pour la placer de niveau & la maintenir parallele à l'horiſon, ſoit qu'il y en ait une ou deux.

Il y a un filet tendu horiſontalement, attaché à une petite fourchette au foyer du verre objectif de chaque lunette, que l'on peut hauſſer ou baiſſer par le moyen d'une petite vis, comme nous avons dit cy-devant.

Pour verifier ce niveau, l'ayant ſuſpendu par une de ſes branches, on viſe à quelque objet éloigné ſans que le plomb y ſoit attaché, & l'on remarque preciſément le point de l'objet qui eſt coupé par le fil de la lunette, puis on y ajoûte le plomb l'accrochant à l'anneau d'en bas ; & si alors le fil horisontal répond au même point de l'objet, c'est une marque que le centre de gravité de la croix est précisément dans la ligne droite qui joint les deux points de suspension & répond au centre de la terre.

Mais si cela ne se trouve point, il faut y remedier en faisant couler la petite virolle de côté ou d'autre. L'ayant ainsi réduit à viser au même point, sans plomb & avec le plomb, on la retourne sens-dessus-dessous, en la suspendant par la branche qui estoit en bas & attachant le plomb par l'autre. Que si alors le fil qui est dans la lunette coupe le même point de l'objet, on est assuré que ce point est précisément dans le plan horisontal du centre du tuyau de la lunette. Mais si le fil ne vise pas au même point, on l'y réduira en le haussant ou baissant par le moyen de la vis. Il faut de temps en temps faire la verification de l'instrument, de crainte qu'il n'y arrive quelque changement.

Le crochet d'où est suspendu cet instrument est attaché à une croix faite de bandes de bois mince & qui excede un peu de part & d'autre la lunette & ses deux branches ; aux extremitez de chaque bras de cette croix, il y a un crochet qui sert pour garantir la lunette de trop d'agitation, quand on se sert de l'instrument ou pour la maintenir en repos quand on le transporte, en faisant descendre la lunette par le moyen de la vis qui la porte.

On applique à cette croix plate une autre croix creuse que l'on attache avec des crochets, qui sert comme d'étuy à l'instrument ; les deux bouts de la croix restent ouverts, & par ce moyen la lunette estant à couvert du vent & de la pluie, elle se trouve toûjours en état de servir.

Le pied pour porter cet instrument est une plaque ronde de laiton un peu concave, à laquelle sont attachées trois virolles en charniere, dans lesquelles on met des bastons de longueur convenable ; la boëte qui est au bas du niveau est posée sur cette plaque & se peut tourner du côté que l'on veut, de maniere que le plomb ait son mouvement libre dans sa boëte, qui doit estre de cuivre & que l'on bouche par le moyen d'une vis, pour conserver l'huile dans les voyages.

Construction d'un autre niveau.

CEt instrument est un niveau à peu près semblable à celui dont nous venons de donner la description ; mais il est plus facile à transporter en campagne.

Fig. I.   1. Est la boëte dans laquelle est enfermée la lunette.

2. Est une espece d'étriere où passe la vis qui sert de point de suspension, au bout de laquelle il y a un crochet où s'accroche l'anneau qui est au bout de la plaque qui porte la lunette.

3. Sont des vis dessus & dessous pour arrêter fixement la lunette lorsqu'on transporte l'instrument.

4. Sont des crochets pour tenir la boëte fermée.

5. Est un bout de la lunette.

6. Est le bout de la plaque où est accrochée une grosse boule de plomb qui sert à maintenir la lunette de niveau.

Il y a trois virolles marquées 8, attachées fortement au dessous de l'étriere, qui servent de pied pour porter tout l'instrument, lequel doit estre fort libre dans sa boëte lorsqu'on s'en sert. Il est à remarquer que l'on met quelquefois deux lunettes dans ce niveau aussi-bien que dans l'autre dont nous venons de parler.

CHAPITRE II.

Des usages des susdits Instrumens pour niveler.

LE nivellement est une operation qui nous fait connoître la hauteur d'un lieu à l'égard d'un autre. On dit qu'un lieu est plus élevé qu'un autre lorsqu'il est plus éloigné du centre de la terre. Une ligne qui est également éloignée du centre de la terre dans tous ces points, est appellée de niveau ; c'est pourquoy comme la terre est ronde, cette ligne doit estre courbe & faire partie de sa circonference, comme on voit icy la ligne B C F G, dont tous les points sont également éloignez du centre de la terre marqué A. Mais la ligne de visée que donnent les operations des niveaux est une ligne droite perpendiculaire au demi-diametre de la terre A B, laquelle s'éleve au dessus du vrai niveau marqué par la courbure de la terre, à proportion qu'elle est plus étenduë, c'est pourquoy toutes les operations ne nous donnent que le niveau apparent, que l'on doit corriger pour avoir le vrai niveau, lorsque la ligne de visée passe cinquante toises.

La table suivante où sont marquées les corrections des points du niveau apparent pour les réduire au vrai niveau, a esté calculée par le moyen du demi-diametre de la terre dont on a connu la grandeur après avoir mesuré un degré de sa circonference. Messieurs de l'Academie Royale des Sciences ont trouvé par des observations bien exactes, qu'un degré de la circonference de la terre dans un grand cercle, comme le Meridien, contient 57060 toises, & donnant 25 lieuës au degré, qui sont les moyennes entre les grandes & les petites, il y aura 2282 toises & deux cinquiéme dans la longueur d'une lieuë.

Toute la circonference de la terre sera de 9000 de ces mêmes lieuës, & son diametre en contiendra 2865, d'où il s'ensuit qu'il y a de chaque endroit de la superficie de la terre à son centre 1432 lieuës & demie.

La ligne A B représente le demi-diametre de la terre, sous les pieds de l'observateur. La droite B D E, représente le rayon visuel dont les points D E sont dans le niveau apparent du point B. On se sert de cette ligne du niveau aparent pour en déterminer une qui soit de vrai niveau ; ce qui se fait en ôtant des points de la ligne du niveau apparent, la hauteur dont ils s'élevent au dessus du vrai niveau à l'égard de certain point comme B. Car il est facile à voir par cette figure que tous les points du niveau apparent D E, sont plus éloignez du centre de la terre que le point B ; & pour en connoître la difference, il n'y a qu'à considerer le triangle rectangle A B D, duquel ayant connu les deux côtez A B, B D, on trouvera l'hypoteneuse A D, & en ôtant le rayon ou demi-diametre de la terre A C, le reste C D represente l'elevation du point de niveau apparent D par dessus le point du vrai niveau C.

Table qui montre les corrections des points de niveau apparens, pour les reduire au vray niveau, suivant les differentes distances de cinquante en cinquante toises.

Distances des points du niveau apparent.	Corrections ou abaissemens.		
	Pouces.	Lignes.	
50 toises.	0	0	un tiers.
100	0	1	un tiers.
150	0	3	0
200	0	5	un tiers.
250	0	8	un tiers.
300	1	0	0
350	1	4	un tiers.
400	1	9	un tiers.
450	2	3	0
500	2	9	0
550	3	6	0
600	4	0	0
650	4	8	0
700	5	4	0
750	6	3	0
800	7	1	0
850	7	11	un demi.
900	8	1	0
950	10	0	0
1000	11	0	0

La regle qui a servi à calculer cette table est de diviser le quarré de la distance par le diametre de la terre qui est 6538694 toises, & c'est pour cette raison que les corrections ou abbaissemens sont entr'eux comme les quarrez des distances. Quoyque le fondement de ce calcul ne soit pas tout à fait géometrique, il en approche si fort que dans la pratique il ne peut s'ensuivre aucune erreur sensible.

Si l'on prenoit les points du niveau apparent au lieu de ceux du vray niveau, on se tromperoit dans la conduite de l'eau d'une source, qui seroit, par exemple, au point B : car cette source ne couleroit pas au long de la ligne B D E, mais elle demeureroit en B : de sorte que pour s'étendre au long de ladite ligne, il faudroit qu'elle remontât plus haut qu'elle n'est ; ce qui n'est pas possible, puis qu'elle ne peut prendre d'autre figure extérieure que la circulaire, qui est également éloignée du centre de la terre. Au contraire une source qui seroit en D, auroit beaucoup de pente pour descendre en B, mais elle ne pourroit pas passer outre, à cause qu'il faudroit qu'elle s'élevât plus haut que sa source si elle continuoit son chemin au long de la même ligne droite ; ce qu'elle ne peut pas faire à moins qu'elle ne soit forcée par quelque machine.

Maniere de rectifier les niveaux, ou verifier s'ils sont justes.

POur rectifier les niveaux, comme par exemple, celuy d'air, Fig. 2. il faut planter deux piquets, comme A B, qui soient éloignez l'un de l'autre d'environ 50 toises, à cause de la rondeur de la terre : car passé ce nombre de toises, il faudroit y avoir égard, puis en bornayant de la station A le piquet B, le niveau étant posé horisontalement, lorsque la bule d'air sera dans le milieu du tuyau, on fera lever ou baisser le long dudit piquet B un carton, sur le milieu duquel on aura tracé une ligne noire horisontalement, jusqu'à ce que le rayon visuel de l'observateur rencontre cette ligne, après quoy il faudra attacher contre le piquet A un autre carton pareil, dont le milieu soit à la hauteur de l'œil, quand on a bornoyé le carton B ; puis on transportera le niveau au piquet B ; & on le disposera à la hauteur du centre dudit carton, & le niveau étant posé horisontalement pour bornoyer le milieu du carton A, si pour lors le rayon visuel donnoit au milieu dudit carton, c'est une marque que ce niveau est bien juste ; mais si le rayon visuel donne au-dessous & au-dessus, comme par exemple au point C ; il faut, en conservant toujours la même hauteur de l'œil, baisser la lunette ou la pinule jusqu'à ce que le rayon visuel donne dans le milieu de la difference, comme en D, & la lunette restant ainsi, il faut ajuster le tuyau de niveau jusqu'à ce que la bule d'air s'arrête dans le milieu ; ce qui se fait par le moyen de la vis marquée 4.

Ensuite on retournera au piquet A, remettre le niveau à la hauteur du point D, pour bornoyer le carton B ; & si le rayon visuel donne dans le centre de ce carton, c'est une marque que la lunette s'accorde avec le niveau : sinon il faudra recommencer les

mêmes operations jufqu'à ce qu'on vienne à rencontrer les centres des deux cartons.

Autre maniere de rectifier les Niveaux.

COnnoiffant deux points, qui foient parfaitement de niveau,
éloignez l'un de l'autre, on mettra le bout qui porte l'o-
culaire de la lunette à la hauteur jufte d'un de ces deux points;
la bule d'air étant arrêtée au milieu de fon tuyau, alors en bornoyant, s'il arrive que la foye ou le filet de la lunette donne
dans le fecond point, c'eft une marque que le niveau eft jufte;
mais fi le filet donnoit au-deffus ou au-deffous du point de niveau, il faudroit, en confervant toujours la même hauteur de
l'œil, hauffer ou baiffer le bout du niveau où eft le verre objectif, jufqu'à ce que le rayon vifuel de la lunette donne jufte au
point de niveau, & le laiffant en cet état hauffer ou baiffer le
tuyau qui porte le niveau, en forte que la bule d'air refte dans
le milieu.

Ce que l'on vient de dire pour ce niveau, peut fervir auffi pour
rectifier les autres. La difference n'eft que de changer les plombs
& filets des lunettes fuivant leurs conftructions.

Pratique du Nivellement.

POur fçavoir, par exemple, la difference de hauteur ou la
pente du haut de la montagne au point marqué A, jufqu'au
bas de ladite montagne au point B, pofez votre niveau environ
au milieu de vos deux points, comme en D, ayez des piquets
plantez en A & en B avec des perfonnes inftruites des fignaux
pour hauffer ou baiffer le long defdits piquets des bâtons fendus
au bout defquels on y attache les cartons; votre niveau étant
placé fur fon pied, bornoyez vers le piquet A E, en faifant le fignal dont on eft convenu avec des perfonnes intelligentes pour
cela de hauffer ou baiffer le carton, jufqu'à ce que la partie de
deffus ou la ligne du milieu paroiffe dans le rayon vifuel; faites
mefurer exactement la hauteur perpendiculaire du point A au
point E, que nous fuppofons en cet exemple de fix pieds quatre
pouces, que l'on écrira au memorial. Tournez enfuite votre niveau horifontalement fur fon genoüil, en forte qu'il foit toujours
à même hauteur, & donne droit au piquet B, afin que l'oculaire
de la lunette foit du côté de l'œil : car fi c'eft un niveau à pinule,
il n'eft pas neceffaire de le retourner; faites fignal que l'on hauffe
ou baiffe le carton C, jufqu'à ce que fon bout fuperieur foit dans
la ligne de mire; faites mefurer la hauteur du point B, au point C,

que

que l'on suppose icy estre de 16 pieds 6 pouces, que l'on chiffrera au memorial au dessus de l'autre nombre de la premiere station, & pour sçavoir la pente du point B au point A, soustrayez 6 pieds 4 pouces de 16 pieds 6 pouces, restent 10 pieds 2 pouces de pente, qui est ce que l'on cherchoit.

Il est à remarquer que si le point D où est placé l'observateur est au milieu entre le point A & le point B, quelque distance qu'il puisse y avoir, il ne sera pas necessaire d'avoir égard au haussement du niveau apparent par dessus le vrai, parce que ces deux points estant également éloignez de l'œil de l'observateur, le rayon visuel s'elevera également au dessus du vrai niveau, & par consequent il n'y aura aucune correction à faire pour connoître la pente du point A au point B.

Autre exemple du nivellement.

ON veut sçavoir s'il y a suffisamment de la pente pour conduire l'eau depuis la source marquée A jusqu'au bassin marqué B. Comme la distance du point A au point B est grande, on est obligé de faire plusieurs operations. Ayant choisi une hauteur commode pour y placer le niveau, comme au point I, Faites planter perpendiculairement au point A proche de la source, une perche au long de laquelle on fera couler une autre perche fenduë qui porte le carton L. faites mesurer la distance depuis A jusqu'en I, que nous supposons icy de 1000 toises; le niveau estant ajusté au point K, bornayez le haut du carton L, en le faisant hausser ou bailler comme nous avons dit cy-devant, faites mesurer la hauteur A L, que nous supposons deux toises un pied 5 pouces; mais à cause de la distance de 1000 toises, suivant la table des haussemens du niveau apparent par dessus le vrai niveau, il faut en soustraire onze pouces, & la hauteur A L ne sera plus par consequent que de deux toises six pouces, que vous marquerez sur le memorial.

Tournez ensuite le niveau du côté de la perche plantée au point H, en sorte que l'oculaire soit du côté de l'œil de l'observateur, & le niveau estant ajusté, bornayez le carton G, l'ayant fait hausser le long de la perche jusqu'à ce que son bord superieur soit dans le rayon visuel de la lunette, faites mesurer la hauteur H G, que l'on suppose 3 toises 4 pieds 2 pouces.

Faites aussi mesurer la distance du point I, au point H, que nous supposons icy de 650 toises, pour laquelle distance, suivant la table, il faudra soustraire 4 pouces 8 lignes de la hauteur H G, laquelle par consequent ne sera plus que de 3 toises 3 pieds 9 pouces 4 lignes, que vous marquerez sur votre memorial.

Cela fait, transportez le niveau sur quelqu'autre hauteur d'où

Fig. 4.

l'on puisse découvrir la perche H G , & l'angle de la maison D dont le rez de chaussée est de niveau avec le bassin B, qui est le terme du nivellement.

Le niveau estant ajusté au point E , bornayez la perche H; le rayon visuel donnera au point F. faites mesurer la hauteur H F que nous supposons estre de onze pieds six pouces ; faites aussi mesurer la distance H E , que nous supposons de 560 toises pour laquelle distance la table marque deux pouces 9 lignes de haussement, lesquels estant ôtez de la hauteur H F , restera onze pieds 3 pouces 3 lignes que l'on écrira au memorial. Ayant enfin tourné le niveau pour bornayer l'angle de la maison D , faites mesurer la hauteur depuis le point D où s'est terminé le rayon visuel jusqu'au rez de chaussée, laquelle nous supposons de 8 pieds 3 pouces. Faites aussi mesurer la distance du point E , jusqu'à ladite maison, laquelle se trouve de 450 toises , pour laquelle distance la table marque 2 pouces 3 lignes de haussement , lesquels estant ôtez de ladite hauteur restera 8 pieds 9 lignes , que l'on écrira au memorial.

Ces deux exemples suffiront pour tous les cas du nivellement, sinon on pourra avoir recours aux Livres qui en traitent.

Maniere d'écrire toutes ces differentes hauteurs sur le Memorial.

AYant trouvé des lieux commodes , comme nous venons de supposer, pour placer le niveau entre deux points , il faudra écrire sur le memorial en deux differentes colonnes les hauteurs observées ; sçavoir, sous la premiere colonne celles que l'on a miré, l'œil estant tourné du côté de la source A ; & sous la seconde colonne, celles qui ont esté observées du côté du bassin B en la maniere suivante.

Premiere colonne.					Seconde colonne.				
	toises.	pieds.	pouc.	lig.		toises.	pi.	po.	l.
Premiere hauteur corrigée	2	o	6		Seconde hauteur	3	3	9	4
Troisiéme hauteur	1	5	3	3	Quatriéme hauteur	1	2	o	9
	3	5	9	3		4	5	10	1.

Ayant ajoûté ensemble les hauteurs de la premiere colonne, & ensuite celles de la seconde , soustrayez la premiere addition de la seconde,

	toises	pieds	pouces	lig.
c'est à dire de	4	5	10	1
ôtez	3	5	9	3
reste	1	0	0	10

Il y a donc une toise & dix lignes de pente depuis la source A jusqu'au bassin B.

Si l'on veut en sçavoir la distance, il n'y aura qu'à ajoûter ensemble toutes celles qui ont esté mesurées ; sçavoir,

La première de	1000 toises.
La seconde de	650
La troisiéme de	500
La quatriéme de	450
Total des distances	2600 toises.

Enfin divisant la pente par le nombre des toises de distance, on trouvera qu'il y a pour chaque centaine de toises deux pouces neuf lignes de pente, peu plus.

CHAPITRE III.

De la construction & usage de la Jauge, pour le partage des eaux.

CEtte Jauge sert à connoître la quantité d'eau que fournit une source. On la fait ordinairement d'un Vaisseau parallelipipede rectangle de cuivre, bien soudé, d'environ un pied de long, huit pouces de large & autant de hauteur, plus ou moins, suivant la quantité d'eau qu'on veut mesurer. On y perce plusieurs trous circulaires tres-exactement, d'un pouce de diametre, & d'autres pour qu'il passe un demi pouce d'eau, & d'autres pour qu'il en passe un quart de pouce. Tous ces trous doivent estre percez de maniere que leurs centres soient à même hauteur. Les extremitez superieures des trous d'un pouce doivent estre à deux lignes prés du haut de la Jauge ; on bouche ces trous avec des petites plaques de cuivre quarrées, & qui sont ajustées dans des coulisses marquées 1, 2, & 3. Il y a une bande de cuivre mince, qui traverse le Vaisseau à l'endroit marqué 4. Elle est arrestée environ à un pouce du fond & percée de plusieurs trous, afin que l'eau y passe plus librement. Elle est faite pour recevoir le choc de l'eau qui tombe de la source dans ladite Jauge, & empêcher qu'elle ne fasse point de vagues, & faire

Fig. M.

qu'elle forte plus naturellement par les ouvertures.

Il eſt à remarquer que les trous qui donnent un pouce cylindrique d'eau, doivent avoir douze lignes juſte de diametre ; celui
d'un demi pouce doit avoir huit lignes & demie, & celui d'un
quart de pouce doit eſtre de 6 lignes juſte. Cela ſe trouve facilement par le calcul.

Pour ſe ſervir de cet inſtrument il faut le placer de maniere que
ſon fonds ſoit horiſontal & ſes côtez bien perpendiculaires, puis
faire entrer dans la Jauge l'eau de la ſource par le moyen d'un tuyau
comme la figure le marque, & lorſqu'elle ſera pleine environ une
ligne **prés du** bord, **on** ouvrira une des ouvertures, par exemple
d'un pouce ; ſi l'eau reſte toûjours à même hauteur dans la Jauge,
c'eſt une marque qu'il y entre autant d'eau qu'il en ſort, & que
la ſource fournit un pouce d'eau. Mais ſi l'eau augmentoit dans la
Vaiſſeau il faudroit ouvrir une autre ouverture, ſoit d'un pouce,
d'un demi, ou d'un quart ; de telle ſorte que l'eau reſte toûjours à
même hauteur dans la Jauge, c'eſt à dire, à une ligne au deſſus des
trous d'un pouce, alors le nombre des trous ouverts donnera la
quantité d'eau que fournit la ſource.

Le petit vaſe qui reçoit l'eau qui ſort de la Jauge eſt fait pour
ſçavoir combien la ſource en fournit dans un eſpace de temps
déterminé, car ayant une pendule à ſecondes bien reglée, & remarquant le nombre de ſecondes qu'elle marque lorſque vous placez le vaiſſeau ſous le canal d'un pouce d'eau, & voyant combien
il s'eſt paſſé de ſecondes ou de minutes dans le temps qu'il a eſté à
s'emplir, & enſuite meſurant exactement la quantité d'eau qu'il
contient, on dira, Cette ſource fournit tant d'eau par heure.

On a fait pluſieurs experiences bien juſtes à ce ſujet & on a
trouvé qu'une ſource qui donnoit un pouce d'eau en fourniſſoit
quatorze pintes meſure de Paris en une minute de temps de celle
qui peſe deux livres la pinte.

Il s'enſuivra de là qu'un pouce d'eau donnera dans l'eſpace d'une
heure trois muids meſure de Paris, & en 24 heures ſoixante & douze muids.

Si par exemple on plaçoit ſous la Jauge un Vaiſſeau cubique,
contenant un pied cube, & qu'on y fit couler l'eau par l'ouverture
d'un pouce, on verroit que ce vaiſſeau ſeroit rempli dans l'eſpace
de deux minutes & demie, d'où s'enſuit que c'eſt quatorze pintes
par minute, puiſqu'elle a fourni 35 pintes en deux minutes & demie.

On ſçaura par ce moyen les pouces d'eau que donne une Fontaine ou un Ruiſſeau coulant ; car ſi par exemple on a receu ſept
pintes d'eau en une ſeconde, on dira que cette eau coulante eſt
d'un pouce. Si elle en fourniſſoit 21 pintes, on diroit qu'elle eſt de
trois pouces, & ainſi des autres.

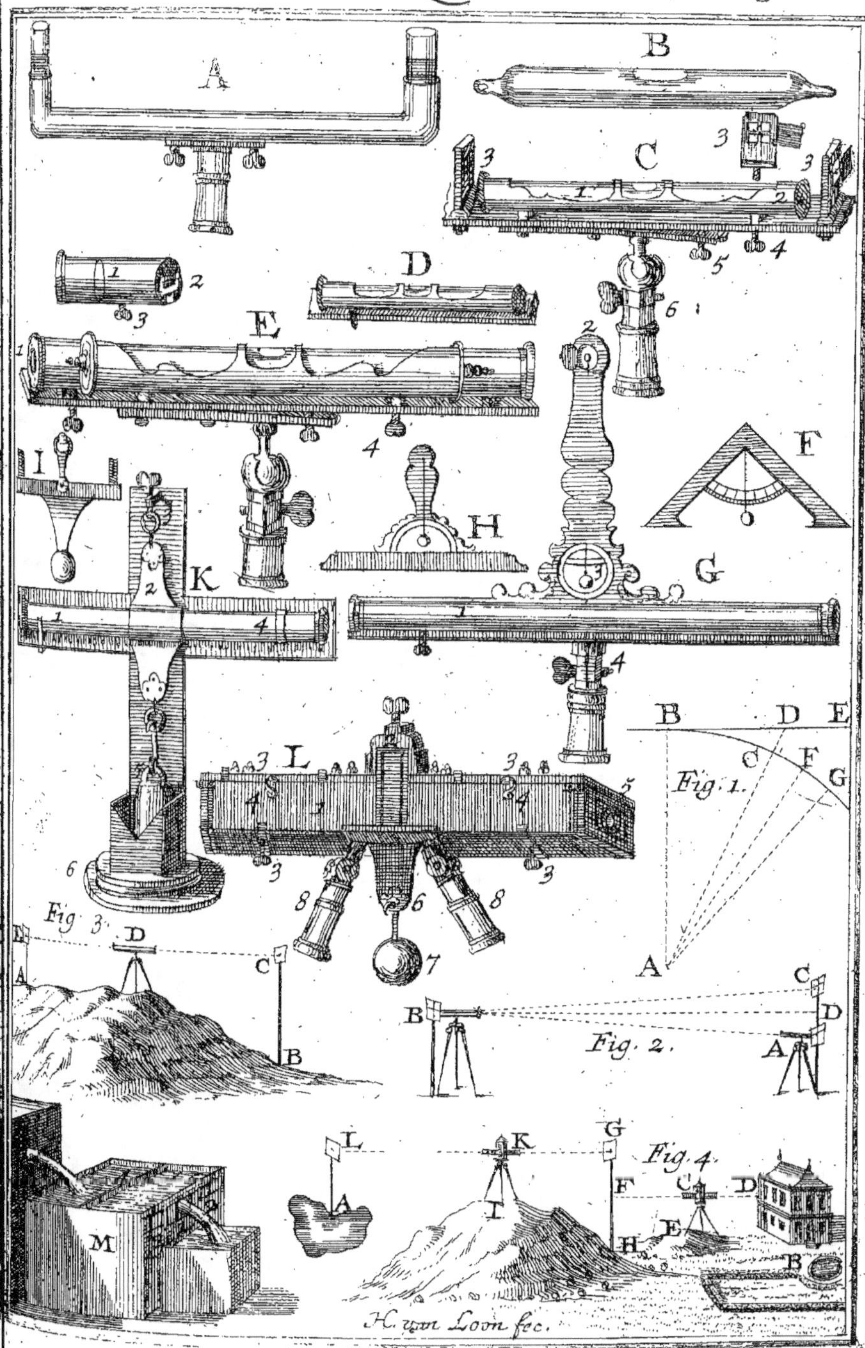
A
B
C
D
E
F
G
H
I
K
L
M
Fig. 1.
B D E
C F
G
A
Fig. 2.
B
C
D
A
Fig. 3.
D
A
C
B
Fig. 4.
L
A
K
T
G
F
C
D
E
H
B
H. von Loon fec.

CHAPITRE IV.

Contenant la construction & les usages des Instrumens servans à l'Artillerie.

Construction du Compas de calibre.

CEt instrument est fait de deux branches de cuivre, d'environ 6 à 7 pouces de long estant fermé. Chaque branche a 4 lignes de largeur sur trois d'épaisseur.

Le mouvement de la tête est semblable à celui des pieds de Roy ; ses bouts sont recourbez & garnis d'acier aux extremitez.

Il y a une espece de languette attachée à une des branches dont le mouvement est comme celui de la tête, pour la hausser ou baisser, afin que le bout qui doit estre mince puisse entrer & s'arrêter à des crans que l'on fait dans l'épaisseur de l'autre branche. On marque au dedans de cette branche les diametres qui conviennent au poids des boulets de fer en cette façon. Il faut avoir une Regle sur laquelle sont marquées les divisions des poids des boulets & du calibre des pieces dont la methode sera expliquée en parlant de l'instrument qui suit. Ayant donc une Regle preparée, on ouvre le compas de calibre, en sorte que ses bouts interieurs conviennent à l'ouverture de chaque point de division qui marque le poids des boulets ; alors on fait un cran à chaque ouverture avec une lime triangulaire, afin que le bout de la languette entrant dans chacun de ces crans, arrête l'ouverture à chaque nombre juste des poids des boulets. On les marque ordinairement depuis un quart de livre jusqu'à 48 l. & même souvent jusqu'à 64. On trace des lignes sur la surface de cette branche, vis à vis des crans, afin de marquer par des chiffres le nombre des liv. qui leur conviennent.

L'usage de cet instrument est facile, car il n'y a qu'à faire passer le boulet qu'on veut mesurer, en sorte que les deux bouts interieurs embrassent justement son diametre ; pour lors la languette estant mise dans le cran convenable, marquera le poids du boulet.

Il doit toûjours y avoir une certaine proportion dans la largeur des pointes de ce compas, de sorte que faisant un angle comme la figure le montre à chaque ouverture, l'interieure donne le poids du boulet, & l'exterieure donne le calibre des pieces, c'est à dire, que portant les bouts exterieurs de ces pointes au diametre de l'embouchure d'un canon, la languette estant placée au cran necessaire, fera connoître le poids du boulet

XVI.
Planche.
Fig. 6.

M iij

qui lui convient. On sçait assez qu'il faut qu'il y ait un peu de jeu autour du boulet dans l'ame du canon, & c'est ce qu'on nomme calibre des pieces, qui excede toûjours un peu le calibre des boulets à proportion de sa grosseur.

Construction de l'Equerre des Canoniers.

Fig. B. CEtte Equerre sert à élever ou baisser les Canons & Mortiers, suivant les lieux où l'on veut les pointer. Elle est faite de cuivre & a une branche d'environ un pied de longueur, de 8 lignes de largeur & d'une ligne d'épaisseur. L'autre branche a 4 pouces de long, de la même largeur & épaisseur que l'autre branche. Entre ces deux branches il y a un quart de cercle divisé en 90 degrez, à commencer du bras le plus court, avec une soye chargée d'un plomb, attachée à son centre.

L'usage de cet instrument est facile, il n'y a qu'à placer la grande branche dans l'embouchure du Canon ou du Mortier & l'élever ou baisser jusqu'à ce que la soye qui porte le plomb coupe le degré necessaire pour tirer au lieu proposé.

On met aussi le plus souvent sur une des surfaces de la grande branche la division des diametres & poids des boulets de fer, aussi bien que celle du calibre des pieces.

Pour faire cette division il faut premierement estre fondé sur une experience ou deux, en examinant avec toute l'exactitude possible le diametre d'un boulet, dont on connoisse le poids bien juste. Ayant trouvé, par exemple, qu'un boulet pesant 4 livres, a trois pouces de diametre, il sera facile de faire une Table qui contienne les poids & diametres de tels autres boulets qu'on voudra, puisque par la 18 proposition du 12ᵉ Livre d'Euclide, les boulets sont entr'eux comme les cubes de leurs diametres, d'où s'ensuit que les diametres sont entr'eux comme les racines cubiques des nombres qui expriment leurs poids.

Ayant donc connu par l'experience qu'un boulet de fer pesant 4 liv. a 3 pouces de diametre, si on veut sçavoir le diametre d'un boulet de 32 liv. on dira par une regle de proportion, 4 est à 32, comme 27 cube de 3 est à un 4ᵉ nombre, qui sera 216, dont la racine cubique 6 pouces sera le diametre d'un boulet de 32 liv.

Ou bien on cherchera la racine cubique de ces deux nombres 4 & 32, ou plûtôt de 1 & de 8 qui sont en même proportion, & on trouvera 1 est à 2, comme 3 est à 6, ce qui revient au même.

Mais comme tous les nombres n'ont pas de racines justes, on pourra se servir de la table des côtez homologues des solides semblables, rapportée cy-devant au Traité du compas de proportion; si donc par ce moyen on peut avoir le diametre d'un boulet de 64 l.

on formera une regle de trois dont le premier terme sera 397, côté du 4ᵉ solide ; le second sera 3 pouces ou plûtôt 36 lignes diametre du boulet de 4 liv. le 3ᵉ terme sera 1000, côté du 64 solide ; la regle estant achevée on aura 90 lignes & trois quarts pour le diametre d'un boulet de 64. livres ; ensuite pour faciliter les operations des autres regles de 3, on prendra toûjours pour premier terme le nombre 1000, pour second 90 lignes trois quarts, & pour 3 le nombre qui se trouvera dans ladite table vis à vis celui qui exprime le poids du boulet : ainsi pour trouver, par exemple, le diametre d'un boulet de 24 liv. on dira comme 1000 sont à 90 lig. trois quarts, ainsi 721. La regle estant faite on trouvera 65 lignes, qui font 5 pouces & 5 lignes ; c'est par cette methode qu'on a calculé la table suivante.

Table contenant les Poids & Diametres des Boulets de fer & des Calibres des pieces les plus en usage dans l'Artillerie.

Poids du Boulet.	Pouces.	Lignes.		Calibres des pieces.	Pouc.	Lignes.	
un quart de liv.	1	2	un quart.	un quar. de l.	1	3	0
une demie livre.	1	6	o	une demie. li.	1	6	3 q
une livre.	1	10	cinq huitiém.	une livre.	1	11	6 h
2	2	4	une demie.	2	2	5	3 q
3	2	8	deux tiers.	3	2	10	0
4	3	0	o	4	3	1	1 q
5	3	2	trois quarts.	5	3	4	1 q
6	3	5	o	6	3	6	7 h
7	3	7	un quart.	7	3	9	1 h
8	3	9	trois huitiém.	8	3	11	1 h
9	3	11	o	9	4	1	1 q
10	4	0	trois quarts.	10	4	2	3 q
12	4	3	trois quarts.	12	4	5	3 q
16	4	9	o	16	4	11	1 d
18	4	11	un tiers.	18	5	1	2 t
20	5	1	une demie.	20	5	4	0
24	5	5	o	24	5	8	0
27	5	8	sept huitiémes	27	5	10	3 t
30	5	10	une demie.	30	6	1	1 t
33	6	0	trois quarts.	33	6	3	1 d
36	6	2	trois quarts.	36	6	5	3 q
40	6	5	une demie.	40	6	8	1 d
48	6	10	o	48	7	1	3 q
50	6	11	un demie.	50	7	2	3 q
64	7	6	trois quarts.	64	7	10	1 q

Du Compas à pointes courbes.

Fig. C. CE Compas ne differe point pour la construction des autres Compas dont nous avons parlé cy-devant, sinon que l'on démonte les pointes des deux côtez pour en placer des courbes, qui servent à prendre la grosseur des boulets & à les rapporter sur la regle de calibre, afin d'en connoître le poids. Mais quand on veut connoître le calibre des pieces, on démonte les pointes courbes pour y en mettre des droites, avec lesquelles on prend les diametres des bouches des canons, & ensuite on les rapporte sur la ligne du calibre des pieces qui est aussi marquée sur la regle, & par ce moyen on connoîtra le poids du boulet convenable à la piece de canon.

Construction de l'instrument à pointer les Canons & les Mortiers.

Fig. D. CEt instrument est composé d'une plaque de cuivre triangulaire, d'environ 4 pouces de hauteur, au bas de laquelle est une portion de cercle, divisée en 45 degrez, ce nombre estant suffisant pour tirer une piece à toute volée & donner au boulet la plus longue portée, comme nous expliquerons cy-aprés. Il y a une piece de cuivre attachée au centre de la portion de cercle avec une vis pour la resserrer ou luy donner un mouvement libre selon les besoins.

Cette piece est renforcée par le bas pour servir de plomb, elle est pointue par le bout, afin de marquer sur les degrez les differentes élevations des pieces d'Artillerie. Il y a aussi une espece de pied de cuivre qui s'appuye sur les Mortiers & Canons, en sorte que tout l'instrument se tient perpendiculaire quand la piece est placée horisontalement.

Son usage est fort facile ; il n'y a qu'à poser le pied sur la piece qu'on éleve, de telle sorte que la pointe du plomb donne sur le degré convenable, & c'est ce qu'on nomme pointer une piece.

Du pied à Niveau pour l'Artillerie.

Fig. E. L'Instrument marqué E, est nommé pied à Niveau. Nous en avons donné la construction en parlant des pieds & des équerres ; quand on veut s'en servir pour l'artillerie on divise la languette qui sert à la maintenir à angles droits, en 90 degrez, ou plûtôt en deux fois 45, dont le commencement se compte du milieu. La soye qui porte le plomb est attachée au centre de cette division. Les deux bouts des regles de cet instrument sont échantrés de maniere que le plomb tombe perpendiculairement fur le milieu de la languette, lorfqu'il eft pofé de niveau.

Pour s'en fervir on pofe les deux bouts fur les pieces d'artillerie, que l'on éleve à la hauteur propofée, par le moyen du plomb dont la foye marque les degrez.

Sur la furface des branches de cette Equerre, qui s'ouvre toute droite comme une regle, on marque les poids & diametres des Boulets, auffi-bien que les Calibres des pieces, comme nous l'avons expliqué en parlant de l'Equerre des Canoniers, pour s'en fervir de la même façon.

L'Inftrument marqué F, eft encore pour pointer les Canons & les Mortiers. Il eft à peu prés femblable à celui marqué D, excepté que la piece où eft la divifion des degrez, eft mobile par le moyen d'un clou rond, c'eft à dire, qu'elle s'ouvre en portion de cercle & s'ajufte au long de l'autre branche, afin que l'Inftrument tienne moins de place & fe mette plus facilement dans un étuy. Sa figure fait affez connoître fa conftruction, & fes ufages font les mêmes que ceux des precedens Inftrumens.

Explication fur l'effet du Mortier & du Canon.

LA figure G reprefente un Mortier fur fon affuft, élevé & difpofé pour jetter une Bombe dans une Citadelle ; & la ligne courbe reprefente la trace que fait en l'air la Bombe depuis la fortie du Mortier jufqu'à fa chûte. Cette Courbe eft felon les géometres, une ligne parabolique, parce que les proprietez de la parabole lui conviennent. Car le mouvement de cette Bombe eft compofé de deux mouvemens, dont l'un eft égal & uniforme, qui lui vient du feu de la poudre qui l'a pouffée, & l'autre eft uniformement acceleré, qui lui eft communiqué par fa propre pefanteur. Il naît de la compofition de ces deux mouvemens la même proportion qui fe rencontre entre les portions de l'axe & les ordonnées de la parabole, comme l'a tres-bien démontré M. Blondel dans fon Livre intitulé : *L'Art de jetter les Bombes.*

Maltus Ingenieur Anglois a efté le premier qui a mis les Bombes en ufage en France l'an 1634. Toute fa fcience eftoit purement d'experience; il ne connoiffoit point la nature de la ligne courbe qu'elles décrivent dans l'air par leur paffage, ni la diftance de leurs portées, fuivant les differentes élevations du Mortier, qu'il ne pointoit qu'en tâtonnant, ou pour mieux dire, par l'eftime qu'il faifoit de l'éloignement du lieu où il vouloit jetter la Bombe, fuivant lequel il lui donnoit plus ou moins d'élevation, prenant garde fi les premiers coups eftoient juftes ou non, afin de baiffer fon Mortier fi fa portée eftoit trop courte, ou le hauffer fi elle alloit au delà de fon but, fe fervant à cet effet d'une Equerre avec fon plomb à peu prés comme celle dont nous avons parlé cy-devant.

La pluſpart des Officiers qui ont ſervi depuis aux Batteries des Bombes, ſont des Eleves de Maltus. Ils ſçavent à peu prés par experience l'élevation qu'on doit donner au Mortier pour le faire porter à la diſtance qu'ils ſouhaitent, & ont ſoin d'augmenter ou de diminuer cette élevation à proportion que la Bombe ſe trouve plus ou moins éloignée ou en deçà ou en delà du but.

Il y a cependant des regles certaines fondées ſur la géometrie, pour connoître la differente étenduë des portées, non ſeulement des Bombes, mais auſſi du Canon en toutes ſortes d'élevation. Car la ligne tracée en l'air par le Boulet ſorti du Canon eſt auſſi parabolique en toutes ſortes de projections, non ſeulement obliques, mais même horiſontales, comme le montre la figure H.

Le Boulet au ſortir de la piece ne va jamais droit au but vers lequel elle eſt pointée, mais il ſe détourne de la ligne de direction en montant dés le moment qu'il ſort de la bouche, parce que les grains de poudre qui ſont les plus proches de la Culaſſe s'allumans les premiers pouſſent par leur mouvement précipité, non ſeulement le boulet, mais même les autres grains de la poudre qui ſuivent le boulet au long du fond de l'arme, où s'allumans l'un aprés l'autre, ils frappent quaſi tous les boulets vers le deſſous, qui n'étant pas de calibre, à cauſe du jeu qu'il doit neceſſairement avoir dans la piece, eſt élevé inſenſiblement vers le bord ſuperieur de la bouche, contre lequel ils frotent tellement en ſortant, qu'aux pieces qui ont beaucoup ſervi & dont le métal eſt doux, l'on remarque un canal conſiderable que le boulet en ſortant y a creuſé peu à peu par ce frottement. Ainſi le boulet ſortant du Canon, comme par le point E, s'éleve en s'écartant juſqu'au ſommet de la parabole, comme au point G, aprés quoy il deſcend par un mouvement mixte comme vers B.

Les coups tirez à l'élevation de 45 degrez ont les plus longues portées, & c'eſt ce que les Canoniers appellent tirer à toute volée, & les coups tirez ſous l'élevation des points également éloignez de 45 degrez, ont des portées égales, c'eſt à dire, qu'une piece de Canon ou un Mortier pointé au 40 degré, chaſſe juſtement auſſi loin que s'il eſtoit pointé à 50 degrez, & au 30 autant qu'au 60, & ainſi des autres, comme il paroît par la figure I. au bas de la planche 16.

Le premier qui a bien raiſonné ſur cette matiere eſt Galilée, premier & principal Ingenieur du Grand Duc de Toſcane, & aprés lui Torricelli ſon ſucceſſeur.

Ils ont expliqué que pour connoître les differentes portées des coups de volée d'une piece d'Artillerie ou d'un Mortier en toutes ſortes d'élevation, il falloit avant toutes choſes en faire une épreuve bien exacte en tirant la piece de Canon ou le Mortier, ſous un angle bien connu, & mesurant l'étenduë de la portée avec toute la précision possible; car d'une seule experience sure & fidele, on vient à la connoissance de tous les autres effets par la methode suivante.

Pour sçavoir l'étenduë de la portée de votre piece à telle autre elevation qu'il vous plaira, faites que comme le Sinus du double de l'angle de l'élevation sous laquelle l'experience a esté faite, est au Sinus du double de l'angle de l'élevation proposée, ainsi l'étenduë de la portée connuë par l'experience soit à une autre.

Comme si ayant fait l'experience de votre piece élevée de 30 degrez, vous avez trouvé qu'elle ait chassé precisement à la longueur de 1000 toises, pour sçavoir quelle sera la portée de la même piece avec la même charge, lorsqu'elle sera élevée à l'angle de 45 degrez, il faut prendre le Sinus de 60 degrez double de 30, qui est 8660, & en faire le premier terme d'une regle de trois, dont le second sera le Sinus de 90 degrez double de 45, que l'on propose qui est 10000; le 3 terme doit estre le nombre des mesures de l'experience qui est icy 1000 toises, le 4 terme de la regle se trouvera 1155 toises pour la portée de la piece élevée de 45 degrez.

Que si l'angle de l'élevation proposée est plus grand que 45 degrez, il ne faut pas le doubler pour avoir le Sinus que la regle demande; mais il faut en sa place prendre le Sinus du double de son complément à l'angle droit, comme si l'on propose l'élevation de la piece à l'angle de 50 degrez, il faut prendre le Sinus de 80 degrez double de 40, qui fait le complément à l'angle droit du proposé de 50 degrez.

Mais si l'on vous propose une étenduë déterminée à laquelle on veut que la piece chasse, pourveu que cette étenduë ne soit pas plus grande que celle de l'élevation de 45 degrez, pour trouver l'angle de l'élevation qu'il faut donner à la piece pour qu'elle fasse l'effet proposé, comme si l'on veut que le Canon ou le Mortier porte à la distance de 800 toises, ou telle autre mesure qu'il vous plaira, il faut que l'étenduë trouvée par l'experience, comme par exemple 1000 toises, soit le premier terme de la regle de trois, la portée proposée de 800 toises, le second, & que le 3 terme soit 8660 Sinus de 60 degrez double de 30, supposez en l'experience. La regle estant faite on trouvera pour 4 terme 6928 qui est le Sinus de 43 deg. 52 minutes, dont la moitié 21 d. 56 m. est l'angle de l'élevation qu'il faut donner à la piece pour faire l'effet proposé; & si vous ôtez les 21 d. 56 m. de 90 deg. vous aurez l'angle de complément 68 d. 4 m. que vous pourrez prendre pour l'élevation de votre piece, car elle chassera également loin, l'élevant de 21 d. 56 m. ou à celui de son complément 68 d. 4 m.

Pour plus grande facilité & pour ôter l'embarras de chercher les Sinus du double des angles des élevations proposées, Galilée &

Torricelli ont fait la Table suivante, dans laquelle on voit tout d'un coup les Sinus des angles que l'on cherche.

Cette Table a esté tirée de celle des Sinus ordinaires, dont elle ne differe qu'en ce que les nombres qui répondent icy à chaque degré sont dans les tables ordinaires, ceux qui répondent aux degrez doubles de ceux-cy comme on voit dans cette Table.

Table des Sinus servans au jet des Bombes.

Degrez.	Degrez.	Portées.	Degrez.	Degrez.	Portées.
90	0	0	66	24	7431
89	1	349	65	25	7660
88	2	698	64	26	7880
87	3	1045	63	27	8090
86	4	1392	62	28	8290
85	5	1736	61	29	8480
84	6	2709	60	30	8660
83	7	2419	59	31	8829
82	8	2556	58	32	8988
81	9	3090	57	33	9135
80	10	3420	56	34	9272
79	11	3746	55	35	9397
78	12	4067	54	36	9511
77	13	4384	53	37	9613
76	14	4695	52	38	9703
75	15	5000	51	39	9781
74	16	5299	50	40	2848
73	17	5592	49	41	9903
72	18	5870	48	42	9945
71	19	6157	47	43	9976
70	20	6428	46	44	9994
69	21	6691	45	45	10000
68	22	6947			
67	23	7193			

L'usage de cette Table est facile après ce que nous venons de dire ; car pour s'en servir il ne faut que sçavoir faire une regle de 3. Supposons, par exemple, qu'on ait reconnu par experience qu'un Mortier élevé de 15 degrez, chargé de trois livres de poudre menuë grenée, ait chassé une Bombe à 350 toises de distance, & que l'on veuille avec la même charge jetter une pareille Bombe à 100 toises plus loin, c'est à dire à 450 toises ; cherchez dans la table le nombre qui est à côté de 15 degrez, vous trouverez 5000. Formez ensuite cette regle de 3, comme 350 sont à 450, ainsi 5000 à un 4e nombre, qui se trouvera 6428. Cherchez ce nombre ou le plus approchant dans la table, vous le trouverez à côté de 20 & de 70, qui signifie qu'élevant vôtre Mortier à 20 degrez ou à 70, il fera l'effet proposé, & ainsi des autres.

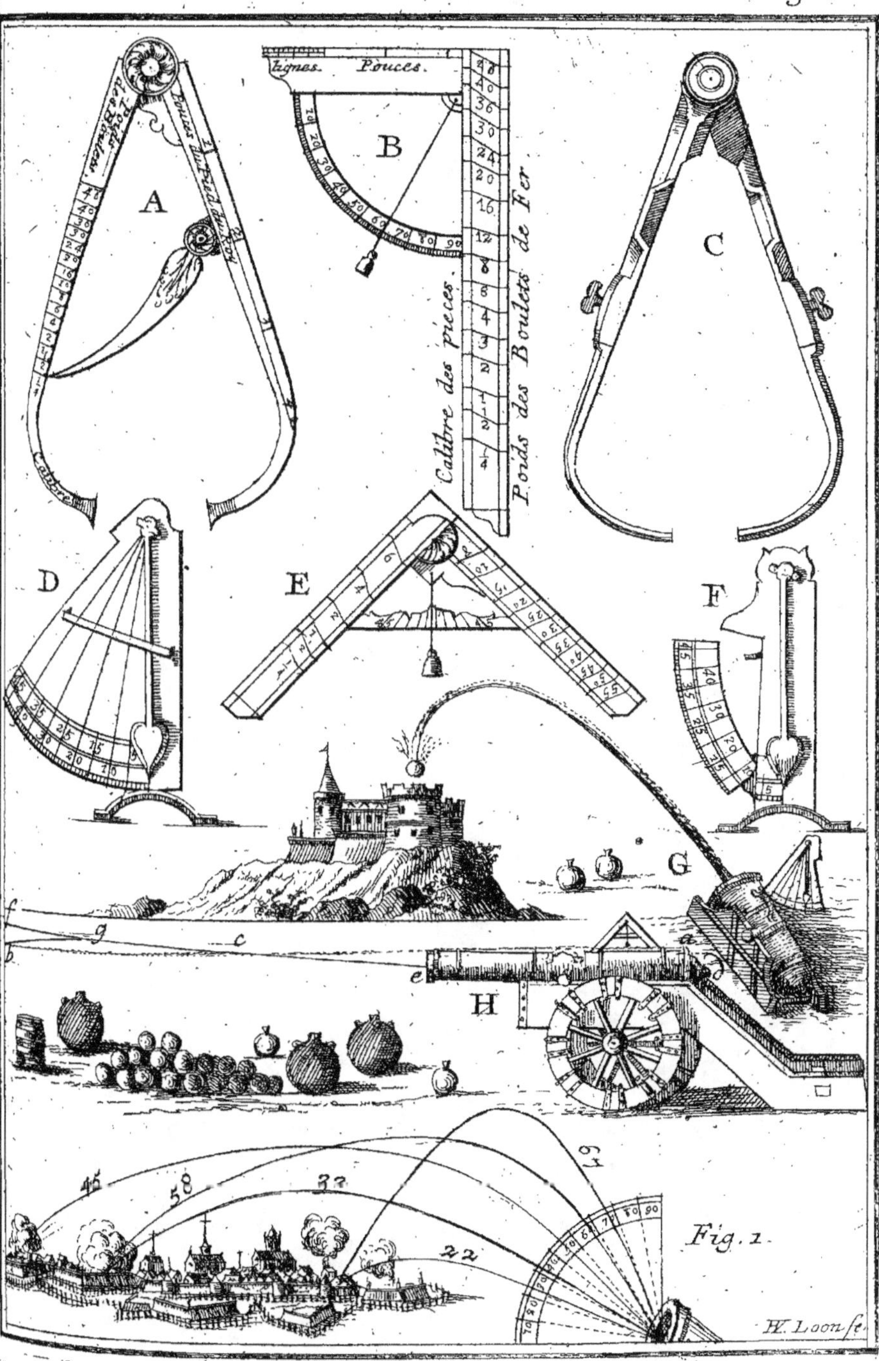
Lignes.   Pouces.
A
B
C
D
E
F
G
H
Calibre des pieces
Poids des Boulets de Fer
Fig. 1
W. Loon fe.

DE LA
CONSTRUCTION
ET DES USAGES
DES INSTRUMENS
QUI SERVENT
A L'ASTRONOMIE,

Tirez des Tables Astronomiques de M. de la Hire,
de l'Academie des Sciences & Professeur Royal.

LIVRE SIXIEME.

CHAPITRE PREMIER.

*De la construction & des usages du Quart de cercle
Astronomique.*

LE Quart de cercle dont les Astronomes se servent dans *XVII.*
leurs observations, a pour l'ordinaire 3 pieds ou 3 pieds *Plan-he*
& demi de rayon mesure de Paris, pour qu'il puisse facile- *Fig 1.*
ment estre manié & ttansporté ; son bord est divisé en
degrez & minutes, afin que les observations se puissent faire avec
exactitude.

Cet Instrument est composé de plusieurs regles de cuivre ou de
fer bien écroui au marteau & de mediocre épaisseur, dont la largeur doit estre parallele à son plan. Il y a de plus d'autres regles de

fer ou de cuivre tellement ajuſtées & jointes derriere les premieres,
que leur largeur ſoit perpendiculaire au plan du quart de cercle.
Ces regles ſont jointes enſemble par de petites oreilles & des vis,
par le moyen deſquelles ſe fait tout l'aſſemblage de cet Inſtrument qui doit eſtre bien droit en tout ſens, ferme & de mediocre peſanteur. Le derriere du bord doit eſtre renforcé d'une
regle courbe, auſſi de même métal. On ajoûte au centre une
lame circulaire épaiſſe & ſolide, pour ſervir aux uſages que nous
expoſerons cy-après. Le bord & la lame du centre ſont un peu
élevez au deſſus du plan de l'Inſtrument & ſont recouverts de lames de cuivre bien polies. Sur toutes choſes il faut avoir grand
ſoin en cette conſtruction que la lame du centre & le bord circulaire ſoient exactement en une même ſurface plane.

La lame de fer circulaire qui eſt au centre & qui eſt recouverte
d'une autre de cuivre, doit avoir en ſon milieu un trou rond
dont le diametre ſoit environ d'un tiers de pouce.

Dans ce trou on met un Cylindre de cuivre bien tourné, lequel s'éleve tant ſoit peu au deſſus de ladite lame centrale.

Fig. 2.   Ce Cylindre eſt repreſenté en la figure 2 ; au centre de la baſe
dudit Cylindre on ajuſte la pointe d'une éguille tres-deliée, dont
la tête eſt attachée avec du maſtic au milieu d'un autre petit Cylindre de fer qui eſt vis à vis le centre ; à la pointe de l'éguille eſt
ſuſpendu un cheveu par le moyen d'un anneau fait du cheveu même, aſſez ample, de crainte que le nœud de l'anneau ne rencontre
la lame du centre & que ſon mouvement n'en ſoit détourné. Il
faut remarquer que la baſe du Cylindre central A, repreſenté en
cette figure, doit eſtre un peu convexe, afin que l'anneau du cheveu ſuſpendu à la pointe de l'éguille ne joigne point ladite baſe
ailleurs qu'en ſon centre, ayant attaché au bout du cheveu un
poids de plomb d'environ 2 onces.

La conſtruction de ce Cylindre central doit eſtre de telle maniere que l'on puiſſe l'ôter & le conſerver quand il ſera beſoin,
pour mettre en ſa place un autre Cylindre central de même groſſeur, mais un peu plus long, lequel ſurpaſſant la lame du centre
ſoûtienne la regle de l'Inſtrument, telle que nous la décrirons
cy-après.

On ajoûte de plus à la lame centrale de cuivre qui eſt ſur
celle de fer un anneau plan A, tournant autour du centre, lequel
ne rencontre pourtant pas le Cylindre central ; de telle ſorte que
la ſurface extérieure ne ſurpaſſe point la ſurface de ladite lame de
cuivre. On attache à cet anneau par le moyen de deux vis, un tuyau
applati tout le long de la partie qui joint le plan de l'Inſtrument, auquel il s'ajuſte de telle ſorte, que ſon côté applati eſtant plus enfon-
cé que le plan du bord & de la lame centrale de cuivre, le mouve-

ment du fil avec son plomb pendant du centre , soit toûjours libre
& se puisse mouvoir de toutes parts avec ledit tuyau qui sert pour
le garantir de toute agitation de l'air.

On voit cette piece par derriere à l'endroit marqué M. de la fig. 3. **Fig. 3.**
On met aussi une glace à lad. piece , vis à vis du limbe du Quart de
cercle, afin de voir sur quel point de division passe le cheveu où est
attaché le plomb. Au dessous & aux environs du centre de gravité
de toute cette machine , on attache fermement aux regles , par le
moyen de 3 ou 4 vis un cylindre de fer marqué I , au derriere de
l'instrument , que la figure represente tout monté.

La longueur de ce Cylindre doit estre de 8 pouces , & le diametre de sa base de 10 lignes. Ce Cylindre estant perpendiculaire
au plan du quart de cercle , se peut appeller son Axe.

Or comme le principal usage de cet Instrument est pour prendre les hauteurs des Astres , il faut que son plan se puisse facilement placer dans une situation verticale ; c'est pourquoy on prepare une regle de fer, comme M N, dont l'épaisseur soit de 3 lignes,
la longueur de 8 pouces & la largeur d'un pouce ou environ. D'un   **Fig. 4.**
costé de cette regle , on y ajuste 2 anneaux de fer marquez Z , ouverts par en haut avec des oreilles , dans lesquelles on passe à chacune une vis propre à resserrer les anneaux qui par ce moyen font
ressort. La grandeur de ces anneaux est à peu prés égale à la grosseur du Cylindre I , ou de l'axe du quart de cercle, & ces anneaux
ayant joint l'axe se resserrent par le moyen des vis , de telle sorte
que l'axe & le quart de cercle qui y est attaché , demeure ferme &
immobile en quelque situation qu'on le mette.

De l'autre coré de ladite regle M N est soudé & attaché à angles
droits le Cylindre de fer O , dont la longueur & la grosseur sont
égales au tuyau marqué Q , dont nous allons parler.

Cette partie se nomme le genoüil de l'instrument. Ce genoüil est
representé tout monté en la figure 3.

Lorsque l'on veut placer l'instrument de maniere que son plan
soit horisontal , pour se servir de la regle mobile , dont nous parlerons cy-après , pour prendre les distances des Astres ou des lieux
de la terre , on fait entrer le Cylindre I dans le tuyau Q , & par ce
moyen on tourne facilement le plan du quart de cercle vers telle
partie que l'on veut. Cela se peut faire aussi par le moyen d'un
double genoüil , pareil à celui que nous venons de décrire , que
l'on joint ensemble.

Il nous reste à marquer la construction du pied ou support de
tout l'instrument. Il est composé pour l'ordinaire d'un tuyau de
fer , dont la partie superieure soit capable de contenir le genoüil
ou Cylindre O. La partie inferieure de ce tuyau traverse le milieu
d'une croix de fer , & y est attachée par 4 bras ou liens de fer ;

mais Monsieur de la Hire a inventé & fait conftruire un pied triangulaire beaucoup plus commode & plus ferme que le pied ordinaire.

Il eft compofé d'un petit tuyau de fer ou de cuivre, affez ample & affez long pour contenir le Cylindre O. Ledit tuyau eft attaché avec deux vis à trois regles de fer courbées par le haut, lefquelles font de l'épaiffeur convenable pour affermir le pied ou fupport de l'Inftrument. Les regles R, S, font ajuftées vers le bas à une double Equerre T X Y, & attachées fermement aux 3 regles en deffous par le moyen d'une clavette. La vis V, qui penetre le milieu du tuyau Q, fert pour affermir le Cylindre O, comme on le veut.

Lorfque l'on obferve les hauteurs meridiennes des Aftres, la Regle T Y doit eftre placée dans la ligne meridienne, & des trois vis T X Y, qui foûtienent le poids de tout l'Inftrument, Celle qui eft en X, fert à baiffer le plan de l'Inftrument jufqu'à ce qu'il convienne avec le plan du meridien, à la commodité de l'obfervateur qui eft affis vers X, & les deux autres fervent à le hauffer ou baiffer peu à peu, jufqu'à ce que le fil du plomb marque la hauteur requife. Mais il arrive fouvent qu'en tournant les vis qui font en T & en Y, le Quart de cercle fe détourne de fa veritable pofition; c'eft pourquoy fi le deffaut eft de quelques minutes, on y peut remedier en fufpendant au derriere des branches de l'inftrument un poids mobile, lequel faifant changer le centre de gravité, fera auffi changer l'inclination du quart de cercle, car les regles qui compofent le pied ne font pas entierement exemptes du reffort. Or plus le lieu de fufpenfion du poids fera proche du pied, moins il aura de force pour faire pencher l'Inftrument.

La hauteur du pied eft ordinairement de 4 pieds & demi ou environ.

La divifion du Quart de cercle doit eftre faite avec grand foin, afin que les obfervations fe puiffent faire exactement. Chaque degré de la divifion du bord fe divife en 60 minutes, par le moyen d'onze Cercles concentriques, & de 6 lignes droites tranfverfales, comme la figure 6 le marque. Les diftances des tranfverfales font égales entr'elles, mais celles des cercles font inégales. Neanmoins cette inégalité n'eft prefque pas fenfible fi nous fuppofons le rayon du quart de cercle de 3 pieds, & la diftance entre les 2 Cercles exterieurs, d'un pouce. Car fi nous prenons l'arc A E du cercle exterieur de 10 minutes, & que l'on tire au centre C du quart de cercle les rayons A D C, E B C, lefquels rencontrent le cercle interieur aux points D & B, l'arc D B fera auffi de 10 minutes. (l'on fuppofe icy que la figure 6 eft pofée fur le Limbe de l'inftrument, figure 1.)

Mais fi on tire les droites tranfverfales A B, D E, lefquelles s'entrecoupent au point F, je dis que F eft le point milieu de la
divifion

diviſion par lequel doit paſſer le cercle du milieu, car il y a même raiſon de l'arc A E, à l'arc B D, que l'on peut conſiderer comme lignes droites, que de A F à F B. Or le rayon qui partant du centre C diviſe en 2 parties égales l'angle au centre, compris par les rayons C D A, C B E, rencontrera la tranſverſale A B au même point F. Car il eſt évident que C A eſt à C B, comme les diviſions de la baſe A B du triangle rectiligne A C B; mais comme C A eſt à C B, ainſi A E eſt à D B; c'eſt pourquoy A E eſt à D B, comme les diviſions de la baſe A B, faites par le rayon qui diviſe en deux l'angle A C B, & par conſequent le point F cy-devant trouvé dans la droite tranſverſale A B, ſera le point milieu de la diviſion.

Or nous avons ſuppoſé que A C eſt à C B, comme 36 pouces ſont à 35; donc A B eſt à A F, comme 71 à 36. C'eſt pourquoy ſi la largeur d'un pouce ou de 12 lignes, qui eſt la meſure ſuppoſée de A B, eſt diviſée en 71 parties égales, la partie A F en aura 36, laquelle ſera plus grande d'un demi ou d'environ un douziéme de ligne, que la moitié de A B, qui n'eſt que 35 & demy. Cette difference n'eſt d'aucune conſequence, & peut, ſans aucune erreur ſenſible, ſe negliger dans la diviſion du milieu, & à plus forte raiſon dans les autres.

Il nous faut maintenant parler des lunettes de longue veuë & par quel moyen on peut trouver le premier point de la diviſion du bord. Je ne crois pas qu'on ait jamais rien inventé de plus induſtrieux & de plus utile en toute l'Aſtronomie pratique; ceux qui ont la veuë baſſe, & les vieillards qui ne peuvent diſtinguer les objets qu'à certaine diſtance, peuvent par le ſecours des lunettes & des fils de ſoye tres-déliez voir auſſi diſtinctement les objets éloignez que ceux qui ont la veuë tres-fine; ils peuvent auſſi contempler les Aſtres comme s'ils eſtoient proches & tres-grands, & deſigner leurs vrais lieux. Ces lunettes ont deux verres, dont l'un eſt l'objectif poſé vers l'objet viſible & proche le centre du quart de cercle; l'autre eſt l'oculaire, lequel doit eſtre placé à l'autre bout de la lunette, vers l'œil de l'obſervateur.

L'objectif eſt une lentille de verre immobile, fermement attachée dans un cadre de fer, lequel eſt arreſté avec des vis autour du centre de l'inſtrument. Du côté de l'oculaire on met deux fils de ſoye ſe rencontrans à angles droits, dans un cadre de fer, auquel on les attache avec de la cire ſur une petite piece de cuivre, de telle ſorte que l'un ſoit perpendiculaire au plan de l'inſtrument, & que l'autre lui ſoit parallele.

Le verre oculaire doit eſtre mis dans un tuyau pour pouvoir l'avancer ou reculer ſuivant les differentes veuës; la diſtance entre la lentille objective & les fils de ſoye doit autant que faire ſe peut eſtre bien égale à la longueur du foyer de ladite lentille. Ces Lu-

N

netes doivent eſtre diſpoſées de telle ſorte que la ſurface de la lentille de verre comme plane , & le plan dans lequel ſont les fils de
ſoye ſoient paralleles & équidiſtans entr'eux & perpendiculaires à
la ligne droite, conduite par le centre de la lentille & par le point
où ſe croiſent les fils. Ces Lunetes s'ajuſtent derriere l'inſtrument,
afin que le bord de cuivre diviſé n'en ſoit aucunement embarraſſé.

Entre les quadres qui ſoûtiennent les Lunetes on met un tuyau
de cuivre ou de fer , compoſé de deux parties , dont l'une s'en-
châſſe dans l'autre, afin que l'on puiſſe facilement l'ôter des cadres par le moyen des virolles qui les tiennent enſemble.

La Lentille convexe oculaire doit s'approcher des fils de ſoye ou
s'en reculer , ſelon la diverſe conſtitution de l'œil de l'obſervateur,
afin qu'il puiſſe voir diſtinctement l'objet éloigné & les fils de ſoye.

Ce Verre oculaire ſe place dans un petit tuyau mobile, dont la
plus grande partie eſt cachée dans un autre tuyau , comme on le
voit par la figure 7.

Toutes les fois que l'on veut nettoyer le dedans de la Lentille
objective ou remettre des fils de ſoye à la place de ceux qui ſe
rompent , on détache de ces cadres le tuyau compoſé de lames de
cuivre.

Fig. 7. Mais la conſtruction de la Lunette oculaire ſera bien plus commode ſi au lieu d'un cadre ſimple on ſe ſert d'une petite boëte
quarrée, épaiſſe d'environ quatre lignes, dont les deux côtez oppoſez qui ſont paralleles au bord du quart de cercle ayent une renure ſelon leur longueur, dans laquelle ſe puiſſe mouvoir une petite platine de mediocre épaiſſeur , percée par le milieu d'une ouverture ronde aſſez grande.

Sur la ſurface de cette platine repreſentée par la figure A, on tracera de part & d'autre les deux diametres de ladite ouverture,
dont l'un eſt parallele au bord, & l'autre lui eſt perpendiculaire,
afin d'y pouvoir appliquer les fils de ſoye & les bien remettre en
leur place toutes les fois qu'on les renouvelle. Cette platine eſt fort
utile pour approcher ou reculer les fils de ſoye autant qu'il eſt beſoin ; & quand ils ſeront bien placez on fera tenir avec de la cire ladite platine à la petite boëte , laquelle doit eſtre garnie de ſon couvercle à couliſſe pour garantir les fils de ſoye des injures du temps
& de tout autre accident.

Le dedans du tuyau doit eſtre noirci avec de la fumée de réſine,
afin de garantir l'œil des rayons trop forts qui partent de l'objet lumineux , & que par ce moyen la viſion en ſoit plus parfaite. La figure 7e fait voir auſſi la conſtruction de la boëte ou porte-filets
dans laquelle on peut mettre au lieu de filets de ſoye une petite
glace ſur laquelle on a tracé deux lignes fines à angles droits , telle
que nous le verrons en parlant du Micrometre.

La Lunete eſtant preparée & placée dans une ſituation commode, parallele au rayon du quart de cercle, il faut chercher par la methode qui ſuit, le premier point de la diviſion du bord, lequel ſoit éloigné de 90 deg. de la ligne de foy des Lunettes, ou d'une ligne qui lui ſoit parallele, paſſant par le centre dudit quart de cercle. Mais auparavant il nous faut parler de cette ligne de foy, au ſujet de laquelle M. de la Hire dit qu'il eut autrefois une longue controverſe avec des perſonnes fort celebres & grands Aſtronomes, leſquels prétendoient qu'il eſtoit impoſſible de trouver une ligne de foy ſtable & conſtante dans ces ſortes de Lunettes, ne faiſant pas ſuffiſamment attention aux regles de la dioptrique.

Il eſt évident par la Dioptrique que tous les rayons, qui partans d'un même point paſſent par une Lentille de verre, concourent aprés leur ſortie tous à un même point que l'on appelle Foyer, pourveu toutefois que la diſtance du point rayonant à la Lentille, ſoit plus grande que le demi diametre de l'une & l'autre convexité que nous ſuppoſons icy égales ; que de plus entre les rayons qui du point rayonant tombent ſur la ſurface anterieure de la Lentille, celui qui concourt avec la ligne droite qui conjoint les centres des convexitez, ne ſouffre aucune refraction à l'entrée non plus qu'à la ſortie de la Lentille ; c'eſt pourquoy les points des objets qui ſont dans cette ligne droite ſe repreſentent dans la même ligne que l'on nomme l'Axe du tuyau optique, & le point de cet Axe qui eſt dans le milieu de l'épaiſſeur de la Lentille, s'appelle le centre de ladite Lentille.

Si la ligne droite qui paſſe par le centre de la Lentille & par le point où ſe croiſent les fils, convient avec l'Axe dudit tuyau optique, elle ſera la ligne de foy des Lunettes, & un objet fort éloigné poſé dans l'Axe prolongé, paroîtra dans le point même où ſe croiſent les fils, ni plus ni moins que dans les alidades communes où l'on prend pour ligne de foy la ligne droite, qui paſſant par les fentes des pinules eſt conduite juſqu'à l'objet. Mais quoyqu'il n'arrive preſque jamais dans la poſition des Lunettes que nous avons établie, que la ligne droite conduite de l'objet au point où ſe croiſent les fils & où ſe repreſente ledit objet, convienne avec l'Axe optique, nous ne laiſſerons pas cependant de trouver cette ligne de foy des Lunettes qui s'étend en ligne droite depuis l'objet juſqu'à la repreſentation qui ſe fait au point où ſe croiſent les fils, ce qui ſe démontre par le diſcours ſuivant.

Soit la Lentille de verre XV, ſon axe ACB, & ſon centre C. ſoit en outre F le point où ſe croiſent les fils de ſoye hors de l'Axe ACB. Si du point F qui par la conſtruction eſt éloigné de la Lentille, de la longueur de ſon Foyer, quelques rayons paſſent & ſortent juſqu'à la ſurface oppoſée de ladite Lentille, ils ſouffriront une

XVII. Planche. Fig. 8.

N ij

refraction à leur entrée dans ladite Lentille, & une seconde refraction à leur sortie, après quoy ils se continueront parallèles entre eux. Or ces rayons parallèles entr'eux le sont aussi à un des rayons qui du point F tombent dans la Lentille, sçavoir F E, lequel après la premiere refraction au point E, passe par le centre C, car après une seconde refraction à sa sortie, au point D, il se continuë de D en O, parallele au même F E, suivant les regles de la dioptrique. Mais tous les rayons brisez après la sortie de la Lentille sont comme parallèles entr'eux s'ils appartiennent à un point O, fort éloigné, c'est pourquoy ils sont aussi parallèles au rayon F E O, qui de l'objet, est prolongé directement au point O, & c'est cette ligne droite F E O, que nous appellons ligne de foy dans la susdite position des Lunettes, & elle demeurera toûjours la même si l'on ne change point la situation desdites Lunettes, c'est à dire, que la Lentille de verre & les fils croisez soient en la même position & distance. L'objet O estant en un des points extrêmes de la droite F E O, se representera au point F.

Il est à remarquer que la distance entre le rayon principal O D, qui du point O de l'objet tombe sur la Lentille, & son rayon brisé E F, est toûjours moindre que l'épaisseur de ladite Lentille D E, laquelle est insensible & de nulle importance dans la distance d'un objet fort éloigné, & que cette distance des rayons parallèles O D, O E F est d'autant moindre que la Lentille sera plus directement tournée vers la position des fils, comme nous avons averti en la construction.

Toutefois il pourroit se faire que le point F se rencontreroit dans l'axe même ; mais il n'est pas besoin de nous arrêter davantage sur cette matiere.

Fig. 2. Il nous faut presentement expliquer de quelle maniere on peut trouver le premier point de la division du bord du Quart de cercle. Ayant affermi le plan dudit Quart de cercle en une situation verticale, par le moyen du fil & de son plomb C D, dirigez la Lunette vers un point visible fort éloigné posé proche l'horison sensible, eu égard au lieu où est placée la lunette de l'instrument ; ce que l'on pourra premierement connoître en marquant sur le bord le point B, dans le rayon C B, parallele à l'axe du tuyau, que l'on peut connoître à peu prés ; & en prenant le point D, éloigné dudit point B, d'un quart de cercle ; car lorsque le fil du pendule touchera le point D, l'objet qui paroît au point où se croisent les fils de soye, ou qui se voit par la lunette, sera proche l'horison ; car l'horison sensible doit faire angle droit avec le fil du plomb C D. Mais comme nous ne sommes point encore certains que la lunette soit parfaitement horisontale & de niveau, on renversera l'instrument en sorte que le point D soit en haut & le centre C en bas ; mais en cette tranfpofition il faut avoir foin que la ligne de foy des lunettes foit à la même hauteur qu'elle eftoit en la premiere pofition. Ayant derechef dirigé les lunettes vers le point premierement obfervé, en forte qu'il paroiffe au point où fe croifent les fils, & ayant ajufté au centre de l'inftrument le cylindre fur lequel le centre C du quart de cercle avoit déja efté marqué, on attache le cheveu avec de la cire fur le bord au point D, qui porte le plomb, & s'il paffe jufte au centre C, il eft certain que la ligne de foy des lunettes eft exactement de niveau & dans l'horifon fenfible avec l'objet vifible. Car cette ligne de foy demeurant la même dans l'une & l'autre fituation du quart de cercle & prolongée avec la verticale C D, le point D fera le commencement de la divifion du bord, eftant dans la ligne verticale & fous le Zénit à l'égard de la ligne de foy de la lunette ou d'une autre ligne qui lui eft parallele, avec lefquelles la verticale C D, fait angles droits.

Mais fi aprés avoir renverfé l'inftrument, le cheveu du plomb fufpendu du point D ne rencontre pas précifément le centre C, il faudra mouvoir le fil ou le cheveu jufqu'à ce qu'il paffe par ledit centre C, fans changer aucunement la fituation du quart de cercle, ni des lunettes qui doivent toûjours, comme auparavant, eftre dreffées vers l'objet ; pour lors on marquera dans l'arc de cercle D E, décrit du centre C, paffant par le point D, le point E qui fe trouve fous le fil.

Je dis que fi l'on divife en deux parties égales l'arc D E au point O, ce même point O fera le premier point de la divifion, & que le rayon C O fera un angle droit avec la ligne de foy des lunettes. Cette operation eft claire par elle-même, car la ligne de foy, ou le rayon C B qui lui eft parallele, ne changeant point en l'une & l'autre pofition du quart de cercle, fi l'angle B C D en la fituation naturelle de l'inftrument eft plus grand qu'un droit, c'eft à dire, fi le point de l'objet miré eft au deffous de l'horifon, il eft évident que la verticale C D prolongée, correfpondante au fil du plomb, fait avec la ligne de foy un angle plus petit qu'un droit, à fçavoir, le fupplément de l'angle B C D qui eft égal à l'angle B C E, c'eft pourquoy l'angle B C O, qui eft moyen entre le plus grand & le plus petit qu'un droit, lequel eft fait par le rayon C O, & la ligne de foy, fera droit, ce qu'il falloit démontrer.

On pourra encore avoir le premier point de divifion en connoiffant un point parfaitement de niveau avec votre œil, & plaçant la lunette dans ce point, l'endroit où tombera le cheveu fera le premier point de divifion.

On peut faire la preuve de cette operation, fi le fil du plomb paffant par le point O, l'objet fort éloigné paroît au point où fe croifent les fils. Car ayant renverfé l'inftrument, & la lunette eftant

N iij

toûjours dirigée vers le même objet, le fil du plomb passera par les points O & C, autrement il y aura de l'erreur dans les observations.

Etant bien assuré du premier point de la division, on tracera du centre C deux portions de cercle à un pouce de distance l'une de l'autre pour renfermer les divisions. On se servira pour cela d'un Compas à coulisse dont les pointes soient bien fines, & dont celle du bout puisse avancer ou reculer petit à petit par le moyen d'une vis & d'un écrou qui est ajusté au bout de la branche du Compas; ensuite du point O, premier point de division, & de la même ouverture d'un de ces arcs, on marquera une section, puis on divisera cette distance en deux juste que l'on transportera au delà de la section qui donnera le point B & qui divisera le quart de cercle en trois également, qui vaudront chacun 30 degrez.

Ces distances seront encore partagées en trois, puis en deux; enfin chacune de ces parties sera divisée en cinq, & le quart de cercle sera divisé en 90 deg. on divisera ensuite chaque degré en six parties égales, qui vaudront six minutes.

Les circonferences interieure & exterieure estant tres-parfaitement divisées de la maniere que nous venons de dire, on tracera des lignes tres-fines en transversales, c'est à dire du premier point de division de l'arc d'enhaut & du second d'enbas, & ainsi de suite de divisions en divisions, telle que la figure 6 le montre; puis on partagera la distance des deux arcs de cercles en dix également, & du centre C on tracera par ces points de divisions neuf arcs de cercles qui partageront les transversales en dix, & par ce moyen le quart de cercle se trouvera divisé de minute en minute. Il faut bien prendre garde sur toute chose que les divisions soient bien égales. Il faut se servir pour cela de bons Compas bien fins & tracer les lignes & les cercles bien délicatement, & pour les petites divisions on doit avoir de petits Compas à ressort dont les pointes ne soient pas plus grosses qu'une éguille, & un bon trace-lignes.

Outre les 90 degrez du quart de cercle, on continuë pour certains usages la division d'environ cinq degrez au delà du point O.

Toutes les fois que l'on transportera cet Instrument par chariots ou sur des chevaux, il faudra le rectifier de crainte que les lunettes ne soient ébranlées, ce qui arrive souvent aux fils de soye, encore bien même que l'Instrument ne change pas de place, principalement lorsque le Soleil échauffe le tuyau de la lunette; car pour lors les fils se bandent, & puis à l'absence du Soleil ils se relâchent & deviennent crespus, & ainsi ne sont plus propres à faire des observations. On peut neanmoins se passer de faire la preuve de la lunette lorsque l'on croira qu'il ne sera arrivé aucun changement aux fils de soye, puisque le verre objectif demeure immobile & toujours le même, & que la courbure des fils causée de temps en temps par l'humidité de l'air, se rétablit le plus souvent au premier beau temps.

Il faut remarquer que si l'on remet de nouvelles lunettes à un instrument déja divisé, il sera tres-difficile de les faire convenir avec la division; c'est pourquoy en ayant fait l'épreuve, comme nous avons dit cy-devant, on connoîtra de combien les lunettes font l'angle plus petit ou plus grand qu'un droit avec le rayon qui passe par le premier point de la division, & il faudra avoir égard à cette difference en toutes les observations; car si cet angle est plus grand qu'un droit, toutes les hauteurs observées seront plus grandes que les veritables de la quantité de cette difference; & au contraire si cet angle est plus petit qu'un droit, les veritables hauteurs seront plus grandes que les observées; cependant on pourroit placer les fils de soye de telle maniere que la ligne de foi des lunettes feroit un angle droit avec le rayon qui passe par le premier point de la division, en appliquant les fils sur une platine mobile, comme nous avons dit en la construction. Mais comme dans les voyages il faut souvent faire la preuve de cet Instrument, & que la susdite methode est sujette à beaucoup d'incommoditez, tant parce qu'il est difficile de renverser l'Instrument de maniere que le tuyau de la lunette reste à même hauteur, qu'à cause des differentes refractions de l'Athmosphere autour de l'horison à differentes heures du jour, comme aussi pour l'agitation & l'ondulation de l'air, & autres choses semblables, nous ajoûtons icy deux autres methodes propres à rectifier ces sortes d'Instrumens, afin que chacun puisse choisir celle qui lui paroîtra plus commode selon les temps & les lieux.

Seconde méthode pour éprouver la position des Lunettes de longue veuë.

Pour cette operation nous choisissons un lieu d'où l'on puisse voir distinctement un objet éloigné du moins de mille toises, & dont l'élevation sur l'horison ne surpasse point le nombre des degrez que l'on marque sur le bord au delà du commencement de la division. Ayant donc observé la hauteur de cet objet telle qu'elle paroît par les degrez du bord, on mettra devant le Quart de cercle, & le plus prés qu'il se pourra, un vase de large embouchure, qu'on remplira entierement d'eau jusqu'au sommet des bords, le plus à comble que faire se pourra. Ensuite il faut hausser ou baisser le vase jusqu'à ce que par la lunette on voye ledit objet sur la surface de l'eau comme dans un miroir, ce qui ne sera pas difficile pourvû que la surface de l'eau ne soit pas troublée par l'agitation de l'air; nous aurons donc l'abbaissement de cet objet par reflexion &

on le verra dans la situation droite, car nous nous servons de lunettes composées de deux lentilles de verre convexes qui representent les objets renversez ; mais par la reflexion, un objet renversé se renverse encore une fois, c'est pourquoy il paroît droit.

Il faut remarquer cependant que l'abbaissement de l'objet peut quelquefois se voir sur les degrez du bord comme la hauteur, ce qui arrivera si l'angle fait de la ligne de foy & du rayon qui passe par le premier point de la division est plus grand qu'un droit, & au contraire, en d'autres cas la hauteur paroîtra comme l'abbaissement, si l'angle de la ligne de foy avec le rayon qui passe par le premier point de la division est plus petit qu'un droit. Mais en tous les cas, sans avoir égard à l'élevation ou l'abbaissement marqué sur le bord, le point milieu marqué exactement entre les deux observations, sera vertical & répondra au Zénith, par rapport à la ligne de foy des lunettes.

Ayant donc trouvé l'erreur de l'instrument, c'est à dire, la difference entre le premier point de la division marqué sur le bord & le point qui répond au Zénith, on tâchera de remettre les fils de soye en leur vraie position, si cela se peut faire commodement, si non il faudra avoir égard à l'erreur que l'on aura reconnu en toutes les observations, soit d'élevation, soit d'abbaissement.

Mais il faut remarquer que si l'objet est proche & élevé sur l'horison de plusieurs minutes, il faudra trouver la veritable erreur de l'instrument par le calcul en la maniere suivante.

Dans un triangle dont un côté soit la distance connuë entre le lieu de l'observation & l'objet, l'autre côté soit la distance entre le point milieu de la longueur de la lunette, & le point de la surface de l'eau où elle est rencontrée par le rayon refléchi avec l'angle compris de ces deux côtez, à sçavoir l'angle ou l'arc compris entre les observations de l'élevation & de l'abbaissement de l'objet, on trouvera par le calcul l'angle opposé au plus petit côté ; de la quantité de cet angle, il faut diminuer l'arc entre les observations du côté du quart de cercle prolongé, & le point milieu de l'arc restant sera le vrai commencement de la division.

Ainsi on peut trouver la distance entre le point milieu du tuyau de la lunette & le point de la surface de l'eau rencontrée par le rayon refléchi, par le moyen d'une regle ou d'un fil tendu & prolongé depuis ledit tuyau jusqu'à la surface de l'eau.

Troisiéme Méthode.

Cette operation est simple, mais les observations ne sont pas faciles à faire. Nous supposons en cette methode, comme en la precedente, qu'il y a sur le bord du quart de cercle quelques degrez

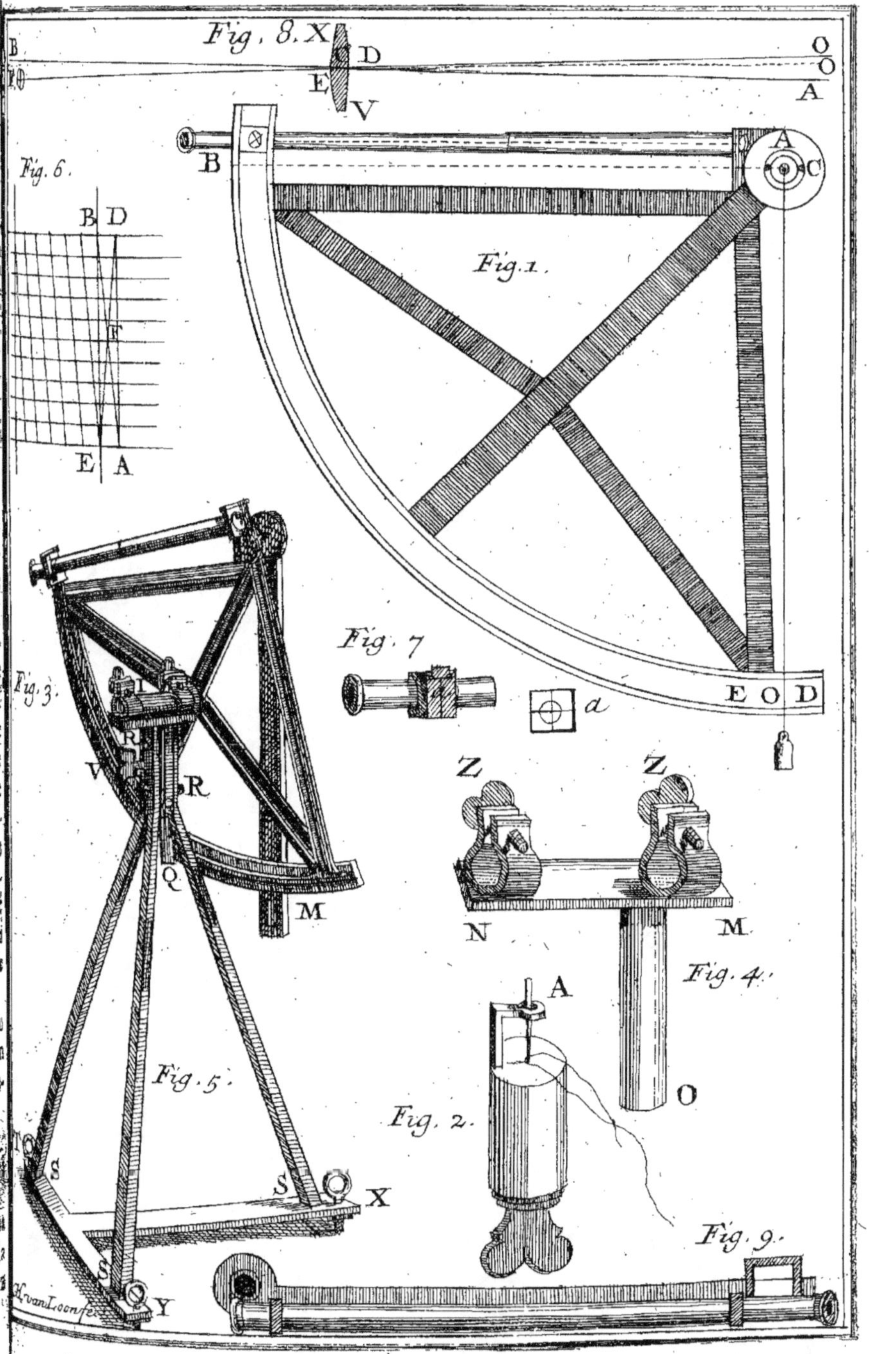

Fig. 8.

Fig. 6.

Fig. 1.

Fig. 3.

Fig. 7.

Fig. 4.

Fig. 5.

Fig. 2.

Fig. 9.

H. van Loon fe.

marquez & divisez au delà du point de 90 de hauteur, qui répond
au Zénith. Nous observons pendant une belle nuit, le temps estant
serein & tranquille, la hauteur méridienne de quelque étoile qui approche de nôtre Zénith, ayant tourné vers l'Orient la face divisée
du bord de l'instrument. La nuit suivante, ou peu de temps aprés,
nous observons semblablement la hauteur meridienne de la même
étoile, mais la face divisée du bord estant tournée vers l'Occident :
je dis que le point milieu de l'arc entre les observations est le point
de 90 degrez, c'est à dire par où passe le rayon parallele de la ligne
de foy de la lunette.

Cette troisiéme méthode est fort utile pour prouver la position
des lunettes que l'on ajuste non-seulement aux quarts de cercle,
mais principalement aux instrumens qui contiennent la huitiéme
ou sixiéme partie, ou toute autre portion de cercle : car par son
moyen on connoîtra auquel des rayons de l'instrument sera parallele la ligne de foy desdites lunettes.

Nous parlerons cy-aprés de la maniere d'observer les Astres dans
le méridien, ou de la médiation du ciel, & de la maniere d'observer
les étoiles avec les lunettes de longue veuë.

De la Regle mobile du Quart de cercle.

IL ne nous reste plus qu'à parler de la construction & usage de Fig. 9.
la regle du Quart de cercle. Cette regle n'est autre chose qu'une
alidade mobile avec une lunette qui fait le même effet que les alidades des autres instrumens pour faire tel angle que l'on veut avec
la lunette immobile & attachée au Quart de cercle. On l'appelle Regle, parce que la principale partie est une regle de fer ou
de cuivre percée par un bout, & tellement ajustée au cylindre central dont nous avons parlé cy-devant, qu'elle ne peut se mouvoir
que d'un mouvement circulaire.

Sur cette Regle on attache deux cadres de fer ou de cuivre; dans
le cadre qui est vers le centre de l'instrument on met la lentille objective, & dans l'autre l'oculaire avec les fils de soye qui se croisent ;
lesquels composent ensemble une lunette de longue veuë, semblable en toutes ses parties à l'autre lunette dont nous avons cy-devant
parlé, laquelle est attachée au Quart de cercle.

A l'extremité de la regle qui joint le bord du Quart de cercle on
fera une petite fenestre de la grandeur environ d'un degré, comme ils sont marquez en la division du bord. On met à cette petite
ouverture un cheveu tendu, lequel passant par le milieu est continué
au centre du Quart de cercle.

Mais comme dans l'usage de cette Regle un cheveu est sujet aux
diverses inconstances de l'air, nous mettrons à sa place une lame

de corne bien claire, ou un verre blanc & uni , ajusté dans un petit châssis. Sur sa surface qui regarde le bord de l'instrument nous y traçons une ligne droite , laquelle sera dirigée au centre de l'instrument. On fera tenir ce châssis à la petite fenestre qui est au bas de la regle , par le moyen de quelques vis.

Avant que d'en venir à l'usage il faut éprouver la lunette , afin de connoistre si celle qui est immobile & attachée à l'instrument convient avec celle qui est mobile. Pour cet effet ayant placé hôrisontalement le plan de l'instrument , & ayant dirigé la lunette immobile vers un point de quelque objet visible , éloigné au moins de 500 toises , on tournera la regle jusqu'à ce que l'on apperçoive le même objet par la lunette de ladite regle mobile, ou du moins qu'il paroisse dans le fil de soye perpendiculaire au plan du quart de cercle : car il importe peu que l'objet soit au point où se croisent les fils en chaque lunette,ou dans le fil perpendiculaire. Regardez pour lors le point de la division auquel convient la ligne de foy de la regle ; que si la ligne marquée sur la feüille de corne tombe justement sur le point de 90 degrez de la division , c'est une marque que lesdites lunettes conviennent ensemble, sinon ou il faudra replacer ladite feüille de corne pour la faire convenir , ou bien dans les observations des angles il faudra toûjours avoir égard à la difference qui se trouve entre le premier point de la division & la ligne tracée sur ladite corne ou verre.

Pour ce qui regarde les distances entre deux objets,soit au ciel, soit sur la terre , le plan de l'instrument estant situé de maniere que les objets y conviennent , on observera les angles de la même maniere que l'on fait avec des alidades ordinaires , c'est à dire, celles qui sont au demi - cercle ou autres instrumens, dont nous avons parlé au livre IV. dont ces usages se feront de même.

CHAPITRE II.

De la construction & usage du Micrometre.

LE Micrometre est un instrument de grand usage en Astronomie , mais principalement pour mesurer les diametres des Astres & les moindres distances qui ne surpassent point un degré ou un degré & demi. Il est composé de deux cadres de cuivre rectangles , dont celui A B C D a ordinairement deux pouces & demi de long & un pouce & demi de large. Les côtez A B , C D sont divisez en parties égales & éloignées entr'elles de quatre lignes ou environ , car c'est suivant les tours de vis, comme nous dirons cy-

après ; mais de telle sorte que les lignes tirées par chaque division
soient perpendiculaires aux côtez A B , C D. On applique à ces
divisions, des fils de soye bien tendus avec de la cire que l'on y attache aux endroits marquez 2.

L'autre cadre E F G H , dont la longueur E F est d'un pouce &
demi, s'ajuste de telle maniere avec le premier cadre, que les côtez
E F, G H de l'un peuvent se mouvoir le long des côtez A B, C D
de l'autre, sans qu'ils s'en puissent séparer, ce qui se fait en les assem-
blant en queuë d'éronde ou biseau & à coulisse: la face de ce second
cadre qui regarde la face divisée du premier est aussi garnie d'un fil
de soye fort délié tendu à l'endroit marqué 4 , lequel dans le mouvement du cadre demeure toûjours parallele aux fils du premier
cadre, en les approchant de fort prés au dessus l'un de l'autre , sans
pourtant se toucher. On place au côté B D une vis marquée 1 dont
le cylindre qui doit avoir 4 à 5 lignes de diametre entre & tourne
dans un trou tarodé d'un pas fin fait dans l'épaisseur du cadre & qui
est renforcé en cet endroit ; la vis est entaillée par le bout qui entre
dans le trou du petit cadre & qui est aussi renforcé à l'endroit marqué K. Il y a une petite goupille qui entre dans un trou fait au
bout de la vis , pour que ce cadre ne puisse aucunement mouvoir
qu'en faisant tourner la vis à droite ou à gauche, suivant qu'on
veut faire avancer ou reculer ledit cadre.

On met aussi une plaque ronde d'environ un pouce de diametre
qu'on attache avec deux vis sur l'épaisseur du cadre aux endroits
marquez N. On la divise ordinairement en 20 ou en 60 parties égales qui servent à compter les trous de la vis dans les usages qu'on
en fait , & ce par le moyen de l'index M qui est ajusté sous le colet
de ladite vis & qui tourne avec elle: la division des côtez du cadre
A B C D, se fait suivant la grosseur du pas de ladite vis ; car , par
exemple, si on veut que les divisions soient éloignées l'une de l'autre
de 10 tours de vis, on fait faire dix tours à ladite vis, & on remarque
combien le petit cadre a fait de chemin ; si c'est 4 lignes , on fait les
divisions distantes l'une de l'autre de 4 lignes , & on place les filets
bien juste dessus ; & on les fait tenir avec de la cire.

Pour obvier aux changemens qui arrivent facilement aux fils de
soye par la chaleur ou autrement , Monsieur de la Hire propose une
chose fort commode , c'est de placer au lieu de soye une plaque de
verre blanc ou un morceau de glace mince, bien uni , qu'on ajuste
dans une rénure faite au long du cadre. On trace sur ce verre des
traits paralleles & très-déliez qui font le même effet que la soye.
Toute la difficulté consiste à tracer ces lignes bien délicatement
& de choisir une glace bien nette & bien polie, car les défauts
grossissent extremement quand on les voit dans les lunettes. On se
sert d'un petit diamant, dont la pointe soit fort fine , pour tracer

tres-legerement sur le verre ces lignes. La figure 1. de la Planche 18, fait assez connoistre la construction de ce Micrometre, qui est fort commode pour tous les usages que nous allons expliquer.

Toute la machine se joint aux grandes lunettes à observer, par le moyen des pieces marquées L qui débordent le cadre & qui entrent à coulisse dans une espece de boëte de fer blanc parallelograme, aux deux côtez de laquelle il y a deux ouvertures circulaires où sont soudez deux bouts de tuyau, l'un pour recevoir d'un côté le tuyau qui porte le verre oculaire, & l'autre pour recevoir le tuyau qui porte ledit verre objectif, de maniere que le Micromettre doit estre placé juste au foyer de ce verre.

Usage du Micrometre.

Fig. 9. IL se fait au foyer de la lentille ou du verre objectif une vive representation des objets au point où sont posez les fils du Micrometre ; c'est pourquoy si on ajoûte au devant du Micrometre la lentille oculaire qui en soit éloignée de l'étenduë de son foyer plus ou moins, selon la nature & constitution des yeux de l'observateur, les objets & les fils de soye y paroîtront distinctement.

Si donc on mesure en lignes ou douziémes de pouce la longueur du foyer de la lentille objective, ou ce qui est la même chose, la distance depuis le milieu de l'épaisseur de ladite lentille, jusqu'aux fils de soye du Micromettre. Cette longueur sera à la distance de quatre lignes qui font l'intervale des fils, comme le rayon ou Sinus total à la tangente de l'angle compris entre les fils paralleles, ce qui est évident par la dioptrique. Car nous supposons que la distance entre l'objet & l'œil de l'observateur est si grande, que la longueur du foyer de la lentille n'est d'aucune consequence à l'égard de cette distance ; de sorte que les rayons qui partent des points de l'objet passent directement par le centre de la lentille jusqu'aux fils, ni plus ni moins que si l'œil de l'observateur estoit placé dans la lentille même objective. L'experience pourra nous confirmer cette invention & nous servir à trouver la même chose.

Car si sur une petite table blanche & bien unie on tire deux lignes droites noires & paralleles entr'elles, dont l'intervale soit tel que d'environ deux ou trois cens toises, elles soient contenuës entre deux fils paralleles du Micrometre dans un lieu commode & pendant un temps serein sans agitation sensible de l'air, éloignez la Table de la lunette du Micrometre, jusqu'à ce que les lignes de ladite table, qui doit estre perpendiculaire à la ligne droite tirée de ladite table au Micrometre, soient cachées par les fils paralleles dudit Micrometre ; pour lors la distance entre la table & le verre objectif du Micrometre sera en même raison à l'intervale des lignes de la table, comme le Sinus total à la tangente de l'angle compris entre deux fils paralleles du Micrometre.

Faites ensuite mouvoir le cadre EFGH par le moyen de la vis, jusqu'à ce que son fil de soye convienne exactement à un des fils paralleles de l'autre cadre, & marquez la situation de l'index de la vis; faites-la tourner jusqu'à ce que le même fil du cadre EFGH convienne avec le fil prochain de l'autre cadre, ou ce qui est la même chose, faites mouvoir le cadre EFGH par l'espace de quatre lignes ou d'un tiers de pouce, ce qui se connoîtra facilement par le moyen de la lentille ou verre oculaire de la lunette laquelle multiplie les objets, & comptez les tours de la vis & les parties d'une révolution qui conviennent à l'intervale des fils. Construisez enfin une table des revolutions de la vis & de ses parties qui conviennent à chaque minute & à chaque seconde, ayant comme nous venons de dire, connu l'angle qui convient à l'intervale entier.

Lorsque l'on voudra observer le diametre des planetes, ayant dirigé vers une planete la lunette de longue veuë & son Micrometre, disposez les fils par le mouvement de la lunete, en telle sorte qu'un bord de l'Astre atteigne un des fils paralleles immobiles, & tournez l'écrou ou la vis jusqu'à ce que le fil mobile joigne l'autre bord de la planete. Il est évident que l'on connoîtra le diametre de la planete par la distance connuë entre les fils du Micrometre qui contiennent la planete.

Nous avons dit qu'il y a un index au dessous du colet de la vis, lequel marque sur le bord d'un petit cercle divisé en 60 parties égales les fractions d'une revolution entiere dudit écrou.

Cette méthode est commode pour mesurer les diametres apparens des planetes, si le corps de la planete se meut entre deux fils paralleles. Cependant il faut remarquer qu'à l'égard du Soleil & de la Lune leurs diametres paroissent fort inégaux à cause des refractions; dans les moindres élevations sur l'horison par l'espace de 30 minutes, le diametre vertical paroît un peu moindre qu'il n'est en effet aux environs de l'horison, & le diametre horisontal ne se peut reconnoître qu'avec bien de la peine, & par des observations plusieurs fois repetées, non plus que la distance entre deux Astres ou entre les cornes de la Lune, à cause de son mouvement diurne qui paroît fort vîte par le Telescope ou lunette.

Par la même methode on peut observer sur la terre les petites distances, & plus facilement que les corps celestes, à cause de l'immobilité de l'objet.

Si deux Astres passent par le même méridien à differentes hauteurs & en differens temps, la difference de leur hauteur donne le different éloignement où ils font de l'équateur vers l'un ou vers l'autre pole, ce qu'on appelle leur difference de déclinaison, & l'on voit par la difference du temps où ils viennent au méridien, le different éloignement où ils font d'un point déterminé de l'équateur qui eft le premier degré d'Aries, c'eft à dire, qu'on a leur difference en afcenfion droite.

Si les 2 Aftres font éloignez l'un de l'autre, on a dans l'intervale de leur paffage par le Meridien & par le Micrometre, affez de loifir pour avoir entierement fini les operations qui regardent le premier avant que d'aller au fecond; mais s'ils font fort proches l'un de l'autre, il eft tres-difficile de faire en même-temps les deux obfervations, fans compter qu'on ne peut pas toujours prendre les deux aftres affez precifément dans le Meridien.

Monfieur de la Hire donne le moyen de remedier à cet inconvenient en ne fe fervant que du Micrometre ordinaire. La feule obfervation du paffage des Aftres entre les filets ou fur les filets du Micrometre donnera par des confequences faciles la difference de déclinaifon & d'afcenfion droite, fans fuppofer même aucun Meridien connu ni tracé.

Que fi l'on veut avoir la difference de déclinaifon & d'afcenfion droite de deux Aftres qui ne peuvent pas eftre compris entre les fils du Micrometre, on pourra cependant la trouver par la méthode fuivante.

Nous ajoûtons au Micrometre un fil de foye que l'on appelle tranfverfal, parce qu'il coupe à angles droits les fils paralleles; on l'attache avec de la cire au milieu des côtez A C, B D. Ayant donc affermi la lunette & le Micrometre en telle pofition que l'on juge à propos, pourvû que les Aftres que l'on veut obferver puiffent paffer l'un aprés l'autre par les fils croifez, comme on voit en la figure 2. les Aftres A & S. On obfervera par le moyen d'une pendule à fecondes le temps que le premier Aftre A touchera le point où le fil tranfverfal A S croife quelqu'un des fils paralleles comme A d. Le Micrometre eftant difpofé pour cette obfervation, ce qui n'eft d'aucune difficulté, on comptera les fecondes de temps qui s'écouleront entre l'obfervation faite au point A & l'arrivée du même Aftre au point B, à la rencontre d'un autre fil parallele B D. Nous obferverons de même le temps que l'autre Aftre S rencontrera le fil tranfverfal au point S, & enfuite au point D du fil parallele B D.

Ce fera la même chofe fi l'Aftre S rencontre premierement le fil parallele en D, & enfuite le fil tranfverfal en S.

Comme le nombre des fecondes de temps du mouvement de l'Aftre A par l'efpace A B eft au nombre des fecondes du mouvement de l'Aftre S par l'efpace S D, ainfi la diftance A C, laquelle eft connuë en minutes & secondes de degré dans le Micrometre est à la distance C S en même espece de minutes & secondes.

Mais il faut convertir les secondes horaires du mouvement par l'espace A B, en minutes & secondes de grand cercle, tels que sont ceux de la distance C A au Micrometre, ce qui se fait par la regle ordinaire de proportion.

Ayant premierement converti les secondes du temps dudit mouvement d'A en B, que nous regardons icy comme une ligne droite, ou comme un arc de grand cercle, en minutes & secondes de cercle, en prenant 15 minutes de cercle pour chaque minute d'heure, & de même des secondes, ensuite on fera par une regle de proportion, comme le rayon ou Sinus total, au Sinus de complement de la déclinaison de l'Astre connuë; ainsi le nombre des secondes de l'arc A B aussi connu, au nombre des secondes de la même espece contenus en C A comme arc de grand cercle.

Deplus au Triangle rectangle & rectiligne C A B, les côtez C A, A B estant donnez avec l'angle droit en C, nous trouverons l'angle C A B, & supposant la perpendiculaire C P R du point C sur A B, A B sera à C A, comme C A est à A P.

Mais au triangle rectangle C A P outre l'angle droit nous avons l'angle A avec le côté C A, c'est pourquoy comme le rayon ou Sinus total est à C A, ainsi le Sinus de l'angle C A P est à C P, & comme le nombre des secondes horaires du mouvement d'A en B est au nombre des secondes horaires du mouvement d'S en D, ainsi C P est à C R ; donc en ôtant C R de C P, ou bien les ajoûtant ensemble, si A B & S D sont de l'un & l'autre côté du point C, nous aurons la valeur de P R en parties de grand cercle, qui sera la difference de déclinaison de l'un & de l'autre Astre observé. Nous n'avons aucun égard à la difference du mouvement par les espaces A B & S D causée par la difference de déclinaison, parce qu'elle n'est d'aucune consequence dans les differences de déclinaison telles qu'on peut les observer par le Micrometre.

Enfin comme A B est à A P, ainsi le nombre des secondes horaires du mouvement de l'Astre A observé par l'espace A B, au nombre des secondes du mouvement du même Astre par l'espace A P. On connoîtra donc le temps que l'Astre A parvient en P. Mais comme le nombre des secondes horaires par l'espace A B est au nombre des secondes horaires par l'espace S D; ainsi le nombre des secondes horaires par l'espace A P, au nombre des secondes horaires par S R. On connoît de plus le temps que l'Astre S est parvenu en S, à quoy l'on ajoûte le temps par S R, si les rencontres A & S sont du même côté du point C, sinon il faut soustraire le tems par S R du temps de l'observation en S, pour avoir le temps que l'Astre S est parvenu en R. Or la difference de l'arrivée des Astres en

P & R, c'est à dire, à un même cercle Meridien, sera leur difference d'ascension droite, laquelle se pourra réduire en degrez & minutes par les regles de proportion. Il faut remarquer que nous n'a-
vons icy aucun égard au mouvement propre des Astres, pour la difference du temps entre leur rencontre sur le Meridien C P.

De cette methode il est facile de reconnoître comment au lieu
du fil parallele C B D, on peut se servir d'un autre parallele qui
passe par A, ou de tout autre, comme aussi du parallele mobile,
pourveu qu'il s'y forme des triangles semblables, ce qui s'entend
par ce que nous avons dit cy-devant.

Nous pouvons encore faire le même par une autre methode. Car
ayant disposé les fils paralleles de maniere que le mouvement du
premier Astre se fasse sur un desdits fils, que l'on marque le temps
auquel le même Astre rencontre le fil transversal; que l'on observe
de même le temps que l'autre Astre arrive au même fil transversal;
si cependant on ajuste le fil parallele mobile au second Astre sans
changer aucunement le micrometre, on trouvera par le moyen de
la distance des fils paralleles dudit micrometre, la distance entre
les paralleles de l'équateur qui passent par les lieux desdits Astres,
qui est la difference de leur déclinaison. Que si de plus la difference
du temps entre le passage de l'un & de l'autre Astre par le fil transversal est convertie en minutes & secondes de degrez, on aura leur
difference ascensionnelle, ce qui n'a pas besoin d'exemple.

Mais si l'on cherche la même chose entre quelqu'Astre & la Lune
ou le Soleil, comme par exemple, Mercure passant sous le disque
du Soleil.

Ayant premierement placé le Micrometre de telle sorte que le
bord du Soleil parcourre un des fils paralleles, on observera le tems
que les bords du Soleil & le centre de Mercure toucheront le fil
transversal, & par ce temps on connoîtra la difference de déclinaison entre Mercure & le bord du Soleil par le moyen du fil parallele mobile, le micrometre demeurant immobile.

Que si au temps de l'observation du premier bord du Soleil
on ajoûte la moitié du temps écoulé entre les passages de l'un &
l'autre bord, on aura le temps du passage du centre du Soleil par
le même fil transversal: & par ce moyen on aura la difference du
temps entre le passage du centre du Soleil & de Mercure par le fil
transversal, c'est à dire, par le cercle Meridien. Cette difference
de temps estant convertie en degrez & minutes donnera la difference de leur ascension droite.

De plus comme le centre du Soleil est dans l'écliptique, si dans le
même temps que ledit centre passera par le fil transversal, connoissant d'ailleurs le vrai lieu du Soleil, vous cherchez dans la table faite exprés, l'angle de l'écliptique avec le cercle meridien, vous aurez

tez aussi l'angle que fait l'écliptique avec le parallele du Soleil comme dans la figure cy-jointe, l'angle O C R, de l'écliptique O C B & du parallele de l'équateur R C. P C est le meridien, & Mercure en M, le centre du Soleil estant en C, soit M R parallele à P C, & C R la difference d'ascension droite entre le centre du Soleil C & Mercure en M. Mais les minutes de difference d'ascension droite C R dans le parallele estant réduites en minutes de grand cercle ; si on fait une regle de proportion en disant, comme le rayon ou Sinus total au Sinus de complément de la déclinaison du Soleil ou de Mercure, ainsi le nombre des secondes de la difference d'ascension droite, au nombre des secondes C R, comme portion de grand cercle. Pour lors au triangle C R T, rectangle en R, nous avons le côté C R que l'on vient de trouver avec l'angle R C T ; sçavoir, la difference entre l'angle droit & l'angle de l'écliptique avec le Meridien ; c'est pourquoy on trouvera l'hypotenuse C T, & le côté R T. Mais si on ôte R T de M R, qui est la difference de déclinaison de Mercure en M & du centre du Soleil C, restera T M. On dira ensuite par la regle de proportion, comme C T est à T R, ainsi T M est à T O. Et comme C T est à C R, ainsi T M à M O. M O sera la latitude de Mercure au temps de l'observation. Mais ajoûtant T O au côté C T, on aura C O pour difference de longitude entre Mercure & le centre du Soleil. C'est pourquoy connoissant la longitude du Soleil, on trouvera celle de Mercure.

De plus si deux ou trois heures aprés la premiere observation de Mercure en M, on observe encore une fois la difference de declinaison & d'ascension droite de Mercure avancé en N, nous trouverons comme cy-devant la latitude de Mercure N Q & C Q, difference de longitude du centre du Soleil C ; c'est pourquoy nous trouverons le lieu du nœud apparent de Mercure. Mais il faut remarquer que le point de rencontre A dans la droite M N, avec l'écliptique C B, n'est point le lieu dudit nœud, eu égard au point C, parce qu'entre les observations faites aux points M & N, le Soleil par son mouvement propre s'est avancé de quelques minutes selon l'ordre des Signes, à quoy cependant on n'a pas d'égard dans les observations. C'est pourquoy on dira par la regle de proportion, comme la difference des latitudes M O, N Q à O Q, moins le mouvement propre du Soleil entre les observations faites en M & N ; ainsi M O à la distance O A, d'où l'on trouvera la vraie distance C A du centre du Soleil C au nœud du Mercure A. Nous ôrons de O Q le mouvement propre du Soleil entre les observations, parce que pendant ce temps-là Mercure est retrograde. Mais si son mouvement estoit direct, il faudroit ajoûter le mouvement du Soleil à la droite O Q.

O

Dans les obſervations de Mercure en ſon paſſage entre les bords du Soleil, nous n'avons eu aucun égard au mouvement propre du Soleil, comme eſtant de petite conſequence ; mais ſi nous voulons y avoir égard, il faudra diminuer C O & C Q de la quantité du mouvement propre du Soleil à raiſon du temps écoulé entre le paſſage du centre du Soleil & de Mercure par le cercle meridien.

Par la même methode on obſervera les diſtances des planetes entr'elles, ou avec les étoiles fixes aux environs de l'écliptique, excepté neanmoins quelques minutes, non-ſeulement à cauſe du mouvement propre des planetes, ſoit vers les mêmes parties, ſoit vers les parties oppoſées, comme nous avons dit du Soleil & de Mercure ; mais auſſi à cauſe de leur éloignement de l'écliptique ou de leur trop grande latitude, dont il nous ſuffit d'avoir icy averti.

Il eſt à remarquer que cette ſeconde methode pour trouver la difference de declinaiſon & d'aſcenſion droite, n'eſt pas plus exacte que la premiere, quoyqu'elle ſe faſſe avec moins de calculs ; car il eſt aſſez difficile de diſpoſer les fils du Micrometre ſelon le parallele du mouvement diurne, ne le pouvant faire que par pluſieurs épreuves incertaines.

Monſieur de la Hire a inventé encore un autre Micrometre dont la conſtruction eſt facile, car ce n'eſt autre choſe qu'un double compas, comme il eſt icy repreſenté, dont les jambes d'une part Fig. 4. ſont, par exemple, dix fois plus grandes que les autres. Il doit eſtre fait de telle maniere que les plus courtes jambes ſe puiſſent introduire par une fente dans le tuyau de la lunette & ſe placer à l'endroit du foyer de la lentille objective, en ſorte que les pointes tres-fines deſdites plus courtes jambes ſe puiſſent appliquer à tous les objets dépeints au foyer. Car de la même ouverture de compas les pointes des plus longues jambes s'appliqueront ſur une échelle diviſée en parties, qui marqueront les minutes & ſecondes telles qu'elles conviennent au foyer de la lentille objective ; la diviſion de cette échelle ſe pourra faire par la même methode dont nous nous ſommes ſervis à connoître les diſtances des fils paralleles de l'autre Micrometre, en diſant par la regle de trois, comme le nombre des lignes contenuës en la longueur du foyer de la lentille objective de la lunette a une ligne, ainſi le rayon ou Sinus total a la tangente de l'angle meſuré au foyer ſous une ligne. C'eſt pourquoy ſi les plus longues jambes contiennent les autres dix fois, dix lignes de l'échelle meſureront le même angle, ce qui eſtant connu il ſera facile de diviſer l'échelle en minutes & ſecondes. L'on pourra ſe ſervir de ce Micrometre pour obſerver les diametres des planetes, comme auſſi les moindres diſtances des Aſtres & des lieux de la terre.

La construction de ce Micrometre est la même que celle que nous avons donnée pour les compas de réduction.

CHAPITRE III.

Maniere d'observer les Astres.

LEs observations des Astres qui se font de jour par les lunettes de longue veuë sont faciles, parce que les fils de soye se voyent distinctement; mais pendant la nuit il faut éclairer les fils avec un flambeau ou une bougie, en sorte que l'on puisse les voir avec les Astres par la lunette, ce qui se fait en deux manieres.

Premierement nous éclairons la lentille ou verre objectif de la lunette en approchant de ladite lentille une chandelle, mais obliquement, afin que son corps ou sa fumée n'empêchent point les rayons de l'Astre. Mais si la lentille objective est un peu enfoncée dans le tuyau, elle ne pourra point estre éclairée à moins que la chandelle ne soit fort proche, ce qui empêche de voir l'Astre; & si la lunette a plus de six pieds, il sera difficile d'éclairer suffisamment le verre objectif, en sorte que les fils paroissent bien distinctement.

Secondement on fait une ouverture assez ample au bout du tuyau proche du cadre où sont attachez les fils, & approchant la bougie, les fils & les Astres paroîtront.

Mais cette methode est sujette à plusieurs inconveniens, car la lumiere est si proche des yeux de l'observateur, que souvent ils en sont incommodez. Et de plus comme les fils sont découverts & exposez à l'air, ils perdent leur situation, ou ils se détendent, ou même se peuvent rompre.

Monsieur de la Hire a trouvé un expedient pour y remedier; comme il avoit plusieurs fois experimenté dans les observations qu'au clair de la lune dans un temps un peu broüillé les fils paroissoient distinctement, & qu'à peine pouvoit-on les voir lorsque le ciel estoit serein, il lui vint en pensée de couvrir le bout du tuyau de la lunette du côté du verre objectif d'un morceau de gaze ou crespe blanc tres-fin, c'est à dire, fait de fils de soye tres-déliez. Cette invention lui a réüssi, car la bougie placée loin de la lunette éclairoit assez le crespe pour faire voir distinctement les fils sans empêcher de voir les Astres.

Les observations du Soleil ne se peuvent faire à moins que l'on ne mettre entre la lunette & l'œil un verre bruni ou enfumé, ce qui se prepare ainsi. Prenez deux morceaux de verre égaux & bien polis, sur la surface d'un de ces verres & autour de ses bords collez une

bande de carton; mettez fur la fumée d'un flambeau l'autre morceau
de verre , en le remuant fouvent & le retirant de temps à autre, de
crainte que la trop grande chaleur ne le fafle cafler, jufqu'à ce que
la fumée y foit fi épaiffe qu'à peine on puiffe voir le flambeau; mais
il ne faut pas que le noir de fumée y foit par tout d'égale épaiffeur,
afin que l'on puiffe choifir celle qui convient à la fplendeur du Soleil. Et afin que ce noir ne s'efface pas , il le faut appliquer fur l'autre morceau de verre, dont la furface ne touchera point ladite fumée à caufe des bandes de carton qui font entre les deux verres,
dont enfin on joindra les bords avec une bande de papier collée.

Il faut fe fouvenir qu'obfervant la hauteur du Soleil avec une lunette à deux verres, le bord fuperieur paroît inferieur.

Il y a deux principales fortes d'obfervations des Aftres, l'une
dans le Méridien, & l'autre dans les Cercles verticaux.

Si l'on connoît la pofition du Cercle méridien en plaçant le plan
du quart de cercle dans le plan du méridien par le moyen du plomb
attaché au centre, on pourra trouver la hauteur méridienne de
l'Aftre, qui eft une des principales operations, & qui fert de fondement à prefque toute l'Aftronomie.

On peut auffi avoir des obfervations méridiennes par le moyen
d'une Horloge à pendule, fi l'on fçait le temps précis du paffage de
l'Aftre par le Meridien.

Il faut remarquer que les Aftres font à même hauteur pendant
une minute, devant ou aprés leur paffage par le méridien, pourvû neanmoins que l'Aftre ne paffe point par le Zenith ou aux environs; mais à ce deffaut on obfervera les hauteurs d'un Aftre à
chaque minute, plus ou moins, autour du méridien, que l'on
fuppofe déja connu, & fa plus grande ou moindre hauteur fera fa
hauteur méridienne que l'on cherche.

Pour ce qui eft des obfervations qui fe font hors du méridien
dans les cercles verticaux, il faudra connoître la pofition du vertical, ou la chercher par la méthode fuivante.

Premierement le quart de cercle & fa lunette demeurant dans
la même fituation verticale où il eftoit quand on a obfervé la
hauteur de l'aftre avec l'heure de fon paffage par le point où fe
croifent les fils de l'oculaire, on remarquera le temps que le Soleil
ou quelque étoile fixe, dont la longitude & latitude font connuës,
arriveront au fil vertical de la lunette, c'eft à dire, au cercle vertical qui paroît par l'aftre & par la ligne de foy au temps de l'obfervation; d'où l'on connoîtra la pofition dudit cercle vertical, &
on trouvera le vrai lieu de l'aftre obfervé.

Mais fi le Soleil ou un autre aftre ne paffe point par l'ouverture
du tuyau, & que d'ailleurs on ait une ligne méridienne bien tra-

cée sur un terrain bien de niveau dans le lieu de l'observation, il faut abbaisser un plomb d'un pignon ou de quelque autre corps ferme & immobile, éloigné du quart de cercle de 3 ou 4 toises, sous lequel plomb il y ait une pointe de fer en l'alignement du fil, laquelle puisse marquer la rencontre du fil perpendiculaire. Pour lors il faut mettre tout prés de la lentille objective une platine de cuivre ou de carte, au milieu de laquelle il y ait une petite fente, laquelle estant posée verticalement passe par le centre de la figure circulaire de la lentille, qui nous tient lieu de vrai centre. Cela fait voir distinctement le fil du perpendicule, lequel ne pouvoit se voir auparavant par la lunette à cause de sa trop grande proximité. C'est pourquoy on remuëra le perpendicule jusqu'à ce que son fil convienne avec le fil vertical de la lunette; & par ce moyen on marquera sur le plancher le point où tombera ladite pointe de fer qui est sous le plomb, & ce sera un point du plan vertical que l'on cherche. Ensuite on suspendra un perpendicule devant le centre de la lentille objective, ou vis à vis le point où les fils se croisent, & l'on marquera comme cy-devant, un point sur le plancher, lequel sera aussi dans le même vertical; c'est pourquoy si par ces deux points verticaux on tire une ligne droite qui rencontre la ligne méridienne, on aura la position du cercle vertical de l'astre observé, par rapport à la ligne meridienne, dont l'angle se mesurera en prenant des grandeurs connuës sur chacune de ces deux lignes du point où elles se rencontrent, & par leurs extremitez tirant une base on aura un triangle, dont les trois côtez estant connus, on trouvera l'angle du sommet, qui sera la distance dudit vertical au meridien.

Maniere d'observer la hauteur Meridienne des Astres.

IL y a trop de difficulté à bien placer le quart de cercle dans le plan du meridien pour pouvoir exactement trouver la hauteur meridienne d'un Astre; car à moins que de trouver un lieu & un mur commode, où l'on puisse attacher fermement le quart astronomique dans le plan du meridien, ce qui est tres-difficile à faire, on n'aura point la veritable position du cercle meridien propre à observer tous les astres, comme nous avons dit cy-devant. C'est pourquoy il sera beaucoup plus facile, principalement dans les voyages, de se servir d'un quart portatif, par le moyen duquel on observera la hauteur de l'astre un peu avant son passage par le meridien, à chaque minute de temps, si l'on peut, jusqu'à ce qu'on trouve sa plus grande ou sa moindre hauteur sur l'horison. Ainsi quoyque l'on n'ait pas la veritable position du meridien, on ne laissera pas d'avoir la hauteur méridienne apparente de l'astre.

Quoyque cette méthode soit fort bonne & exempte d'erreur sensible, neanmoins si l'astre passe par le méridien proche du Zénith, on ne pourra avoir sa veritable hauteur méridienne que par hazard, par les observations repetées de minute en minute, jusqu'à chaque minute d'heure la hauteur augmente environ de 15 minutes de degré; & en ces sortes d'observations, la situation incommode de l'observateur, la variation de l'azimut de l'astre, de plusieurs degrez en peu de temps, le changement qu'il faut faire à l'instrument & la difficulté de le bien replacer verticalement empêchent de faire les observations plus frequentes que de 4 en 4 minutes d'heures, pendant lequel temps la difference de hauteur est d'un degré. C'est pourquoy en ce cas il sera plus seur de chercher à connoître d'ailleurs la position du cercle méridien, ou le temps précis que l'astre passe au méridien, afin de placer l'instrument dans le plan dudit méridien, ou de le mouvoir en sorte que l'on puisse observer la hauteur de l'astre au moment qu'il passe par le méridien.

Des refractions.

AYant observé la hauteur méridienne de deux étoiles fixes, laquelle soit égale ou peu differente, dont l'une soit vers le Septentrion & l'autre vers le Midy, & connoissant d'ailleurs leur déclinaison, trouver la Refraction qui convient au degré de hauteur desdites étoiles fixes, & la vraye hauteur du Pole, ou de l'Equateur dans le lieu de l'observation.

Ayant trouvé par le precepte precedent la hauteur méridienne apparente d'une étoile aux environs du Pole, si on y ajoûte ou que l'on en ôte le complément de la déclinaison de ladite étoile, on aura la hauteur apparente du Pole; on aura aussi par la même raison la hauteur apparente de l'Equateur par le moyen de la hauteur méridienne d'une étoile aux environs de l'Equateur, en ajoûtant ou soustrayant la déclinaison.

Ensuite ayant ajoûté ensemble les hauteurs trouvées de l'Equateur & du Pole, la somme en sera toûjours plus grande qu'un quart de cercle; mais en ôtant 90 degrez de cette somme, le reste sera double de la Refraction de l'une & l'autre étoile observée à même hauteur; c'est pourquoy ôtant cette Refraction de ladite hauteur apparente du Pole ou de l'Equateur, on aura leur vraye hauteur.

EXEMPLE.

La hauteur méridienne observée d'une étoile au dessous du Pole boreal soit de 30 d. 15 m. & le complément de la déclinaison de cette étoile foit de 5 degrez, dont la hauteur apparente du Pole fera de 35 d. 15 m. Semblablement foit la hauteur méridienne apparente, obfervée d'une autre étoile aux environs de l'Equateur de 30 d. 40 min. & fa déclinaifon méridionale de 24 d. 9 min. d'où l'on connoîtra la hauteur apparente de l'Equateur de 54 d. 49 m. C'eft pourquoy la fomme des hauteurs trouvées du Pole & de l'Equateur fera de 90 d. 4 min. dont ayant ôté 90 d. reftera 4 min. qui fera le double de la Refraction à la hauteur de 30 d. 28 min. qui eft environ le milieu entre les hauteurs trouvées; c'eft pourquoy à la hauteur de 30 d. 15 m. la Refraction fera un peu plus de 2 min. comme de 2 min. une feconde, & à la hauteur de 30 d. 40 m. la Refraction fera de 1 min. 59 fecondes.

Enfin fi on ôte 2 m. une feconde de la hauteur apparente du Pole trouvée 35 d. 15 min. reftera la vraye hauteur du Pole 35 d. 12 min. 59 fecondes, & par la même raifon la vraye hauteur de l'Equateur fera de 54 d. 47 m. une feconde, qui eft le complément de la hauteur du Pole.

Il faut remarquer que la Refraction & la hauteur trouvée par cette methode fera d'autant plus exacte que la hauteur des aftres fera grande; car encore bien que la difference des hauteurs de chaque étoile feroit de 2 d. cela n'empêcheroit pas d'avoir la refraction & la vraye hauteur du Pole, puifqu'au deffus du 30 deg. de hauteur, la difference de refraction entre 2 degrez n'eft point fenfible.

On peut faire la même chofe par le moyen d'une étoile obfervée du côté du Pole, & du Soleil du côté de l'Equateur; car les Refractions font égales de jour & de nuit, comme Monfieur de la Hire l'a obfervé plufieurs fois, & cette operation fera plus commode que fi elle eftoit faite par le moyen de deux étoiles, parce que la hauteur méridienne du Soleil, croiffante & décroiffante, peut parvenir à égaler la hauteur de l'étoile obfervée.

Autre Methode pour obferver les Refractions.

L'On peut encore reconnoître la quantité de la Refraction par l'obfervation d'une même étoile, dont la hauteur meridienne foit de 90 degrez ou un peu moindre; car connoiffant d'ailleurs la hauteur du Pole ou de l'Equateur dans le lieu de l'obfervation par la hauteur meridienne de l'étoile, on connoîtra fa vraye déclinaifon, puifque les Refractions font infenfibles proche du Zénith.

Mais fi à chaque degré de hauteur de l'étoile on obferve le temps marqué par une pendule exacte, comme auffi le temps de fon paffage par le méridien que l'on connoîtra par les hauteurs

O iiij

égales de ladite étoile vers l'Orient & vers l'Occident, nous aurons dans un triangle spherique trois choses connuës ; à sçavoir,
l'arc de la distance entre le Pole & le Zenith, le complément de la
déclinaison de l'étoile, & l'angle compris par ces arcs ; sçavoir, la
difference du temps moyen entre le passage de l'étoile par le méridien & son lieu, pour lequel se fait le calcul, convertie en degrez
& minutes ; à quoy il faut ajoûter la partie proportionnelle convenable du moyen mouvement du Soleil à raison de 59 m. 8 sec. par
jour ; c'est pourquoy on trouvera le vrai arc du vertical entre le
Zénith & le vrai lieu de l'étoile.

Mais par l'observation on a l'arc apparent de la hauteur de ladite
étoile, & la difference de ces arcs sera la quantité de la Refraction
à la hauteur de l'étoile. Par un semblable calcul on aura les Refractions de chaque degré de hauteur.

On peut faire le même par le moyen du Soleil ou de quelque
étoile que ce soit, pourvû que l'on connoisse sa déclinaison, afin
qu'au temps de l'observation on puisse trouver la vraye distance du
Soleil ou de l'Etoile au Zenith.

Ayant connu la Refraction des Astres il sera facile de trouver la
hauteur du Pole : car ayant observé la hauteur méridienne de l'E-
toile polaire, tant au dessus qu'au dessous du Pole, le même jour, ou
à peu de distance l'un de l'autre, ayant diminué de chaque hauteur
la Refraction convenable, la moitié de la difference des hauteurs
corrigées, ajoûtée à la moindre hauteur corrigée, ou soustraite de la
plus grande aussi corrigée, on aura la vraie hauteur du Pole.

M. de la Hire a observé avec grand soin pendant plusieurs
années la hauteur méridienne des Etoiles fixes, & principalement
de Sirius & de la Claire de la Lyre avec des Quarts de cercles astronomiques tres-bien divisez & des Lunetes tres-excellentes à differentes heures du jour & de la nuit, & même pendant le milieu
du jour & en differentes saisons de l'année. Il asseure n'avoir remarqué aucune difference dans les hauteurs desdites Etoiles que
celle qui provient de leur mouvement propre.

Et comme l'Etoile de Sirius monte environ jusqu'au vingt-si-
xiéme degré du meridien, on pourroit douter si dans les moindres hauteurs les Refractions d'hyver seroient plus grandes que
celles d'esté ; c'est pourquoy il a aussi observé avec feu M. Picard
les hauteurs méridiennes de l'Etoile nommée Capella, dans sa
moindre hauteur meridienne, qui est environ de 4 degrez & demi
en plusieurs differentes saisons de l'année.

Ayant comparé ensemble ses diverses observations & fait les
réductions necessaires à cause du mouvement propre de cette étoile, à peine a-t il trouvé une minute de difference, laquelle pouvoit provenir d'une autre cause que des Refractions. C'est pour-

quoy il n'a conftruit qu'une feule table de Refraction du Soleil, de la Lune & des autres Aftres pour toutes les faifons de l'année, conformément aux obfervations qu'il en a faites.

Cependant on peut croire que les Refractions font fujetes à diverfes inconftances autour de l'horifon, felon la differente conftitution de l'air & la nature du terrain haut ou bas, comme M. de la Hire l'a fouvent experimenté ; car obfervant au pied des Montagnes la hauteur des Aftres qui fembloient en rafer le fommet, elles lui ont paru un peu plus hautes que s'il les avoit obfervées du fommet même; mais fi on veut ajoûter foy aux obfervations des autres, les Refractions font plus grandes même en Efté dans les Pays Septentrionaux que dans les Zones temperées.

Maniere de trouver par obfervation le temps de l'Equinoxe & du Solftice.

AYant connu la hauteur de l'Equateur, la Refraction & la parallaxe du Soleil à une même hauteur, il ne fera pas difficile de trouver le temps que le centre du Soleil fera dans l'Equateur ; car fi de la hauteur meridienne apparente du centre du Soleil, le jour même qu'arrive l'Equinoxe, on ôte la Refraction convenable & qu'on y ajoûte la parallaxe, reftera la vraie hauteur meridienne du centre du Soleil. Or la difference de cette hauteur & de celle de l'Equateur, marquera le temps du vrai Equinoxe devant ou aprés midy, fi l'on divife par 59 la fomme des fecondes de cette difference trouvée, le quotien marquera les heures & les fractions d'heures qu'il faut ajoûter ou fouftraire du vrai midy pour avoir le temps du vrai Equinoxe.

Les heures du quotien s'ajoûtent au temps du midy fi la hauteur meridienne du Soleil s'eft trouvée moindre que celle de l'Equateur vers l'Equinoxe du Printemps, mais on les en fouftrait fi elle s'eft trouvée plus grande. Il faut faire le contraire vers l'Equinoxe d'Autonne.

EXEMPLE.

Eftant donnée la vraie hauteur de l'Equateur 41 d. 10 min. & ayant obfervé la vraie hauteur meridienne du centre du Soleil 41 d. 5 m. 15 fec. laquelle fe connoît par la hauteur apparente du bord fuperieur ou inferieur du Soleil corrigée par fon demi-diametre, refraction & parallaxe, la difference fera de 4 m. 45 fec. ou 285 fecondes, lequel nombre eftant divifé par 59, le quotien fera 4 $\frac{49}{59}$ c'eft à dire, 4 heures 48 m. qu'il faut ajoûter à midy, fi le Soleil eft en l'Equinoxe du Printemps, & par confequent l'Equinoxe arrivera 4 heures 48 m. aprés midy. Mais fi le Soleil eftoit en l'Equinoxe d'Autonne, ledit Equinoxe feroit arrivé 4 heures 48 m. avant midy, c'eſt à dire à 7 h. 12 m. du matin.

A l'égard des Solſtices il y a bien plus de difficulté à les déter-miner que les Equinoxes, car il ne ſuffit pas d'une ſeule obſerva-tion, parce qu'en ces temps la difference entre les hauteurs meri-diennes d'un jour à l'autre eſt preſque imperceptible. Il faudra donc prendre exactement la hauteur meridienne du Soleil, douze ou quinze jours avant le Solſtice, & autant de temps aprés tâcher de retrouver à peu prés la même hauteur meridienne du Soleil, afin que par les parties proportionelles du changement de hauteur meridienne du Soleil, on puiſſe exactement déterminer le temps que le Soleil s'eſt trouvé à même hauteur, devant & aprés le Solſti-ce, eſtant dans le même cercle parallele à l'Equateur.

Ayant donc connu le temps écoulé entre l'une & l'autre ſitua-tion du Soleil, il en faut prendre le milieu, & chercher dans les ta-bles le vrai lieu du Soleil qui convient à ces trois temps. Le milieu de la difference des lieux extrêmes du Soleil s'ajoûtera au moindre, afin d'en faire un lieu moyen par la comparaiſon des extrêmes; mais ſi le lieu moyen trouvé par le calcul ne convient pas au lieu moyen trouvé par ladite comparaiſon, il faut en prendre la diffe-rence & ajoûter au temps moyen le temps qui répond à cette dif-ference, ſi le temps moyen trouvé par le calcul eſt le plus petit, & au contraire le ſouſtraire s'il eſt plus grand, afin d'avoir le temps du Solſtice.

EXEMPLE.

Le dixiéme jour du mois de Juin la hauteur meridienne ap-parente du Soleil a eſté trouvée dans l'Obſervatoire Royal de 64 d. 27 m. 15 ſecondes, & le troiſiéme jour de Juillet enſuite laditehau-teur meridienne apparente s'eſt trouvée de 64 d. 28 m. 15 ſecondes, d'où l'on connoît par la difference de declinaiſon en ce temps que le Soleil eſt arrivé au parallele de la premiere obſervation le 3ᵉ jour de Juillet à 4 heures 12 m. & parconſequent le temps moyen entre les obſervations ſera le 22 Juin à 2 h. & 6 m. du matin.

Or par les tables, le vrai lieu du Soleil au temps de la premie-re obſervation eſt deux ſignes, 18 d. 58 m. 23 ſec. & au temps de la derniere il eſt 3 ſig. 11 d. 4 m. 52 ſec. & au milieu il eſt 3 ſig. o d. 1 m. 56 ſec.

Mais la difference des lieux extrêmes eſt 22 d. 6 m. 29 ſec. dont la moitié eſt 11 d. 3 m. 15 ſec. leſquels ajoûtez au moindre lieu font 3 ſig. o d. 1 m. 38 ſec. lequel eſt le lieu moyen par la comparaiſon des extrêmes.

Entre le lieu moyen par le calcul 3 ſig. o d. 1 m. 56 ſec. & le lieu moyen par comparaiſon, la difference eſt 18 ſec. qui correſpondent à 7 m. 18 fec. de temps qu'il faut ôter du temps moyen, parce que le lieu moyen par le calcul eſt plus grand que le lieu moyen par comparaiſon. C'eſt pourquoy le temps du Solſtice ſera le 22 Juin à une heure 58 m. 18 ſec. du matin. Ce qui peut ſe confirmer par pluſieurs autres obſervations.

Il eſt à remarquer que l'erreur de peu de ſecondes, plus ou moins dans la hauteur du Soléil obſervée, peut éloigner d'une heure le Solſtice de ſon vrai temps, comme en l'exemple propoſé 10 ſec. de hauteur ou environ répondent à une heure de temps ; c'eſt pourquoy cela ne ſe peut faire qu'avec des Inſtrumens bien diviſez & pluſieurs obſervations tres-exactes.

Obſervations faites dans l'Obſervatoire Royal aux environs des Solſtices pour avoir la hauteur du Pole de Paris dans l'Obſervatoire, & de la plus grande déclinaiſon du Soleil ou obliquité de l'Ecliptique.

AU Solſtice d'Eſté la hauteur méridienne apparente du bord ſuperieur du Soleil, recueillie de pluſieurs obſervations, s'eſt

	d	m	ſec
trouvée de	64	55	24
Refraction à ſouſtraire			33
Parallaxe à ajoûter			1
Vraie hauteur du bord ſuperieur	64	54	52
Demi-diametre du Soleil		15	49
Vraie hauteur méridienne du centre	64	39	3

Au Solſtice d'Hyver, la hauteur méridienne apparente du bord ſuperieur du Soleil

	d	m	ſec
	18	0	24
Refraction à ſouſtraire		3	12
Parallaxe à ajoûter			5
Vraie hauteur du bord ſuperieur	17	57	17
Demi-diametre du Soleil		16	21
Vraie hauteur méridienne du centre	17	40	56

	d	m	ſec
Donc la vraie diſtance des Tropiques eſt	46	58	7
La moitié qui eſt la plus grande du déclin du Soleil,	23	29	$3\frac{1}{2}$
La hauteur de l'Equateur à l'Obſervatoire,	41	9	$59\frac{1}{2}$
Son complément qui eſt la hauteur du pole,	48	50	$0\frac{1}{2}$

Observations de l'Etoile Polaire.

PAr diverses obfervations de la plus grande & de la moindre hauteur méridienne apparente de l'Etoile polaire, qui eft à l'extrémité de la queuë de la petite Ourfe, on conclud la hauteur apparente du Pole, comme l'a marqué Monfieur Picard dans fon Livre de la Mefure de la terre, entre les Portes de S. Jacques & de S. Martin, aux environs de S. Jacques de la Boucherie, 48 d. 52 m. 20 fec.

La réduction eftant faite felon la diftance des lieux, la hauteur méridienne apparente du Pole à l'Obfervatoire Royal, fera de 48 51 2
La Refraction qui convient à cette hauteur, 1 4
Donc la vraie hauteur du Pole à l'Obfervatoire 48 49 58.
Pour laquelle nous prenons, 48 50 0
Et par confequent la hauteur de l'Equateur, 41 10 0

Connoiffant l'heure ou le temps vrai ou apparent qu'une Etoile fixe ou une Planete paffe par le Cercle meridien, trouver la difference d'Afcenfion droite entre l'Etoile fixe ou la Planete & le Soleil.

IL faut convertir en degrez de l'Equateur le temps donné de. puis midy jufqu'au paffage de l'Etoile fixe ou de la Planete, ou bien le temps depuis leur paffage jufqu'à midy, & l'on aura ce que l'on cherche.

EXEMPLE.

La Planete de Jupiter a paffé par le meridien à dix heures du matin, 23 m. & 15 fec. dont la diftance jufqu'à midy, qui eft une h. 36 m. 45 fec. eftant convertie en degrez de l'Equateur, nous aurons 24 d. 11 m. 15 fec. pour la difference d'Afcenfion droite entre le Soleil & Jupiter, au moment que le centre de Jupiter a paffé par le meridien.

Dans ce problême & le fuivant nous propofons le temps vrai ou apparent, & non pas le temps moyen; parce que le temps vrai eft plus aifé à connoître par les obfervations du Soleil, que le temps moyen. Nous expliquerons ce que c'eft que le temps moyen auffi-bien que le temps vrai ou apparent, dans le 4ᵉ Chapitre de ce Livre, en parlant de la Machine pour les Eclipfes.

Connoissant le temps vrai entre le passage de deux Etoiles fixes par le meridien, ou bien d'une Etoile fixe & d'une Planete, trouver leur difference d'Ascension droite.

IL faut convertir en degrez de l'Equateur le temps donné entre leurs passages, & y ajoûter l'Ascension droite du vrai mouvement du Soleil qui convient à ce temps; la somme sera la difference que l'on cherche.

EXEMPLE.

Entre les passages par le meridien de l'Etoile du Grand Chien nommé Sirius, & du cœur du Lion nommé Regulus, il s'est écoulé 3 h. 20 m. o sec. de temps, l'Ascension droite du vrai mouvement du Soleil qui convient à ce temps, soit supposée de 7 m. 35 sec.

C'est pourquoy convertissant en degrez de l'Equateur lesdites 3 h. 20 m. nous aurons 50 d. ausquels ajoûtant 7 m. 35 sec. la somme 50 d. 7 m. 35 sec. sera la difference d'Ascension droite entre Sirius & Regulus.

Il en est de même d'une Etoile fixe & d'une Planete, ou de deux Planetes; cependant il faut remarquer que si le mouvement propre de la Planete ou des Planetes est considerable entre le passage de l'une & de l'autre par le meridien, il faut y avoir égard.

Maniere d'observer les Eclipses.

ENtre les observations des Eclipses nous avons le commencement & la fin; l'immersion totale & l'émersion qui se peuvent estimer assez exactement par les yeux seuls, sans lunettes de longue veuë, excepté neanmoins le commencement & la fin des Eclipses de Lune où l'on peut faire erreur d'une minutte ou deux, à cause qu'il est difficile de déterminer certainement l'extremité de l'ombre. Mais la quantité de l'Eclipse, c'est à dire, la portion éclipsée du disque du Soleil & de la Lune, laquelle se mesure par doigts ou douziéme parties de tout le diametre du Soleil & de la Lune, & par minutes ou soixantiémes parties desdits doigts, ne se peut bien connoître sans une lunette de longue veuë, jointe à quelque instrument. Car l'estimation que l'on en peut faire avec les yeux est fort sujette à erreur, comme il est aisé de reconnoître dans l'Histoire des anciennes Eclipses, quoyque les observations en ayent esté faites par de tres-habiles Astronomes.

Les premiers Astronomes qui se sont servis des lunettes de

longuë veuë, garnies de deux verres; fçavoir, l'objectif convexe
& l'oculaire concave dans les obfervations des Eclipfes, obfervoient
celles de Soleil par la méthode fuivante. On faifoit un trou aux
volets d'une chambre bien fermée, on y mettoit le tuyau d'une
lunette, comme celle que nous venons de décrire; de forte que les
rayons du Soleil paffant par ladite lunette eftoient receus fur un
carton ou tablette blanche, fur laquelle on avoit premierement décrit un cercle d'une grandeur convenable, avec cinq autres concentriques & également éloignez l'un de l'autre. Ces cercles avec le
centre partageoient en douze parties égales tout le diametre du
cercle exterieur. Ayant donc ajufté ladite tablette perpendiculaire à la fituation du tuyau de la lunette, on y voyoit l'image lumi-
neufe du Soleil d'autant plus grande que cette tablette eftoit éloignée de la lentille oculaire vers la partie interieure de la chambre;
c'eft pourquoy en l'approchant ou reculant dudit tuyau, on cherchoit le lieu où l'image du Soleil paroiffoit exactement égale à
la circonference du cercle exterieur, & en cette diftance on ar-
rêtoit la tablette avec le tuyau de la lunette qui compofoit la
machine pour ladite obfervation. Enfuite on faifoit mouvoir le
tuyau felon le mouvement du Soleil, afin que le bord lumineux
de fon difque touchât par tout la circonference du cercle exterieur décrit fur la tablette, & par ce moyen on voyoit la quantité
de la portion éclipfée, & de fa plus grande obfcurité, qui fe mefuroit
par le moyen des cercles concentriques; on marquoit l'heure de
chaque Phafe par une Horloge rectifiée & preparée pour cette obfervation. La même méthode s'obferve encore par plufieurs Aftronomes, qui fe fervent auffi d'un Reticule circulaire fait par fix
cercles concentriques fur du papier tres-fin qu'on peut huiler pour
rendre l'image du Soleil plus fenfible. Le plus grand de ces cercles doit contenir exactement l'image du Soleil au foyer du verre
objectif d'une lunette de 40 à 60 pieds, ces 6 cercles font à diftance égale & divifent avec le centre le diametre du Soleil en 12
doigts égaux; lorfque ce papier eft placé au foyer d'une grande lunette, on diftingue nettement la partie du Soleil qui refte éclairée;
on ne fe fert point alors de verre oculaire.

Il y en a d'autres qui fe fervent d'un Telefcope garni de deux
lentilles convexes, d'où s'enfuit le même effet. Mais quoyque cet
ufage du Telefcope foit tres-propre pour obferver les Eclipfes du
Soleil, il eft cependant inutile pour les Eclipfes de Lune, à caufe
de fon peu de lumiere. D'autres enfin fe fervent d'un Micrometre placé au foyer commun des lentilles convexes. Outre la quantité
des Phafes des Eclipfes de Soleil & de Lune, que l'on connoît facilement par ledit Micrometre, on peut de plus connoiftre les
diametres des Luminaires, & la proportion du diametre de la terre à

celui de la lune, tant par la portion obscurcie de son disque, que par la portion lumineuse avec la distance entre ses cornes.

Cette methode d'observer les Eclipses par le moyen du Micrometre sera beaucoup plus utile, si les divisions ausquelles s'appliquent les fils de soye, sont faites de sorte que six intervales de fils contiennent le diametre du Soleil ou de la Lune. Car le fil mobile posé au milieu de la distance entre les fils immobiles, ce qui n'est point difficile à faire, marquera chacun des doigts de l'Eclipse.

La même Lunette du Micrometre pourra servir à toutes les autres observations & mesures des Eclipses, comme dans les Eclipses de Lune pour observer l'ombre de la terre, laquelle couvre & abandonne les taches.

Il reste pourtant une difficulté assez considerable, c'est de faire pour chaque Eclipse une division nouvelle du Micrometre qui puisse servir d'un raiseau commun à toutes les observations, car à peine trouve-t-on deux Eclipses en tout un siecle, ausquelles le diametre apparent du Soleil ou de la Lune soit le même.

C'est pourquoy Monsieur de la Hire a inventé un nouveau Reticule ou Raiseau, lequel ayant tous les usages du Micrometre ordinaire, peut servir à observer toutes sortes d'Eclipses, s'accommodant à tous les Diametres apparens du Soleil & de la Lune, & dont les divisions ou fils sont assez fermes & solides pour resister à tous les changemens & inconstances de l'air, quoyqu'ils soient aussi déliez que des fils de soye.

La construction & usage de ce Reticule est telle. 1. Il faut choisir deux lentilles objectives de Lunettes de même foyer, ou à peu prés, lesquelles on joint ensemble ; comme par exemple, le foyer des deux lentilles ensemble de 8 pieds, qui est la longueur d'une lunette, commode pour observer toutes sortes d'Eclipses, excepté neanmoins le commencement & la fin des Eclipses de Soleil, où il faut de plus longues lunettes pour les déterminer exactement.

Secondement, il est marqué dans les tables que le plus grand diametre de la Lune à la hauteur de 90 d. est de 34 m. 6 sec. auquel ajoûtant 10 sec. on aura 34 m. 16 sec. C'est pourquoy il faut dire par la regle de proportion, comme le rayon ou Sinus total a la tangente de 17 m. 8 sec. qui est moitié de 34 m. 16 sec. ainsi 8 pieds, ou la longueur du foyer des deux lentilles, aux parties du pied, lesquelles doublées au foyer de la Lunette, contiendront un angle de 34 m. 16 sec. & ce quatriéme nombre doublé sera le diametre dudit raiseau circulaire.

Troisiémement, sur un verre bien applani, clair & poli on décrira legerement avec une pointe de diamant, attachée à une des jambes du compas six cercles concentriques & également éloignez

l'un de l'autre, dont le plus grand & dernier ait le demi diametre
égal au 4e terme cy-devant trouvé. On tire aussi sur tous ces cercles deux diametres, se croisans à angles droits. Cette petite platine de verre ainsi préparée estant mise dans le tuyau, dont nous
avons cy-devant parlé, & au foyer de la Lunette, sera un Raiseau
fort commode pour observer toutes les Eclipses de Soleil & de Lune, & il divisera en douze doigts ou parties égales tous les diametres apparens du Soleil & de la Lune de la maniere que nous allons
expliquer.

Il est évident par la dioptrique que tous les rayons qui partent
des points d'un objet éloigné aprés leur Refraction, par deux Lentilles convexes ou jointes ou peu éloignées, depeindront au foyer
commun desdites Lentilles leur image, laquelle sera d'autant plus
grande à proportion que les Lentilles seront éloignées l'une de l'autre, & que la plus petite sera lorsque les Lentilles seront jointes ensemble. C'est pourquoy si les Lentilles objectives dont nous nous
servons dans cette construction, sont mises chacune en un tuyau,
& que ces deux tuyaux conviennent si-bien qu'ils se puissent em-
boëter l'un dans l'autre ; les Lentilles estant conjointes, l'image de
l'objet éloigné, dont les rayons partans des extremitez tombe-
ront dans les Lentilles sous un angle de 34 m. 16 sec. surpassera de
10 sec. le plus grand diametre apparent de la Lune ; c'est pourquoy
en éloignant peu à peu les Lentilles, on trouvera la position en laquelle le plus grand cercle du raiseau posé au foyer, répond à un
angle de 34 m. 6 sec. Car l'image d'un objet veu sous un moindre
angle, pourra estre égale à l'image du même objet veu sous un
plus grand angle, selon la differente longueur des foyers. Mais le
Raiseau a son tuyau particulier, ce qui fait qu'on le peut éloigner
autant qu'on voudra des Lentilles objectives. Nous allons icy rapporter deux Methodes pour trouver les positions des Lentilles & du
Raiseau propres à recevoir les differens diametres du Soleil & de la
Lune.

Premierement, dans un lieu bien uni & propre à faire des observations avec des Lunettes, mettez une table blanche à 2 ou 300
toises de la Lunette, & directement opposée à la longueur du
tuyau, sur laquelle table vous aurez tracé deux lignes droites,
noires & paralleles, l'intervale desdites lignes, à l'égard de la distance qu'il y a entre ladite Table & la Lunette, soit tel que le requiert un angle de 34 m. 6 sec. de telle sorte que ledit intervale des
lignes noires representé au foyer des Lentilles objectives y fasse un
angle de 34 m. 6 sec. ce que l'on aura par une regle de proportion
en disant de même que nous avons dit pour le micrometre. Comme
le Sinus total est à la tangente de 17 m. 3 sec. ainsi la distance de la
table au tuyau des Lentilles objectives est à la moitié de l'intervale

des

des lignes noires. Ainsi on cherchera par l'experience le lieu de chaque lentille objective & du Raiseau posé en leur foyer commun ; en sorte que la representation des lignes noires embrasse tout le diametre du plus grand cercle dudit Raiseau. L'on marquera sur les tuyaux le nombre 34 m. 6 sec. en chaque position des Lentilles & de leur foyer ou du Raiseau ; afin de pouvoir ajuster les lentilles & le Raiseau en leur juste distance toutes les fois qu'il s'agira d'un angle de 34 m. 6 sec.

Ensuite si on éloigne davantage ladite table du tuyau, & que sa distance soit telle que l'intervale des lignes noires soit la base d'un angle de 33 m. par exemple, dont le sommet soit aux Lentilles de la Lunette, ce que l'on connoistra par le calcul en disant, comme la tangente de 16 m. 30 sec. est au Sinus total, ainsi la moitié de l'intervale des lignes noires est à la distance de la table aux Lentilles. Or dans cette position de la Lunette & de la Table il faudra chercher la position des Lentilles entr'elles & du Raiseau, en sorte que la representation des lignes noires qui se fait bien distincte au foyer des Lentilles, occupe tout le diametre du plus grand cercle du Raiseau ; puis l'on marquera le nombre 33 m. sur les tuyaux à la place où se doit mettre chacune des Lentilles & le Raiseau. Faites ensuite la même operation pour les angles 32 m. 31 m. 30 m. & 29 m.

Que si l'on divise en 60 parties égales les distances marquées sur les tuyaux entre les differentes positions des Lentilles & du Raiseau qui conviennent à une minute, on aura leurs positions pour chaque seconde ; & par ce moyen le même cercle de vostre Raiseau pourra s'accommoder à tous les differens diametres apparens du Soleil & de la Lune, & le diametre du plus grand cercle estant divisé en douze parties égales, il servira à connoistre la quantité de toutes les Eclipses de Soleil & de Lune.

La seconde Methode tirée de l'optique, n'estant point fondée sur un si grand nombre d'experiences, paroistra peut-estre plus facile à quelques-uns ; car connoissant les foyers de chacune des Lentilles objectives, on dira :

Comme la somme de la longueur des foyers des Lentilles (soit de même, soit de different foyer) moins la distance entre les lentilles est à la longueur du foyer de la Lentille exterieure, moins la distance entre les Lentilles ; ainsi le même terme est à un quatriéme, lequel estant ôté de la longueur du foyer de la Lentille exterieure, restera la distance de la Lentille exterieure au foyer commun des Lentilles, qui est le lieu du Raiseau.

On connoistra aussi par la même Methode la position du foyer commun des Lentilles, si elles sont jointes, par le moyen des mêmes termes de la regle cy-dessus, & sans avoir aucun égard à la

P

diftance entre les Lentilles ; mais pour faire un calcul plus exact
il faut compter le lieu des Lentilles au milieu de leur épaiſſeur.

C'eſt pourquoy en ſuppoſant pluſieurs diſtances differentes entre les Lentilles objectives, on trouvera la longueur de leur foyer,
c'eſt à dire, le lieu du Raiſeau correſpondant à chaque diſtance.

Enſuite on dira, comme la longueur du foyer connu, au demi-
diametre du Raiſeau tel qu'il ſoit ; ainſi le rayon à la tangente
de l'angle qui convient au demi-diametre du Raiſeau.

Par la même Methode on aura auſſi la grandeur du cercle exterieur dudit Raiſeau, en diſant, comme le rayon à la tangente d'un
angle de 17 m. 3 ſec. ainſi la longueur du foyer des Lentilles jointes
qui a eſté trouvée cy-devant, eſt au demi-diametre du plus grand
cercle exterieur.

Ayant donc ainſi connu le nombre des minutes & ſecondes
compriſes dans le plus grand cercle du Raiſeau, ſelon les differens
intervales des Lentilles, on les écrira ſur chaque tuyau des Lentilles & du Raiſeau, & de plus on diviſera en ſecondes les diſtances
entre les termes trouvez, comme nous avons dit en la premiere
Methode. C'eſt pourquoy on trouvera auſſi-toſt les poſitions des
Lentilles & du Raiſeau, qui contiendront les diametres apparens
du Soleil & de la Lune tels qu'ils ſeront propoſez.

Que ſi l'on trouve trop de difficulté pour tracer exactement ſur le
verre les cercles concentriques, on n'aura qu'à tracer ſur ce verre
avec la pointe d'un diamant 13 lignes droites, paralleles entr'elles &
d'égales diſtances, avec une autre ligne droite qui leur ſoit perpendiculaire ; mais la longueur de cette perpendiculaire entre les paralleles extrêmes doit eſtre égale au diametre trouvé du plus grand
cercle du Raiſeau, comme nous avons dit cy-devant. On pourra
ſe ſervir de ce Raiſeau au lieu de celui qui eſt compoſé de fils de
ſoye.

On pourra auſſi ſe ſervir d'un verre ſur lequel on aura tracé des
lignes avec une pointe tres-fine de diamant, dans le même ordre
que ſeroient les fils de ſoye, ſoit pour le Micrometre, ſoit pour la
Lunette de longue veuë du quart de cercle Aſtronomique ou du
Niveau ; car cette petite platine de verre eſtant ajuſtée dans ſon
propre cadre, ainſi qu'il a eſté dit en parlant de la conſtruction
du Micrometre, ſervira aux mêmes uſages que les fils de ſoye. Je
crois qu'on n'a encore rien découvert juſqu'icy de plus utile en
toute l'Aſtronomie pratique, puiſque de pareilles raiſeaux ne ſont
point ſujets aux inconſtances de l'air, ni à eſtre rongez par
des Inſectes, ni aux mouvemens de l'inſtrument, qui font que tres-
ſouvent les fils ſe rompent ou ſe dérangent de leur vraye poſition ;
ce qui ſera tres-commode à tous les Obſervateurs, mais principalement dans les lieux découverts & dans les longs voyages.

L'on peut aussi se servir dans l'observation des angles d'un verre avec une ligne tracée dans le milieu, laquelle soit un peu plus large que celles que l'on trace pour servir de fils de soye. On ajustera un verre ainsi preparé dans la petite fenestre qui est au bout de la regle ou alidade mobile du Quart Astronomique, en sorte que la ligne tracée sur la surface du verre touche le bord de l'Instrument & qu'elle soit dirigée vers son centre, & on s'en servira au lieu du cheveu que l'on met ordinairement en cet endroit, lequel est sujet à beaucoup d'incommoditez.

Il y a des gens qui preferent les fils de soye à nos lignes tracées sur le verre, dont la surface peut causer quelque obscurité aux objets, ou qui peut faire quelque erreur, s'il n'est pas bien applani; mais si ces difficultez, qui ne sont d'aucune consequence, comme on connoistra par l'usage, leur font peine, ils pourront se servir de fils de verre bien droits & bien tendus, au lieu de fils de soye, car on en trouve d'aussi déliez que de la soye, & qui sont assez fermes pour resister aux inconstances de l'air.

Ces filets de verre se font en tirant du creuset qui est dans le Fourneau aux Verreries; on prend pour cela avec le bout de la verge de fer dont on se sert, un peu de verre fondu qu'on attache promptement à un grand Devidoir, il suit un filet tres-délié qui tient par un bout au Devidoir & par l'autre au verre fondu qui est dans le creuset. On tourne avec une grande vitesse aussi-tost le Devidoir, & il se forme un filet de verre plus délié que les cheveux, qui se ploye & redresse sans se casser; on s'en sert ordinairement pour faire des aigrettes. On les attache aux Lunettes comme les fils de soye

Quoyque les phases ou apparences des Eclipses de Lune, dont les Astronomes se servoient dans les usages Astronomiques & Géographiques, se puissent observer bien plus facilement & plus exactement par le moyen de notre Raiseau que par les anciennes methodes, il faut cependant avoüer que l'on observe plus commodement l'immersion & l'émersion des taches de la Lune dans l'ombre de la terre que les phases, à cause de leur multitude & qu'il faut moins d'appareil en se servant d'une Lunette longue seulement de six pieds; car pour cela il ne faut que la planche qui represente le disque de la Lune dans son plein. Marquez les noms propres des taches & des principaux lieux qui paroissent sur le disque de la Lune, comme on les trouve dans l'Astronomie reformée du R. P. Ricioly.

On pourra marquer le temps que les principales taches commenceront d'entrer dans l'ombre, & le temps qu'elles y seront toute plongées, ou bien le temps du commencement & de la fin de leur fortie, d'où l'on connoîtra le temps de l'immerfion & de l'émerfion de leur centre.

Cette figure de la Lune fe trouve gravée à l'envers telle qu'elle paroift, avec une Lunette garnie de deux verres convexes, ce qui a efté fait, afin que l'on puiffe plus facilement rapporter à ladite figure le paffage de l'ombre de la terre par les taches de la Lune.

On tire de grands avantages des obfervations des Eclipfes, car fi l'on marque exactement le temps du commencement d'une Eclipfe de Lune, de fon immerfion totale dans l'ombre, de fon émerfion & de fa fin, comme auffi du paffage de l'ombre de la terre par les taches dépeintes fur fa figure, on aura la difference des longitudes des lieux où fe feront les obfervations, comme fçavent tous les Aftronomes. Mais parce qu'il arrive rarement des Eclipfes de Lune que l'on puiffe obferver en differens pays, pour en conclure la difference de leur longitude, on peut à leur place obferver les Eclipfes des fatellites de Jupiter; c'eft à dire, leurs immerfions & émerfions dans fon ombre, mais principalement du premier, dont le mouvement eftant tres-vîte autour de Jupiter, on peut en faire commodement plufieurs obfervations pendant le cours d'une année, & de-là on peut connoître exactement la difference des longitudes des lieux où fe font lefdites obfervations.

Il faut pourtant remarquer que les Eclifes de Lune n'ont pas befoin d'un fi grand appareil que les Eclipfes des fatellites de Jupiter, lefquelles on ne peut obferver facilement & exactement à moins que d'avoir une Lunette de douze pieds de long, au lieu que les Eclipfes de Lune fe peuvent obferver fans Lunette, s'il ne s'agit que des phafes du commencement & de la fin, ou de l'immerfion & de l'émerfion, ou bien avec une Lunette de mediocre longueur, on peut obferver les immerfions & émerfions de fes taches.

M. de Caffini tres-habile Aftronome de l'Academie Royale des Sciences, a mis au jour l'an 1693. des Tables exactes des mouvemens des fatellites de Jupiter. C'eft pourquoy en comparant le temps de l'immerfion ou de l'émerfion du premier fatellite de Jupiter trouvé par les Tables dreffées pour l'Obfervatoire, avec les obfervations faites en tous autres lieux, par la difference du temps on connoiftra la difference des longitudes entre l'Obfervatoire & le lieu de l'obfervation. Ce qui fe pourra confirmer en obfervant le même phenomene en l'un & l'autre lieu.

Il eft à propos d'avertir icy les Obfervateurs d'un cas qui empêche fouvent d'obferver exactement les fatellites de Jupiter. Dans un temps ferein on remarque fouvent que la fplendeur de Jupiter & de fes fatellites s'éteint peu à peu, de forte qu'il eft impoſſible de déterminer exactement le vrai temps de l'immerſion ou émerſion. La cauſe de cet accident vient de la Lentille objective, laquelle ſe couvre toute de goutes de roſée, qui détournent les rayons de lumiere, ce qui fait qu'il y en a tres-peu qui parviennent juſqu'à l'œil.

Un remede tres ſeur à cette incommodité eſt qu'en faiſant un tuyau de papier broüillard, c'eſt à dire, tournant 2 ou trois feüilles l'une ſur l'autre, on fera un tuyau long d'environ 2 pieds aſſez ample pour embraſſer le bout du tuyau de la Lunette du côté du verre objectif. Ce tuyau ainſi ajuſté boira la roſée de la nuit & empêchera qu'elle ne parvienne juſqu'au verre, & par ce moyen on pourra commodement faire les obſervations.

CHAPITRE IV.

De la conſtruction & uſage d'une Machine qui montre les Eclipſes, tant du Soleil que de la Lune, les mois & les années lunaires, avec les Epactes.

Cette Machine eſt inventée par M. de la Hire, & eſt compoſée de trois platines rondes de cuivre ou de carte, & d'une regle ou alidade qui tourne autour d'un centre commun vers le bord de la platine ſuperieure qui eſt la plus petite. Il y a deux bandes circulaires, dans leſquelles on a fait de petites ouvertures rondes, dont les exterieures marquent les nouvelles Lunes & l'image du Soleil, & les interieures marquent les pleines Lunes, & l'image de la Lune. Le bord de cette platine eſt diviſé en douze mois lunaires qui contiennent chacun 29 jours 12 h. 44 m. mais de telle ſorte que la fin du douziéme mois, qui fait le commencement de la ſeconde année lunaire, ſurpaſſe la premiere nouvelle Lune de la quantité de 4, des 179 diviſions marquées ſur la platine du milieu.

Au bord de cette platine il y a un Index attaché, dont l'un des côtez, qui en eſt la ligne de foy, fait partie d'une ligne droite qui tend au centre de la Machine ; laquelle ligne paſſe auſſi par le milieu de l'une des ouvertures exterieures qui montre la premiere nouvelle Lune de l'année lunaire. Le diametre de ces ouvertures eſt égal à l'étenduë de quatre degrez ou environ.

Le bord de la ſeconde platine eſt diviſé en 179 parties égales, qui ſervent pour autant d'années lunaires, dont chacune eſt de 354 jours & 9 heures ou environ. La premiere année commence au chiffre 179, auquel finit la derniere.

Les années accomplies ſont marquées chacune par leurs chiffres

1, 2, 3, 4, &c. qui vont de 4 en 4 divifions & qui font 4 fois le tour pour achever le nombre 179, comme on le voit en la figure de cette platine. Chacune des années lunaires comprend 4 defdites divifions, de forte qu'en cette figure elles anticipent l'une fur l'autre de 4 defdites 179 divifions du bord.

Sur cette même platine au deſſous des ouvertures de la premiere, il y a aux deux extremitez d'un même diamettre un efpace coloré de noir, qui répond aux ouvertures exterieures, & qui marque les Eclipfes de Soleil, & un autre efpace rouge qui répond aux ouvertures interieures, qui marque les Eclipfes de la Lune. La quantité de chaque couleur qui paroît par les ouvertures fait voir la grandeur de l'Eclipfe. Le milieu des deux couleurs qui eſt le lieu du nœuf de la Lune, répond d'un côté à la divifion marquée 4, & de degré de plus; & d'autre côté il répond au nombre oppofé.

La figure de l'efpace coloré fe voit fur cette feconde platine, & fon amplitude ou étenduë marque les termes des Eclipfes.

La troifiéme & la plus grande des platines qui eſt au deſſous des autres, contient les jours & les mois des années communes. La divifion commence au premier jour de Mars, afin de pouvoir ajoûter un jour au mois de Février quand l'année eſt biſſextile. Les jours de l'année font décrits en forme de fpirale, & le mois de Février paſſe au delà du mois de Mars, à caufe que l'année lunaire eſt plus courte que l'année folaire, de forte que la 15ᵉ heure du 10ᵉ jour de Février répond au commencement du mois de Mars. Mais aprés avoir compté le dernier jour de Février, il faut retrograder avec les deux platines fuperieures dans l'état où elles fe trouvent pour reprendre le premier jour de Mars. Il y a 30 jours marquez au devant du mois de Mars qui fervent à trouver les Epactes.

Il faut remarquer que les jours, comme nous les prenons icy, ne font point accomplis fuivant l'ufage des Aftronomes, mais comme le vulgaire les compte, commençans à une minuit & finiſſant à minuit du jour fuivant. C'eſt pourquoy toutes les fois qu'il s'agit du premier jour d'un mois, ou de tout autre, nous entendons l'efpace de ce jour marqué dans la divifion; car nous comptons icy les jours courans, fuivant l'ufage vulgaire.

Dans le milieu de la Platine fuperieure on a décrit des Epoques qui marquent le commencement des années lunaires, par raport aux années folaires, felon le Calendrier Gregorien & pour le meridien de Paris. Le commencement de la premiere année, dont la marque doit eſtre O, & qui répond à la divifion 179, eſt arrivée à Paris le 29 Février à quatorze heures & demie de l'année 1680.

La fin de la premiere année lunaire, qui eſt le commencement de la feconde, répond à la divifion marquée 1, & elle eſt arrivée à Paris l'an 1681, le 17 Février, à 23 h. & un quart, en comptant comme nous avons dit, 24 h. de suite d'une minuit à l'autre.

Et de crainte qu'il n'y eût quelque erreur en rapportant les divifions du bord de la feconde platine avec celles des Epoques des années lunaires qui leur correfpondent, nous avons mis les mêmes nombres aux unes & aux autres.

Nous avons marqué les Epoques de fuite de toutes les années lunaires, depuis l'année 1700 jufqu'à l'année 1750, afin que l'ufage de cette Machine fût plus facile pour accorder enfemble chacune defdites années lunaires & folaires. Quant aux autres années de notre Cycle de 179 ans, il ne fera pas difficile de le rendre complet en ajoûtant 354 jours 8 heure 48 m. & deux tiers pour chaque année lunaire.

La regle ou alidade qui s'étend du centre de l'inftrument jufqu'au bord de la plus grande platine, fert à rapporter les divifions d'une platine avec celles des deux autres. Que fi l'on applique cette Machine à une Horloge, on aura un inftrument parfait & accompli en toutes fes parties.

La Table des Epoques qui eft dreffée pour le méridien de Paris pourra facilement fe réduire aux autres méridiens, fi pour les lieux plus Orientaux que Paris, on ajoûte le temps de la difference des meridiens, & au contraire fi on l'ôte pour les lieux plus Occidentaux.

Il eft à propos de mettre la Table des Epoques au milieu de la platine fuperieure, afin qu'elle fe puiffe voir avec cette Machine.

Maniere de faire les divifions fur les Platines.

LE cercle de la plus grande Platine eft divifé de telle façon que 368 d. 2 m. 42 fec. comprennent 354 jours 9 heures un peu moins; d'où il s'enfuit que ce cercle doit contenir 346 jours 15 h. lefquelles on peut prendre fans erreur fenfible pour deux tiers de jour. Or pour divifer un cercle en 346 parties égales & deux tiers réduifez le tout en tiers qui font en cet exemple 1040 tiers; cherchez enfuite le plus grand nombre multiple de 3, qui fe puiffe facilement divifer par moitié & qui foit contenu en 1040. Ce nombre fe trouvera dans un progreffion géometrique double, dont le premier & moindre terme foit 3, comme par exemple 3, 6, 12, 24, 48, 96, 192, 384, 768.

Le 9 nombre de cette progreffion eft celui qu'on cherche. Il faut donc fouftraire 768 de 1040, reftera 272, & chercher combien ce nombre reftant fait de degrez, minutes & fecondes par la regle de trois, en difant:

P iiij

1040 tiers, 360 degrez, 272 tiers, 94 degrez, 9 min. 23 sec.

C'est pourquoy retranchez dudit cercle un angle de 94 d 9 m
sec. & divisez le reste du cercle toûjours par moitié, aprés a
fait huit subdivisions vous parviendrez au nombre 3, qui sera
d'un jour, par lequel divisant aussi l'arc de 94 d. 9 m. 23 seconde
tout le cercle se trouvera divisé en 346 jours & deux tie
car il y aura 256 jours dans le plus grand arc, & 90 jours d
tiers dans l'autre. Chacun de ces espaces répond à un deg
deux m. & 18 sec. comme on voit en divisant 360, par 346, de
tiers & 10 jours, répondent à 10 deg. 23 min. & par ce moyen
peut faire une Table qui serviroit à diviser cette platine.

Ces jours seront ensuite distribuez à chacun des mois de l'an
née, suivant le nombre qui leur convient, en commençant par le
mois de Mars & continuant jusqu'à la 15e heure du 10 de Février
qui répond au commencement de Mars, & le reste dudit mois de
Février passe au delà & pardessus.

Le cercle de la seconde Platine doit estre divisé en 179 partie
égales; pour cet effet cherchez le plus grand nombre qui se puiss
toûjours diviser par moitié jusqu'à l'unité, & qui soit contenu en
179; vous trouverez 128, lequel ôté de 179, reste 51. Cherchez
quelle partie de la circonference du cercle fait ledit reste par la
regle de trois, en disant 179 part. 360 d. 51 part. 102 d. 34 m. 11 sec.

C'est pourquoy ayant retranché du cercle un arc de 102 d. 34 m
11 sec. divisez le reste dudit cercle toûjours par moitié, & aprés
avoir fait sept subdivisions vous parviendrez à l'unité; ainsi cett
partie de cercle sera divisée en 128 parties égales; & puis avec la
même derniere ouverture de compas vous diviserez l'arc restant en
51 parties, & tout le cercle se trouvera divisé en 179 parties égales
dont chacune répond à 2 d. & 40 sec. comme il est aisé de voir en
divisant 360 d. par 179; & c'est un second moyen pour diviser la
dite Platine.

Enfin pour diviser le cercle de la Platine superieure, prenez le
quart de sa circonference & y ajoûtez une des 179 parties ou divisions du bord de la Platine du milieu; le compas ouvert du quart
ainsi augmenté, ayant tourné 4 fois, divisera ledit cercle de la maniere qu'il doit estre; car en subdivisant chacun desdits quarts en
3 parties égales, on aura 12 espaces pour les 12 mois lunaires, de telle
sorte que la fin du 12e mois qui fait le commencement de la seconde
année lunaire, surpasse la premiere nouvelle Lune de 4 des 179 divisions marquées sur la Platine du milieu.

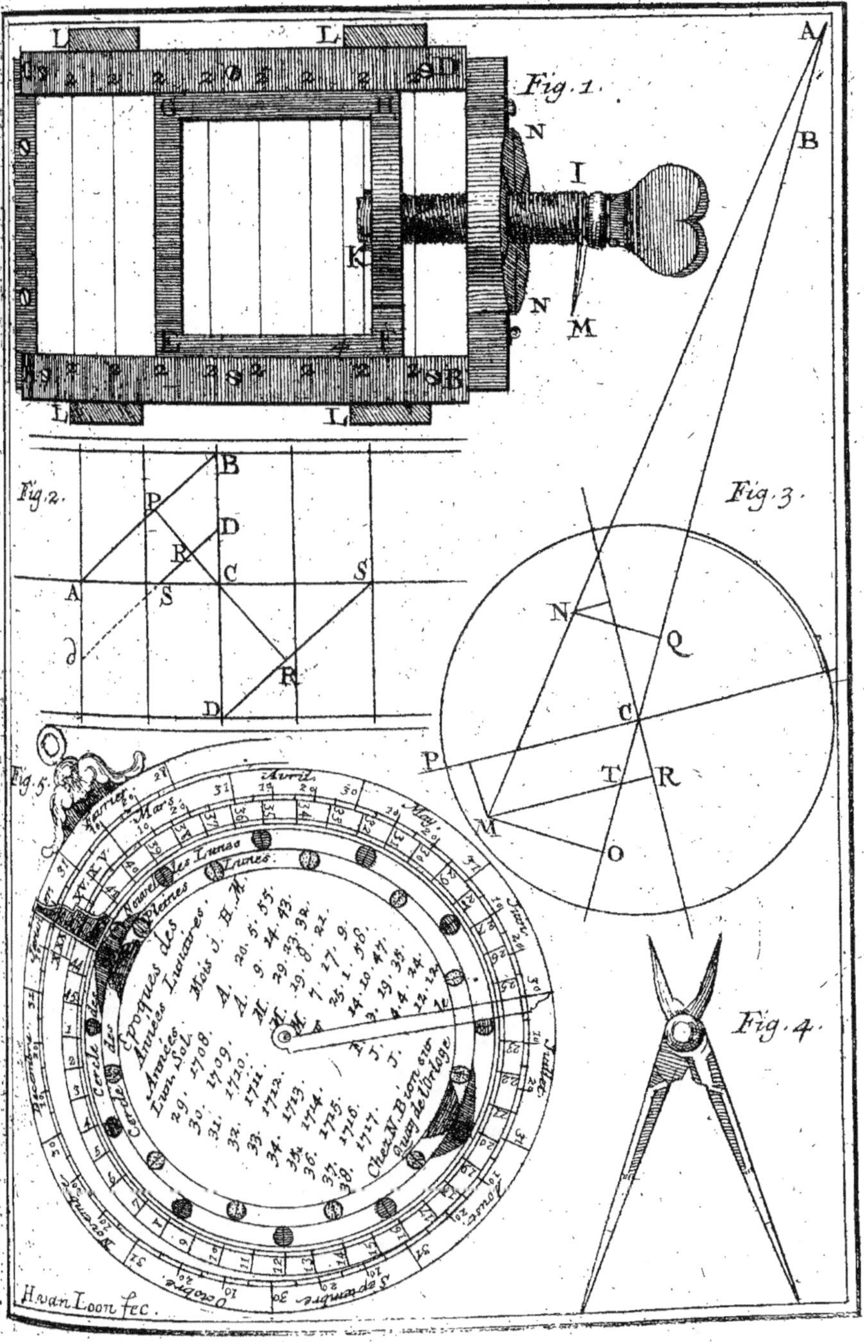
Fig. 1.
Fig. 2.
Fig. 3.
Fig. 4.
Fig. 5.
Epoques des Années Lunaires.
Années Lun. Sol.
Mois J. H. M.
Cercle des Nouvelles Lunes
Cercle des Pleines Lunes
Chez N. Bion sur le Quay de l'Orloge
H. van Loon fec.

Usage de cette Machine.

UNe année lunaire eſtant propoſée, trouver les jours de l'année ſolaire qui lui répondent dans leſquels doivent arriver les nouvelles & pleines Lunes & les Eclipſes.

Soit propoſée, par exemple, la 24ᵉ année lunaire de la Table des Epoques, qui répond à la diviſion de la Platine du milieu marquée (24.) Arreſtez la ligne de foy de l'index à la Platine ſuperieure ſur la diviſion marquée 24, en la platine du milieu où eſt le commencement de la 25ᵉ année lunaire. Et voyant par la Table des Epoques que ce commencement tombe ſur le 14ᵉ jour de Juin de l'année mil ſept cent trois, à neuf heures, cinquante-deux min. Tournez enſemble les deux Platines ſuperieures en cet état, juſqu'à ce que la ligne de foy de l'index attaché à la Platine ſuperieure convienne avec la 10ᵉ heure ou environ du 14ᵉ Juin, marquée ſur la Platine inférieure, auquel temps arrive la premiere nouvelle Lune de l'année lunaire propoſée, car là ligne de foy de l'index paſſe par le milieu de l'ouverture de la premiere nouvelle Lune de ladite année lunaire.

Enſuite ſans changer la ſituation des trois Platines, étendez depuis le centre de l'inſtrument un fil où la regle mobile la faiſant paſſer par le milieu de l'ouverture de la premiere pleine Lune, la ligne de foy de cette regle répondra au commencement du 29ᵉ jour dudit mois de Juin à 4 heure & un quart, qui eſt le temps de cette pleine Lune, laquelle ſera totalement éclipſée, comme il paroît par la couleur rouge qui remplit toute l'ouverture de cette pleine Lune.

Nous connoîtrons par un ſemblable moyen qu'à la nouvelle Lune qui doit arriver environ les 3 h. du matin du 14ᵉ Juillet, il y aura une Eclipſe partiale de Soleil.

Si l'on pourſuit plus avant, on remarquera les Eclipſes qui doivent arriver pendant le mois de Decembre de la même année 1703. & vers le commencement de l'année ſuivante. Mais comme la 10ᵉ nouvelle Lune paſſe au delà du 28ᵉ jour de Février, ayant conduit l'alidade juſqu'audit jour 28 Février, faites retrograder les deux Platines ſuperieures conjointement avec l'alidade, en l'état où elles ſe trouvent, juſqu'à ce que la ligne de foy ſe rencontre ſur le commencement de Mars, par où nous avons commencé la diviſion de l'année; d'où conduiſant la Regle par toutes les ouvertures des nouvelles & pleines Lunes, vous connoîtrez ſur la derniere Platine les temps qu'elles doivent arriver.

Mais comme la treiziéme nouvelle Lune eſt la premiere de l'année lunaire ſuivante, laquelle répond au nombre 25 des diviſions de la Platine du milieu, on laissera les deux Platines inferieures en l'état où elles se trouvent, & on avancera celle de dessus jusqu'à ce que la ligne de foy de son index convienne avec le nombre 25 de la Platine du milieu, auquel point elle marquera sur la derniere & plus grande Platine le jour de la premiere nouvelle Lune de la 26ᵉ année lunaire, selon l'ordre de notre Epoque, laquelle arrivera le 2 jour de Juin, 18 h. 40 m. de l'an 1704, & ensuite conduisant la regle mobile sur le milieu des ouvertures des nouvelles & pleines Lunes, elle marquera sur la derniere Platine les jours qu'elles doivent arriver aussi-bien que les Eclipses jusqu'à la fin de Février, aprés quoy il faudra faire le même que pour l'année precedente, c'est à dire, qu'aprés estre parvenu à la fin de Février, il faudra retrograder jusqu'au premier jour de Mars.

On pourroit ainsi trouver les commencemens de toutes les années lunaires sans se servir de la Table des Epoques ; mais d'autant qu'il n'est pas possible d'ajuster si exactement les Platines & l'alidade les unes sur les autres qu'il ne se glisse quelque erreur, qui s'augmenteroit d'année en année, ladite Table des Epoques servira pour rectifier l'usage de cette Machine.

En posant la ligne de foy de la Regle mobile sur l'âge de la lune, entre les jours des mois lunaires marquez sur le bord de la Platine superieure, on verra les jours des mois communs correspondans, & à peu prés les heures sur le bord de la Platine inferieure.

Il est à remarquer que les calculs de la Table des Epoques sont faits pour les temps moyens des nouvelles lunes, qui supposent les mouvemens du soleil & de la lune toûjours égaux ; c'est pourquoy il se trouve quelque difference d'avec les temps apparens des nouvelles & pleines lunes & des éclipses, telles que nous les voyons de la terre, comme elles sont marquées dans les Ephemerides.

Les mouvemens propres du soleil & de la lune, aussi-bien que ceux des autres planetes, nous paroissent tantôt plus vîtes, & tantôt plus lents. Cette inégalité apparente vient en partie de ce que leurs orbites ne sont pas concentriques à la terre, & en partie de ce que les arcs égaux de l'écliptique qui est oblique à l'équateur, ne passent pas toûjours pas le meridien avec des parties égales de l'équateur. Les Astronomes pour la facilité de leurs calculs ont imaginé un mouvement qu'ils appellent moyen ou égal, supposans que les planetes décrivent en des temps égaux, des arcs égaux de leurs orbites. Le temps qu'ils appellent vrai ou apparent est la mesure du mouvement vrai ou apparent, & le temps moyen est la mesure du moyen mouvement. Ils ont aussi inventé des regles pour réduire les temps moyens en temps vrais ou apparens, (ces deux mots signifians en cette occasion la même chose,) & au conttaire pour réduire les temps vrais ou apparens en temps moyens.

Pour trouver par le calcul si une nouvelle ou pleine Lune sera Ecliptique.

POur les nouvelles Lunes multipliez par 7361 le nombre des mois lunaires accomplis depuis celuy qui a commencé le 8e Janvier 1701, suivant le Calendrier Gregorien, jusqu'à celuy qu'on examine ; ajoûtez au produit le nombre 33890, & divisez la somme par 43200, aprés la division, sans avoir égard au quotien ; examinez le reste, ou la difference entre le diviseur & le reste, car si l'un ou l'autre est moindre que le nombre 4060, il y aura Eclipse de Soleil.

Mais s'il s'agit d'une pleine Lune, multipliez semblablement par 7361, le nombre des mois lunaires accomplis depuis celuy qui a commencé le 8 Janvier 1701, jusqu'à la nouvelle Lune qui a precedé la pleine lune qu'on examine ; ajoûtez au produit 37326, & divisez la somme par 43200 ; la division estant faite si le reste ou la difference entre le reste & le diviseur est moindre que le nombre 2800, il y aura Eclipse de lune.

L'Eclipse de soleil ou de lune sera d'autant plus grande que le reste ou la difference sera petite ; & au contraire :

Exemple d'une nouvelle Lune.

ON demande si la nouvelle lune du 22 May de l'année 1705, a esté écliptique.

Depuis le 8 Janvier 1701, jusqu'au 22 May 1705, il y a 54 lunaisons accomplies. Multipliez selon la regle ce nombre 54, par 7361, & au produit ajoûtez 33890 ; la somme estant divisée par 43200, restera 42584, qui est plus grand que 4060, & la difference entre le reste 42584, & le diviseur 43200 est 616, laquelle est moindre que 4060, c'est pourquoy il y aura Eclipse de Soleil.

Exemple d'une pleine Lune.

S'Il est question de la pleine lune du 27 d'Avril de l'année 1706, nous trouvons 65 lunaisons accomplies depuis la nouvelle lune du 8 Janvier 1701, jusqu'à celle qui a precedé la pleine lune en question, c'est pourquoy ayant multiplié selon la regle ledit nombre 65 par 7361, & ajoûté au produit 37326, la somme sera 515791, laquelle estant divisée par 43200, sans avoir égard au quotien, le reste sera 40591, plus grand que 2800. La difference entre le diviseur & ce reste est 609, qui est moindre que 2800, c'est pourquoy il y a eu Eclipse de lune ledit jour 27 Avril 1706.

J'ay divisée & fait graver des Planches d'une bonne grandeur, pour montrer cette Instrument en cartons. J'ay fait aussi imprimer séparement un petit livre pour expliquer son usage.

Les Spheres des differens systêmes & les Globes celestes sont aussi des Instrumens qui servent à l'Astronomie, aussi-bien que les Astrolabes. Nous n'en disons rien icy, en ayant suffisamment parlé dans deux Traitez séparez qui expliquent assez bien leurs constructions & leurs usages.

Celuy des Globes & Spheres est sous la Presse pour la troisiéme Edition, avec quelques augmentations qui feront plaisir.

J'ay fait graver depuis peu des Spheres suivant les differens systêmes, & des Globes qui sont d'une grande beauté & faits avec toute la justesse possible; comme aussi un Planisphere celeste, d'une grandeur convenable & tres-commode pour connoître à tout moment l'état du ciel, dont la construction & les usages sont expliquez dans un petit Traité que j'ay aussi fait imprimer dans le même temps.

Fin du sixiéme Livre.

DE LA
CONSTRUCTION
ET DES USAGES
DES INSTRUMENS
QUI SERVENT
A LA NAVIGATION.
LIVRE SEPTIE'ME.

CHAPITRE PREMIER.

De la construction & des usages de la Bouſſole Marine.

LA figure premiere repreſente une roſe de Bouſſole que les Marins nomment auſſi compas de route. Son bord exterieur repreſente l'horiſon du monde. Il ſe diviſe quelquefois en 360 degrez, & le plus ſouvent n'eſt diviſé qu'en 32 parties égales comme celle-cy, pour les 32 airs de vent, dont les quatre principaux & qui ſe nomment vents cardinaux, ſe croiſent à angles droits ; ſçavoir, le Nord ou Septentrion, lequel ſe diſtingue par une Fleur de Lys, le Sud ou Midy qui lui eſt oppoſé ; l'Eſt ou l'Orient, & l'Oueſt ou Occident. Diviſant enſuite chacun de ces eſpaces en deux parties égales, on a les huit rumbs de vent ; diviſant encore chaque eſpace en deux, on a les huit demi rumbs, & enfin ſubdiviſant chacune de ces huit parties en deux, on a les ſeize quarts de vent. Les quatre rumbs collateraux empruntent leurs noms des quatre principaux, chacun prenant pour noms les deux noms de ceux qui leur sont plus proches; ainsi le Rumb qui est au milieu entre le Nord & l'Est, s'appelle Nord-Est; celui qui est entre le Sud & l'Est, se nomme Sud-Est; celui qui est entre le Sud & l'Ouest, s'appelle Sud-Ouest; & celui qui est entre le Nord & l'Ouest, se nomme Nord-Ouest.

Pareillement chacun des huit demi Rumbs de vent porte le nom des deux Rumbs qui lui sont les plus proches; ainsi celui qui est entre le Nord & le Nord-Est, s'appelle Nord Nord-Est; celui qui est entre l'Est & le Nord-Est, se nomme Est Nord-Est; celui d'entre l'Est & le Sud-Est, s'appelle Est Sud-Est; & ainsi des autres.

Enfin chacun des quarts de vents a son nom composé des rumbs ou demi rumbs qui lui sont les plus proches, en ajoûtant le mot de quart aprés le nom de rumb qui lui est le plus proche. Par exemple, le quart le plus proche du Nord du côté du Nord-Est, se nomme Nord-Quart, Nord-Est; celui qui est plus proche du Nord-Est vers le Nord, se nomme Nord-Est, Quart-Nord, & ainsi des autres, comme ils sont marquez en abregé autour de la rose.

Chaque quart de rumb contient onze degrez 15 m. les demi rumbs 22 d. 30 m. & les rumbs entiers 45 d.

L'interieur de cette rose, qui est supposée double, est pareillement divisé en 32 parties égales par autant de rayons qui marquent les mêmes vents, & son milieu qui est colé sur un carton, à un mouvement libre sur son pivot, pour s'en servir lorsqu'on a reconnu la déclinaison ou la variation de l'éguille aimantée. L'on remarquera que l'exterieur de cette rose se place sur le bord de la boëte.

Fig. 2. La figure deuxiéme represente une piece d'acier en lozange, qui sert d'éguille aimantée, & que l'on attache sous la rose mobile avec deux petits clous. Il ne faut pas la coller, comme font quelques-uns, parce que cela cause une roüille qui est fort contraire à la vertu de l'aimant; un des bouts du grand diametre doit estre precisément sous la Fleur de lys, & doit estre touché par une bonne Pierre d'aimant; de sorte que ce bout là se dirige vers le Nord du monde. Nous avons expliqué la maniere de toucher les éguilles en parlant des pierres d'aimant, & de la Boussole.

La petite piece qui est au milieu du lozange à l'endroit marqué B, est ce qu'on appelle la chappe de l'éguille. Elle est faite de cuivre & creusée en forme de cône; on l'applique au centre de la rose & on la fait tenir avec de la colle.

La figure troisiéme represente la Boussole entiere. C'est une Boëte ronde de bois d'environ six à sept pouces de diametre & quatre de profondeur; on la fait quelquefois carrée.

Il y a deux cercles de cuivre, dont le plus grand est attaché à la Boëte par deux pivots, aux endroits marquez B.

L'autre cercle est attaché par deux autres pivots qui traversent

Fig 3.

feldits cercles diametralement aux endroits marquez C, & ces deux pivots vont aboutir dans deux trous qui sont percez au milieu & vers le haut d'une autre espece de Boëte de bois concave en dedans & convexe en dehors, comme une calotte dans laquelle on met la rose. Il faut que cette Boëte & les deux cercles ayent un mouvement fort libre, en telle sorte que la grande Boëte marquée A, estant posée à plat, tel mouvement que fera le Vaisseau, la Boëte interieure sera toûjours horisontale & en équilibre, à cause du double mouvement des cercles. Au milieu du fonds de cette Boëte est placé un pivot de cuivre bien droit & bien pointu, sur lequel on pose la chappe qui porte la rose, laquelle doit avoir un mouvement tres-libre, & l'éguille estant frottée d'aimant, comme nous avons dit, la Fleur de Lys tendra vers le Nord, & tous les autres rumbs de vent seront tournez vers les autres parties du monde. On pose un verre qui couvre la rose, afin que le vent ne l'agite point.

Il y a aussi dans chaque Vaisseau une Boussole qui sert à connoître la declinaison ou variation de l'éguille aimantée. Elle est faite comme celle dont nous venons de parler ; mais le bord exterieur de la rose doit estre divisé en quatre fois 90 degrez, en commençant du Nord & Sud à droite & à gauche. Il doit y avoir deux pinules mobiles autour de la Boëte pour regarder les astres, & on tend un fil d'une pinule à l'autre qui passe par dessus le centre de la rose, de sorte que quand on regarde un astre par les deux pinules, le fil qui traverse la rose represente le rayon de l'astre. Ces sortes de Boussoles s'appellent aussi Compas de variation.

Usage de la Boussole.

AYant reconnu sur une Carte Marine la route que doit tenir le Vaisseau pour aller au lieu proposé, & la Boussole estant affermie dans la chambre du Pilote, de telle maniere que les deux côtez paralleles de la boëte carrée soient arrêtez selon la longueur du Navire, c'est à dire, parallelement à la ligne qui s'étend de la poupe à la proüe, on marquera d'une croix ou autre marque le milieu du côté de la boëte perpendiculaire à la longueur du Vaisseau & le plus éloigné de la poupe, afin que par ce moyen on puisse diriger son gouvernail.

EXEMPLE.

Nous partons de l'Isle Oüessant, sur les confins de la Bretagne, à l'Occident de Brest, & nous venons naviger vers le Cap de Finistere en Galice. Nous cherchons premierement dans une Carte Marine réduite de la maniere que nous dirons cy-aprés, quelle doit estre

la direction du Navire, & nous remarquons que la route se doit
faire entre le Sud-Oüest & le Sud Sud-Oüest, c'est à dire, selon la
ligne qui tend au Sud-Oüest quart au Sud ; c'est pourquoy ayant
le vent propre on tournera le gouvernail du Navire de maniere
que la ligne de Sud-Oüest quart au Sud, réponde exactement à la
croix marquée sur le bord du quadre de la Boussole, & ce qui est
admirable, c'est que par ce moyen on peut diriger la route du Vaisseau
de nuit comme de jour, dans une chambre fermée comme si
on estoit à l'air ; dans un temps obscur, comme dans un temps serein ;
de telle sorte que l'on pourra toûjours reconnoître si le Navire
s'écarte de la route qu'il doit tenir.

De la variation ou déclinaison de l'Aimant.

L'Experience nous a fait connoître que l'éguille aimantée décline
du vrai Septentrion, c'est à dire, que la Fleur de Lys ne
tend pas exactement au Nord du monde ; mais qu'elle s'en écarte
quelquefois vers l'Orient, d'autrefois vers l'Occident, plus ou
moins, selon les temps & les lieux differens.

Environ l'an 1665, elle n'avoit aucune déclinaison à Paris, au
lieu qu'à present sa déclinaison y est de plus de 10 d. du Septentrion
vers l'Occident. C'est pourquoy il faut tâcher d'observer avec soin
la déclinaison de l'éguille aimantée toutes les fois que l'on en trouve
l'occasion favorable, afin d'y avoir égard dans la conduite de
la Navigation.

Car si par exemple la déclinaison de l'éguille aimantée estoit
de 10 d. du Nord à l'Oüest dans l'Isle d'Oüessant, que nous avons
supposé le lieu du départ du Navire, & que l'on suivît exactement
la ligne de Sud-Oüest quart au Sud, au lieu d'aller au Cap de Finisterre
on iroit vers une autre contrée plus Orientale de 10 d.

Pour y remedier, il n'y a qu'à changer de place sur le cadre de
la Boussole la croix qui marque le rumb de direction, & la reculer
vers Est d'autant de degrez qu'est la déclinaison de l'éguille
vers Oüest ; & ainsi toutes les fois qu'on aura reconnu une nouvelle
déclinaison de l'aimant, il faudra changer le lieu de ladite
croix. Quand la boëtte est toute ronde on fait une marque au corps
de ladite boëtte, vis à vis du Nord & Sud

Si pareillement un Vaisseau part des Sorlingues en Angleterre
pour aller à l'Isle de Madere, nous trouverons sur la Carte Marine
que la route se doit faire au Sud Sud-Oüest ; mais si dans ce temps
la déclinaison de l'éguille aimantée est de 6 d. du Nord à l'Est, il
faudra reculer d'autant de degrez vers l'Occident la croix marquée
sur le bord de la Boussole, afin de diriger la route du Vaisseau
en appliquant sur ladite croix le rumb de la Navigation trouvé sur
la Carte.

Mais

Mais si l'on se sert d'une Boussole dont on puisse changer la position de l'éguille aimantée, comme celle à double rose, il faudra arrester la Fleur de Lys de la rose des vents, de sorte que sa pointe marque le vrai Nord, & avoir le soin de la changer toutes les fois que l'on trouvera du changement à la déclinaison de l'aimant; & en ce cas il ne faudra point changer de place la croix qui marque sur le bord de la Boussole le rumb de direction du Vaisseau.

Il est tres-necessaire, principalement dans les voyages de long cours, que les Pilotes fassent souvent des observations celestes, afin d'avoir exactement la déclinaison de l'éguille aimantée, non-seulement pour bien diriger la route du Vaisseau, mais principalement pour sçavoir où l'on est aprés avoir essuyé quelque rude tempeste, pendant laquelle on aura esté contraint de negliger la veritable route en se laissant entraîner aux vents & aux courans qui auront obligé de dériver.

Trouver la variation de l'Eguille aimantée.

Il y a plusieurs moyens pour reconnoître la déclinaison de l'aimant, comme par le lever & le coucher d'un même Astre, ou par l'observation de deux hauteurs égales de l'Astre sur l'horison, parce qu'en ces deux temps il sera également éloigné de la vraye meridienne du monde, ou bien par son passage au meridien.

Mais tous ces moyens sont peu usitez sur mer, premierement parce que ne pouvant sçavoir assez précisément le temps que le Soleil ou un autre Astre passe par le meridien, on est obligé d'employer beaucoup de temps pour découvrir par plusieurs observations quelle est la plus grande hauteur du Soleil, c'est à dire, la hauteur meridienne.

Secondement, parce que le Soleil peut considerablement changer de déclinaison, & le Navire de latitude entre deux observations de ses hauteurs égales sur l'horison, ou entre son lever & son coucher.

On peut trouver la variation de l'éguille aimantée plus promptement par une seule observation des amplitudes des Astres. Mais il en faut connoître la déclinaison, & la latitude du lieu où l'on est. Cela supposé on peut avoir une Table calculée des amplitudes des Astres dont on prétend se servir.

L'amplitude Orientale d'un Astre est l'arc de l'horison compris entre le point où il se leve & le vrai Est; & l'amplitude Occidentale est l'arc de l'horison compris entre le point où il se couche & le vrai Oüest.

Les Astres dont la déclinaison est Septentrionale ont aussi leur

Q

amplitude Septentrionale, & ceux qui l'ont meridionale ont leur amplitude du même côté. Plus les Astres ont de déclinaison, plus ils ont d'amplitude ; les obliquitez de la Sphere augmentent aussi les amplitudes des Astres ; car dans la Sphere droite les amplitudes des Astres sont precisément égales à leurs déclinaisons, & dans la Sphere oblique elles sont plus grandes.

On aura par chaque observation une autre amplitude de l'Astre, que l'on peut nommer l'amplitude observée, qui est la distance de l'Est de la Boussole, jusqu'au point de l'horison où l'Astre se leve, ou la distance de l'Oüest de la Boussole, jusqu'au point où il se couche.

Cette amplitude s'observe en regardant par les ouvertures ou par les pinules du compas de variation le lever ou le coucher de l'Astre ; & comme le fil qui traverse & passe par le centre de l'instrument represente le rayon de l'Astre, les degrez de la rose compris depuis ce fil jusqu'à l'Est ou l'Oüest du compas ou Boussole, marquent les degrez de l'amplitude observée ; ensuite comparant l'amplitude de la table calculée avec l'amplitude observée, on connoîtra la variation de l'éguille, si elle en a, de la maniere que nous allons expliquer.

EXEMPLE.

Estant en mer le 15e jour de May de l'année 1709, à 45 d. de l'atitude septentrionale, je connois par une Table calculée que la déclinaison du Soleil est de 19 d. septentrionale, & son amplitude Orientale de 27 d. 25 m. septentrionale. Je l'observe à son lever avec les pinules du compas de variation, & je trouve qu'il paroît se lever entre le 62 & le 63 d. compté du Nord, allant vers l'Est de la Rose ; c'est à dire, entre le 27 & 28 degré compté de l'Est ; & comme en ce cas l'amplitude observée est égale à l'amplitude calculée, je conclus qu'en cet endroit & en ce temps-là l'éguille n'a point de déclinaison.

Mais si le Soleil a paru se lever entre le 52 & 53 degré compté du Nord à l'Est, son amplitude observée sera de 37 à 38 degrez ; c'est à dire de 10 d. plus grande que celle de la Table calculée, par où l'on connoît que l'éguille aimantée décline du Nord à l'Est de 10 d. Si au contraire l'amplitude Orientale observée estoit moindre que la calculée, leur difference marqueroit la declinaison de l'éguille du Nord à l'Oüest. Car si l'amplitude observée est plus grande que la vraye, cela vient de ce que l'Est de la Boussole se reculant du Soleil vers le Sud, la Fleur de Lys de la rose s'approche de l'Est, & donne la variation Nord-Est. La raison pour le contraire est également évidente.

Si l'amplitude Orientale calculée est du côté du Sud, aussi-bien que l'amplitude observée, & que celle-cy soit la plus grande, la déclinaison de l'éguille sera Nord-Oüest. Si au contraire elle est plus petite, la déclinaison sera Nord-Est d'autant de degrez que sera leur difference.

Ce que nous avons dit des amplitudes Orientales Nord, se doit entendre pour les amplitudes Occidentales Sud, & ce que nous avons dit des amplitudes Orientales Sud, se doit entendre pour les amplitudes Occidentales Nord.

Enfin si les amplitudes se trouvent de differente dénomination; par exemple, aux amplitudes Orientales, si l'amplitude calculée est de 6 d. Nord, & que l'observée soit de 5 d. Sud, c'est une marque que la variation, qui dans ce cas sera N O, se trouve plus grande que la vraye amplitude, estant égale à la somme des deux amplitudes, vraye & observée; c'est pourquoy les ajoûtant ensemble on aura 11 d. de variation N O. Il en seroit de même pour les amplitudes Occidentales.

On peut encore trouver la variation de l'éguille aimantée à toute heure par l'Azimut d'un Astre, ayant sa hauteur & sa déclinaison avec la latitude du lieu, comme nous l'avons expliqué dans les usages 26 & 27, du Livre qui a pour titre : l'*Usage des Astrolabes*, imprimé l'an 1702, page 119 & suivantes.

CHAPITRE II.

De la construction & des usages des Instrumens qui servent à observer la hauteur des Astres.

De l'Astrolabe de mer.

LE plus ordinaire des Instrumens pour prendre hauteur en mer, est l'Astrolabe. C'est un cercle de cuivre d'environ un pied de diametre, de 6 à 7 lignes d'épaisseur, & afin qu'il ait du poids ; quelquefois on y attache encore un poids de 5 à 6 livres à l'endroit marqué B, afin qu'estant suspendu par son anneau A, qui doit estre bien mobile, il se puisse tourner facilement de toutes parts & garder la situation perpendiculaire pendant les mouvemens du Navire.

Il est divisé en 4 fois 90 d. & fort souvent en demis & quarts de degré.

Il est absolument necessaire que la ligne droite C D, qui represente l'horison, soit parfaitement de niveau, afin d'y pouvoir com-

Fig. 4.

mencer la division du cercle. Pour l'examiner il faut obſerver par les fentes ou les petits trous des pinules F G, qui ſont attachées vers les extrémitez de l'alidade qui tourne librement par le moyen d'un clou à tête autour du centre E. Il faut, dis-je, obſerver un même objet éloigné, en mettant l'œil à l'une deſdites pinules ; après avoir tourné l'Aſtrolabe ſi le même objet ſe voit toutes les deux fois ſans changer l'alidade, c'eſt une marque que la ligne de foy convient avec l'horiſon. Mais ſi pour voir une ſeconde fois le même objet il faut mouvoir l'alidade, c'eſt à dire, la hauſſer ou baiſ-ſer, le point milieu entre ces deux poſitions marquera la vraye ligne horiſontale, paſſant par le centre de l'inſtrument ; ce qu'il ſera bon de verifier par pluſieurs obſervations réiterées avant que de commencer la diviſion qui ſe fera de la maniere que nous avons expliqué cy-devant.

Uſage de l'Aſtrolabe.

POur obſerver la hauteur des Aſtres ſur l'horiſon, & leur di-ſtance du Zénith qui en eſt le complément.

Pour cet effet on ſuſpend l'Aſtrolabe par ſon anneau & on tourne ſon côté vers l'Aſtre, en hauſſant un des bouts de l'a-lidade F, juſqu'à ce que le rayon de l'aſtre paſſe par les deux pi-nules F G ; alors l'alidade marquera par ſes extremitez, autour du cercle diviſé, la hauteur de l'Aſtre H, depuis C juſqu'en F, com-pris entre le rayon horiſontal E C, & le rayon de l'Aſtre E F, par-ce que cet inſtrument dans cette ſituation repreſente un vertical. La diviſion B G ou A F marquera la diſtance de l'aſtre au Zénith.

Conſtruction de l'Anneau.

CEtte figure repreſente un anneau ou cercle de cuivre. Il ſe fait de 8 à 10 pouces de diametre ; il eſt neceſſaire qu'il ſoit d'une bonne épaiſſeur, afin qu'eſtant plus peſant il conſerve mieux ſa ſituation perpendiculaire ; la diviſion ſe marque dans ſa ſurface concave. Il y a un petit trou en C, qui traverſe l'anneau parallelement à ſon plan. Ce trou eſt éloigné de 45 deg. du point de ſuſpenſion B, & il eſt le centre d'un quart de cercle D E, di-viſé en 90 degrez. Un de ſes rayons C E eſt parallele au diame-tre vertical B H, point de ſuſpenſion ; & l'autre rayon horizontal eſt perpendiculaire au même diametre.

Nous ne diſons rien icy de la préciſion avec laquelle on doit avoir ce diametre. L'habileté de l'Ouvrier y ſuppléera facilement. Enſuite on tire des rayons du centre C à tous les degrez du quart de cercle D E, pour les marquer dans la ſurface interieure de l'in-ſtrument, depuis F juſqu'en G. On peut faire cette diviſion à part fur un plan, puis, la tranſporter bien exactement dans la concavité du cercle.

Ce qui fait eſtimer cet Inſtrument eſt que les degrez de la diviſion ſont plus grands à proportion de ſa grandeur, que ceux de l'Aſtrolabe.

Uſage de l'Anneau.

POur s'en ſervir il faut le ſuſpendre par la boucle B, & le tourner vers le Soleil A, en ſorte que ſon rayon paſſe par le trou C.

Il marquera au fond de l'anneau de F en I, les degrez de la hauteur du Soleil entre le rayon horizontal C F, & le rayon de l'aſtre C I, la partie I H G, marquera ſa diſtance au Zénith, entre le rayon C I & le rayon vertical C G.

Du Quart de Cercle.

L'Inſtrument marqué par la figure ſixiéme eſt un quart de cercle d'environ un pied de rayon. Il eſt diviſé en 90 degrez & ſouvent de 5 en 5 min. par des tranſverſales. Il y a deux pinules ſur un de ſes rayons A E Le fil où eſt attaché le plomb eſt arrêté au centre A. Nous ne nous étendrons pas ſur la conſtruction de cet Inſtrument, en ayant ſuffiſamment parlé au Chapitre V, qui traite de la Conſtruction du carré géometrique. Fig. 6.

Pour s'en ſervir il faut le tourner vers l'aſtre D, de maniere que ſon rayon D A B paſſe par les deux pinules A & B, alors le fil à plomb qui doit raſer librement les degrez du quart de cercle, marquera en C les degrez de la hauteur du Soleil depuis B juſqu'en C, & ſon complément depuis C juſqu'en E.

De l'Arbaleſtrille.

CEt inſtrument eſt compoſé de deux pieces, dont l'une qui eſt d'environ trois pieds de long, s'appelle la Fleche, & l'autre qui eſt plus courte, le Marteau. Fig. 7.

La Fléche A B eſt une piece d'ébenne bien carrée en tout ſens, de 6 à 7 lig. de groſſeur, & bien égale en toute ſa longueur.

Le Marteau C D eſt une piece de bois de Poirier bien uni & applanie d'un côté, laquelle a un trou carré juſtement dans ſon milieu, qui doit eſtre plus épais, afin que la Fléche gliſſant dans ce trou, ſoit plus ferme & s'y tienne perpendiculaire au Marteau.

La Fléche doit eſtre diviſée en ſa longueur, en degrez & minutes ſur chacune de ces quatre faces, leſquelles ne different entr'elles que dans la grandeur de leurs degrez, proportionnez à la differente grandeur des Marteaux; car chaque face doit avoir ſon Marteau particulier,

Q iij

Le commencement de la division se fait vers A, où se place l'œil de l'Observateur, mais à distance d'environ demi-pouce du bout de la Fleche, à cause de la convexité du globe de l'œil, car c'est à son centre que les principaux rayons des objets se vont croiser.

Si donc on veut diviser la face A B pour servir au plus grand Marteau C D, il faut chercher dans les Tables calculées les tangentes des degrez du cercle dont le rayon est égal à la moitié dudit Marteau & du point A, les transporter sur la face A B, & marquer sur chaque division le nombre qui convient aux tangentes du complément de la moitié de l'arc que l'on veut marquer par le moyen d'une échelle de mille parties qui soit égale à la moitié dudit Marteau.

Si par exemple on veut marquer sur la Fleche le point de 90 d. sa moitié est 45, & son complément aussi 45, dont la tangente est égale au rayon ; c'est pourquoy la moitié du Marteau sera precisément égale à la distance depuis le bout de l'œil A, jusqu'au point de 90 degrez ; car le demi Marteau est le rayon d'un cercle dont les tangentes sont contenuës dans la Fleche, comme il est aisé de voir par la figure 8.

Pareillement si on veut y marquer le point de 80 deg. dont la moitié est 40, & son complément 50. cherchez la tangente de 50 degrez, & vous trouverez 119175, duquel nombre il faut retrancher les deux dernieres figures, à cause que nous avons supposé le rayon ou demi marteau de mille parties égales, au lieu des cent mille qui sont assignées au rayon des tables. Cette tangente sera donc presque 1192, & ayant pris sur l'Echelle 192 parties, il faudra les porter au delà du point de 90 deg. pour marquer 80 deg. sur la Fléche. De même pour y marquer 70 degrez, la moitié est 35, & son complément 55, dont la tangente est 1428. Il faudra porter l'étendue de 428 parties égales, prises sur l'échelle, depuis le point de 90 deg. pour marquer sur la Fléche 70 deg. & ainsi de tous les autres degrez & minutes, tant que la Fleche en pourra contenir.

Mais si la moitié du grand Marteau est de dix pouces & la Fléche de deux pieds six pouces, on ne pourra pas marquer sur la face qui lui convient les degrez au dessous de 40, parce que la tangente du complément de 20 degrez qui est 70 degrez, est de 2747 parties, c'est à dire, presque trois fois le rayon.

La moitié du second Marteau estant supposée de 6 à 7 pouces, on pourra marquer les degrez sur la face qui lui convient depuis 90 degrez jusqu'à 30.

Si la moitié du 3 Marteau est de 4 à 5 pouces, on pourra marquer sur la face qui lui convient les degrez depuis 90 jusqu'à 20. Enfin si le 4e, & plus petit Marteau est de deux pouces & demi on pourra marquer sur la face qui lui convient les degrez depuis 90 jusqu'à dix.

Pour les grandes hauteurs on se sert des grands Marteaux, parce que les divisions en sont plus justes ; & pour les moindres hauteurs il faut se servir des petits Marteaux.

Pour trouver la face qui convient à un marteau, il n'y a qu'à presenter sa moitié sur la fleche ; si elle se trouve égale à la distance depuis l'extremité appellée le Bout de l'œil, jusqu'à 90 degrez, on aura la face convenable au marteau.

On peut aussi marquer méchaniquement les dégrez sur la fleche en la maniere suivante.

Il faut faire un grand Quart de cercle dont le rayon soit aussi grand que la fleche A B. Ce Quart de cercle doit estre divisé en degrez & en minutes de 10 en 10 ; & aprés avoir passé la fleche dans son Marteau C D, en sorte que le plat dudit marteau soit tourné vers l'extremité A de la fleche, on l'appliquera sur le quart de cercle, de sorte que le bout A réponde exactement sur le centre du quart de cercle, & que le bout D du marteau soit toûjours sur le rayon A F. On approchera doucement le marteau C D du bout A, jusqu'à ce que son autre extremité C touche le rayon A M, qui passe par le degré que l'on veut marquer sur la fleche, lequel degré on marquera à l'endroit où rasera le marteau au point E, & l'on continuëra de rapprocher le marteau du centre A le long du rayon A D F, jusqu'à ce qu'il touche successivement les rayons de tous les degrez, pour les marquer sur une colonne le long de la fleche AB, en augmentant à mesure qu'ils approchent du bout A. On marquera aussi les degrez de complément sur la même face & sur une autre colonne, lesquels vont en diminuant de B vers A. On pourra mettre un fil au centre A, pour servir de rayon comme A M, en le tendant successivement sur tous les degrez, à mesure qu'on lui fera toucher le bout C du marteau.

On fera la même chose sur les autres faces pour y marquer les divisions, suivant les differens marteaux. La petite figure P fait voir un marteau vû de face avec son trou.

Usage de l'Arbalestrille.

POur observer la hauteur d'un astre par devant avec l'Arbalestrille, il faut aprés avoir passé le marteau dans la fleche du côté de sa face, son côté plat vers le bout de l'œil A, appuyer ce même bout à côté de l'œil & regarder l'horison sensible par le bout d'en-bas D du marteau D C, suivant le rayon visuel horizontal A D F, en faisant glisser le marteau le long de la fleche, en l'approchant ou le reculant de l'œil, jusqu'à ce que l'on voye

Q iiij

Fig. 7.

l'aftre par le bout C du marteau , & alors il marquera fur la fleche
les degrez de la hauteur de l'Aftre , fur la colonne qui va en
augmentant vers 90 , ou vers le bout de l'œil A ; il marquera auffi
vis à vis la diftance de l'aftre au Zénith ou le complément de fa
hauteur fur l'autre colonne qui va en diminuant vers le même bout
de l'œil A.

L'on prend hauteur pardevant aux Etoiles & au Soleil , lorfque
fes rayons n'ont guere de force à caufe de quelque nuage , en
mettant un morceau de verre bruni au devant de l'œil pour le con-
ferver des rayons du Soleil.

Pour obferver la hauteur du Soleil par derriere avec l'Arbaleftrille
il faut premièrement ajufter le plat du marteau dans le bout de la
fleche A , de forte que le tout foit à l'uni. Enfuite on paffera dans
la fleche le plus petit des quatre marteaux ; fon côté plat auffi vers
le bout A. On ajoûtera au bout d'en-bas D du marteau une efpece de pinule de cuivre , dont la fente foit parallele au plan de
l'horizon.

L'Arbaleftrille eftant ainfi préparée il faut tourner le dos au
Soleil & regarder l'horifon fenfible par la pinule D , & par deffous la traverfe qui eft au milieu du petit marteau ; en regardant
ainfi l'horifon on approchera ou reculera ce petit marteau jufqu'à
ce que l'ombre du bout C du grand marteau fe termine fur la traverfe du petit marteau , à l'endroit qui répond au milieu de la
groffeur de la fleche ; alors le petit marteau marquera fur la fleche
les degrez de la hauteur du Soleil & de fon complément.

On fe fert le plus fouvent de cette feconde maniere , qui eft
d'obferver la hauteur de l'aftre par derriere , parce qu'en ce cas
l'œil n'a qu'un feul rayon vifuel à obferver , au lieu qu'il faut en
obferver deux quand on prend la hauteur par devant.

Quand on prend hauteur par devant on la trouve trop grande ,
& quand on la prend par derriere on la trouve trop petite. Cette
erreur eft égale de part & d'autre , & elle eft d'autant plus grande
que l'on eft plus élevé au deffus de la furface de la mer ; tellement
que l'élévation d'un pied fait erreur d'une minute ; celle de 5 pieds
caufe deux minutes d'erreur. L'élévation de dix pieds , trois minutes ; celle de 17 pieds , 4 min. celle de 25 pieds caufe 5 minutes
d'erreur , & enfin celle de 40 pieds fait erreur de 6 min.

Si donc on a obfervé la hauteur d'un aftre avec l'Arbaleftrille
par devant , & qu'on l'ait trouvé , par exemple , de 20 deg. fi l'œil
de l'Obfervateur en ce cas eft élevé de 25 pieds par deffus la furface de la mer , il faudra conclure que la hauteur de l'Aftre n'eft
que de 19 d. 55 m. parce qu'il faut fouftraire 5 min. pour l'élévation de 25 pieds. Il faudroit au contraire les ajoûter fi la hauteur
avoit efté prife par derriere.

Du quartier Anglois.

Fig. 9.

CEt Instrument se fait ordinairement de bois de poirier. Il contient un quart de cercle partagé en deux arcs B C, D E, qui ont differens rayons, dont le moindre est la moitié du plus grand.

L'arc B C est de 30 d. chaque degré se subdivise autant qu'on le peut de 5 en 5 min. par le moyen des cercles concentriques & des lignes transversales. L'autre arc de cercle D E, contient 60 deg. & se divise seulement en degrez ; la division de ces arcs doit commencer du rayon A B, dont la longueur est environ de deux pieds.

On ajuste un petit marteau ou pinule fenduë immobile au centre commun de ces deux arcs ; une autre qui se puisse mouvoir & arrêter avec une vis sur chacun des degrez & minutes de l'arc B C comme en F, laquelle doit estre percée pour y placer l'œil, & enfin une troisiéme pinule qui puisse couler & s'arrêter au long des divisions de l'arc D E, comme en G. Il faut que ces arcs soient d'égale épaisseur, afin que les pinules soient toûjours bien perpendiculaires sur le bord de l'Instrument.

Usage du quartier Anglois.

ON peut se servir de cet instrument pour observer la hauteur des astres en deux manieres, comme par l'Arbalestrille, c'est à dire, en regardant l'astre, ou lui tournant le dos. Cette maniere est plus commode. Il faut pour cela ajuster la pinule A sur le centre, & la pinule G, sur tel degré qu'on voudra de l'arc D E ; pourvû toutefois que la partie G D avec les 30 degrez de l'arc B C soient du moins aussi grands que la hauteur de l'astre ; après cela on lui tournera le dos, & l'on haussera ou baissera la pinule F en la faisant glisser sur l'arc B C, jusqu'à ce que regardant l'horison sensible par les deux pinules F & A, le rayon du Soleil H passe par l'ouverture de la pinule G & vienne aboutir à la fente de la pinule qui est au centre A.

La somme des deux arcs sera la hauteur du Soleil sur l'horison, en y faisant la même correction que nous avons dit en parlant de l'Arbalestrille, & le complément de cette hauteur sera la distance du Zénith.

L'on pourra aussi prendre hauteur par devant avec cet instrument comme avec l'Arbalestrille, mais plus difficilement.

Du demi Cercle pour prendre hauteur en Mer.

Fig. 10. CE demi Cercle est d'environ un pied de diametre, il n'est divisé qu'en 90 deg. & chaque degré se divise ordinairement en quatre parties qui valent 15 min. chacune. Il y a deux pinules A & B attachées aux extremitez de son diametre, & une autre comme C, ajustée de telle maniere qu'elle coule autour de la circonference du demi Cercle, afin de recevoir le rayon de l'Astre.

Usage du demi Cercle.

SI l'on prend la hauteur par devant, il faut mettre l'œil à l'ouverture de la pinule A, regarder l'horison par les pinules A & B, & hausser ou baisser la pinule C, en la glissant sur les degrez de la circonference, jusqu'à ce que le rayon de l'astre passant par la fente ou petit trou de cette pinule, rencontre l'autre pinule en A. Pour lors les degrez compris en l'arc B C, marqueront la hauteur de l'astre. Si c'est le Soleil que l'on veut observer, il est plus commode de lui tourner le dos à cause de sa grande lumiere, mettant l'œil à la pinule B, & regardant l'horison par les pinules B & A, & haussant ou baissant la pinule C, en sorte que le rayon du Soleil passant par cette pinule vienne se rendre à l'ouverture de la pinule A, l'arc B C marquera la hauteur du Soleil sur l'horison.

Il est à remarquer que comme l'angle B A C a son sommet à la circonference, il n'a pour sa mesure que la moitié de l'arc B C, sur lequel il est appuyé, & c'est pour cette raison que l'on a divisé tout le demi Cercle en 90 degrez, au lieu des 180 qu'il devroit contenir.

Par la hauteur des Astres trouver la latitude du lieu où l'on est.

AYant observé avec quelqu'un des instrumens dont nous venons de parler, la hauteur sur l'horison d'un Astre dont on connoît la déclinaison quand il passe au méridien, on connoîtra la latitude du lieu où l'on est, laquelle est toûjours égale à la hauteur du Pole par l'usage dixiéme, page 343, & par l'usage cinquante-deux p. 376, de nostre seconde Edition de l'usage des Globes.

On pourra aussi trouver à toute heure la latitude du lieu où se fait l'observation par les usages 13, 14 & 15, de notre Traité des Astrolabes, pag. 163 & suivantes, quoyqu'il y ait un peu plus de façon.

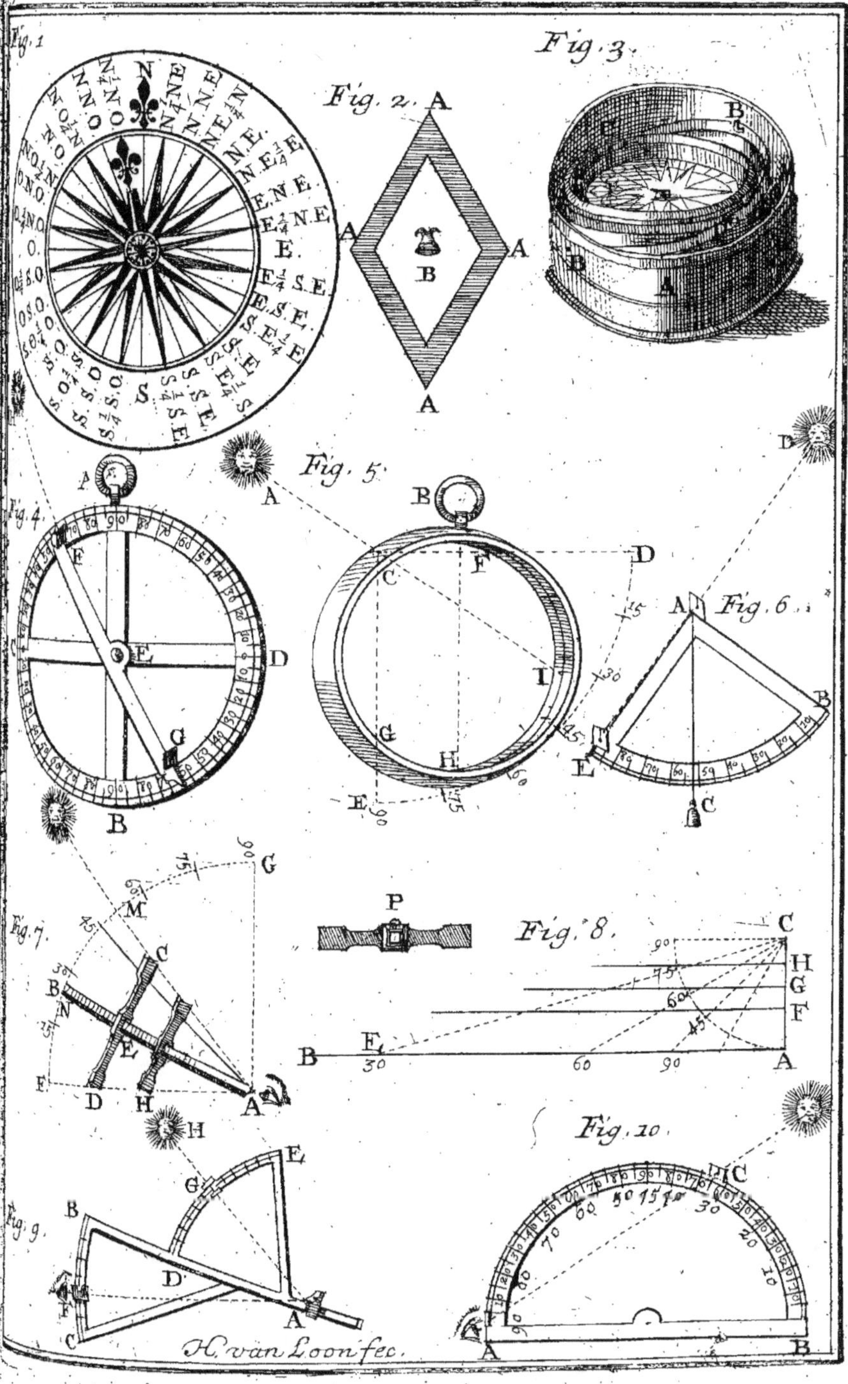

Fig. 1.

Fig. 2.

Fig. 3.

Fig. 4.

Fig. 5.

Fig. 6.

Fig. 7.

Fig. 8.

Fig. 9.

Fig. 10.

H. van Loon fec.

Nous allons donner un exemple par les hauteurs du Soleil à midy. Ayant pris hauteur justement à midy, cherchez dans la Table à ce même jour, la declinaison du Soleil. Si elle est septentrionale, qui est depuis le 20 Mars jusqu'au 22 Septembre, ou depuis ♈ jusqu'à ♎ ; ôtez cette déclinaison de la hauteur du Soleil, le reste sera la hauteur de l'Equateur, laquelle étant soustraite de 90, le reste sera la hauteur du Pole.

EXEMPLE.

Le Soleil estant au premier degré de ♋, sa hauteur à midy est de 64 deg. 30 m. la déclinaison boreale est de 23 deg. 30 m. Etant ôté de 64 deg. 30 m. restera 41 deg. pour la hauteur de l'Equateur, son complément jusqu'à 90 est 49, qui sera la hauteur du Pole à Paris ; mais si c'estoit depuis le 22 Septembre jusqu'au 20 Mars, la déclinaison du Soleil seroit meridionale. Il faudroit pour lors y ajoûter la hauteur meridienne. Le total sera la hauteur de l'Equateur. Exemple. Le vingt-deux Decembre le Soleil est élevé à midy à Paris de dix-sept degrez trente minutes, sa déclinaison est 23 d. 30 m. laquelle ajoûtée à 17, 30, total 41, son complément 49, sera la latitude du lieu. Si le Soleil n'avoit point de déclinaison comme au commencement ♈ & ♎, sa hauteur seroit celle de l'Equateur, laquelle estant soustraite de 90, le reste seroit la hauteur du Pole. Si en ce même temps-là le Soleil est élevé de 90 deg. à midy, c'est une marque qu'on seroit sous la ligne Equinoxiale. En prenant exactement la hauteur du Soleil à toutes les heures du jour, on pourra faire des Tables des hauteurs du Soleil sur l'horison, mais elles se font bien plus juste par le calcul.

CHAPITRE III.

Contenant la construction du Quartier de reduction & ses usages.

LE Quartier de reduction est un instrument dont se servent les Pilotes à réduire les routes de Navigation. Il est composé de plusieurs quarts de cercle qui ont même centre A, & de plusieurs lignes droites parallèles, ces quarts de cercles & les lignes droites sont à distances égales. On peut prendre l'un de ces quarts de cercles comme BC, pour le quart de chaque grand cercle de la Sphere, & principalement pour quart de l'horison & du meridien.

XX.
Planche

En le prenant pour quart de l'horifon, l'un de fes côtez, tel qu'on voudra, comme A B, reprefentera la ligne meridienne; c'eft à dire, Nord & Sud.

L'autre côté A C, qui fait angle droit avec la meridienne, reprefente la ligne Eft & Oueft. Toutes les autres lignes paralleles au côté A B font des meridiens, & toutes celles qui font paralleles au côté A C font des lignes Eft & Oüeft.

Ce quart de cercle eft divifé premierement en 8 parties égales, par fept rayons tirez du centre A, pour reprefenter les 8 quarts de vent de chaque quart de la Bouffole ou de l'horifon; chacun de ces quarts de vent vaut onze degrez 15 minut. comme nous avons dit cy-devant en parlant de la Bouffole.

La circonference B C eft auffi divifée en 90 d. & chaque degré eft fubdivifé de 12 en 12 min. par le moyen des lignes tranfverfales, tirées de degré en degré, & de fix cercles concentriques, y compris les deux extrêmes. On attache de plus au centre un fil, comme A L, lequel eftant arrefté fur tel degré que l'on veut du quart de cercle, fert à divifer l'horifon de telle maniere qu'on trouve à propos. La figure 20 fait affez connoître le refte de la conftruction de cet inftrument.

Ufage du Quartier de reduction.

ON forme fur le quartier de reduction des triangles femblables à ceux de la Navigation, & les côtez de ces triangles font mefurez par les intervales égaux qui font entre les quarts de cercle & entre les lignes N & S, E & O.

On a diftingué ces cercles & ces lignes en les marquant de cinq en cinq par des traits plus gros que les autres; de forte que fi l'on prend chaque intervale pour une lieuë, il y aura cinq lieuës depuis une groffe ligne jufqu'à l'autre; de même fi on prend chaque intervale pour 4 lieuës, il y aura 20 lieuës qui font un degré de Marine depuis un gros trait jufqu'à l'autre.

Suppofons, par exemple, avoir couru 150 lieuës N E quart, N qui eft le 3 quart du vent, faifant depuis le Nord un angle de 33 d. 45 m. Nous avons donc deux chofes connuës; fçavoir, le rumb de vent & les lieuës de diftances, par le moyen defquels on peut former fur le quartier de reduction un triangle femblable à celui de Navigation pour trouver le refte qui nous eft inconnu; ce qui fe fait en cette forte.

On prendra le centre A pour le point du départ, & l'on còmptera par les arcs le long du rumb de vent; fuppofé A D les 150 lieuës de diftance depuis A jufqu'à D, & ce point D fera le lieu de l'arrivée, lequel on marquera par une petite pointe, & on conduira D E parallele au côté A C, pour former le triangle rectangle A E D, semblable à celui de Navigation; le côté A E de ce triangle donnera 125 lieuës de difference en latitude vers le Nord, qui valent 6 d. 15 m. à 20 lieuës par degré, & une lieuë pour 3 m. & enfin le côté E D donne 83 lieuës mineures vers l'Eſt, leſquelles reduites, comme nous dirons cy-après, donneront la difference en longitude, & par ce moyen tout le triangle ſera connu.

On appelle lieuës mineures celles qui répondent aux paralleles entre l'Équateur & les Poles, car ceux qui approchent le plus des Poles ſont les plus petits, & par conſequent les degrez de longitude auſſi plus petits; c'eſt pourquoy il y a moins de chemin à faire pour changer de longitude que pour changer de latitude, où ſe comptent les lieuës majeures.

Comme le centre A du quartier de réduction repreſente toûjours le lieu d'où l'on eſt parti, lorſqu'on a trouvé par quelque maniere que ce ſoit le point D où l'on eſt arrivé, tout le triangle A E D ſe trouve facilement déterminé.

Si le quartier de réduction eſt pris pour un quart du méridien, l'un des côtez, comme A B, ſe pourra prendre pour le rayon commun du meridien & de l'Equateur, & l'autre côté A C ſera la moitié de l'axe du monde. Les degrez de la circonference B C repreſenteront les degrez de latitude, & les lignes paralleles au côté A B, perpendiculaire ſur A C, priſes depuis chaque point de latitude juſqu'à l'axe A C, ſeront les rayons des paralleles de ces latitudes, & en même temps les Sinus des complémens des mêmes latitudes.

Si par exemple on veut ſcavoir combien 83 lieuës mineures vers l'Eſt valent de degrez de longitude ſur le parallele de 48 deg. de latitude, il faut premierement tendre le fil ſur les 48 degrez de latitude & compter les 83 lieuës propoſées ſur le côté A B, en commençant du centre A; elles ſe termineront au point H, prenant chaque petit intervale pour quatre lieuës, ou les intervales des gros traits pour 20 lieuës. Il faut enſuite conduire du point H la parallele H G juſqu'au fil, alors la partie du fil depuis A juſqu'en G, rayon du meridien, montrera 125 lieuës majeures, valeur de 6 d. 15 m. à raiſon de 20 lieuës par degré, & 3 min. pour une lieuë; ce qui fait connoître que les 83 lieuës mineures A H, qui font la difference en longitude de la route ſuppoſée, & qui ſont égales au rayon du parallele G I, valent 6 d. 15 m. de ce parallele.

Suppoſons pour ſecond exemple que l'on veuille réduire cent lieuës mineures en degrez de longitude ſur le parallele de 60 d. Ayant premierement tendu le fil ſur 60 deg. on comptera les cent lieuës de longitude du côté A B, & le parallele qui les terminera

eftant conduit au fil, retranchera le long du fil, à prendre depuis
le centre, 200 lieuës majeures qui valent dix deg. c'eft à dire que
cent lieuës fur le parallele de 60 deg. valent dix deg. de longitude,
parce que chaque degré d'un grand cercle eft double d'un degré
du parallele de 60 degrez.

A côté du quartier de réduction on y met une Echelle réduite que l'on nomme des latitudes croiffantes, dont la conftruction & division eft la même que celle du meridien des Cartes
réduites dont nous parlerons cy-aprés.

L'ufage de cette Echelle eft pour trouver le moyen parallele entre celui du départ & celui d'arrivée.

Quand on a couru une route oblique, c'eft à dire, qui n'eft
exactement ni Nord ou Sud, ni Eft ou Oüeft, ces routes outre
les lieuës majeures Nord & Sud, donnent des lieuës vers l'Eft ou
vers l'Oueft, qu'il faut réduire en degrez de longitude. Mais ces
lieuës que l'on appelle mineures, n'ont efté faites ni fur le parallele du départ, ni fur celui de l'arrivée, ayant efté faites fur tous
les paralleles qui font entre deux & qui font tous inégaux; c'eft
pourquoy on eft obligé d'en chercher un qui foit moyen proportionnel entr'eux, & on l'appelle pour cela moyen parallele, lequel fert à reduire en degrez & minutes de l'Equateur les lieuës
qu'on a faites en parcourant divers paralleles, dont les degrez
deviennent plus petits à mefure qu'ils s'éloignent de l'Equateur
allant vers les Poles.

Il y a plufieurs methodes pour trouver ce moyen parallele. Mais
je ne parleray icy que de celle qui fe fait par l'Échelle reduite des
latitudes croiffantes & fans calcul.

Soit propofé par exemple de trouver le moyen parallele entre
40 & 60 degrez de latitude. Prenez avec un compas fur cette
Echelle le milieu d'entre 40 & 60 degrez. Ce point milieu fe terminera vis à vis de 51 deg. qui fera par confequent le moyen parallele de cette route.

Remarquez que comme cette Echelle eft en deux lignes, il
faudra prendre l'efpace depuis 40 d. de latitude jufqu'à 45, qui
eft d'un côté, & le porter fur une ligne droite; prendre enfuite
l'efpace depuis 45 jufqu'à 60, qui eft de l'autre côté pour ne faire
qu'une ligne de ces deux efpaces joints enfemble; divifer cette ligne en deux également, & portant cette moitié fur l'Echelle mettez une pointe du compas fur le nombre 60, l'autre pointe ira
fe terminer au nombre 51, qui fera le moyen parallele que l'on
cherche. Aprés quoy il fera facile de réduire les lieuës parcouruës
vers l'Eft en degrez de longitude, par le quartier de reduction
confideré comme quart de meridien de la maniere que nous venons de l'expliquer par deux exemples.

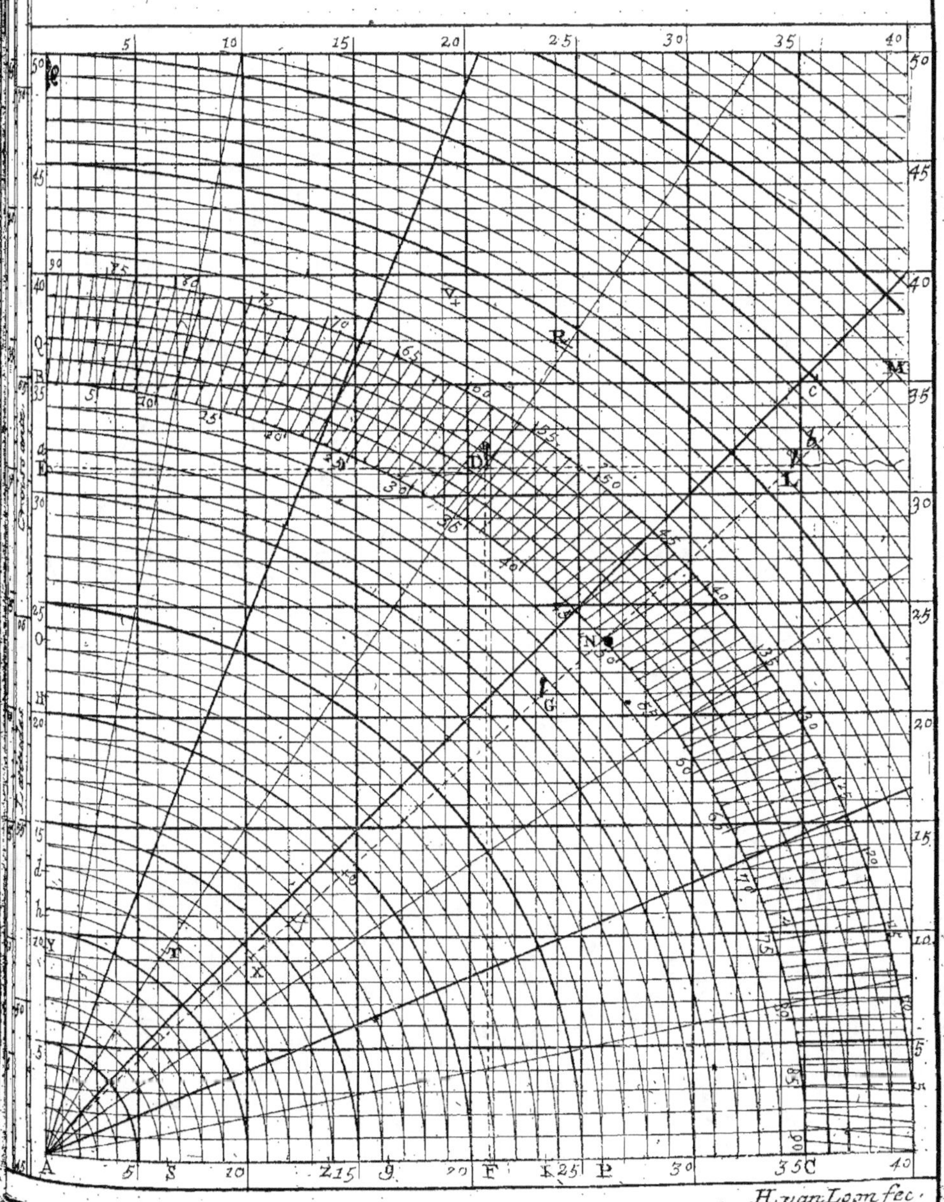
QUARTIER DE REDUCTION.
A Paris Chez N. BION, sur le Quay de l'Orloege du Palais.
H. van Loon fec.

que t
toûjo
contr
Si
aigu
lele,
S'il
ridien
parall
ne dé
niere
Vaille
la co
même
xodro
fans p
& dol
L
que n
drom
dont
latitu
O
fole il
rez,
la va
du V
Ma
calcul
ferver
coupe
folum
leles
fuppo
de la
pôlez
jours
mais
natur

Des Cartes réduites.

LA Planche vint-uniéme represente une Carte réduite. Mais avant que d'en donner la construction & les usages, il faut sçavoir que tant qu'un Vaisseau est poussé par un même vent, il doit toûjours faire le même angle avec tous les meridiens qu'il rencontre sur la surface du Globe terrestre.

Si le Vaisseau court Nord & Sud, il fait un angle infiniment aigu avec le meridien qu'il décrit, c'est à dire, qui lui est parallele, ou plûtôt qu'il le suit & ne s'en écarte point.

S'il court Est & Oüest, il coupe à angles droits tous les meridiens, car il décrit ou l'Equateur ou un des cercles qui lui sont paralleles. Mais si sa course est moyenne entre ces deux, alors il ne décrira plus un cercle, parce qu'un cercle tracé de cette maniere couperoit tous les meridiens à angles inégaux, ce que le Vaisseau ne doit pas faire. Il décrit donc une autre courbe dont la condition essentielle est de couper tous les meridiens sous le même angle. On la nomme Loxodromique, ou simplement Loxodromie; c'est une espece de spirale qui fait une infinité de tours sans pouvoir arriver à un certain point, qui est le Pole où elle tend, & dont elle s'approche à chaque pas.

La route d'un Vaisseau, à l'exception des deux premieres que nous avons marquées, est donc toûjours une courbe Loxodromique. Elle est l'Hypotenuse d'un triangle-rectangle spherique dont les deux côtez sont le chemin du Vaisseau en longitude & en latitude.

On a d'ordinaire la latitude par observation; on a par la Boussole l'angle de la Loxodromie, avec l'un ou l'autre des deux côtez, & ce qu'on cherche par le calcul de la Trigonometrie, c'est la valeur de la longitude parcouruë & de la Loxodromie ou route du Vaisseau.

Mais comme cette ligne courbe est embarrassante pour les calculs, on a voulu avoir la route en ligne droite, & il a fallu conserver à cette ligne droite l'essence de la Loxodromie, qui est de couper toûjours les meridiens sous le même angle. Or cela est absolument impossible tant que les meridiens ne sont point paralleles entr'eux, comme en effet ils ne le sont pas. Il a donc fallu supposer les meridiens paralleles, dont s'est ensuivi que les degrez de longitude inégalement éloignez de l'Equateur ont esté supposez de même grandeur, quoyque réellement ils diminuent toûjours depuis l'Equateur, selon une certaine proportion connuë; mais pour reparer cette erreur, les degrez de latitude, qui par la nature de la Sphere sont égaux par tout, sont augmentez dans les Cartes hydrographiques, en même proportion que ceux de longitude auroient dû décroître. Ainsi l'inégalité qui devoit être dans les degrez de longitude de differens paralleles, se rejette sur les degrez de latitude de la maniere que nous dirons cy-après.

Les Cartes construites de cette maniere s'appellent réduites, ou au point réduit, dont on se sert ordinairement comme des meilleures; l'experience de plusieurs siecles ayant fait connoître que pour l'usage des Pilotes il faut des Cartes tres-simples où les meridiens, les paralleles à l'Equateur & les rumbs de vent soient representez par des lignes droites pour la facilité du pointage de leurs routes.

CHAPITRE IV.

Contenant la construction des Cartes réduites & leur usage.

XXI.
Planche.

POur augmenter autant à proportion les degrez de latitude, que ceux de longitude se trouvent aggrandis en les faisant égaux à ceux de l'Equateur, on employe les Secantes qui augmentent autant les unes sur les autres, que les Sinus de complément de latitude, qui devroient representer les degrez de longitude, ont esté augmentez en les faisant égaux au rayon de l'Equateur par le parallelisme des meridiens; car le Sinus de complément d'un arc est au Sinus total, comme le Sinus total est à la Secante de ce même arc.

Ainsi prenant pour un degré de l'Equateur & pour le premier degré de latitude le rayon entier ou une partie aliquote quelconque de ce rayon, on prend pour le second degré de latitude la Secante d'un degré ou la partie aliquote semblable de cette Secante; pour le 3e degré de latitude on prend la Secante de deux degrez ou la partie aliquote semblable, & ainsi de suite.

Lorsqu'on veut avoir une Carte à plus grand point, on prend pour 30 min. de latitude & pour 30 min de l'Equateur, un rayon de cercle ou une partie aliquote quelconque de ce rayon, pour un degré de latitude. On ajoûte de suite la Secante de 30 min. pour un degré & demi de latitude, on ajoûte de suite la Secante d'un degré, pour deux degrez de latitude; on ajoûte la Secante d'un degré, 30 m. ou les parties aliquotes semblables de ces Secantes, & ainsi de suite.

On se sert pour cela dans la pratique d'une Echelle de parties égales, sur laquelle on prend le nombre des parties qui répondent à peu prés aux Secantes qui se trouvent dans les Tables, en retranchant les dernieres figures.

Dans

Dans ces Cartes l'Echelle est changeante à mesure qu'on change de latitude ; ainsi, par exemple, si on a navigé entre le 40 & le 50 parallele, les degrez des meridiens qui sont entre ces deux paralleles serviront d'Echelle pour mesurer la route ; d'où il est évident que l'on trouve moins de lieuës sur les paralleles à mesure qu'ils s'approchent des Poles, puisqu'on les mesure par une grandeur qui croît aussi toûjours en s'avançant vers les Poles.

Si par exemple vous voulez tracer une Carte réduite du 40 d. de latitude Septentrionale jusqu'au 50, & depuis le sixiéme degré de longitude jusqu'au 18 ; tracez premierement la ligne A B, qui representera le 40 parallele à l'Equateur, divisez-la en 12 parties égales pour les 12 degrez de longitude que contient cette Carte; ayez un compas de proportion ou une Echelle divisée, dont 100 parties soient égales à chacun de ces degrez, élevez perpendiculairement sur les extrémitez de la ligne A B deux autres lignes qui representeront deux meridiens paralleles, lesquels vous diviserez en ajoûtant bout à bout les Secantes convenables. Ainsi pour la distance du 40 au 41 d. de latitude, prenez sur votre Echelle 131 parties & demie, qui est la Secante de 40 d. 30 m. pour la distance du 41 au 42, prenez 133 & demi qui est la Secante de 41 deg. 30 m. pour la distance du 42 au 43 prenez 136 Secante de 42 d. 30 m. & ainsi de suite jusqu'au dernier degré de votre Carte qui sera de 154 parties, Secante de 49 d. 30 m. & marquera la distance du 49 d. de latitude au 50e, & par ce moyen les degrez de latitude seront augmentez dans la même proportion que ceux de longitude auroient dû décroître.

Pour y placer les rumbs de vent choisissez un endroit commode vers le milieu de la Carte, comme le point R ; duquel comme centre vous décrirez un cercle assez grand pour estre divisé en 32 parties égales, pour les 32 aires de vent de la Boussole. Et ayant tracé vers le haut de la Carte le rumb de vent qui marque le Nord, parallele aux deux meridiens divisez, vous y ferez une Fleur de lys qui fera connoître tous les autres rumbs de vent, dont les principaux se doivent distinguer par des lignes plus grosses.

Ensuite vous placerez, suivant leurs longitudes & latitudes, les Villes, Ports, Isles, Côtes, Bancs, Ecüeils, &c. & formerez votre Carte. Vous pourrez aussi faire plusieurs Roses de rumbs de vent suivant la grandeur de la Carte; mais il faut que les lignes Nord & Sud soit toûjours paralleles entr'elles.

Usage des Cartes réduites.

LE principal usage des Cartes Marines est pour y pointer ou compasser les routes, à quoy les Cartes réduites sont les plus propres.

R

Pointer ou compasser une route, c'est marquer sur la Carte le point d'où l'on est parti, celui où l'on est arrivé, avec leur distance, & le rumb qu'on a suivi ; comme aussi leur longitude & latitude. Ce que nous allons expliquer par quelques exemples.

I. EXEMPLE.

Un Vaisseau part de l'Isle Oüessant à 48 d. 30 m. de latitude Sept. & 13 d. 30 m. de longitude pour aller au Cap de Finistere en Galice, à 43 deg. de latitude & 8 deg. de longitude. On demande premierement quelle route il faut tenir & quelle est la distance de ces deux lieux. Imaginez-vous une ligne tirée de l'Isle Oüessant au Cap de Finisterre, examinez avec un Compas à quel rumb de vent marqué sur la Carte cette ligne est parallele, ce sera celui qu'il faut suivre. Vous trouverez que c'est le Sud-Oüest quart au Sud qui convient à cette route.

A l'égard de la distance prenez avec un Compas l'étendüe de 5 d. sur le meridien pour en faire une Echelle de 100 lieües vis à vis ladite route ; c'est à dire, depuis 43 d. jusqu'à 48. Portez une pointe du Compas ainsi ouvert sur l'Isle Oüessand, & l'autre pointe sur la ligne occulte qui tend au Cap de Finisterre en y faisant une petite marque. Cette ouverture fera 100 lieües de chemin. Prenez ensuite avec le même Compas la distance depuis cette marque jusqu'au Cap de Finisterre. Portez cette ouverture sur le meridien, mettant une pointe sur le 43ᵉ d. l'autre pointe tombera environ à un quart moins du 45ᵉ, ce qui vaut 35 lieües, & par consequent cette distance entiere est de 135 lieües.

II. EXEMPLE.

Un Vaisseau parti de l'Isle Oüessand a suivi le Sud-Oüest quart au Sud, pour aller au Cap de Finisterre. Le Maître Pilote ayant examiné la force du vent, la quantité de voiles déployées, & connoissant par experience la vîtesse de son Navire, estime avoir fait 50 lieües de chemin pendant 20 heures de temps qu'il est en route, & pour marquer sur la Carte le point où est le Vaisseau, il doit prendre avec un Compas l'étendüe de deux deg. & demi, équivalens à 50 lieües sur le meridien, depuis le 46ᵉ d. jusqu'au 48 d. 30 m. & porter une pointe du Compas ainsi ouvert sur le lieu d'où il est parti, & l'autre pointe estant conduite sur la ligne de route marquera le point T où est arrivé le Vaisseau. Que si vous souhaitez de sçavoir la longitude & latitude de ce lieu d'arrivée, mettez une pointe de Compas sur le point T, & l'autre sur le plus proche parallele. Conduisez perpendiculairement le Compas ainsi ouvert le long du parallele jusqu'au meridien, le degré où aboutira le Compas marquera la latitude du point T. Pour sa longitude mettez une pointe du Compas en T, & l'autre sur le meridien le plus proche, faites couler le Compas vers

IRLANDE
I.Blasques
Bantrie
Rose
P.te de Skylling
C. Dorses
Youghill
Holde Head
Neathe
Glocester
H. de Milfort
Bristol
I. Londey
ANGLETERRE
CANAL DE BRISTOL
Canal de Soucipart
Excester
Yarmouth
Hampton
Portsmouth
Arundel
C. de Clare
C. Cornual
Falmouth
Torbay
I. Portland
I. de Wicht
I. Sorlingues
C. Lezart
P.te de Soustart
LA MANCHE
C. de la Hague
C. de Barsleur
L'Aurigny
I. Grenesey
Cherbourg
Bayeux
Estrehan
Pta de Cloquier braun
I. Jersey
I. d'Ouessant
Brest
I. S.t Judden
S.t Brieux
S.t Malo
M.t S.t Michel
P.te S.t Matthieu
Le Dolas
Roscohan
P.te de Penmarck
Quimper Corantin
Quimperle
Port Louis
Isles de Glenan
I. a Croix
la Roche Bernard
P.te de Quiberon
Bell'Isle
Nantes
GOLFE DE
I. Houat
I. Hedic
le Croisic
FRANCE
I. de Noirmoustier
R. de Bouing
S.t Gilles
I. Dieu
la Jart
Roches bonne
la Rochelle
I. de Ré
Rochefort
I. d'Oleron
Brouage
I. Arvert
Tour de Cordouan
Blaye
GASCOGNE
Bassin d'Arcasson
Libourne
Bourdeaux
C. d'Ortugal
C. de Ferol
C. Priorl
La Corogne
C. Veillano
C. Toriate
Laxa
Portesdeine
Corcubion
C. Penas
Ribadeo
Aviles
Gijon
Villa Fittosa
C. Machicaco
L.lanes
S.t Andero
Castro
Bilbao
Fontrabie
S.t Sebastien
le Passage
Bayonne
St. Jean de Lutz
C. de Finisterre
Mouro
Noya
Villa N.a
Porto N.o
Ponte vedre
Vigo
Bayonne
Carlina
Viana
Ville del Conde
Porto
Villa N.a
Aviero
C. de Fasellis
PORTUGAL
ESPAGNE
Lago
Figuero
C. de Montego

CARTE REDUITE,
de Partie des Costes de France,
de Espagne, d'Angleterre, et
d'Irlande.
Par Van Loon Geographe.

paralle
Con
Carte,
ferr d'
fait le

Un
départ
fon Va
il eft,
de l'Iſl
16 deg
idien
placé
culaire
qu'à c
d'inter
fervati
puis ce
fur le
de che

Cor
dans la
marine
che pa
pas fur
proche
deux
le lieu
Mer
de re
fieu o
rumb

L Eſ
&
dans
Le
le Zo
par 24
lant v

parallele divifé, il vous marquera le degré de longitude.

Comme les Paralleles & les Meridiens ne traverfent point la Carte, pour ne la pas embarraffer avec les rumbs de vent, on fe fert d'une Regle qui traverfe la Carte de part & d'autre & qui fait le même effet.

III.   EXEMPLE.

Un Pilote fçachant le rumb de vent qu'il a fuivi depuis fon départ, & ayant pris hauteur, il connoît la latitude du lieu où eft fon Vaiffeau. On demande qu'il marque fur la Carte le lieu où il eft, & combien de chemin il a fait. Je fuppofe qu'eftant parti de l'Ifle Oüeffland il eft arrivé en un lieu dont la latitude eft de 46 degrez. Cela eftant il ouvrira le Compas depuis le 46 d. du meridien jufqu'à 48 d. 30 m. qui eft la latitude du départ, où ayant placé une regle jufqu'à l'Ifle Oüeffant, il fera couler perpendiculairement le long de cette regle une pointe de Compas, jufqu'à ce que l'autre pointe rencontre la ligne de route. Le point d'interfection S fera celui où eftoit le Vaiffeau au temps de l'obfervation. A l'égard du chemin parcouru, ouvrez le compas depuis ce point jufqu'au lieu du départ, & portez cette ouverture fur le meridien; elle ira depuis 46 d. jufqu'à 49, qui font 60 lieuës de chemin, à raifon de 20 lieuës par degré.

IV.   EXEMPLE.

Connoiffant la latitude & la longitude d'un lieu, trouver ce lieu dans la Carte réduite. Ayant mis la pointe d'un Compas à Carte marine fur le degré de latitude connuë, & l'autre fur le plus proche parallele; il faut de l'autre main mettre la pointe d'un 2.⁰ compas fur le degré de longitude connuë, & l'autre pointe fur le plus proche meridien, & faire couler ces deux compas jufqu'à ce que deux de leurs pointes fe rencontrent. Le point de jonction fera le lieu cherché. Cette operation eft fort en ufage aux gens de Mer aprés avoir trouvé leur point par le calcul ou par le quartier de reduction; car ayant par ce moyen trouvé fur la Carte le lieu où eft arrivé le Vaiffeau, il leur eft facile de connoître le rumb de vent qu'ils doivent fuivre pour continuer leur route.

Des Marées ou Flux & Reflux de la Mer.

LEs Navigateurs doivent ne pas ignorer ce que c'eft que le Flux & Reflux de la Mer & de l'heure qu'elle eft baffe ou haute dans les differentes Côtes qu'ils navigent.

Le Flux ou Flot de la Mer eft lorfqu'elle monte, & le Reflux ou le Zouffant eft lorfqu'elle defcend. Il y a Flux & Reflux deux fois par 24 h. 48 m. c'eft à dire, que la mer venant de la Zone torride allant vers chacun des Pole, elle monte le long des Côtes pendant 6 h.

12 min. & puis se retire pendant 6 h. 12 m. & ainsi est à la plus grande hauteur de douze en douze heures vingt-quatre minutes, ce qu'on appelle pleine Mer, & elle est basse aussi de 12 en 12 h. 24. m. ce qu'on appelle basse mer.

L'on appelle Vives-eaux ou Reverdies les Marées au temps des nouvelles & pleines Lunes, parce que la Mer monte davantage pour estre pleine mer, & elle baisse davantage pour estre basse mer qu'elle ne fait dans les Quadractures, qu'on dit alors les Mortes-eaux.

Les Marées montent & baissent davantage au temps des Equinoxes qu'en toutes autres saisons de l'année, c'est pourquoy les Reverdies de ces temps-là se nomment les grandes Malines. On estime que la Mer monte & baisse environ un sixiéme plus aux Reverdies des Equinoxes qu'à celles des Solstices, & dans les autres temps à proportion. Lorsqu'on est dans des Côtes on doit soigneusement remarquer combien les Marées y montent depuis la basse mer jusqu'à la haute & par supputation, & faire la même chose pour les grandes Malines. On verra dans les Tables ce que les Marées montent dans chaques Côtes aux grandes Malines. Il est bon de sçavoir que les vents augmentent beaucoup les Marées quand ils portent vers les Côtes.

L'on sçait aussi que suivant toutes les apparences les mouvemens de la Mer sont reglez par les mouvemens de la Lune, car la Mer retarde de 48 m. qui font 3 quarts d'heures & 3 min. par jours, comme fait la Lune; & par consequent la Mer aussi-bien que la Lune retarde de 4 h. en 5 jours, & ainsi à proportion; & toutes les fois qu'il est pleine Mer dans un Port ou dans une Côte, c'est toûjours au moment que la Lune se trouve à un même cercle horaire. Nous avons donné quelque raison du Flux & Reflux de la Mer dans le Traité de l'Usage des Globes.

Il y a plusieurs Tables tres-bonnes qui marquent l'heure de la pleine Mer au jour de la nouvelle Lune & pleine Lune dans presque tous les Ports, Havres & Côtes.

Voilà en abregé la construction & les usages des principaux Instrumens qui servent à la Navigation. Il y a sur cette matiere quantité d'autres choses à dire; mais comme elles sont hors de notre dessein, nous n'en dirons pas davantage. Les curieux de cette science trouveront plusieurs bons Livres qui en traitent à fonds.

Fin du septiéme Livre.

DE LA
CONSTRUCTION
ET DES USAGES
DES CADRANS
AU SOLEIL.
LIVRE HUITIE'ME.

Remarques & définitions appartenantes aux Cadrans.

LES Cadrans au Soleil prennent leurs noms des principaux cercles de la Sphere ausquels ils sont paralleles. On appelle, par exemple, Cadran horizontal celui qui est parallele à l'horizon; Cadran équinoxial, celui qui est parallele à l'Equateur du monde ; cadrans verticaux ceux qui sont paralleles à quelqu'un des cercles verticaux, & ainsi des autres.

Aux surfaces des Cadrans pour y montrer l'heure, on met deux sortes de styles ; l'un appellé droit, qui consiste en une verge pointuë, laquelle par son extremité & d'un seul point d'ombre marque l'heure presente ; l'autre est nommé Style oblique ou incliné, ou bien Axe, qui montre l'heure ou partie d'heure tout de son long.

Le bout du Style droit de tous les Cadrans represente le centre du monde & de l'Equateur. Le plan du Cadran est éloigné du centre de la terre, autant que le Style droit a de longueur.

La distance du Soleil au centre de la terre est si grande, que l'on peut estimer tous les points de la superficie de la terre que nous habitons, comme s'ils estoient joins au centre même, sans que

R iij

l'on puisse s'appercevoir que cette difference, qui est la distance de tout le demi diametre de la Terre, c'est à dire, plus de 1400 lieües communes de France, apporte aucun changement sensible au mouvement journalier du Soleil autour du centre de la terre, ou autour d'une ligne droite qui passe par ce centre, & que l'on nomme l'Axe du monde.

C'est pourquoy l'extremité du Style de tous les Cadrans peut estre prise pour le centre de la terre, & la ligne paralle à l'Axe du monde qui passe par l'extremité de ce Style, peut estre consideré comme l'Axe du monde.

Les lignes horaires que l'on trace sur les Plans des Cadrans sont les rencontres des cercles horaires de la Sphere du monde avec le plan des Cadrans.

Le centre du Cadran est la rencontre de sa surface avec l'Axe du Cadran qui passe par la pointe du Style, & qui est parallele à l'Axe du monde. Toutes les lignes horaires se rencontrent au centre du Cadran.

Tous les plans des cadrans peuvent avoir un centre, hormis ceux qui sont Orientaux, Occidentaux, ou Polaires, dont les lignes horaires sont paralleles entr'elles & l'Axe du monde.

La verticale du plan du cadran est la perpendiculaire qui va depuis la pointe du style jusqu'à son pied ; mais la verticale du lieu est la ligne droite perpendiculaire à l'horison qui passe par l'extremité du style.

Il y a aussi deux meridiennes, dont l'une est la meridienne propre du plan ou la soustylaire, parce que son cercle passe par la verticale du plan, & par consequent par le pied du style ; l'autre, qui est la meridienne du lieu, a son cercle meridien qui passe par la verticale du lieu.

Lorsque le cadran ne décline point à l'Orient ou à l'Occident, la soustylaire ou la meridienne du plan est jointe à la meridienne du lieu ou ligne de douze heures, quoyque la surface du cadran soit verticale ou horizontale, ou même inclinée en dessus ou en dessous.

La ligne horizontale du cadran est la rencontre de la surface du cadran avec un plan horizontal ou de niveau, qui passe par la pointe du style.

La ligne équinoxiale est la rencontre de la surface du cadran avec le plan du cercle équinoxial. Cette ligne est toûjours d'équerre avec la soustylaire ; c'est pourquoy lorsque la soustylaire est posée & que l'on a un point de la ligne équinoxiale, on a aussi la position de toute cette ligne. Au contraire la ligne équinoxiale estant donnée, on aura la soustylaire qui sera la ligne perpendiculaire

ou à angles droits à cette équinoxiale, & qui doit paſſer par le
pied du ſtyle & par le centre du cadran.

La ligne de ſix heures paſſe toûjours par la rencontre de la ligne horizontale & de l'équinoxiale aux cadrans déclinans. Ainſi le
point de rencontre de ces deux lignes eſt un des points de la ligne de ſix heures.

Le point où ſe rencontrent la ſouſtylaire & la meridienne eſt
le centre du cadran.

Quand on veut faire un cadran, il faut commencer par trouver
quelle eſt la poſition du plan, par exemple, du mur où on veut
le faire, à l'égard du Soleil & des principaux cercles du ciel. Pour
cet effet on peut prendre par obſervation quelques points d'ombre ſur le plan du cadran, qui ſervent à en déterminer la poſition,
& à trouver enſuite par les regles de la Gnomonique ou Horlogio-
graphie toutes les lignes que l'on veut repreſenter. C'eſt d'eux que
dépend toute la juſteſſe du cadran.

Ces points d'ombre ſe prennent dans un même jour à 3 ou 4
heures l'un de l'autre, ils doivent eſtre écartez le plus qu'il eſt poſſible, afin que les autres points & lignes neceſſaires en ſoient plus
demêlez.

CHAPITRE PREMIER.

Des Cadrans tant reguliers qu'irreguliers qui ſe tracent ſur
des Plans & ſur des Corps de differentes figures.

C Et Inſtrument repreſente un corps évidé, ayant quatorze
Plans, ſur chacun deſquels on peut tracer un cadran. On le
fait de bois, de pierre, de cuivre ou de toute autre matiere ſolide.

Le Plan ſuperieur marqué A, eſt parallele à l'horizon, c'eſt
pourquoy on y trace un cadran horizontal auſſi-bien que ſur le
plan inferieur marqué E, mais celui-cy eſt fort peu éclairé. Le
plan B eſt parallele à l'Axe du monde & fait un angle de 49 degrez avec l'horiſon de Paris, parce que nous ſuppoſons tous ces cadrans
faits pour ladite hauteur de Pole. On y trace un Polaire ſuperieur,
& au plan F qui eſt ſon oppoſé, on y trace un Polaire inferieur.
Le plan C eſt parallele au premier vertical, & comme il regarde
le midy on y trace un cadran vertical meridional, & ſon oppoſé,
qui eſt vers G, eſtant tourné directement au Septentrion, on y
trace un vertical ſeptentrional qui n'a pû ſe repreſenter en cette
figure.

Le plan H eſt parallele à l'Equateur du monde ; c'eſt pour-

R iiij

XXIX Planche Fig. 1.

quoy il fait un angle de 41 d. avec l'horizon qui est le complément de la hauteur du Pole à Paris. On y trace un cadran Equinoxial superieur, & à son opposé D un équinoxial inferieur. Le plan marqué K est parallele au plan du meridien ; & comme il est tourné directement à l'Occident, on y trace un vertical Occidental, & au plan qui lui est opposé, on y trace un meridional Oriental. Le plan marqué I fait un angle de 45 deg. avec le vertical meridional ; c'est pourquoy on y trace un vertical declinant de 45 deg. du midy à l'Occident, son opposé est un déclinant du Septentrion à l'Orient de 45 deg. Enfin le plan marqué L est un déclinant du Septentrion à l'Occident aussi de 45 deg. & son opposé est un déclinant du midy à l'Orient de la même déclinaison.

Les neuf premiers cadrans se nomment reguliers, & les quatre derniers qui sont des déclinans se nomment irreguliers.

Tous les Axes de ces cadrans sont paralleles entr'eux & à l'Axe du monde.

Nous donnerons cy-aprés la construction de tous ces cadrans aussi-bien que de ceux dont nous allons parler dans l'instrument qui suit.

Construction des Cadrans qui se tracent sur un Dodecaedre.

Fig. 2.

CEtte figure est un des cinq corps reguliers dont nous avons donné le développement & la coupe en carton, avec la maniere de les former en réünissant leurs côtez, dans le premier Livre de ce Traité. Il est nommé Dodecaedre, & terminé de douze pentagones reguliers, sur lesquels on peut tracer autant de cadrans, excepté celui qui lui sert de base.

Le plan A estant placé horizontalement on y trace un cadran horizontal, dont la ligne de douze heures coupe en deux également un des angles du Pentagone. Sur le plan B, qui est tourné vers la partie meridionale du monde, on y trace un cadran vertical meridional sans déclinaison. Incliné au Zénith ou vers le ciel de 63 d. 26 m. son centre est en haut, & sa soustylaire est la ligne de douze heures. Son opposé est un vertical septentrional sans déclinaison. Incliné au Nadir ou vers la terre de 63 d. 26 m. son centre est en bas. Le cadran marqué C est un declinant du midy vers Orient de 36 d. & incliné vers la terre de 63 d. 26 m. son centre est en haut, son opposé est un declinant du Septentrion vers l'Occident de 36 d. incliné au Zénith de 63 d. 26 m. le centre en bas. Le cadran marqué D, est un déclinant du Septentrion vers Orient, de 72 d. incliné au Nadir de 63 d. 26 m. le centre en haut, son opposé est un déclinant du midy vers Occident de 72 d. incliné au Zénith de 63 d. 26 m. le centre en bas.

Le cadran marqué E eſt un déclinant du Septentrion vers Orient de 36 d inclíné au Zénith de 63 d. 26 m. le centre en bas, ſon oppoſé eſt un déclinant du midy vers l'Occident de 36 d. incliné au Nadir de 63 d. 26 m. le centre en haut. Enfin le cadran marqué F eſt un déclinant du midy à l'Orient de 72 d. incliné au Zénith de 63 d. 26 m. le centre en bas, ſon oppoſé eſt un déclinant du Septentrion à l'Occident de 72 d. incliné au Nadir de 63 d. 26 m. ſon centre eſt en haut.

Tous ces cadrans ſont garnis de leurs Axes qui ſont paralleles entr'eux & à l'Axe du monde.

On place ces corps ſur un pied dans un lieu bien expoſé au ſoleil. On les oriente par le moyen d'une Bouſſole, ou d'une ligne meridienne tracée comme nous dirons cy-aprés, & tous les cadrans éclairez du ſoleil en même temps marquent la même heure.

Si l'on veut placer dans un Jardin le Dodecaedre ſur un pied d'eſtal bien affermi, il faut qu'il ſoit fait de matiere ſolide, comme de pierre où de bon bois peint à l'huile, afin de pouvoir reſiſter aux injures du temps; c'eſt pourquoy nous allons icy donner la maniere de tailler ce corps.

Ayez un bloc de pierre taillé en cube parfait, diviſez en deux également chacun des quatre côtez de ſes ſurfaces par deux diametres A C, B D. Des points A & C faites l'angle E A F de 116 d. 34 m. c'eſt à dire, 58 d. 17 m. de part & d'autre du diametre A C, parce que toutes les ſurfaces du Dodecaedre font l'une avec l'autre des angles de 116 d. 34 min. c'eſt pourquoy deux de ſes faces eſtant poſées horizontalement, toutes les autres inclinent de 63 d. 26 m. complément à 180 d. l'eſpace entre F & G ou E H eſt la longueur de chaque côté des Pentagones. Portez la moitié B F de part & d'autre du point d'interſection I en X, & faites la même choſe ſur toutes les autres faces du cube, les diametres perpendiculairement l'un ſur l'autre, la longueur B F de part & d'autre des interſections, enſuite retranchez toute la pierre le long de ſes diametres juſqu'aux extremitez des côtez, comme depuis & tout le long du diametre K M, tirant vers B & taillant en ligne droite les deux angles ſolides juſqu'au point Q en la premiere ſurface, de même tout le long du diametre L N, tirant vers K, allant droit au point S, & encore tout le long du diametre B D, tirant vers A juſqu'au point T. Les autres faces ſe tailleront de même. Pour faciliter la main & l'imagination de l'ouvrier il eſt à propos d'avoir un de ces corps faits de carton devant ſoy, afin de mieux repreſenter les angles & les côtez qu'il faut retrancher.

L'on peut encore tailler ces corps eſtant premierement de figure cylindrique, mais la methode que nous donnons eſt ſuffiſante,

Fig. 3.

L'on fait auffi de ces fortes de cadrans en cuivre & plus petit, & qui font forts curieux.

Conftruction du Cadran Horizontal.

Fig. 4. LA figure 4 eft un cadran horizontal. Pour tracer ce cadran, tirez premierement les deux lignes droites A B, C D fe coupans à angles droits au point E qui fera le centre du cadran. La ligne A B fera la meridienne ou ligne de douze heures, & C D celle de 6 h. Faites l'angle B E F égal à celui de l'élevation du Pole, comme à Paris de 49 d. On fçait par obfervation que Paris n'eft qu'à 48 d. 51 m. mais nous negligeons les 9 m. comme eftant tres-peu de chofes dans les cadrans. La ligne E F reprefente l'Axe du monde, dans lequel ayant choifi le point G, comme s'il eftoit le centre de la terre, vous tirerez à angles droits G H qui reprefente le rayon de l'équateur rencontrant la meridienne en H. Faites enfuite H B, prife avec un compas, égale à H G & tirez la droite L H K perpendiculaire à la meridienne, & reprefentant la commune fection de l'équateur avec le plan du cadran du point B, comme centre, décrivez le quart de cercle M H, divifez-le en fix arcs égaux qui feront de 15 d. chacun, & tirez les lignes ponctuées B 5 B 4 B 3 B 2 B 1, qui diviferont la ligne L K d'heure en heure, y marquant les points par où vous ferez paffer les lignes horaires qui s'entre-couperont & qui feront tirées du point E, centre du cadran, auquel on peut donner telle figure que l'on veut, foit de quarré long, comme celui de la fig. 4. & de la fig. 1. foit de Pentagone regulier, comme celui de la fig. 2. & ainfi des autres.

Au lieu du quart de cercle M H on peut pour plus grande facilité tracer feulement un arc de 60 d. dont la corde eft égale au rayon, & l'ayant divifé en 4 arcs égaux de 15 d. chacun, on en ajoûtera un pour la cinquiéme heure.

Pour y tracer les demi-heures divifez en deux également chacun des arcs de la circonference M H, pour avoir des arcs de 7 d. 30 m. que l'on peut encore fubdivifer en deux pour avoir des quarts d'heures que l'on tirera du point B par des lignes occultes, jufqu'au rencontre de l'équinoxiale L K, par ces points de rencontre & par le centre E du cadran vous tracerez toutes les lignes horaires.

Les divifions marquées dans la partie L H fe tranfportent avec un compas dans l'autre partie H K, parce que les heures également éloignées de 12 heures tant devant qu'après midy, font avec la meridienne des angles égaux ; les lignes de 7 & 8 heures du matin prolongées au delà du centre du cadran donnent les lignes de 7 & 8 h. du foir, & les lignes de 4 & 5 h. après midy prolongées de même, donnent 4 & 5 h. du matin.

Ce cadran eſtant affermi ſur un plan bien de niveau, c'eſt à dire, parallele à l'horiſon expoſé au ſoleil & bien Orienté, en ſorte que la ligne A 12 convienne avec la meridienne du monde, & que le ſtyle ou axe E H F eſtant relevé perpendiculairement ſur la ligne de 12 h. l'axe E F ſoit parallele à l'axe du monde ; l'ombre de cet axe marquera les heures exactement depuis le lever du Soleil juſqu'à ſon coucher.

Conſtruction du Cadran vertical ſans déclinaiſon.

CE cadran eſt parallele au premier vertical qui coupe le meridien à angles droits & paſſe par les points d'Orient & d'Occident des Equinoxes ſur l'horiſon.

Pour le tracer, tirez premierement les lignes E B, & C D à angles droits, dont la premiere ſera la ligne de 12 h. & l'autre celle de 6 h. Faites au point E, centre du cadran, l'angle B E F égal au complément de l'élevation du Pole, comme à Paris de 41 d. élevez perpendiculairement ſur la meridienne la ligne I G, qui ſera le ſtyle droit, dont le point I eſt le pied, & G l'extremité ; qui comme nous avons dit, peut paſſer pour centre de la terre. Cette ligne prolongée de part & d'autre eſt la ligne horizontale.

La ligne E G F repreſente l'axe du monde, ſur lequel tirez à angles droits la ligne G H juſqu'au rencontre de la meridienne. Cette ligne G H repreſente le rayon de l'équateur, & la ligne L H K tirée par le point H, & qui coupe la meridienne à angles droits repreſente la commune ſection de l'équateur avec le plan du cadran. Faites H B égale à H G du point B comme centre, décrivez la circonference du quart de cercle M H, que vous diviſerez en 6 arcs égaux de 15 d. chacun par des lignes ponctuées qui diviſeront la ligne L K en parties inégales qui ſeront les tangentes de ces arcs ; enfin par ces points de diviſions, & par le centre E vous tirerez les lignes horaires depuis 6 heures du matin juſqu'à 6 heures du ſoir, qui formeront le cadran, comme il ſe voit en ladite fig. 5. Si l'on veut y marquer les demi heures & les quarts, on fera comme nous avons dit au cadran horizontal.

Ce cadran ſe place ſur un mur ou ſur un plan bien perpendiculaire à l'horizon & tourné directement au midy, c'eſt pourquoy on le nomme vertical meridional.

Sa meridienne ou ligne de douze heures doit eſtre parfaitement à plomb, & ſa ligne horizontale de niveau. Il a le centre en haut, & l'extremité de ſon axe tend au pole inferieur. Son oppoſé ſe nomme vertical ſeptentrional ; il a le centre en bas, & l'extremité de ſon axe tend au pole ſuperieur du monde. Sa conſtruction eſt la même que celle du vertical meridional ; car les lignes horaires & l'axe font les mêmes angles avec la meridienne. Le cadran vertical septentrional ne marque les heures que pendant les grands jours d'Esté ; sçavoir, le matin depuis le lever du Soleil jusqu'à ce qu'il passe par le premier vertical, & le soir depuis le tems qu'il repasse le premier vertical jusqu'à son coucher. Quand le Soleil décrit le Tropique d'Esté, il se leve sur l'horison de Paris à 4 h. & joint le premier vertical entre 7 & 8 h. du matin ; l'aprés midy il repasse par le premier vertical entre 4 & 5 h. du soir & se couche à 8, c'est pourquoy on marque sur ce cadran les heures depuis 4 h. du matin jusqu'à 8, & depuis 4 h. du soir jusqu'à 8.

En ce temps-là le vertical meridional n'est éclairé que depuis environ 8 h. du matin jusqu'à 4 h. du soir.

Mais quand le soleil par son mouvement annuel a rejoint l'équateur, il ne marque plus les heures sur le vertical septentrional, & il les marque sur son opposé depuis son lever jusqu'à son coucher.

Construction du Cadran Polaire.

LA figure 6 represente un Polaire superieur. C'est un cadran incliné vers le ciel, mais qui ne décline point, car il est parallele à l'axe du monde & au cercle de 6 h. qui coupe le meridien à angles droits. C'est pourquoy il ne peut jamais marquer 6 h. du matin ou du soir, parce que pour lors l'ombre du style estant parallele au plan du cadran, il n'y peut pas faire ombre.

Ce cadran n'a point de centre & les heures sont paralleles entr'elles & à l'axe du monde. Son plan estant parallele à un horizon de la Sphere droite, passe par les deux Poles du monde, d'où il tire son nom de Polaire.

Fig. 6.   Pour le tracer tirez premierement la ligne A B, representant l'équinoxiale, & 1 D à l'équerre pour la meridienne ou ligne de 12 heures, prenez la longueur du style à discretion, suivant la grandeur du plan, comme icy C D de son extremité D ; faites un quart de cercle que vous diviserez en 6 arcs égaux ou seulement un arc de 60 deg. que vous diviserez en 4 de 15 deg. chacun pour les 4 premieres heures aprés midy, & ajoûtez ensuite un pareil arc de 15 d. pour la 5 h. du point D, tirez des lignes ponctuées depuis les divisions de la circonference dudit arc, jusqu'au rencontre de la ligne A B ; & par ces points de rencontre tracez les lignes horaires paralleles à la meridienne & perpendiculaires à l'équinoxiale. Les espaces des heures également éloignées de midy devant & aprés sont égaux, c'est à dire qu'on transporte les distances de la ligne C A du côté de la ligne C B. Le style doit estre égal à C F, distance de midy à 3 h. & se peut faire en forme de parallelograme rectangle, comme celui qui est marqué au dessus de la lettre K, dans ladite fig. 6. Il se place le long de la ligne de 12 heures, qui pour cette raison est nommée soustilaire.

Si on ne met qu'une simple verge pour stile, comme celle qui se void au point C de la meridienne, il ne marquera les heures que par le bout de l'ombre, au lieu que le parallelogramme les marque par une ligne.

Le Polaire superieur peut marquer les heures depuis 7 heures du matin jusqu'à 5 h. du soir.

Le Polaire inferieur ne peut servir que dans les grands jours d'Esté; il marque les heures depuis le lever du soleil jusqu'à 5 h. du matin, & depuis 7 h. du soir jusqu'au coucher du soleil, pour l'élevation du Pole de Paris; on y marque 4 & 5 h. du matin, comme aussi 7 & 8 h. du soir. Sa construction est la même que celle du Polaire superieur, car la distance depuis la soustylaire jusqu'à 4 & 5 h. d'aprés midy sur le polaire superieur, est la même que celle de la soustilaire du polaire inferieur jusqu'à 4 & 5 h. du matin, de même que jusqu'à 7 & 8 du soir. C'est pourquoy nous avons jugé inutile d'en tracer la figure.

La distance des heures dépend de la grandeur du style, ainsi elles seront plus ou moins éloignées les unes des autres à proportion que l'extremité D sera plus ou moins éloignée de l'équinoxiale.

Pour placer ce cadran à Paris, il faut que son plan fasse avec l'horizon un angle de 49 d. le superieur tourné vers le ciel, & directement au midy, afin que son axe soit parallele à l'axe du monde; son opposé qui est l'inferieur est incliné vers la terre, les heures du matin sont vers l'Occident, & celles du soir vers l'Orient.

Pour y tracer la ligne horizontale du point F extremité du stile, comme centre, décrivez l'arc G H, égal à l'élevation du Pole, c'est à dire, de 49 d. pour Paris, tirez la droite F H qui coupera la meridienne au point I, par lequel vous tirerez à angles droits l'horizontale L K, laquelle servira à connoître si le cadran est bien placé & s'il a son inclinaison convenable; car pour cela il faut qu'un plan posé le long de la ligne horisontale & appuyé sur la pointe du stile, qui est en l'air, soit de niveau ou parallele à l'horizon.

Dans les Pays où la Sphere est droite le cadran Polaire se place parallelement à l'horizon, & dans la Sphere parallele il se place verticalement, c'est à dire, sur les murs à plomb qui ne déclinent point.

Construction du Cadran Equinoxial.

LE cadran équinoxial superieur ne marque les heures que pendant six mois de l'année; sçavoir, depuis l'équinoxe de Printemps jusqu'à celui d'Automne. Son opposé qui est un équinoxial inferieur marque les heures pendant les six autres mois; c'est à dire depuis l'Equinoxe d'Automne jusqu'à celui de Printemps.

Le plan de ces cadrans est parallele à l'équateur du monde &
coupé à angles droits en son centre par l'axe du monde.

Fig. 7. Pour le construire tirez à angles droits deux lignes droites A H,
E D, dont la premiere sera la ligne de 12 heures, & l'autre celle de
6 du point d'intersection A, décrivez une circonference de cercle, dont chaque quart sera divisé en 6 parties égales pour avoir
6 heures de suite, comme depuis 6 jusqu'à 12, qui serviront à tirer
du centre toutes les lignes horaires, puisqu'elles font toutes des
angles égaux de 15 deg. chacun avec la meridienne, chaque espace divisé en deux donne les demi-heures, & les arcs de demi-
heures subdivisez en deux donnent les quarts.

La construction de l'équinoxial superieur & de l'inferieur est la
même; dans les Pays où la Sphere est parallele, c'est à dire, qui
ont le Pole au Zénith, il n'en faut qu'un qui sert d'horizontal.
Dans les Pays où la Sphere est droite, c'est à dire, où les deux
Poles sont sur l'horizon, ces quadrans sont verticaux sans décliner & se placent contre les murailles, l'un tourné vers le Pole arctique, & l'autre vers l'antarctique. Chacun est éclairé six mois de
l'année. Mais dans la Sphere oblique; comme celle que nous habitons, ces cadrans sont inclinez à l'horizon, & font un angle égal
à celui du complément de la latitude, c'est à dire, à Paris de 41 d.

L'axe du cadran équinoxial est une verge qui passant par le centre
est perpendiculaire au plan du cadran & parallele à l'axe du monde,
on le fait grand à volonté lorsqu'il ne sert qu'à marquer les heures,
mais on lui donne une longueur déterminée lorsque l'on veut lui
faire marquer les Signes du Zodiac ou la longueur des jours, dont
nous parlerons cy-après.

Construction des Cadrans Orientaux & Occidentaux.

XXIII.
Planche
Fig. 1.
CEs sortes de cadrans sont paralleles au plan du meridien;
l'un est tourné directement à l'Orient, & l'autre à l'Occident.
Cette figure represente un cadran meridional occidental. Les li-
gnes horaires sont paralleles entr'elles & à l'axe du monde, com-
me au cadran polaire, & leur construction est à peu prés la même.

Pour tracer ce cadran tirez premierement la ligne droite A B,
representant l'horizontal du point A pris à discretion dans cette ligne, tracez l'arc B C égal au complément de la latitude, qui est
l'élevation de l'équateur sur l'horizon, c'est à dire, à Paris de 41 d.
du point C où se termine cet arc; tirez la ligne C D prolongée autant qu'il est besoin, laquelle represente la commune section de
l'équinoxiale avec le plan du cadran; du point D tirez E D perpendiculaire à l'équinoxiale, cette ligne E D sera la souftilaire, c'est
à dire, la place du style & en même-temps la ligne de 6 heures.

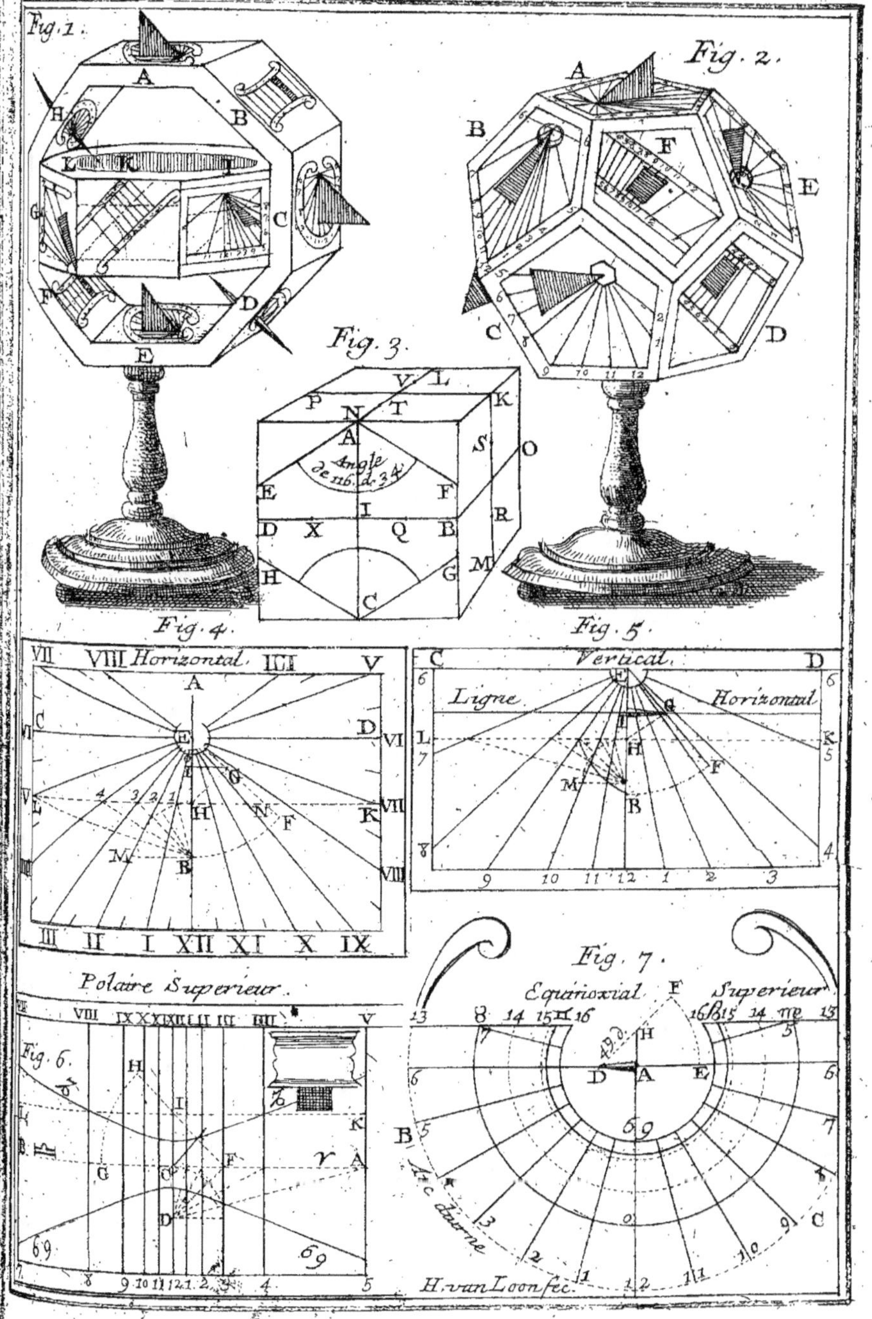
Fig. 1.
Fig. 2.
Fig. 3.
Angle de 116. d. 34.
Fig. 4.
Fig. 5.
Horizontal.
Vertical.
Ligne Horizontal.
Polaire Superieur.
Fig. 6.
Fig. 7.
Equinoxial Superieur.
Arc diurne.
H. van Loon fec.

Pou
à vo
que
cer
gée
vîle
tent
les-l
pen
mid
heu
voic
I
heu
puis
le p
ses r
A
reno
dra
met
des
I
à E
per
d'o
foit
par

per
ten
lig

(
bi

en
di
m
à

Pour avoir les autres heures prenez sur la soustilaire un point E à volonté, duquel comme centre vous décrirez un arc de 60 deg. que vous diviserez en 4 arcs égaux de 15 d. chacun, à commencer de la soustilaire. Portez ensuite sur cette circonference prolongée de part & d'autre autant d'arcs de 15 d. qu'il convient pour diviser en heures la ligne équinoxiale par des lignes ponctuées qui partent toutes du point E. Enfin par les divisions de cette ligne tirez les lignes horaires convenables, paralleles à la ligne de 6 h. & perpendiculaires à l'équinoxiale. Ce cadran marque les heures d'aprés midy jusqu'au coucher du soleil; & comme à Paris il se couche à 8 heures en Esté, on les marque depuis 1 jusqu'à 8, comme on les void en la fig. 1. planche 23.

La construction de l'Oriental est la même, & on y marque les heures du matin depuis le lever du soleil en Esté; c'est à dire, depuis 4 h. du matin jusqu'à 11. Midy ne se peut point marquer sur le plan de ces cadrans, parce que le soleil estant dans le meridien, ses rayons leur sont paralleles.

Aprés avoir tracé un cadran Occidental sur un papier, si on le rend transparent avec un peu d'huile, on verra de l'autre côté le cadran Oriental tout tracé; il n'y aura que les heures à changer, en mettant 11 h. à la place d'une heure; 10 h. à la place de 2, & ainsi des autres.

Le style de ces cadrans est une verge de fer ou de cuivre, égale à E D, qui est aussi la distance depuis 6 h. jusqu'à 3. Elle se place perpendiculairement au point D, & marque les heures par un point d'ombre. On peut aussi, si l'on veut, mettre un style dont la figure soit un parallelogramme, comme nous avons dit & representé en parlant du cadran polaire.

Ces cadrans se placent sur des murs à plomb, ou sur des plans perpendiculaires à l'horizon paralleles au meridien, tournez directement l'un à l'Orient, l'autre à l'Occident; de telle sorte que la ligne horizontale soit parfaitement de niveau.

Construction des Cadrans verticaux déclinans.

ON appelle cadran vertical celui qui se fait sur un plan vertical, c'est à dire, perpendiculaire à l'horizon, comme un mur bien à plomb.

Entre les 9 cadrans reguliers dont nous venons de parler, il y en a 4 verticaux qui ne déclinent point, parce qu'ils sont tournez directement vers l'une des 4 parties cardinales du monde; l'un au midy, son opposé au Septentrion; l'autre à l'Orient, & son opposé à l'Occident.

Il nous reste à parler icy des cadrans irreguliers, dont les uns

font verticaux déclinans, les autres inclinez fans déclinaifon, &
les autres enfin declinans & inclinez.

Les verticaux déclinans font de 4 fortes, car les uns déclinent
du midy vers Orient ; leurs oppofez déclinent du Septentrion vers
l'Occident ; les autres déclinent du midy vers l'Occident, & leurs
oppofez du Septentrion vers l'Orient.

Entre les cadrans irreguliers, les verticaux déclinans font les
plus en ufage, parce qu'ils fe font fur des murs qui pour l'ordinaire font bâtis à plomb ou fur des corps, dont les plans font perpendiculaires ; mais avant que d'entreprendre à faire cés fortes de
cadrans, il faut commencer par connoître exactement la déclinaifon du mur ou des plans, & de quel côté, ce que l'on pourra faire par quelques-unes des methodes que nous dirons cy-après.

Suppofé que l'on connoiffe qu'un plan, tel que celui marqué I.
de la fig. 1. de la planche 22. ou un mur vertical décline du midy à
l'Occident de 45 d. à Paris ou aux environs, où le Pole eft élevé
de 49 d. fur l'horizon. Il s'agit de faire le modele d'un cadran pour
appliquer contre ce plan ou contre ce mur.

Fig. 2. Tirez premierement les lignes A B, C D fe coupans à angles
droits au point E ; la premiere fera la ligne de 12 heures, & la
feconde fera l'horizontale du point E. Comme centre tracez l'arc
F N de 45 d. à caufe de pareille déclinaifon que nous avons fuppofée, & comme elle eft du midy à l'Occident, il faut que cet arc foit
tracé du côté droit de la ligne du midy, car il faudroit le faire
à gauche fi la déclinaifon eftoit du côté d'Orient. Du point F élevez la perpendiculaire F H, jufqu'au rencontre de l'horizontale,
pour y avoir un point de la fouftylaire ; c'eft à dire, le pied du
ftyle. Prenez avec un compas la diftance E F & la portez fur l'horizontale de E en O. Du point O, comme centre, tracez l'arc E G
égal à la hauteur du pole, comme icy de 49 d. & tirez la ligne
ponctuée O A jufqu'au rencontre de la ligne de 12 heures pour y
avoir le centre du cadran A, par lequel vous tirerez la fouftylaire
A H ; longue à difcretion, laquelle eft une des principales lignes
fervant à la conftruction de ces cadrans & d'où dépend prefque
toute leur juftefle.

Du point H élevez perpendiculairement fur la fouftylaire, la
droite H I, pour ftyle égale à H F ; enfuite vous formerez le ftyle
triangulaire A H I, en tirant la ligne A I, qui eft l'axe du cadran.
Du point I, tirez I K perpendiculaire à l'axe jufqu'à la rencontre
de la fouftylaire, fur laquelle vous marquerez K L égale à K I. Du
point K tirez la ligne équinoxiale M N, coupant la fouftylaire à
angles droits, & l'horizontale au point de 6 heures. Ainfi ayant déja
12 h. & 6 heures, tirez les deux lignes ponctuées N L, L 6, lefquelles
feront un angle droit au point L ; fi les operations anterieures
ont

ont esté faites exactement. Dudit point L, comme centre, décrivez un quart de cercle entre lesdites lignes ponctuées; divisez sa circonference en 6 arcs égaux de 15 d. chacun, & tirez autant de lignes occultes jusqu'au rencontre de l'équinoxiale; pour avoir les heures de devant midy & celles d'aprés six heures, prolongez la circonference du quart de cercle de côté & d'autre, & y transportez autant d'arcs de 15 d. qu'il en faut pour tirer des lignes occultes du point L jusqu'au rencontre de ladite équinoxiale; enfin par ces points de rencontre, tirez du centre A les lignes horaires, comme on les void en la figure 2. On ne doit tout au plus marquer que 12 heures sur ces sortes de cadrans, car tout plan vertical ne peut pas estre éclairé du Soleil plus long-temps.

On peut encore avoir les points des lignes horaires sur l'horizontale D C, en appliquant au point F le centre d'un cadran horizontal, de telle sorte que sa ligne meridienne convienne avec la ligne F E, & sa ligne de 6 h. avec la ligne F 6. Les points des autres heures se marqueront par leur rencontre sur ladite ligne C D.

Six intervales d'heures de suite estant donnez sur la surface d'un cadran, tel qu'il soit, on peut trouver les autres heures par la methode suivante.

Je suppose en cet exemple les heures tracées depuis 6 jusqu'à 12. Si vous voulez avoir 9, 10 & 11 heures du matin, que l'on peut marquer sur ce cadran, du point V pris à discretion sur la ligne de 12 heures, tracez une parallele à la ligne de 6 h. comme V S, qui coupera les lignes 1, 2 & 3 h. aprés midy. L'intervale depuis V jusqu'à une heure, pris sur cette parallele, & porté de l'autre côté donnera sur ladite parallele un point de 11 heures; de même l'intervale V 2 y donnera un point de 10 h. & l'intervalle V 3 donnera un point de 9 h. Du centre du cadran A vous tirerez les lignes horaires passantes par les points marquez sur ladite parallele.

On peut de la même façon avoir des points de 7 & 8 heur. du soir, en tirant une parallele à la ligne de 12 h. qui coupe en un point celle de 6, & qui rencontre celles de 4 & de 5 prolongées: car l'intervalle de 6 à 5 sur cette parallele, porté de l'autre côté, y donnera un point de 7 heures, & l'intervalle de 6 à 4 y donnera un point de 8 h. par lesquels points & par le centre A, on tirera ces lignes horaires, & le cadran sera achevé. Cette maniere de trouver les heures un peu éloignées de la soustilaire est fort commode, en ce qu'elle évite les grandes sections qu'il faut faire sur la ligne équinoxiale.

La construction du cadran vertical, declinant du midy à l'Orient, est semblable à celle que nous venons de décrire, excepté que ce qui a esté fait à droite se doit faire à gauche, & que les heures du matin se placent au lieu de celles d'aprés midy, qui sont

leur complément à 12. Tellement que si on avoit tracé un déclinant vers Occident sur un papier transparent, on verroit de l'autre côté un déclinant vers Orient tout tracé, il n'y auroit qu'à mettre sur le revers du papier 3 h. aprés midy à la place de 9 du matin,
2 h. à la place de 10 ; une h. à la place de 11, & ainsi de suite ; par
ce moyen la souftilaire qui se trouve dans la figure 2, entre 3 & 4
heures aprés midy, seroit dans l'autre entre 8 & 9 heures du matin.
Si la déclinaison estoit moindre que de 45 deg. la souftilaire seroit
plus proche de midy ; si au contraire la déclinaison estoit plus grande,
la souftilaire en seroit plus éloignée & s'approcheroit de la ligne de
6 h. Mais quand cela arrive, les heures sont si serrées aux environs de
la souftilaire, qu'on est obligé de faire le modele du cadran sur un
plan bien grand, afin d'allonger beaucoup les lignes horaires & de
retrancher la partie du cadran qui est vers le centre.

Les déclinans du Septentrion à l'Orient ou à l'Occident, se décrivent de la même façon ; mais ils ont le centre en bas au dessous
de la ligne horizontale, & ne sont proprement que les mêmes cadrans renversez, comme on voit en la figure 3 qui represente un
déclinant du Septentrion à l'Occident de 45 d. comme pour le plan
marqué L, fig. 1. de la planc. 22. Sa souftilaire doit estre entre 8 & 9 h.
du soir, de sorte qu'un seul déclinant peut servir pour en tracer 4,
s'ils ont la déclinaison égale, quoyque de differens côtez, deux auront le centre en haut & deux l'auront en bas.

Par deux points d'ombre observez sur un Plan y tracer la souftilaire.

N ous nous servirons de la même figure où nous supposons
avoir planté obliquement une verge de fer pointuë par un
bout, afin que l'on puisse avoir son pied H sur le plan, c'est à dire,
un point qui réponde perpendiculairement à l'extremité du style I
qui est en l'air, qui se nomme point d'incidence, & qui se prend
par le moyen d'une Equerre.

Comme cette figure represente un vertical déclinant du midy à
l'Occident, c'est pourquoy sa souftilaire se doit trouver entre les
heures d'aprés midy, à gauche de la meridienne. Supposé que le
premier point d'ombre observé soit P, du pied du style H, comme
centre, & pour rayon la distance H P, décrivez un arc de cercle P
Fig. 2. R. Quelques heures aprés du même jour, lorsque l'ombre de l'extremité du style rencontrera une seconde fois ledit arc, marquez-y
le second point Q. Divisez en deux également l'arc P Q au point
R, & tirez par le pied du style la droite R H, qui sera la souftilaire ; laquelle estant tracée exactement, & connoissant d'ailleurs
la hauteur du pole sur l'horizon du pays où l'on veut faire ce ca-

dran, il sera facile de l'achever ; car premierement la meridienne ou ligne de 12 h. est toûjours perpendiculaire à l'horizon, aux plans verticaux, & le point de rencontre de cette meridienne & de la soustilaire prolongée est le centre du cadran, comme le point A. La ligne horizontale est une ligne de niveau, passant par le pied du style comme D H C. Ensuite pour avoir la ligne équinoxiale formez sur la soustilaire le style triangulaire A H I, dont l'hypotenuse A I est l'axe, & H I le style droit. Du point I tirez I K, perpendiculaire à l'axe, rencontrant la soustilaire au point K, par lequel vous tirerez à angles droits sur ladite soustilaire la droite M K N, qui sera l'équinoxiale, & le point où elle coupe l'horizontale sera toûjours le point de 6 h. la distance K I portée sur la soustilaire, donnera le point L, qui sera le centre diviseur de l'équinoxiale ; le reste du cadran s'achevera comme nous avons expliqué cy-devant ; & même le modele s'en pourra faire dans le cabinet, aprés avoir transporté sur un papier la position & la rencontre des principales lignes, & bien exactement l'angle que fait la soustilaire avec l'horizontale, ou avec la meridienne, car l'un est le complément de l'autre.

Pour verifier la position de la ligne équinoxiale, faites au centre du cadran, sur la meridienne A B l'angle B A O égal au complément de l'élevation du Pole ; c'est à dire, à Paris de 41 d. tirez la ligne A O jusqu'au rencontre de l'horizontale ; faites l'angle droit A O N, afin d'avoir sur la meridienne ou ligne de 12 h. le point N, par lequel doit passer la ligne équinoxiale ; ayant ainsi plusieurs methodes pour trouver les principaux points, l'une servira à verifier l'autre.

Lorsque le plan décline du midy à l'Orient, on trouvera par le moyen des points d'ombre & du pied du style que la soustilaire est à droite de la meridienne. Il est bon de marquer le premier de ces points d'ombre le matin aussi-tôt que le plan commence d'être éclairé du Soleil, & prendre garde quand l'ombre de l'extremité du style rencontrera une seconde fois l'arc tracé par le premier point d'ombre.

On peut recommencer quelques jours de suite les mêmes operation, afin de voir si la position de la soustilaire se trouvera toûjours la même, ce qui arrivera si l'on opere exactement.

Lorsque le plan décline du Septentrion à l'Orient ou à l'Occident, les points d'ombre sont plus hauts que le pied du style, ce qui fait connoître que le centre doit estre en bas.

Le temps le plus propre pour marquer ces points d'ombre est aux environs des solstices, c'est à dire, 15 jours devant ou aprés, car lorsque le soleil approche des équinoxes, sa déclinaison est trop sensible, & l'operation moins exacte.

S ij

On pourroit cependant avoir, la position de la ligne équinoxiale lorsque le Soleil est dans les points équinoxiaux, & construire
un cadran vertical déclinant par la methode suivante.

Par quelques points d'ombre observez sur un Plan vertical y tracer l'Equinoxiale.

LA plus simple & la plus facile methode de tracer sur un mur la
ligne équinoxiale est au temps des équinoxes, (quoy qu'on
la puisse avoir en tout temps, mais par des methodes plus composées.) Mais lorsque le Soleil par son mouvement journalier décrit
l'Equateur, tous les points d'ombre de l'extremité d'un style planté
seront dans une même ligne droite, qui sera la commune section
de l'Equateur du ciel & du plan.

Ayant donc marqué ce jour-là plusieurs points d'ombre sur le
mur, assez éloignez l'un de l'autre, tirez par tous ces points une
ligne droite qui sera l'équinoxiale, comme dans ladite figure 2, la
ligne M N. tirez sur cette ligne une perpendiculaire passant par le
pied du style, ce sera la soustilaire A H L. Tirez encore par le pied
du style H, une ligne de niveau qui sera l'horizontale comme D H C.
tirez H I égale à la hauteur du style droit, parallele à l'équinoxiale,
& après avoir marqué la ligne ponctuée I K, tirez à l'équerre l'axe
I A, le point A sera le centre du cadran, & la ligne à plomb A B
sera la meridienne ou ligne de 12 h. vous avez aussi un point de 6
heures par l'interjection de l'équinoxiale & de l'horizontale, & par
consequent de quoy achever le cadran ; l'angle H F E sera la déclinaison du plan.

Par un point d'ombre observé à midy sur un Plan vertical y faire un cadran.

UN style estant planté dans un mur comme H I, même figure, dont H soit le pied & I la pointe ; si vous connoissez par
quelque moyen seur qu'il est midy en quelque temps de l'année
que ce soit, qu'on pourra connoître par une ligne meridienne tracée
sur un plan horizontal, comme nous dirons cy-après ; marquez-y
un point d'ombre, comme seroit par exemple, le point N ; par ce
point tirez la perpendiculaire A N B, qui par consequent sera la
meridienne du lieu ou ligne de 12 h. tirez par le pied du style une
ligne de niveau qui sera l'horizontale, comme C H D, coupant à
angles droits la meridienne au point E ; faites H E égale au style
droit H I, & parallele à la meridienne ; prenez avec un compas
l'hypotenuse E F & la portez sur l'horizontale de E en O pour y
faire l'angle E O A, égal à l'élevation du pole, comme icy, par

exemple, de 49 d. qui vous donnera sur la meridienne le point A, centre du cadran.

Tirez aussi sous l'horizontale l'angle E O N égal au complément de ladite élevation de Pole, comme icy de 41 degrez, le point N sur la meridienne sera un point de la ligne équinoxiale. Par le centre du cadran A, & par le style H tirez la droite A H R, ce sera la soustilaire, & faisant passer par le point N, un perpendiculaire à cette ligne, vous aurez l'équinoxiale. Ayant ainsi les principales lignes du cadran il sera facile de l'achever par les methodes expliquées cy-devant.

Cette methode pour tracer en tous les temps de l'année un cadran par un seul point d'ombre observé à midy, peut servir lorsqu'il n'est pas possible d'avoir la soustylaire par deux points d'ombre, ce qui arrive sur les plans qui déclinent considerablement vers l'Orient ou vers l'Occident.

Il y a plusieurs autres moyens de construire les cadrans verticaux sur des murs bien à plomb, qu'il seroit trop long de rapporter en ce petit Traité, dans lequel nous n'avons prétendu donner que les methodes les plus simples & les plus faciles à pratiquer. Et pour une plus grande justesse dans leur construction, nous donnerons cy-aprés des regles pour trouver la valeur des angles que font toutes les lignes horaires au centre des cadrans, ce qui servira à verifier les autres methodes.

Construction des Cadrans inclinez sans déclinaison.

L'Inclinaison de ces cadrans est l'angle que font leurs plans avec l'horizon; les uns sont tournez vers le ciel & les autres vers la terre. Il y en a de deux façons, eu égard au Pole, & de deux autres façons eu égard à l'Equateur; chacun a son superieur & son inferieur. Fig. 4. & 5.

Si le plan regarde le midy & a l'inclinaison vers le Nord, elle peut estre plus petite ou plus grande que l'élevation du Pole, car si l'inclinaison estoit égale, ce seroit un polaire superieur ou inferieur dont nous avons cy-devant donné la construction.

Si l'inclinaison est moindre que l'élevation du Pole, comme à Paris où cette élevation est à peu prés de 49 deg. si vous voulez faire un cadran sur un plan qui regarde le midy, & dont l'inclinaison soit vers le Nord de 30 d. ôtez 30 de 49, reste 19 d. qui sera la hauteur de l'axe sur ce plan, & faites-y un cadran horizontal regulier pour 19 d. d'élevation de Pole, par la methode que nous avons donnée en la figure quatriéme de la planche 22. parce que ce plan ainsi incliné est parallele à l'horizon de ceux qui ont le Pole élevé de pareille hauteur, qui par consequent font leurs cadrans horizontaux. Le centre de cette sorte de cadrans est en bas au dessous de l'équinoxiale, les heures du matin sont à main gauche, & celles du soir à droite de ceux qui regardent ce cadran.

Son opposé inferieur vers le Nord ne differe point du superieur vers le Sud, sinon que le centre est au dessus de la ligne équinoxiale, & que les heures du matin sont à droite, & celles du soir à gauche.

Si l'inclinaison est plus grande que l'élevation du Pole, comme à Paris ; si elle est de 63 d. ôtez-en la hauteur du Pole 49 ; restera 14 d. & faites un horizontal pour cette élevation. Le centre du superieur vers le Sud est en haut au dessus de l'équinoxiale, les heures du matin sont à gauche, & celles du soir à droite. Son opposé inferieur vers le Nord a le centre en bas, les heures du matin à droite & celles du soir à gauche, comme on voit par les figures 4 & 5 de la 23e planche.

Si le plan regarde le Septentrion & a son inclinaison vers le Sud, elle peut estre plus petite ou plus grande que celle de l'Equateur ; car si elle estoit égale, on y feroit un cadran équinoxial superieur ou inferieur, qui est un cercle divisé en 24 parties égales, comme nous avons dit cy-devant en parlant des cadrans reguliers.

Si l'inclinaison est moindre que l'élevation de l'Equateur, comme si à Paris le plan estoit incliné de 30 d. vers le midy, ajoûtez les 30 d. d'inclinaison à la hauteur du Pole 49, & faites un horizontal pour 79 d. d'élevation ; le centre du superieur vers le Septentrion sera en haut, les heures du matin à droite, & celles du soir à gauche ; son opposé inferieur vers le midy a le centre en bas ; les heures du matin à gauche & celles du soir à droite.

Enfin si l'inclinaison est plus grande que l'élevation de l'équateur, comme seroit à Paris de 60 d. ajoûtez le complément de l'inclinaison qui est 30, à l'élevation de l'Equateur qui est 41, la somme est 71 d. & faites un horizontal pour cette élevation de Pole. Le superieur vers le Septentrion a le centre en bas, les heures du matin à droite, son opposé qui est inferieur vers le midy a le centre en haut, & les heures du midy à gauche.

La meridienne ou ligne de 12 h. est la sousstilaire de tous les cadrans inclinez sans declinaison ; elle passe par leur centre & fait angles droits avec la ligne de 6 h. On peut la tracer sur les plans inclinez par le moyen d'un fil suspendu avec son plomb, à l'aide de la lumiere ou du rayon visuel ; car l'ombre ou le rayon passant par le centre, marquera sa trace tout le long du plan.

Pour representer toutes ces differentes sortes de cadrans, il auroit fallu huit figures ; quatre pour les superieurs, & quatre pour les inferieurs ; mais comme ils ne sont pas difficiles à concevoir & à tracer, nous n'en avons marqué que deux, par raport au Dodecaedre sur lequel on les place.

Construction des Cadrans déclinans & inclinez.

LA declinaison d'un cadran est l'angle que fait son plan avec le premier vertical, & l'inclinaison est l'angle qu'il fait avec l'horizon. Nous enseignerons cy-aprés la maniere de trouver l'une & l'autre.

Je suppose icy, pour exemple, qu'on veuille faire un cadran déclinant de 35 d. du midy à l'Orient, incliné vers la terre de 63 degr. 16 m. comme est celui marqué C dans la figure 2ᵉ qui represente un Dodecaëdre en la planche 22.

Avant toutes choses il faut remarquer que la ligne horizontale qui passe par le pied du style des cadrans verticaux, n'y passe point aux inclinez, mais qu'elle est au dessus du pied du style aux inclinez superieurs qui regardent le ciel, & au dessous aux inferieurs qui regardent la terre, comme est celui que nous avons dessein de construire ; secondement, que la meridienne ou ligne de 12 h. aux inclinez ne coupe point à angles droits l'horizontale comme elle fait aux verticaux ; ce qui fait que pour la tracer il faut 2 points, dont l'un se trouve sur la ligne horizontale par le moyen de l'angle de déclinaison, & l'autre se trouve par l'angle d'inclination sur une ligne verticale qui coupe l'horizontale à angles droits.

Ce point de la verticale se nomme Zénith aux superieurs, parce que si le Soleil estoit au Zénith du lieu, l'ombre de l'extremité du style parviendroit à ce point, lequel par consequent seroit au dessous du style de ces cadrans. On le nomme Nadir aux inferieurs, parce que si le Soleil estoit au Nadir, & que la terre fût transparente, l'ombre de l'extremité du style toucheroit ce point, lequel par consequent doit estre au dessus du style, comme il est au cadran proposé.

En troisiéme lieu, il faut remarquer que le centre de ce cadran inferieur qui décline du midy à l'Orient doit estre en haut & la soustilaire à gauche de la verticale, & de la meridienne, entre les heures du matin, & partant la meridienne à droite de la verticale.

Le centre du cadran inferieur qui décline du midy à l'Occident doit aussi estre en haut, mais la soustilaire est à droite de la verticale, & de la meridenne entre les heures d'aprés midy. Les superieurs opposez ont le centre en bas, & ne sont que les mêmes cadrans renversez. C'est pourquoy il suffit d'en tracer un des quatre.

Pour tracer le modele du cadran proposé, tirez premierement les deux lignes A B, C D se coupant à angles droits au point E. C D est parallele à l'horizontale, sur laquelle ayant marqué à discretion E F pour la longueur du style droit, dont E sera le pied &

S iiij

F l'extremité ; du point F, comme centre, décrivez l'angle d'inclinaison G H de 63 d. 26 m. au deſſus de la ligne C D, & au deſſous l'arc de complément G I de 26 deg. 34 m. Tirez enſuite la droite F H A juſqu'au rencontre de la ligne A B au point A qui ſera le Nadir & un point de la meridienne. Tirez auſſi la ligne F I, coupant la ligne A B au point L, par lequel vous ferez l'horizontale M L N parallele à C D ; prenez avec un compas la diſtance L F & la portez de L en O qui ſera le centre diviſeur de l'horizontale. Du point O, comme centre, faites à droite de la ligne A B l'arc L P. de 36 d. qui eſt la déclinaiſon du plan, pour avoir ſur l'horizontale un ſecond point de 12 h. par lequel & par le Nadir A vous tirerez la meridienne A 12. Faites à gauche de la ligne A B un angle du complément de la déclinaiſon, lequel eſt icy de 54 d. & vous donnera ſur l'horizontale le point de 6 h. & un point de la ligne Equinoxiale. Pour achever ce cadran il ne faut plus qu'un point de la ſouſtilaire, en ayant déja un qui eſt le pied du ſtyle E.

Pour cet effet il n'y a qu'à chercher le centre du cadran en la maniere qui ſuit. Du point de 6 h. M, tirez la ligne M R, coupant à angles droits la meridienne. Portez la diſtance O 12, de 12 en R. ou bien la diſtance A F de A en R. Tirez la ligne occulte 12 R, ſur laquelle du point R, comme centre, décrivez l'arc N K de 49 degrez, pour pareille élevation de pole, tirez la ligne R K qui coupera la meridienne au point K qui ſera le centre du cadran. Tirez la ſouſtilaire K E, & du point M une perpendiculaire ſur ladite ligne pour avoir l'Equinoxiale M Q. On peut encore avoir ſur la meridienne un point de l'Equinoxiale, en faiſant l'angle N R Q de 41 d. c'eſt à dire, du complément de l'élevation du Pole.

Ayant trouvé la poſition des principales lignes, il ſera facile d'y marquer les diviſions des heures en deux manieres ; ſçavoir, ſur la ligne horizontale, & ſur l'Equinoxiale. Pour les marquer ſur l'horizontale appliquez au point O le centre d'un cadran horizontal, en ſorte que la ligne de midy convienne avec la ligne O 12, & celle de 6 h. avec la ligne O 6, & marquez les points des autres heures ſur la ligne M N.

Pour marquer les mêmes heures ſur la ligne Equinoxiale il faut former le ſtyle triangulaire, en élevant ſur la ſouſtilaire la perpendiculaire E S égale à E F, & tirant l'axe S K. Prenez enſuite la diſtance T S & la portez ſur la ſouſtilaire de T en V, qui ſera le centre diviſeur de la ligne Equinoxiale, laquelle eſtant diviſée de la même maniere que nous avons dit en parlant des déclinans, vous tirerez les lignes horaires du centre K, & le cadran ſera achevé.

On pourra enſuite le mettre au net en n'y mettant que les principales lignes & les horaires avec le ſtyle, comme on voit en la figure 7 Pentagonale.

Par le moyen de ce cadran on peut faire les trois autres qui ont même déclinaison & inclinaison ; les deux inferieurs qui déclinent du midy à l'Orient & à l'Occident, ont le centre en haut ; les deux superieurs qui déclinent du Septentrion à l'Orient & à l'Occident ont le centre en bas, & ne sont que les mêmes cadrans renversez, comme nous avons déja dit.

Le cadran de la figure 8 represente celui marqué F de la figure **Fig. 8.** 2, planche 22. C'est un superieur incliné vers le ciel de 63 d. 26 m. déclinant du midy à l'Orient de 72 d. On pourra le tracer suivant la methode que nous venons d'expliquer ; son centre se trouve en bas, mais parce que sa déclinaison est grande, ses heures sont fort serrées aux environs de la soustilaire ; c'est pourquoy on le doit tracer sur un grand plan, afin d'en retrancher la partie qui est vers le centre, & terminer son style & ses lignes horaires par deux paralleles.

Il y a un autre moyen de tracer méchaniquement sur un Polyedre ou corps à plusieurs faces toutes sortes de cadrans reguliers ou irreguliers, declinans & inclinez ; & même sans connoître leur declinaison ni inclinaison, par lequel on réüssit aussi-bien que par toutes les differentes methodes que fournit la Gnomonique. Pour cet effet, commencez par tracer exactement sur une des faces qui est parallele à l'horizon, un cadran horizontal avec son style élevé perpendiculairement sur la ligne de 12 h. conformément à l'élevation du Pole du lieu. Il faut ensuite connoître le lieu & la situation des soustilaires sur chacune des faces qui peut estre éclairée du Soleil, pour y placer fixement & perpendiculairement un style ou axe de cuivre ou de quelque autre matiere solide, proportionné à la grandeur desdites faces ; en sorte que les axes de tous ces styles soient bien paralleles à celui de l'horizontal, vous servant pour cet effet d'une lime pour ôter ce qui excedera ; ce que vous connoîtrez en les bornayant tous l'un aprés l'autre avec l'axe d'un grand style semblable à celui de l'horizontal placé de niveau, ou bien le tenant à la main de maniere que sa base soit parallele à l'horizon ; ce que l'on pourra faire par le moyen d'un perpendicule & de son plomb attaché au haut dudit style, & faire en sorte que tous ces axes tendent au pole du monde.

Le tout estant ainsi préparé, exposez ce corps aux rayons du Soleil ; tournez-le de maniere que l'axe du cadran horizontal marque par son ombre toutes les heures l'une aprés l'autre ; & à mesure qu'il marquera chaque heure, tracez sur les faces la même ligne d'heure suivant l'ombre de leurs axes ; continuez ces lignes horaires jusqu'au centre des cadrans qui en ont un, soit en haut soit en bas ; & à ceux qui n'ont point de centre, terminez les lignes horaires par deux paralleles, comme on les voit sur les cadrans du

Dodecaedre. Marquez-y les heures convenables du soir & du matin, selon que ces cadrans seront exposez à l'Orient ou à l'Occident, au midy ou au Septentrion.

On peut faire la même chose de nuit à la lumiere d'un flambeau que l'on fera tourner autour du Polyedre.

On place quelquefois dans les Jardins de grands corps de pierre taillez à plusieurs faces, sur lesquelles on trace autant de cadrans par la methode que nous venons d'indiquer.

Il y a quelques-uns de ces cadrans où les vives arrêtes des pierres servent d'axes & doivent estre taillées de maniere qu'ils tendent tous & soient paralleles à l'axe du monde.

Construction des Cadrans par le calcul des Angles.

CEtte methode est d'un grand secours pour verifier toutes les operations de la Gnomonique où l'on a besoin de beaucoup d'exactitude, principalement quand on est obligé de faire un petit modele pour tracer un grand cadran, car une erreur presque insensible dans le modele devient tres-considerable dans les longues lignes qu'il faut tracer sur un plan de grande étenduë.

En la construction des cadrans reguliers, comme par exemple, de l'horizontal, fig. 3. planc. 22. les divisions de la ligne Equinoxiale L K sont les tangentes des angles du quart de cercle M H, & les lignes ponctuées en sont les secantes, c'est pourquoy on les peut marquer avec une échelle de parties égales ou un compas de proportion, en supposant, par exemple, le rayon H B de cent parties, la distance H I, tangente de 15 d. sera de 27 des mêmes parties ; H 2, tangente de 30 d. sera de 58 ; H 3, tangente de 45 deg. égale au rayon, sera de 100. H 4, tangente de 60 d. sera de 173. & H 5, tangente de 75 d. est de 373. Les divisions de l'autre moitié de cette ligne pour les heures avant midy sont semblables.

XXII.
Planche.
Fig. 3.

On peut de même trouver sur cette ligne les points des demi-heures & des quarts, en prenant les tangentes des arcs convenables, qu'il sera facile de trouver dans les Tables imprimées ; à quoy l'on peut ajoûter quelques abregez tirez de la valeur des secantes ; comme par exemple, la ligne B 4, secante de 60 d. estant double du rayon, si vous portez le double de B H, de B en 4, vous aurez le point de 4 h. sur la ligne Equinoxiale. Cette même secante portée de 4 en L, donnera le point de 5 ; & si vous en faites autant de l'autre côté, vous aurez le point d'onze heures.

A l'égard des demi-heures on peut les trouver par le moyen des secantes des heures qui sont en nombre impair ; par exemple, la secante B 3, portée sur la ligne Equinoxiale au point 3, donnera d'un côté 4 heures & demie, & de l'autre 10 h. & demie. La seconde , B 9., donne 7 & demie & une & demie. B 11 donne 8 & demie & 2 & demie. B 1 donne 3 & demie & 9 & demie. B 7 donne 6 & demie & 12 & demie. Enfin B 5, donne 11 & demie & 5 & demie.

La division de cette ligne sert à faire exactement les cadrans horizontaux verticaux, & principalement les cadrans reguliers sans centre, comme sont les Polaires, les Orientaux & Occidentaux ; car pour les Equinoxiaux on ne peut rien ajoûter à la facilité de les construire, puisque ses angles horaires sont tous égaux à leur centre.

A l'égard des horizontaux on peut trouver par le calcul de la Trigonometrie les angles que font au centre du cadran les lignes horaires avec la meridienne par cette Analogie. Comme le Sinus total est au Sinus de l'élevation du Pole , ainsi la tangente de la distance horaire est à la tangente de l'arc horaire.

Par le mot de distance horaire on doit entendre l'angle de la même heure avec la meridienne au centre d'un cadran Equinoxial, tels que sont 15 d. pour une heure & 11 ; 30 d. pour 2 & 10 , & ainsi des autres, augmentant 15 d. pour chaque heure , & 7 d 30 m. pour chaque demie.

Si donc on propose de trouver l'arc horaire d'une heure au centre d'un cadran horizontal pour 49 d. de latitude ou élevation de Pole, il faut faire une Regle de trois , dont le premier terme soit le Sinus total 100000. le second soit le Sinus de 49 d. qui est 75471. le 3e terme , la tangente de 15 d. qui est 26795. La Regle estant faite , on trouvera pour 4e terme 20222 , lequel estant cherché dans les Tables des Sinus , sous la colonne des tangentes , répond à 11 deg. 16 m. c'est pourquoy l'angle proposé avec la meridienne est de 11 d. 16 m.

On trouvera par ce moyen les angles que font avec la meridienne toutes les autres heures & demi heures au centre du cadran horizontal , par autant de Regles de trois , dont les premiers termes seront toûjours les mêmes ; sçavoir , le Sinus total & le Sinus de l'élevation du Pole ; c'est pourquoy il n'y aura que le 3e terme à chercher dans les Tables , sçavoir la tangente de la distance horaire.

On pourra si l'on veut , prendre leurs logarithmes , afin d'éviter la peine de multiplier & diviser.

Cette même Regle peut servir aussi pour les verticaux en prenant pour second terme le Sinus de complément de l'élevation de Pole, c'est à dire , le Sinus de 41 d. aux environs de Paris , puisque tout cadran vertical peut estre consideré comme un horizontal pour un pays où le Pole seroit élevé d'autant de degrez sur l'horizon.

C'est encore la même Regle pour les cadrans inclinez sans dé-clinaison , en prenant pour second terme de la Regle de trois , le

CONSTRUCTION ET USAGES

Sinus de l'angle que fait l'axe avec la meridienne au centre du cadran. Comme par exemple, au cadran marqué B, sur le Dodecaedre de la Planche 22. Nous avons dit cy-devant qu'estant incliné à l'horizon de 63 d. 26 m. il en faut souftraire l'élevation du Pole du lieu que nous avons supposé de 49 d. & par consequent il doit estre fait comme un horizontal pour un pays où le Pole seroit élevé de 14 d. 26 m. Si donc vous voulez calculer ses angles horaires, prenez pour second terme de la Regle de trois le Sinus de quatorze degrez vingt-six minutes.

Table des Arcs horaires avec la meridienne, au centre d'un Cadran horizontal.

Latitude	I XI heur.		II X		III IX		IV VIII		V VII	
41 deg.	9 d.	58 m.	20	45	33	16	48	39	67	47
49	11	26	23	33	37	3	52	35	70	27

A l'égard de la ligne de 6 h. elle fait toûjours angle droit avec la meridienne au centre des horizontaux & des verticaux sans déclinaison.

Tracer par le calcul de la Trigonometrie les principales lignes d'un Cadran vertical declinant.

CE calcul se fait par le moyen de cinq Regles que nous allons expliquer.

PREMIERE PROPOSITION.

Connoissant la déclinaison du plan trouver l'angle de la souftilaire avec la meridienne.

I. REGLE.

Comme le Sinus total est au Sinus de la déclinaison du plan, ainsi la tangente du complément de la latitude est à la tangente de l'angle de la souftylaire avec la meridienne au centre des verticaux déclinans.

L'angle de ladite souftilaire avec l'horizontale au lieu du style droit est le complément de celui qui se fait au centre.

L'angle de l'Equinoxiale avec l'horizontale en la section de 6 h. est égal à celui de la souftilaire avec la meridienne. L'angle de l'Equinoxiale avec la meridienne est son complément.

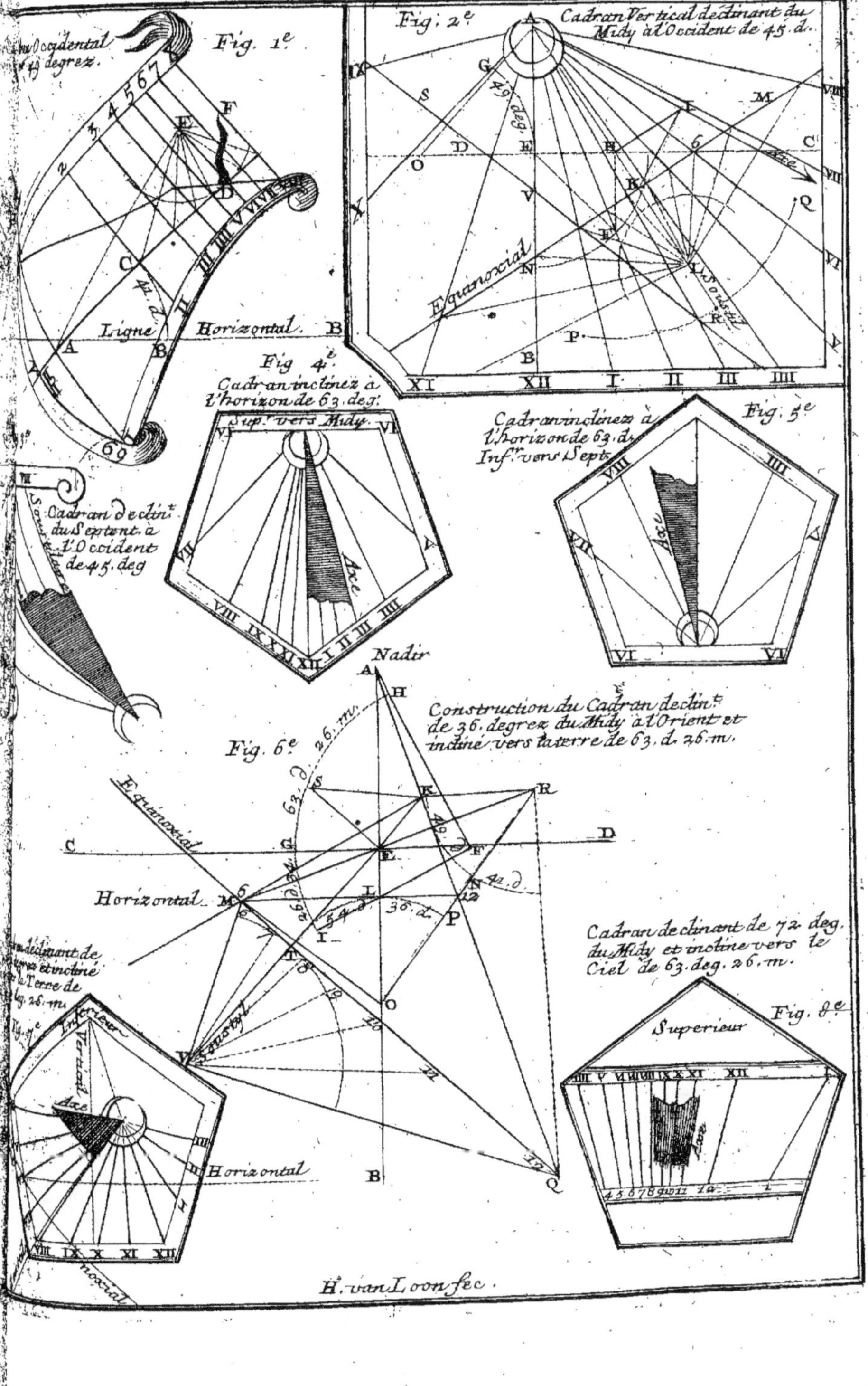

Fig: 1.e
Occidental de 45 degrez.
Ligne Horizontal. B

Fig: 2.e   Cadran Vertical declinant du Midy à l'Occident de 45. d.
Equinoxial

Fig: 4.e
Cadran incliné à l'horizon de 63. deg.
Sup. vers Midy.

Cadran incliné à l'horizon de 63. d. Inf.r vers Sept.   Fig: 5.e

Cadran declint du Sept.on à l'Occident de 45. deg.

Nadir
Fig: 6.e   Construction du Cadran declint. de 36. degrez du Midy à l'Orient et incliné vers la terre de 63. d. 26. m.
Equinoxial
Horizontal

Cadran declinant de 72. deg. du Midy et incliné vers le Ciel de 63. deg. 26. m.
Superieur   Fig: 8.e

Inferieur
Axe
Vertical
Horizontal

H. van Loon fec.

II. REGLE.

Pour trouver l'angle de l'Axe avec la souſtilaire, que l'on peut auſſi nommer l'élevation particuliere du Pole ſur le plan du vertical.

Comme le Sinus total eſt au Sinus du complément de la hauteur du Pole ſur l'horizon, ainſi le Sinus du complément de la déclinaiſon du Plan eſt au Sinus de l'angle requis. L'angle de l'axe avec le ſtyle droit eſt le complément dudit angle.

L'Angle du rayon de l'Equateur ou de l'Equinoxial avec le ſtyle droit eſt égal à l'angle de l'axe avec la ſouſtilaire. L'angle du rayon Equinoxial avec la ſouſtilaire en eſt le complément.

III. REGLE.

Pour trouver l'arc de l'Equateur & les degrez de l'Equinoxiale entre la ſouſtilaire & la meridienne des verticaux declinans; ce qui ſe nomme auſſi la difference entre le meridien du lieu & le meridien particulier du plan, car la ſouſtilaire eſt la meridienne du plan.

Comme le Sinus total eſt au Sinus de la hauteur du Pole ſur l'horizon, ainſi la tangente du complément de la déclinaiſon du plan eſt à la tangente d'un arc, duquel le complément ſera le requis.

IV. REGLE.

Pour trouver l'angle de la ligne de 6 h. avec l'horizontale, & enſuite avec la meridienne au centre.

Comme le Sinus total eſt au Sinus de la déclinaiſon du plan, ainſi la tangente de la hauteur du Pole ſur l'horizon eſt à la tangente de l'angle que fait la ligne de 6 h. avec l'horizontale.

Le complément de cet angle eſt celui de la ligne de 6 h. avec la meridienne au centre des verticaux declinans.

V. REGLE.

Trouver les angles de toutes les heures avec la ſouſtilaire, & enſuite avec la meridienne au centre des verticaux déclinans.

Cette propoſition eſt fondée ſur ce principe de Gnomonique que tout plan peut eſtre parallele à un horizon ſur lequel le Pole ſeroit élevé de même façon. Ainſi les cadrans qui s'y font ſe peuvent faire comme les horizontaux, de même élevation, pourvû toutefois qu'on y obſerve les diſtances horaires convenables de part & d'autre depuis la ſouſtilaire.

Mais auparavant il faut connoître l'angle de la fouſtilaire avec la meridienne par la premiere propoſition, 2. l'élevation particuliere du Pole ſur le plan propoſé par la ſeconde, 3. l'arc de l'Equateur ou les degrez de l'équinoxiale entre la fouſtilaire & la meridienne par la troiſiéme, avec la difference ou les degrez des deux premieres diſtances trouvée depuis le ſtyle, dont l'une eſt entre la fouſtilaire & la meridienne, & l'autre entre la fouſtilaire & la ligne de 6 heures.

REGLE GENERALE.

Comme le Sinus total eſt au Sinus de l'élevation particuliere du Pole ſur le plan déclinant, ainſi la tangente de la diſtance horaire, convenable depuis la fouſtilaire, (ſoit la premiere, ſoit les ſuivantes avec elle,) eſt à la tangente de l'angle de l'heure propoſée avec la fouſtilaire, au centre des verticaux déclinans.

Si la fouſtilaire ſe rencontre juſtement ſur une demie-heure ou ſur quelque heure complete, les deux premieres diſtances horaires ſeront égales chacune de 7 d. 30 m. ou de 15 d. & en ce cas les angles trouvez pour un côté, feront les mêmes reſpectivement pour l'autre, comme ſi c'eſtoit un cadran regulier, & comme ſi la fouſtilaire eſtoit la meridienne.

Application des Regles precedentes pour un vertical déclinant de 45 degrez du Midy à l'Occident, & 49 degrez de latitude, tel qu'eſt celui de la Figure 2. Planche 23.

Par la premiere Regle on trouvera que l'angle de la fouſtilaire avec la meridienne au centre du cadran eſt de trente & un degrez trente-cinq minutes.

Par la ſeconde Regle on trouvera que l'angle de l'axe avec la fouſtilaire eſt de 27 d. 38 m.

Par la troiſiéme, que l'arc de l'Equateur entre la fouſtilaire & la meridienné eſt de 52 d. 58 m. & par conſequent que la fouſtilaire eſt entre 3 & 4 heures.

Par la quatriéme, que l'angle de la ligne de 6 h. avec la meridienne eſt de 50 d. 52 m.

Ayant trouvé que l'arc de l'Equateur entre la fouſtilaire & la meridienne eſt de 52 d. 58 m. ôtez-en 45 d. qui eſt l'arc de l'Equateur, qui convient à 3 h. reſte 7 d. 58 m. pour la diſtance horaire entre ladite fouſtilaire & la ligne de 3 h. & par conſequent 7 d. ½ m. entre la fouſtilaire & celle de 4 h.

C'eſt pourquoy pour trouver les angles que font avec la fouſtilaire & les lignes des heures au centre du cadran, il faut commencer par une de ces deux diſtances, en diſant, par exemple, comme le Sinus total 100000 eſt au Sinus de l'élevation particuliere du Pole, ſur le plan déclinant qui eſt en cet exemple de 27 d. 38 m. dont le Sinus eſt 46381. ainſi la tangente de 7 d. 2 m. qui eſt 12337, eſt à un 4.e nombre, qui ſe trouvera 5721, tangente de 3 d. 16 m. & par conſequent l'angle de la ſouſtilaire avec la ligne de 4 heur. eſt de 3 d. 16 m.

Pour avoir l'angle de 5 h. il faut ajoûter 15 d. à la diſtance horaire de 4 h. & chercher la tangente de 22 d. 2 m. & ainſi de ſuite.

Ce qu'eſtant fait, l'angle de la ſouſtilaire avec la ligne de 5 heur. ſera de 10 d. 38 m.

Avec la ligne de 6 h. de	19 17
Avec la ligne de 7 h. de	30 44
Avec la ligne de 8 h. du ſoir, de	47 35

Mais ſi on veut avoir les angles de ces mêmes heures avec la meridienne, il faut y ajoûter 31 d. 35 m. & par conſequent l'angle de la ligne de 4 h. avec la meridienne, ſera de 34 d. 51 m.

De celle de 5 h.	42 13
De celle de 6 h.	50 52
De celle de 7 h.	62 19
De celle de 8 h.	79 10

Ayant fait un pareil calcul pour les heures qui ſont de l'autre côté de la ſouſtilaire, on trouvera que l'angle de ladite ſouſtilaire avec la ligne de 3 h. eſt de 3 d. 45 m.

Avec la ligne de 2 h.	11 7
Avec la ligne d'une heure	19 54
Avec la ligne de 12 h.	31 35
Avec la ligne de 11 h.	48 54
Avec la ligne de 10 h.	75 7
Avec celle de 9 h.	106 48

De ces derniers angles ſi on ſouſtrait 31 d. 35 m. trouvez entre la ſouſtilaire & la meridienne, on connoîtra que l'angle de la ligne de 9 h. avec la meridienne eſt de 75 d. 13 m.

Celui de la ligne de 10 h.	43 32
Celui de la ligne de 11 h.	17 19

Et ainſi des autres.

Lorſque la déclinaiſon du plan eſt fort grande, on peut commodément y marquer le centre, parce que les lignes horaires y ſont

trop ferrées ; mais en ce cas on les tracera entre deux lignes hori-
zontales, & les angles des lignes horaires au deſſus deſdites hori-
zontales feront les complémens de ceux qu'elles feroient avec la
meridienne au centre du cadran vertical.

CHAPITRE II.

Contenant la conſtruction & les uſages d'un Inſtrument propre à connoître la déclinaiſon & inclinaiſon des Plans.

XXIV **Planche.** **Fig. 1.** CEt Inſtrument ſe nomme Déclinatoire & Indéclinatoire. Il eſt fait d'une plaque de cuivre ou de bois ſec bien unie, de figure rectangle, d'environ un pied de long & de 7 à 8 pouces de
large. On trace bien parallelement à un de ſes longs côtez comme
à AB le diametre d'un demi cercle que l'on diviſe en deux quarts
de 90 d. chacun, leſquels on ſubdiviſe quelquefois en demi degrez. La diviſion doit commencer du point H, comme on le voit
par la figure de l'inſtrument. On y ajoûte une alidade marquée l,
qui tourne autour du centre G par le moyen d'un clou à tête. On
attache avec des vis à la ligne de foy de l'alidade une Bouſſole dont
le Nord eſt tourné vers le centre G, & même quelquefois un petit
cadran horizontal dont la ligne de 12 h. eſt pareillement tournée
vers le centre G. Je ne m'arrêterai pas davantage ſur la conſtruction
de cet Inſtrument ; il ſera facile de l'entendre aprés ce qui a eſté
dit cy-devant.

Uſage du Déclinatoire.

UN Plan eſt dit déclinant lorſqu'il n'eſt pas tourné directement vers une des quatre Parties cardinales du monde, qui
ſont le Septentrion, le Midy, l'Orient & l'Occident ; & la déclinaiſon ſe meſure par l'arc de l'horizon compris entre le premier
vertical & le vertical parallele au plan ; s'il eſt vertical, c'eſt à dire,
perpendiculaire à l'horizon, car ſi le plan eſt incliné il ne peut
eſtre parallele à aucun vertical, ſi ce n'eſt par ſa baſe ; & pour lors
l'arc de l'horizon compris entre le premier vertical & celui qui
eſt parallele à la baſe du Plan incliné eſt la meſure de ſa déclinaiſon
ou bien l'arc de l'horizon compris entre le meridien du lieu & le
vertical perpendiculaire au plan.

Il n'y a que les plans verticaux ou inclinez qui puiſſent eſtre
déclinans ; car pour l'horizontal il ne peut décliner, parce que ſa
face ſuperieure regardant directement le Zénith, ſon plan eſt tourné indifferement vers les quatre Parties cardinales du Monde.

Pour

Pour connoître la déclinaison d'un Plan, soit vertical, soit incliné, tracez-y une ligne de niveau, c'est à dire parallele à l'horizon; appliquez le long de cette ligne le côté A B de l'instrument & tournez l'alidade avec la boussole, jusqu'à ce que l'éguille aimantée s'arrête justement sur sa ligne de déclinaison qui doit estre marquée au fond de la boussole; cela estant, le nombre des degrez coupez par la ligne de foy de l'alidade marquera la déclinaison du plan vers la partie du monde, indiquée par l'écriture gravée sur le déclinatoire. Si par exemple, l'Alidade se trouve arrêtée entre H & B, sur le 45 d. & si le bout de l'éguille qui marque le Nord ou le Septentrion, est directement sur le point S de sa ligne de déclinaison, le plan décline de 45 d. du Midy à l'Occident; mais si dans cettemême situation du déclinatoire le bout opposé de l'éguille qui marque le Midy estoit arrêté sur le point S de ladite ligne de déclinaison, le plan observé déclineroit de 45 d. du Septentrion à l'Orient.

Si l'alidade se trouve entre A & H, & le Nord de l'éguille sur le point S, la déclinaison du plan sera du Midy à l'Orient; mais si dans cette situation de l'alidade le midy de l'éguille est arrêté sur ledit point S, le plan décline du Septentrion à l'Occident.

Si le lieu où l'on fait l'observation estoit éclairé du Soleil, & qu'on fût assuré de l'heure presente par quelque bon cadran, comme par un anneau astronomique, on pourroit trouver la déclinaison du mur ou plan proposé par le moyen du petit cadran horizontal attaché à l'alidade, laquelle on feroit tourner jusqu'à ce que le style de ce cadran marque l'heure juste, & pour lors les degrez du quart de cercle qui seroient à l'intersection de la ligne de foy de l'alidade feroient connoître la déclinaison; & par ce moyen on éviteroit les erreurs que peut causer la Boussole, tant par la variation de l'aimant que par l'approche du fer qui peut estre caché dans les murs.

Lorsqu'un mur est éclairé du Soleil on peut trouver sa soustilaire ou meridienne propre par le moyen de deux points d'ombre observez de la maniere que nous avons dit, & ensuite sa déclinaison; ou bien l'on peut tracer une ligne meridienne sur un plan horizontal proche dudit mur, laquelle estant prolongée jusqu'à son rencontre, servira à connoître sa déclinaison, comme aussi la variation de l'éguille aimantée, en la maniere qui suit.

Tracez un cercle sur un plan de niveau, comme il est representé par la Figure M, placez un style pointu & bien perpendiculaire à son centre, ou bien plantez un style courbé en quelqu'endroit il vous plaira, comme en A, de maniere que son extremité pointuë, réponde justement au centre du cercle; ce qu'il sera facile de faire par le moyen d'une Equerre. Avant que de tracer ce cer-

Fig. M.

cle il est à propos de voir la longueur de l'ombre de votre style,
afin de faire passer sa circonference par le premier point d'ombre
quelques heures avant midy, lorsque l'ombre de l'extremité du style touchera la circonference du cercle, marquez-y un point comme G, l'ombre se racourcira jusqu'à midy, & ensuite se ralongera
quelques heures aprés, lorsqu'elle touchera encore une fois la circonference du même cercle, marquez-y un second point comme
F ; divisez l'arc F G en deux parties égales, & par son milieu C, tirez
le diametre B C, qui sera la meridienne.

Si cette operation se faisoit au temps des Equinoxes, il ne seroit
pas besoin de tracer de cercle, car tous les points d'ombre seroient
en ligne droite, comme E D, qui seroit la commune section de
l'Equateur & du Plan, & toute ligne, la coupant à angles droits,
comme B C, seroit la meridienne du Plan horizontal.

Ayant donc une meridienne tracée, si on y applique un cadran
horizontal, dont le midy soit tourné vers B, qui represente le Nord,
on connoîtra l'heure presente, & on tournera en même temps l'a-
lidade, en sorte que le petit cadran qui y est attaché marque la
même heure, & pour lors les degrez de la circonference du déclinatoire, coupez par l'alidade, vous feront connoître la déclinaison du mur ou du Plan.

Ou bien si vous prolongez la susdite meridienne jusqu'au
rencontre du plan déclinant, elle fera deux angles inégaux avec
la ligne horizontale que vous y aurez tracée ; sçavoir, l'un aigu &
l'autre obtus, que vous mesurerez le plus juste qu'il vous sera possible ; la difference de l'un ou l'autre de ces deux angles à l'angle
droit sera la déclinaison du Plan. Si par exemple, l'angle aigu estoit
de 50 d. & l'obtus par consequent de 130, leur difference à l'angle
droit seroit 40 d. pour ladite déclinaison.

Pour observer la variation de l'Eguille aimantée, appliquez un des
côtez de la Plaque quarrée de la Boussole au long de la ligne meridienne tracée sur le Plan ; lorsque l'éguille sera arrestée, remarquez de
combien de degrez sa pointe qui marque le Nord, sera éloignée de la
Fleur de Lys qui est à la Boussole, & par ce moyen vous connoîtrez la variation ou déclinaison de l'aimant ; mais ce ne sera pas
pour long-temps, car elle change toûjours. Quand on prend la déclinaison des Plans avec la Boussole, il faut avoir égard à la variation de l'éguille aimantée, en la laissant arrêter sur une ligne qui
marque sa variation & que l'on trace ordinairement au fond de la
boëte de la Boussole.

Usage de l'Inclinatoire.

LE même instrument qui sert à prendre la déclinaison des Plans,
sert aussi à prendre leur inclinaison, c'est à dire, l'angle que

fait le Plan avec l'horizon, & pour cet effet il y a un petit trou au centre G, où l'on passe une soye au bout de laquelle il y a un plomb.

La figure 2. fait connoître la maniere de prendre la déclinaison & l'inclinaison des Plans.

Le Plan A où est appliqué le déclinatoire est un Plan vertical meridional sans déclinaison.

Le Plan B décline du Midy à l'Occident de 45 d.

Le Plan C est un Occidental estant tourné directement au couchant.

Fig. 2.

Le Plan D est un déclinant du Septentrion à l'Occident de 45 d. Les autres déclinaisons plus ou moins grandes se prennent de la même maniere en approchant du mur le côté A B du déclinatoire, en sorte que le Plan du demi cercle soit parallele à l'horizon.

Maniere de prendre l'inclinaison des Plans.

POur mesurer l'angle d'inclinaison il faut approcher du mur quelqu'un des autres côtez du même Instrument, & tenir le Plan du demi cercle perpendiculaire à l'horizon, afin que la soye du plomb suspenduë au centre, rasant la circonference y, marque la valeur dudit angle.

Si, par exemple, on applique le côté C D sur le Plan E, & que la soye tombe le long de la ligne G H, c'est une marque que ce Plan est parallele à l'horizon.

Appliquant le côté C A de l'Instrument sur le Plan F, si le plomb tombe comme la figure le marque, ce Plan est incliné de 45 d. vers le ciel.

Le même instrument appliqué au Plan G, si le plomb tombe le long du diametre, ce Plan est vertical.

Enfin le côté A C estant appliqué sur le Plan H, & la soye du plomb tombant comme la figure le montre, marque son inclinaison de 45 d. vers la terre.

CHAPITRE III.

Contenant la construction & les usages des Instrumens propres à marquer sur les Cadrans les Arcs des Signes, les Arcs Diurnes, les heures Babyloniques, les heures Italiques, les Almucantarats & les Meridiens des principales Villes.

IL s'agit presentement de marquer sur les cadrans certaines lignes que l'ombre de l'extremité du style parcourera, lorsque le Soleil entrera dans chacun des 12 Signes du Zodiaque.

Du Trigone des Signes.

LA figure 3 repreſente le triangle ou trigone des Signes. On le
fait de cuivre ou de quelque autre matiere ſolide, grand à diſcretion. Pour le conſtruire tirez premierement la ligne A B, qui
repreſente l'axe du monde, & A C perpendiculaire à l'axe, pour
repreſenter le rayon de l'Equateur. Du point A comme centre,
tracez à diſcretion l'arc D C E. Du point C comptez de part &
d'autre 23 degrez & demi pour la plus grande déclinaiſon du
Soleil, & tirez les lignes A D, A E pour les deux tropiques, l'un
d'Eſté & l'autre d'Hyver. Tirez auſſi la ligne D E, laquelle ſera diviſée en deux également par le rayon de l'Equateur au point O,
duquel comme centre tracez un cercle dont la circonference
doit paſſer par les points des Tropiques D & E. diviſez cette circonference en 12 parties égales en commençant du point D, par
chaque point de diviſion également éloigné des points D & E,
tirez des lignes occultes paralleles au rayon de l'Equateur, qui
marqueront ſur l'arc D C des points, par leſquels & du centre A
vous tirerez des lignes qui repreſenteront les commencemens des
Signes du Zodiaque, diſtans l'un de l'autre de 30 d. pour les diviſer
de 10 en 10 d. Il faut diviſer la circonference du cercle en 36 parties
égales & en 72 pour avoir cette diviſion de 5 en 5 d. On marque
les caracteres des Signes ſur chaque ligne, comme on le voit par
la figure 3. Quand le Trigone eſt diviſé de 10 en 10 d. ou de 5 en 5,
à l'endroit de chaque premiere dixaine des Signes on met la lettre
du mois qui lui convient.

On peut encore faire ce Trigone des Signes plus promptement
par le moyen de la Table des déclinaiſons du Soleil marquez cy-
aprés; car ayant tracé les deux lignes A B, A C à angles droits, mettez le centre d'un rapporteur au point A, ſon angle de 90 d. vers le
point C, & le tenant ainſi fixement, comptez de part & d'autre du
rayon A C, 23 d. 30 m. pour les Tropiques de ♋ & ♑. 20 d. 12 min.
pour les commencemens des Signes ♌, ♊, ♐ & ♒, & 11 d. 30 min.
pour ♉, ♍, ♏ & ♓. On diviſera de même chaque eſpace des Signes de 10 en 10 d. ou de 5 en 5, par les déclinaiſons marquées
dans la Table. Les points Equinoxiaux de ♈ & ♎ ſe placent au
bout du rayon de l'Equateur A C.

Fig. 3.

Table des déclinaisons du Soleil en tous les degrez de l'Ecliptique.

Deg. de l'Ecl.	Signes. ♈ ♎		Signes. ♉ ♏		Signes. ♊ ♐		Degr.
	D	M	D	M	D	M	
I	0	24	11	51	20	25	29
2	0	48	12	12	20	36	28
3	1	12	12	32	20	48	27
4	1	36	12	53	21	0	26
5	2	0	13	13	21	11	25
6	2	23	13	33	21	21	24
7	2	47	13	53	21	32	23
8	3	11	14	12	21	42	22
9	3	35	14	32	21	51	21
10	3	58	14	51	22	0	20
11	4	22	15	9	22	8	19
12	4	45	15	28	22	17	18
13	5	9	15	47	22	24	17
14	5	32	16	5	22	32	16
15	5	55	16	22	22	39	15
16	6	19	16	40	22	46	14
17	6	42	16	57	22	52	13
18	7	5	17	14	22	57	12
19	7	28	17	30	23	2	11
20	7	50	17	47	23	7	10
21	8	13	18	3	23	11	9
22	8	35	18	16	23	15	8
23	8	58	18	34	23	18	7
24	9	20	18	49	23	21	6
25	9	42	19	3	23	24	5
26	10	4	19	18	23	26	4
27	10	26	19	32	23	27	3
28	10	47	19	46	23	28	2
29	11	9	19	59	23	29	1
30	11	30	20	12	23	30	0
	♓ ♍		♒ ♌		♑ ♋		

Par la Table dès déclinaisons on connoît par tout & à chaque jour à Midy combien le Soleil décline & s'éloigne des Equinoxes en chaque degré des Signes du Zodiaque, la plus grande estant supposée 23 d. 30 m. bien qu'à present elle ne soit que d'environ

T iij

23 d. 29 m. mais une minute de difference est peu considerable dans l'usage des cadrans. Les degrez qui vont en croissant de haut en bas dans la premiere colonne vers la gauche sont pour les signes marquez au dessus ; & les degrez qui vont en décroissant de haut en bas dans la derniere colonne vers la droite, sont pour les Signes marquez en dessous.

Du Trigone des Arcs diurnes.

LA figure 4 represente le triangle ou Secteur des arcs diurnes & nocturnes.

Ils se tracent sur les cadrans au Soleil par des lignes courbes comme les arcs des signes, & l'ombre du bout du style parcourant ces arcs fait connoître combien d'heures le Soleil reste ce jour-là sur l'horizon, c'est à dire, la longueur du jour, & parconsequent celle de la nuit qui est son complément à 24 heures.

Le triangle des Signes est le même pour toutes les élevations de Pole, parce que les déclinaisons du Soleil sont les mêmes pour toute la terre ; mais les arcs diurnes sont differens pour chaque élevation particuliere de Pole, & on en met sur les cadrans autant qu'il y a d'heures de difference entre le plus court & le plus long jour de l'année.

XXIV
Planche.
Fig. 4. Pour construire le triangle des arcs diurnes sur une Plaque de cuivre ou de quelque matiere solide, tirez premierement la ligne droite R Z, qui est le rayon de 12 h. ou de l'Equateur du point R, comme centre & d'une ouverture de compas à volonté, décrivez l'arc de cercle T S V ; portez de S en V un arc égal à celui de l'élevation de l'Equateur, ou ce qui est le même, du complément de l'élevation du Pole, comme, par exemple, si le Pole est élevé de 49 d. faites l'arc S V de 41 d. aussi bien que l'arc S T ; tirez ensuite la droite T X V, & du point X comme centre décrivez la circonference de cercle T Z V Y, que vous diviserez en 48 parties égales par des lignes ponctuées paralleles au rayon de l'Equateur R Z. Ces lignes couperont le diametre T X V en des points, par où & par le point R vous tirerez les rayons des heures.

Comme le plus long jour à Paris est de 16 h. & le plus court de 8, il ne sera necessaire de marquer que quatre rayons d'un côté de la ligne R Z, & autant de l'autre.

On peut encore trouver par la Trigonometrie les angles que font au point R tous les rayons, en faisant cette Analogie.

Comme le Sinus total est à la tangente du complément de l'élevation du Pole, ainsi le Sinus de la difference de l'arc semi-diurne des Equinoxes & de l'arc proposé, est à la tangente de la déclinaison du Soleil requise.

Si par exemple on veut tracer sur le Trigone l'arc de 11 heures de jour ou de 13, le demi arc diurne est de 5 h & demie ou de 6 h & demie, le jour des Equinoxes est de 12, & par consequent le demi arc diurne est de 6 h. & la difference est de demie heure ; c'est pourquoy il faudra mettre pour premier terme de la regle de trois le Sinus total, pour second terme la tangente de 41 d. si c'est pour Paris, & pour troisiéme terme le Sinus de 7 d. 30 m. La regle estant faite, on trouvera que la déclinaison du Soleil est de 6 d. 28 m. meridionale, lorsque le jour à Paris est de 11 heures completes & la nuit de 13, & que pareillement sa déclinaison estant de 6 d. 28 m. septentrionale, le jour y est de 13 h. & la nuit de 11 h.

En faisant trois autres Regles de trois, on trouvera que la déclinaison de l'arc diurne de 10 h. & de 14 h. est de   12 d. 41 m.
Celui de 9 h. & de 15 h. est de   18   25
& celui de 8 & de 16 h. de   23   30

Du Trigone avec une Alidade.

LA figure 5. est un triangle des Signes monté sur une Regle ou alidade A, pour tracer les arcs des Signes sur les grands cadrans. On peut aussi marquer sur le même triangle les Arcs diurnes ; mais il ne faut mettre que les uns ou les autres sur le même cadran, pour éviter la confusion des lignes. Il y a un petit trou au centre avec un cloud, par le moyen duquel l'Instrument peut tourner autour du centre du cadran. On ajuste une coulisse à ce triangle pour qu'il puisse couler le long de la ligne de foy de la Regle, & une vis marquée B, pour l'arrêter où l'on veut. Les arcs des Signes avec leurs caracteres sont autour de la circonference, & une soye fine au centre du Secteur, pour l'étendre le long des rayons jusqu'au rencontre des lignes horaires du cadran, de la maniere que nous dirons cy-aprés.

La figure 6, represente la moitié d'un cadran horizontal avec les lignes horaires du matin jusqu'à midy, & sa ligne équinoxiale C D ; ce qui doit suffire pour expliquer la maniere d'y tracer les arcs des signes par le moyen de la fig. 7. laquelle represente un triangle des signes tracé sur une plaque, sur lequel on a rapporté les heures dudit cadran horizontal en cette maniere.

Prenez avec un compas sur le cadran la grandeur de l'axe V R & la portez sur l'axe du triangle de O en C ; prenez ensuite au cadran la distance du centre V, jusqu'au point C, où la ligne de 12 h. coupe l'Equinoxiale, & la portez au triangle de C en A, pour y tracer legerement C A, 12 qui coupera toutes les sept lignes du triangle.

Prenez sur cette ligne la distance du point C jusqu'au rencon-

Fig. 5.

Fig. 6.

I   iiij

tre du tropique d'Esté, & portez-la au cadran du centre V, sur la
ligne de 12 h. pour y marquer un point dudit tropique ; prenez de
même sur le triangle la distance depuis C jusqu'au rencontre du
parallele de ♊, & la portez au cadran sur la même ligne de 12 h.
pour y marquer un point dudit parallele ; prenez aussi toutes les
autres distances sur le triangle, & les portez l'une aprés l'autre au
cadran sur la ligne de 12 heures depuis le centre jusqu'au point
du tropique d'hyver, qui doit estre le plus éloigné du centre sur le
cadran horizontal ; faites la même chose pour toutes les autres heures l'une aprés l'autre. Prenez, par exemple, sur la ligne d'onze
heures du cadran la distance depuis le centre jusqu'au point où
cette ligne coupe l'équinoxiale, portez-la au triangle de C vers A, &
tirez la ligne C ij, prenez les distances du point C jusqu'à l'intersection de chaque parallele des Signes, & les portez au cadran depuis le centre jusqu'aux points marquez 2 sur ladite ligne de ij, &
ainsi des autres.

A l'égard de la ligne de 6 h. laquelle sur le cadran est parallele à
l'équinoxiale, faites-la aussi parallele au rayon de l'Equateur O A
sur le triangle. Pour y marquer la ligne de 7 heures du soir, faites du point C comme centre un arc depuis la ligne de 6. heures
jusqu'à celle de 5 ; & portez la même ouverture de l'autre côté de
la ligne de 6 h. pour y tracer la ligne de 7 h. laquelle ne rencontrera que le tropique d'Esté, & à peine le parallele de ♊. Enfin la
ligne de 8 h. du soir doit faire avec celle de 6, le même angle que
fait de l'autre côté celle de 4. mais il est inutile de la marquer pour
la latitude de 49 d. puisque cetteligne ne peut couper aucun rayon
des Signes, estant parallele au tropique de ♋. Quand tous ces
points seront marquez sur les heures du cadran, on joindra le
mieux qu'il sera possible, tous ceux qui appartiennent à un même
signe, par dés lignes courbes qui representeront les paralleles des
Signes du Zodiaque dont on marquera les caracteres, comme on
les voit en la figure. On y joint quelquefois les noms des mois &
de quelque Feste immobile remarquable. Faites la même chose
pour les cadrans verticaux, sinon que le tropique d'Hyver y doit
estre le plus proche du centre, & celui d'Esté le plus éloigné.

Pour marquer les arcs des signes ou les arcs diurnes sur les grands
cadrans, on se servira de la fig. 5, en la maniere qui suit.

Attachez la regle par un clou au centre du cadran, ensorte que
vous la puissiez tourner & arrêter sur ses lignes horaires, comme
on voit par la fig. 8. aprés avoir pris la distance depuis le centre
du cadran jusqu'au bout de son axe & arresté fixement avec la vis
R, du triangle à la même distance, prenez d'une main la soye &
de l'autre haussez ou baissez l'Instrument sur le plan du cadran,
en sorte que la soye tenduë le long du rayon de l'Equateur du

Trigone rencontre la section de l'heure & de la ligne Equinoxiale du cadran ; arrestez l'instrument dans cette situation, étendez la soye sur les rayons du Trigone, & marquez sur chaque ligne horaire les points par où doivent passer les paralleles des signes tant au dessus qu'au dessous de la ligne Equinoxiale, comme il paroît que l'on a fait sur la ligne de 12 h. du cadran representé par la figure 8.

Faites le même sur toutes les lignes horaires l'une aprés l'autre, & par les points du même signe tracez les lignes courbes qui representeront leurs paralleles sur la surface du cadran.

Pour les marquer sur la ligne de 6 h. tournez l'instrument de sorte que la ligne de foy de la regle soit sur la ligne de 12 h. & le rayon de l'Equateur parallele à la ligne de 6 h. aprés quoy vous étendrez la soye sur les rayons des signes, jusqu'à ce qu'elle coupe la ligne de 6 h. pour y marquer les points des paralleles.

Quand vous aurez marqué les arcs des signes d'un côté du cadran, par exemple, sur les heures du matin vous transporterez avec un compas les mêmes distances du centre sur les heures de l'autre côté de la meridienne, les points marquez sur la ligne de 11 heures seront portez sur celle d'une heure, ceux de la ligne de 10 h. seront portez sur celle de 2, & ainsi des autres également éloignez de la meridienne, & y mettrez les caracteres des signes qui leur conviennent.

C'est de la même maniere qu'ils se marquent sur les cadrans déclinans, en prenant la soustilaire pour la meridienne, & les distances depuis le centre doivent estre égales aux heures également éloignées de la soustilaire.

Si au lieu des arcs des Signes on y marque les arcs Diurnes, c'est à dire, la longueur des jours, on y pourra mettre aussi l'heure du lever & du coucher du Soleil, en partageant la longueur du jour en deux également ; car, par exemple, lorsque le jour est de 15 h. le Soleil se couche à 7 h. & demie du soir, & se leve autant avant midy, c'est à dire, à 4 heur. & demie du matin, & ainsi des autres.

Pour tracer les arcs des Signes sur les cadrans Equinoxiaux, comme par exemple, sur le cadran de la fig. 7, de la planche 22. prenez la longueur du style A D, & la portez sur l'axe du Trigone de la fig. 7, planche 24. du point O, jusqu'en P. tirez la ligne P N, parallele au rayon de l'Equateur ; elle coupera le tropique d'Esté & deux autres paralleles. Prenez avec un compas la distance du point P, jusqu'à l'intersection du tropique ; portez cette ouverture au centre A du cadran & tracez un cercle, qui representera le tropique de ♋. Prenez de même les deux autres distances sur la parallele du Trigone, pour en tracer deux autres cercles sur le

cadran, dont l'un sera le parallele de ♊ & de ♌, & l'autre celui
de ♉ & de ♍, que l'on peut tracer sur l'Equinoxial superieur. Si
c'estoit un inferieur, on y marqueroit les paralleles de ♏ ♐ ♑ ♒
& ♓, car pour les cercles de ♈ & ♎, on ne peut les décrire sur
les cadrans Equinoxiaux, parce que le Soleil estant dans le plan
de l'Equateur celeste, ses rayons rasent la surface de ces cadrans
& l'ombre de leur style est indefinie; c'est pourquoy ils ne marquent
pas l'heure en ces temps-là.

La ligne horizontale se trace de cette maniere : La longueur du
style estant posée sur la ligne de 6 h. de son extremité D, comme
centre, tracez au dessus pour le superieur l'arc E F égal à l'élevation
du Pole; comme icy, par exemple, de 49 d. tirez la ligne D F,
qui coupera la meridienne au point H, par lequel vous tracerez la
ligne horizontale parallele à celle de 6 h. comme on voit en la fig. 7.
planche 22.

Cette ligne sert à faire connoître le lever & le coucher du Soleil au commencement de chaque Signe; car, par exemple, comme
elle coupe en ce cadran le tropique de Cancer aux points de
4 h. du matin & de 8 h. du soir, il s'ensuit que le Soleil au jour du
solstice d'Esté se leve à 4 h. du matin & se couche à 8 h. du soir sur
l'horizon de Paris ; & ainsi des autres.

Pour tracer les arcs des Signes sur les cadrans polaires.

LE cadran estant construit, comme on le voit en la fig. 6 de la
planche 22, les rayons des heures ponctuées depuis le point
D, centre du quart de cercle & bout du style, jusqu'au rencontre de la ligne équinoxiale A B, portez ces distances l'une après
l'autre sur le rayon de l'Equateur du Trigone des Signes fig. 7. de
la planche 24, pour y tracer autant de perpendiculaires qu'il y a
d'heures ponctuées, c'est à dire, une pour 12 heures, & 5 autres
pour 1, 2, 3, 4 & 5 h. lesquelles couperont les rayons des Signes
du trigone ; prenez ensuite sur ces perpendiculaires la distance depuis le rayon de l'Equateur du Triangle jusqu'aux autres rayons
des Signes & les transportez sur les lignes horaires du cadran, depuis l'équinoxiale A B de part & d'autre. Prenez, par exemple, sur
le triangle l'espace 12 ♑, & le portez au cadran du point C, sur
la ligne de 12 h. pour y marquer les points des tropiques. De même
l'espace pris au triangle, sur la ligne 5 ♑ ou ♋, sera portée sur la
ligne de 5 & de 7 h. du cadran, de part & d'autre également depuis
la ligne Equinoxiale, & ainsi des autres signes dont vous tracerez
les paralleles par des lignes courbes; sçavoir, les Signes Septentrionaux au dessous de la ligne Equinoxiale, & les meridionaux au
dessus. Nous n'avons tracé que les deux tropiques en la figure de
ce cadran, pour ne pas l'embarrasser.

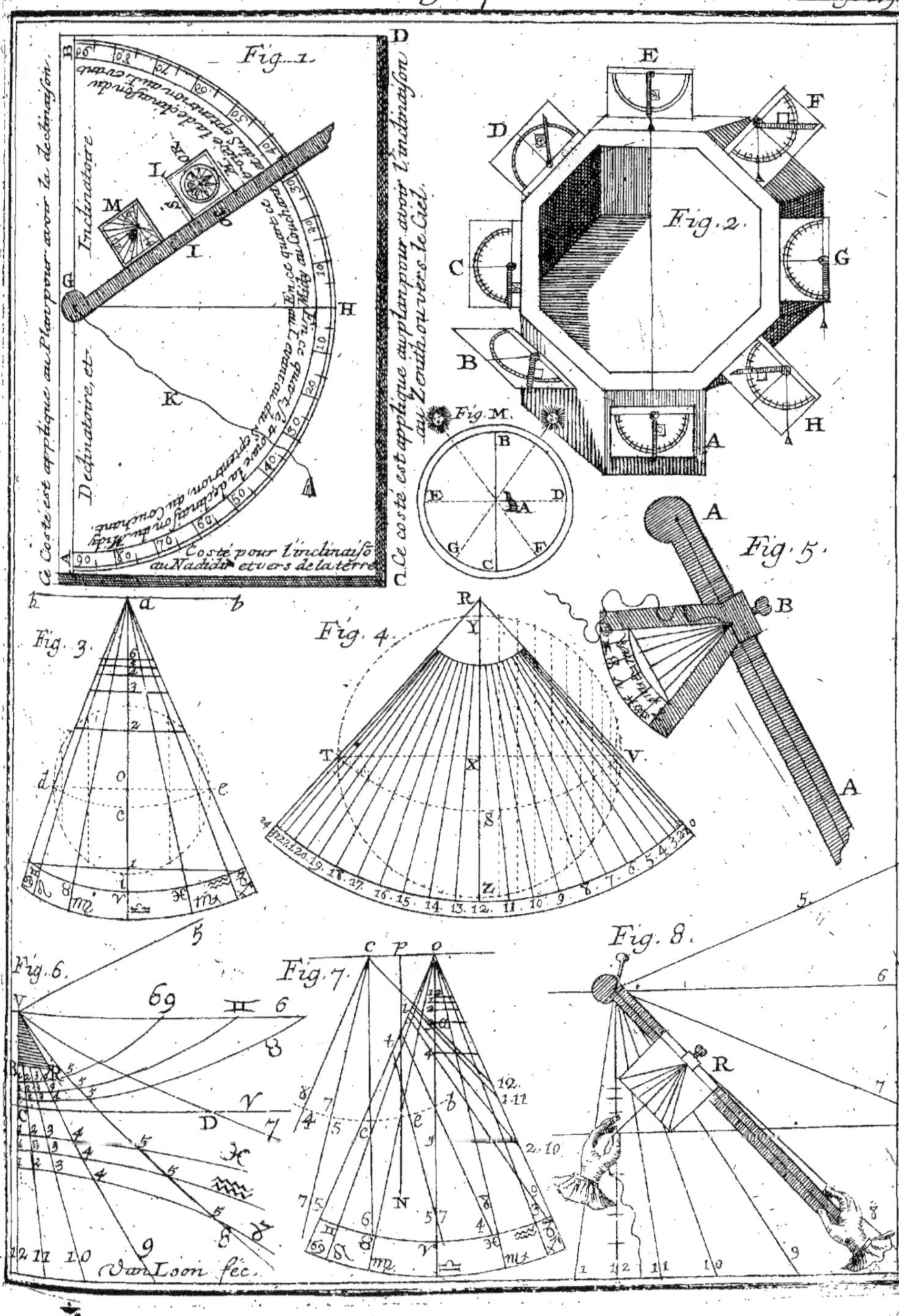

Fig. 1.
Inclinatoire
Declinatoire, etc.
G. Coste est appliqué au Plan pour avoir la declinaison.
C. Ce coste est appliqué au plan pour avoir l'inclinaison au Zenith, ou vers le Ciel.
Coste pour l'inclinaison au Nadir, ou vers de la terre.
Fig. 2.
Fig. M.
Fig. 3.
Fig. 4.
Fig. 5.
Fig. 6.
Fig. 7.
Fig. 8.
Van Loon fec.

Les Arcs diurnes se tracent de la même maniere que les Arcs des Signes.

Pour tracer les Arcs des Signes sur les cadrans Orientaux & Occidentaux.

ON fait à peu prés la même chose que pour les tracer sur les Polaires.

Soit, par exemple, la fig. 1ere. de la planche 23. qui represente un cadran Occidental. Les rayons des heures estant ponctuez depuis le point E, centre du quart de cercle & longueur du style, jusqu'à la ligne Equinoxiale CD, seront portez avec un compas au Trigone de la fig. 3. planc. 24. depuis le point A, sur le rayon de l'Equateur; pour y tracer autant de perpendiculaires qui couperont les rayons des Signes, vous prendrez sur ces perpendiculaires les distances depuis le rayon de l'Equateur jusqu'aux intersections des rayons des autres signes, & les reporterez sur les lignes horaires du cadran, de côté & d'autre de la ligne Equinoxiale.

Prenez, par exemple, au Trigone l'espace 6 ♋ ou ♑, & portez-le au cadran sur la ligne de 6 h. de part & d'autre du point D; faites-en de même pour les autres heures, & par les points que vous y aurez marqué tracez les lignes courbes, qui representeront les parallèles des Signes; sçavoir, les Septentrionaux au dessous de la ligne Equinoxiale, & les Meridionaux au dessus.

Les Arcs diurnes se tracent de la même façon.

Nous n'avons tracé que les deux tropiques sur ce cadran pour ne pas embarrasser la figure.

Construction d'un Cadran horizontal avec les heures italiques, babyloniques, les almucantarats & les meridiens.

APrés avoir marqué sur les Cadrans au Soleil les heures Astronomiques ou Françoises, avec les Arcs diurnes ou ceux des Signes, comme nous venons d'expliquer, on peut encore y representer plusieurs autres cercles de la Sphere qui seront des choses curieuses & utiles, que l'extremité de l'ombre du style y marquera; comme sont les heures Italiennes & Babyloniennes, les Azimuths, les Almucantarats & les Meridiens des principales Villes de la terre.

Les heures Italiques & Babyloniques ont pour première ligne l'horison, comme les heures astronomiques ont pour commencement le meridien. Les Italiens commencent à compter les heures lorsque le centre du Soleil touche l'horizon en se couchant, & les Babyloniens lorsqu'il le touche en se levant.

La figure premiere de la planche 25, represente un cadran horizontal, sur lequel on a tracé plusieurs cercles de la Sphere, de la maniere que nous allons l'expliquer.

Methode generale pour tracer sur toutes sortes de Cadrans les heures Italiennes & Babyloniennes.

XXV.
Planche
Fig. 1.

LEs heures Astronomiques estant tracées avec la ligne Equinoxiale & un arc diurne ou un parallele du lever du Soleil à telle heure qu'on voudra ; comme, par exemple, à 4 h. qui est le même que le tropique d'Esté, pour 49 d. de latitude, vous trouverez par la methode que nous allons enseigner, deux points de chacune de ces lignes, un sur la ligne Equinoxiale & l'autre sur le parallele tracé, par le moyen desquels il sera facile de marquer ces lignes horaires, parce qu'estant les communes Sections des grands cercles de la Sphere avec le Plan du cadran, elles s'y doivent representer en lignes droites.

Voulant donc tracer la premiere heure Babylonique, considerez que le Soleil estant dans l'Equateur, il se leve à 6 heures & qu'à 7, il y a une heure qu'il est levé ; d'où s'ensuit que cette premiere heure doit passer par le point où la septiéme heure astronomique coupe l'Equinoxiale. La seconde heure passera par l'intersection de 8 heures du matin ; la troisiéme, par celle de 9, & ainsi de suite.

Mais quand le Soleil se leve à 4 h. le point de 5 h. sur le parallele de ♋, est celui de la premiere heure Babylonique ; le point de 6 est pour la seconde heure ; celui de 7, pour la 3e, & ainsi des autres. Mettez donc une Regle sur le point d'intersection de 5 heur. au Tropique de cancer, & sur le point d'intersection de 7 h. en l'Equinoxiale, & par ces deux points tracez la premiere heure Babylonienne ; continuant de même, vous trouverez que la huitiéme heure passera par le point de 12 heures astronomiques sur ce tropique, & par celui de 2 h. aprés midy sur l'Equinoxiale ; & que la quinziéme heure passera par le point de 7 h. du soir sur ledit Tropique, & par celui de 5 h. sur l'Equinoxiale.

Il est facile de tracer toutes ces lignes horaires lorsqu'on en a une, parce qu'elles se suivent toutes par ordre d'heure en heure astronomique sur le parallele & sur la ligne équinoxiale, comme il est aisé de voir par ladite figure.

Enfin le Soleil se couche à 16 h. Babyloniennes lorsque le jour est de 16 h. il se couche à 12 h. pendant les Equinoxes, & à 8 h. lorsque la nuit est de 16 ; puisqu'il se leve toûjours à 24 heures.

Il faut faire à peu prés le même raisonnement pour marquer les heures Italiennes. On compte toûjours 24 heures quand le Soleil se couche ; c'est pourquoy en Esté quand les nuits sont de 8 heur.

il se leve à 8 h. Italiques; pendant les Equinoxes il se leve à 12 heur. & en Hyver quand les nuits sont de 16 h. il se leve à 16 h. d'où s'ensuit que la 23e heure Italienne doit passer par les points de 7 h. du soir au tropique d'Esté, de 5 h. sur l'équinoxiale, & de 3 h. sur le tropique d'Hyver. Il suffit d'avoir deux de ces points pour la tracer. La 22e heure passe par les points de 6 h. du soir au tropique d'Esté, de 4 h. sur l'Equinoxiale, & de 2 h. sur le tropique d'Hyver. Continuant de même on trouvera que la 18 h. passe par les points de 12 h. équinoxiales, c'est à dire, que pendant les Equinoxes il est midy à 18 h. au lieu qu'au Solstice d'Esté il est midy à 16 h. & pendant le Solstice d'Hyver à 20 h. dans les Pays qui ont 49 deg. de latitude, comme on voit dans les Tables cy-dessous.

Table pour trouver les heures Babyloniques & Italiques.

Heures Babiloniques		1. 2. 3. 4. 5. 6. 7. 8.9.10.11.12.13.14.15.16.
passent	♋	5. 6. 7. 8. 9.10.11.12.1. 2. 3. 4. 5. 6. 7. 8.
en l'arc	♈ par	7. 8. 9.10.11.12. 1. 2. 3. 4. 5. 6. 7. 8. 9.10.
de	♑	9.10.11.12. 1. 2. 3. 4. 5. 6. 7. 8. 9.10.11.12.

Heures Italiques		23.22.21.20.19.18.17.16.15.14.13.12.11.10. 9. 8.
passent	♋	7. 6. 5. 4. 3. 2. 1. 12.11.10. 9. 8. 7. 6. 5. 4.
en l'arc	♈ par	5. 4. 3. 2. 1.12.11.10. 9. 8. 7. 6. 5. 4. 3. 2.
de	♑	3. 2. 1.12.11.10. 9. 8. 7. 6. 5. 4. 3. 2. 1. 12.

Par les heures Italiennes on voit dans combien de temps le Soleil se doit coucher, en ôtant l'heure presente du nombre 24. & par les heures Babyloniennes on voit combien il y a de temps qu'il est levé.

Maniere de tracer les Almucantarats & les Azimuths.

LEs Almucantaraths ou cercles de hauteur se representent sur l'horizontal par des cercles concentriques, & les Azimuths par des lignes droites qui aboutissent au pied du style B, lequel represente le Zénith, & qui est le centre commun de tous les Almucantaraths.

C'eſt pourquoy il n'y a qu'à diviſer en degrez la meridienne B 12, du bout du ſtyle C, comme centre. Les tangentes des arcs ſeront les demi-diametres des Almucantaraths qui ſe termineront aux deux tropiques. Pour avoir ces tangentes on peut ſe ſervir d'un quart de cercle diviſé comme celui de la figure 2. Pour cet effet portez la longueur du ſtyle C B de A en H, & tirez la ligne H I, ſur laquelle vous prendrez avec un Compas les diſtances & les porterez ſur la ligne B 12, en ſorte que le 90° d. réponde au point B. Mais comme ce cadran eſt fait pour 49 d. de latitude, & que par conſequent le Soleil ne peut s'élever ſur cet horizon que de 64 d. 30 m, il ſuffira de marquer cette plus grande hauteur du Soleil qui ſe terminera au tropique d'Eſté.

Enſuite ſi l'on diviſe un de ces cercles de hauteur de 10 en 10 degrez, en commençant depuis la meridienne B 12, qui eſt le 90° Azimuth, & que par ces points de diviſion on tire au pied du ſtyle B autant de lignes droites, on aura la repreſentation des Azimuths ou cercles verticaux. Nous ne les avons point marquez ſur ce cadran pour éviter la confuſion, mais il eſt facile de les concevoir.

Par les Almucantaraths on connoît à toute heure la hauteur du Soleil ſur l'horizon ; & par les Azimuths on connoît en quel Azimuth ou cercle vertical il ſe trouve ; cela ſe voit en remarquant l'endroit où l'extremité de l'ombre du ſtyle droit donne ſur le cercle de hauteur & ſur la ligne de l'Azimuth.

Methode pour marquer les Meridiens ou cercles de longitude terreſtre, ſur le cadran horizontal.

Fig. 1. DU point D, centre diviſeur de la ligne Equinoxiale, tracez une circonference de cercle & la diviſez en 360 parties égales en degrez, ou ſeulement en 36 parties pour y marquer les degrez de 10 en 10. De la ligne de midy, qui repreſente le meridien du lieu pour lequel eſt conſtruit le cadran, comme, par exemple, de Paris, comptez vers Occident 20 deg. pour ſa longitude ou diſtance du premier meridien qui paſſe par le point G, ſur lequel ayant écrit 360 degrez vous prolongerez la ligne G D juſqu'en E, ſur l'Equinoxial enſuite du centre A, & par E tracé le premier meridien qui eſt l'Iſle de Fer, & ainſi des autres ; mais il vous ſera plus facile en marquant d'Occident vers Orient les meridiens ou cercles de longitude de 5 en 5 d. ou de 10 en 10. & y placerez les principales Villes dont les longitudes vous ſont connuës ; comme, par exemple, Rome, à 10 deg. & demi, plus Orientale que Paris. Vienne en Autriche, à 15 d. plus Orientale que ladite Ville de Paris, & ainſi des autres Villes conſiderables dont vous connoîtrez la difference des meridiens à celui de Paris par le moyen d'un bon Globe ou par une bonne Carte de Geographie, construite sur les observations exactes de Messieurs de l'Academie Royale des Sciences.

Son usage est, qu'à tout moment que le Soleil luira sur votre cadran vous connoîtrez quelle heure il est en tous les lieux marquez sur les méridiens, en ajoûtant à l'heure de Paris, pour lequel est fait ce cadran, autant d'heures qu'il y a de fois 15 deg. de difference, & 4 m. d'heure pour chaque degré.

Par exemple, quand ce cadran marquera midy pour Paris, il sera une heure à Vienne en Autriche, puisque cette Ville est plus Orientale que Paris de 15 d. & par consequent reçoit la lumiere du Soleil plûtost que Paris.

Il sera 42 minutes aprés midy à Rome, puisqu'elle est 10 d. & demi à l'Orient de Paris, & ainsi des autres. Cette ligne de longitude represente les méridiens des lieux qui leur sont attribuez, en sorte que quand l'ombre du style ou axe donne sur quelquesunes de ces Villes, c'est une marque qu'il y est midy.

CHAPITRE IV.

Contenant la construction & les usages des Instrumens propres à tracer les Cadrans sur les differens Plans.

LA figure 2. de la Planche 25, est un quart de cercle divisé en ses 90 d. sa grandeur est à volonté. Il se fait sur une plaque de cuivre ou d'autre matiere solide.

Il peut servir à trouver la longueur des tangentes, & par ce moyen à diviser en degrez une ligne droite, comme nous avons fait sur la meridienne du cadran horizontal, fig. 1. de cette même planche, pour y marquer les rayons des Almucantaraths ou cercles de hauteur.

On y peut pareillement trouver les divisions des heures sur la ligne Equinoxiale des cadrans reguliers, & même des cadrans déclinans, dont la soustilaire se rencontre sur une heure complete. Portant du centre A jusqu'en H ou en L, la longueur du rayon de l'Equateur & tirant une ligne droite comme H I ou L M, parallele au rayon exterieur du quart de cercle A C; car, par exemple, la distance L 1 h. ou 11 h. qui répond à 15 d. de la division du quart de cercle, sera la tangente de la premiere heure comptée, depuis la meridienne ou soustilaire du cadran; c'est pourquoy estant portée sur sa ligne Equinoxiale, dont je suppose que A L est le rayon, elle y déterminera le point par où doit passer cette ligne horaire. L 2. qui répond à 30 d. de la circonference du quart de cercle,

Fig. 2.

fera la tangente de la 2ᵉ heure. L 3 , qui répond à 45 d. fera la tangente de la 3ᵉ heure , & ainfi des autres ; ou bien par ce moyen on a déja trois heures de fuite de chaque côté de la meridienne ou fouf-tilaire ; ce qui fait en tout fix efpaces d'heures de fuite , & qui peut fuffire pour trouver toutes les autres lignes horaires du cadran, en fuivant la methode que nous avons expliquée cy-devant en parlant des cadrans déclinans , & qui peut s'appliquer de même à tous les cadrans reguliers , comme eft un horizontal , fur lequel ayant fix intervalles d'heures de fuite ; comme feroit , par exemple , depuis 9 h. du matin , jufqu'à 3 h. aprés midy ; on pourra par cette même methode trouver toutes les autres heures du cadran , comme les heures de 7 & 8 h. du matin , 4 & 5 h. du foir , que l'on a quelquefois peine à marquer fur la ligne Equinoxiale du cadran , principalement les points de 5 & de 7 heures, à caufe de la longueur de leurs tangentes.

Les lignes horaires trouvées par cette methode , que nous ne repreterons pas icy , pourront fervir à en trouver d'autres , & celles qui font trouvées eftant prolongées au delà du centre donneront leurs oppofées.

Ce même quart de cercle peut encore fervir de cadran portatif , parce que les heures s'y peuvent tracer par le moyen d'une Table des hauteurs du Soleil fur l'horizon du lieu pour lequel on veut le conftruire , comme nous l'expliquerons au Chapitre fuivant.

Conftruction de l'horizontal mobile.

Fig. 3. **C**Et Inftrument eft compofé de deux plaques de cuivre ou autre matiere folide , bien droites & bien unies , appliquées l'une fur l'autre & jointes enfemble par le moyen d'un clou rond mis au centre A. La piece de deffous eft quarrée , ayant 6 à 8 pouces de chaque côté ; elle eft divifée en deux fois 90 d. pour fervir à connoître la déclinaifon des Plans. La piece de deffus eft ronde avec un petit index joint à la ligne de midy , qui marque fur le degré la déclinaifon des Plans , elle eft environ de 4 lig. plus petite de chaque côté que la plaque quarrée qui eft deffous.

Il y a un cadran horizontal tracé du centre A , fur la platine fuperieure pour l'élevation du Pole du lieu où l'on veut s'en fervir. L'Axe B eft ajufté de maniere que fa pointe aboutiffe au centre où l'on fait un petit trou pour y paffer une foye. On y joint une Bouffole D , avec fon aiguille aimantée , couverte d'un verre pour la garantir des injures du temps , & dans le fonds de la Bouffole. On trace une ligne qui marque la déclinaifon de l'aimant.

Usage du Cadran horizontal mobile.

CEt Instrument sert à tracer des Cadrans au Soleil sur toute sorte de Plans, de telle situation qu'ils puissent estre, comme déclinans, inclinez, ou l'un & l'autre tout ensemble, en la maniere qui suit.

Tracez sur le Plan proposé une ligne horizontale ou de niveau & mettez le long de cette ligne le côté du quadre où est écrit, *Côté appliqué au mur*, tournez le Cadran horizontal tant que l'éguille aimantée s'arrête sur sa ligne de déclinaison; étendez la soye au long de l'Axe, jusqu'à ce qu'elle rencontre le Plan en un point qui sera le centre du cadran. Etendez ensuite la soye sur toutes les lignes horaires que le plan pourra recevoir, & marquez autant de points sur la ligne de niveau, par lesquels vous conduirez du centre les lignes des heures, y marquant les mêmes chiffres qu'à celles du cadran horizontal. Si le cadran est vertical, sans inclinaison, la ligne de 12 h. sera perpendiculaire sur la ligne horizontale du Plan, en la faisant tomber du centre du cadran par le moyen d'un fil avec son plomb.

La soustilaire se tracera par le centre & par un point de l'angle droit; d'un côté d'Equerre mise sur la ligne de niveau, l'autre côté touchant l'axe. Cette distance du côté de l'Equerre posée au mur jusqu'à l'axe, est la longueur du style droit, lequel estant couché au même lieu à angles droits sur la soustilaire, vous tirerez du centre par son extremité l'axe, que vous formerez sur le plan par le moyen d'une verge de fer, parallele à la situation de la soye étenduë le long de l'axe du cadran horizontal, & soûtenuë par quelque appuy planté dans le mur perpendiculairement à la soustilaire.

Si l'on ne vouloit qu'un style droit, on choisira sur la soustilaire un point éloigné du centre à proportion de la grandeur du cadran, pour y planter une verge de fer perpendiculaire; mais il faut que sa pointe ne passe pas la soye tenduë le long de l'Axe.

Enfin vous donnerez à votre Cadran telle figure que vous jugerez à propos, & prolongerez les lignes horaires autant qu'il sera besoin.

On peut éloigner l'instrument du mur pour y tracer de grans Cadrans, mais il faut qu'il soit toûjours posé bien parallelement & de niveau.

Pour les Cadrans Septentrionaux, ayant trouvé la déclinaison du plan; comme, par exemple, de 45 d. du Septentrion à l'Occident, placez l'index du cadran sur la déclinaison opposée, c'est à dire du Midy à l'Orient, renversez ensuite l'instrument sens dessus dessous, étendez la soye le long de l'axe pour avoir le centre en

V

bas au deſſous de la ligne horizontale, ſur laquelle ayant marqué les points des heures, vous les prolongerez juſqu'au centre, & ferez le reſte comme nous venons de dire ; la ligne de midy ſera celle de minuit.

Conſtruction du Sciaterre.

Fig. 4. L'Inſtrument repreſenté par la fig. 4. ſe nomme Sciaterre. Il eſt compoſé d'un cercle Equinoxial A, fait de cuivre ou de quelque autre matiere ſolide, monté ſur un Quart de cercle B. Le point de Midy de l'équinoxial eſt attaché à un des bouts du Quart de cercle, & une petite broche d'acier ronde de 1 à 2 lignes de diametre, qui ſert d'axe & paſſe par le centre de l'Equinoxial, tient à l'autre extremité du Quart de cercle ; de telle ſorte que l'Equinoxial & le Quart de cercle ſont fixement attachez enſemble à angles droits. Le Quart de cercle eſt diviſé en 90 d. & le Cercle Equinoxial en heures & demi-heures par les methodes expliquées cy-devant. La piece G eſt d'une épaiſſeur convenable pour contenir par le haut une couliſſe qui entre des deux côtez dans une renure qui eſt au bord exterieur du Quart de cercle, pour hauſſer ou baiſſer l'Equinoxial ſuivant la hauteur du Pole. La petite Boule eſt attachée au bout d'une ſoye, arrêtée au haut d'une ligne perpendiculaire, pour placer la machine à plomb, par le moyen du genoüil H, qui tient à la piece G, ſervant à tourner l'Inſtrument en tout ſens. Le genoüil eſt rivé à une branche dont le bout eſt d'acier, que l'on enfonce dans le mur pour tenir ferme toute la Machine quand on veut la mettre en uſage.

Le Trigone des Signes D eſt paſſé dans l'axe & tourne autour du Cadran par le moyen d'une Virolle. Il y a une ſoye attachée au ſommet du Trigone, & une autre au centre du cadran. On ne place le Trigone que quand on veut tracer les arcs des Signes ſur les cadrans.

Uſage du Sciaterre.

IL faut d'abord enfoncer dans le mur la pointe d'acier attachée au pied de l'Inſtrument, à l'endroit où l'on veut faire un Cadran, & mettre le degré de l'élevation du Pole du lieu du Quart de cercle, vis à vis d'un trait à plomb marqué ſur la couliſſe.

Il faut auſſi avoir une Bouſſole à Boëte quarrée que vous poſerez au long du Plan du Quart de cercle, & tournerez la Machine juſqu'à ce que l'Eguille aimantée ſoit arrêtée juſtement ſur ſa ligne de declinaiſon, ou bien ſans Bouſſole ſi le Soleil luit, & que vous ſçachiez l'heure qu'il eſt, tournez la Machine de ſorte que l'axe qui traverſe l'Equinoxial, marque preciſément l'heure ſur le

Cercle des heures. L'Instrument estant ainsi disposé, étendez la soye E, qui part du centre, tout le long de l'axe jusqu'à la rencontre du plan proposé, pour y marquer un point qui sera le centre du cadran ; puis rasant les heures l'une aprés l'autre avec la même soye, prolongée jusqu'au mur, marquez-y autant de points que vous pourrez, & par ces points tracez les lignes horaires jusqu'au centre du cadran, où elles se doivent rencontrer. Donnez telle figure qu'il vous plaira à ce cadran, & placez-y les mêmes chiffres que ceux des heures de l'Equinoxial.

Le style se posera de la maniere qui vient d'estre expliquée en parlant de l'horizontal mobile.

Pour tracer les arcs des Signes ou les arcs Diurnes, faites entrer l'axe dans la Virolle qui est à l'extremité du Trigone, que vous ferez tourner sur toutes les heures en l'arrêtant avec la vis l'une aprés l'autre, puis étendant la soye F le long des lignes qui appartiennent à chaque Signe pour marquer autant de points sur chaque ligne horaire du mur ; ensuite vous tracerez des lignes courbes de points en points, qui formeront les arcs des Signes, & y marquerez les caracteres convenables.

On peut encore tracer les arcs des Signes de cette maniere : l'Axe du Cadran estant bien affermi, choisissez un point sur ledit Axe pour l'extremité du style droit, qui represente le centre de la terre ; faites entrer cet axe dans la Virolle de votre Trigone, en sorte que l'extremité du style droit convienne exactement avec le sommet du Trigone qui represente le centre de l'Equateur & du monde, & ayant arrêté le Trigone par le moyen de la vis qui pressera sur l'axe, faites-le tourner de sorte qu'un de ces plans (car ils doivent estre marquez également) se trouve exactement sur les lignes horaires ; étendez la soye F le long des rayons des Signes du Trigone, & marquez autant de points sur chaque ligne horaire l'une aprés l'autre ; joignez ces points par des lignes courbes qui representeront les arcs des Signes. Enfin vous mettrez un bouton ou un petit Soleil à ce point de l'axe, lequel par son ombre marquera sur le cadran les paralleles des Signes ou des Arcs Diurnes, pendant que l'axe entier fera ombre sur les lignes des heures.

S'il s'agit de tracer un Cadran Septentrional, faites la même chose, excepté que l'operation se fera en dessous, afin que le centre soit en bas.

On fait les mêmes operations pour tracer les cadrans sur les plans inclinez & déclinans.

Construction du Sciaterre du R. P. Pardies.

Fig. 1. CEt Instrument est de l'invention du R. P. Pardies Jesuite. Il se fait de cuivre ou autre matiere solide, d'une grandeur arbitraire. Il est composé de quatre principales pieces; la premiere est une plaque quarrée bien dressée, marquée D, qu'on nomme plan horizontal, parce que dans l'usage il doit estre mis horizontalement ou à niveau.

Au milieu de ce plan il y a un trou rond, dans lequel est un pivot à l'endroit marqué E, sur lequel doit tourner la seconde piece, que l'on nomme Plan meridional, de sorte qu'il demeure toûjours à angles droits avec le plan horizontal. Au côté & sur l'épaisseur du plan meridional il y a un plomb suspendu en C, qui sert à placer l'Instrument à niveau. Le haut de cette piece est taillé en Quart de cercle concave, qui se divise de chaque côté en 90 d. commençant à la perpendiculaire qui répond au milieu du Pivot. Cette piece est fenduë par le milieu de son épaisseur pour recevoir la troisiéme piece, qui est un demi-cercle où il y a une piece qui le déborde, pour entrer dans la fente du Quart de cercle, & qui par ce moyen l'engage dans le Quart de cercle, avec lequel il fait le même Plan meridional, de maniere qu'il peut tourner en s'inclinant ou se dressant tant que l'on veut, selon les differentes élevations de Pole. Le diametre de ce demy-cercle s'appelle l'Axe, & son centre s'appelle simplement le Centre de l'Instrument, comme le filet qui en sort s'appelle le Filet du centre.

La quatriéme piece marquée A, est un cercle de même matiere, bien dressé & de bien égale épaisseur; elle est divisée en 24 parties égales de côté & d'autre pour les 24 h. du jour, dont chacune se peut subdiviser en deux ou en quatre, comme estant un cadran Equinoxial. Ce Cercle est tellement engagé avec le demi-cercle par des entailles faites à moitié dans l'un & moitié dans l'autre, qu'il fait toûjours avec lui des angles droits en toutes ses differentes situations; l'une des faces de ce cercle se nomme superieure, & l'autre inferieure.

On trace de part & d'autre sur le demy-cercle le Trigone des Signes, dont le sommet est le point A, extremité du diametre du cercle Equinoxial, de la maniere que nous avons cy-devant expliquée. En marquant sur les rayons les caracteres des Signes, & divisant par la même methode chaque espace en trois, on y pourra graver les premieres Lettres des mois dans les places qui leur conviennent à peu prés, en supposant que l'entrée du Soleil en chaque Signe se fait le vingtiéme jour des mois. On en met 6 sur le côté Oriental, & 6 sur l'Occidental, car chaque ligne est toûjours

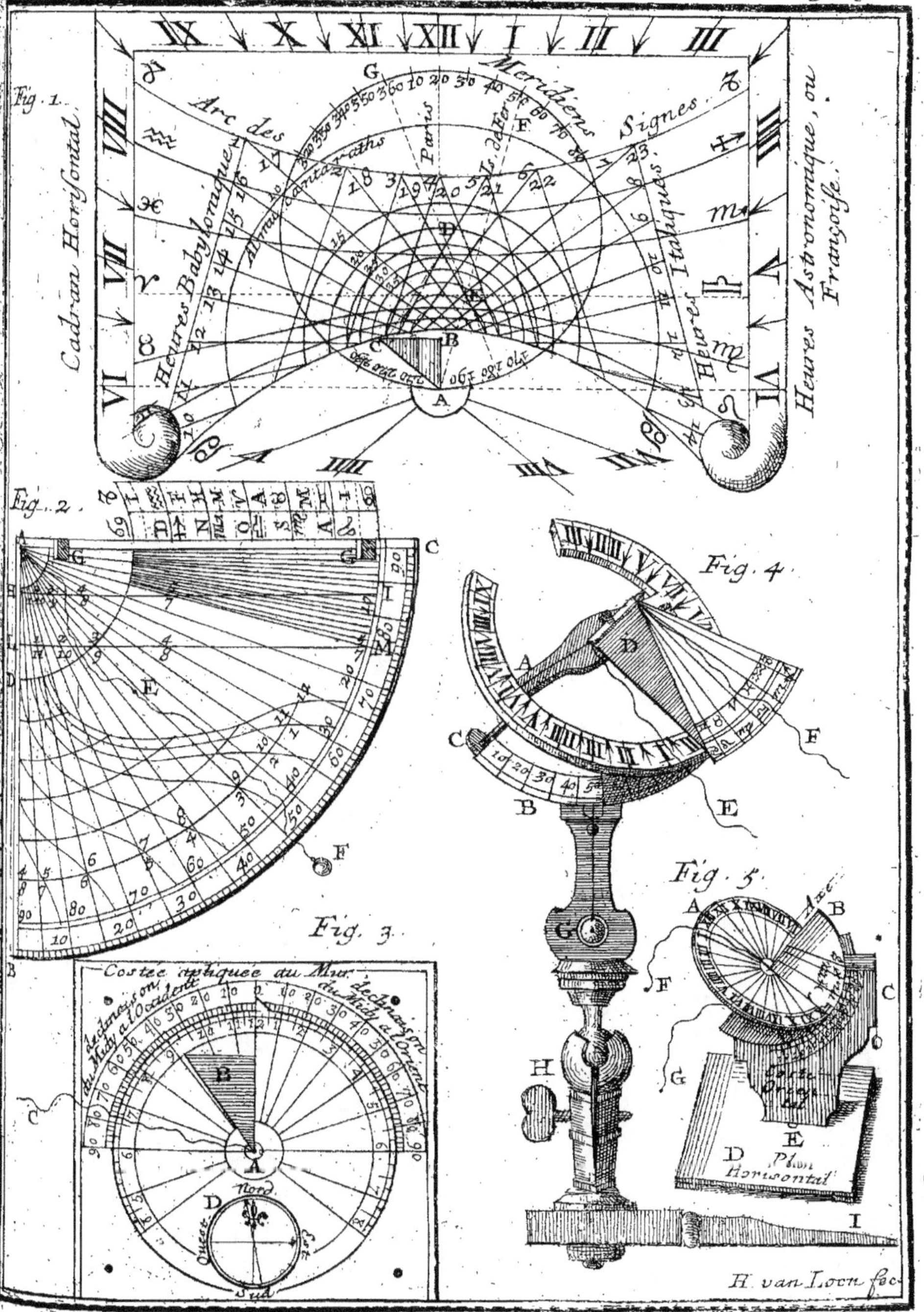
Cadran Horisontal
Fig. 1.
Heures Astronomique, ou Françoise
Meridiens
Signes
Paris
Arc des
Heures Babyloniques
Heures Italiques
A B C D E F G
Fig. 2.
Fig. 3.
Costée apliquée du Mur.
declinaison du Midy a l'Occidt.
declinaison du Midy a l'Orient.
Nord
Ouest
Sud
Fig. 4.
Fig. 5.
Plan Horisontal
H. van Loon fec.

pour deux Signes. Le Tropique de l'Ecreviſſe ſe marque en bas &
celui du Capricorne en haut, de même que ſur les Cadrans verticaux. Nous ne parlons pas de la maniere de tracer les heures, les
degrez, ni les Signes, eſtant la même que nous avons expliquée
cy-devant.

Uſage de cette Machine.

APrés avoir mis les points de ♈ & ♎ du demi-cercle & le plan
du cercle Equinoxial ſur le degré de l'élévation du Pole du
Pays où l'on veut faire le Cadran, placez la Machine ſur un Plan
ſtable & horizontal, vis à vis du mur ou autre ſurface preparée
pour y tracer un Cadran.

Tournez la de ſorte que l'ombre du bord du Cercle Equinoxial rencontre ſur l'axe le jour du mois ou le degré du Signe où
eſt pour lors le Soleil ; cela eſtant, l'ombre du diametre du demi-
cercle qui ſert d'axe, marquera l'heure preſente, & toute la Machine ſera bien ſituée. Le Plan meridional répondra au meridien du
ciel ; le cercle Equinoxial ſera parallele à l'Equateur de la Sphere
celeſte, & l'Axe du Cadran à l'Axe du monde.

Tendez la ſoye qui part du centre le long de l'Axe juſqu'au
rencontre du mur, ſoit en haut vers le Pole Arctique, ſoit en bas
vers l'Antarctique. Le point où le filet rencontrera le mur ſera le
centre du Cadran. Ce filet ainſi tendu marquera la poſition du ſtyle
ou axe ; car ſi l'on met une verge de fer au même endroit & dans
la même ſituation, elle marquera les heures tout du long de ſon
ombre. Si on ne veut mettre qu'un ſtyle droit, il n'y aura qu'à
planter une verge dans le mur, dont le bout vienne toucher la
ſoye tenduë au long de l'axe. On peut donner à cette verge la figure que l'on voudra, comme d'un Serpent ou d'un Oyſeau, pourvû que l'extremité de ſon bec rencontre ladite ſoye ; & de cette
maniere l'heure ne ſera marquée que par le bout de l'ombre.

Pour marquer les heures, étendez le filet du centre ſur le plan du
cercle Equinoxial, tout au long des lignes horaires, l'une aprés l'autre, juſqu'au rencontre du mur, & marquez-y autant de points ;
tirez enſuite des lignes du centre par ces points, & vous aurez
les lignes des heures.

On pourroit encore marquer les heures pendant la nuît par la
lumiere d'un flambeau ou d'une bougie. Le filet du centre eſtant
étendu au long de l'Axe & attaché au mur, tournez le flambeau
de ſorte que l'ombre de l'axe marque l'heure ſur le cercle Equinoxial ; alors l'ombre du même Axe ou du filet tendu marquera ſur
le mur la même heure, & il ne faut que paſſer le crayon tout le
long de cette ombre pour marquer la ligne horaire. Changez enſuite le flambeau de place, afin que l'ombre du filet marque une au-

tre heure que vous tracerez de même, & ainſi de toutes les autres.
Cette maniere eſt tres-bonne, particulierement lorſque le plan n'eſt
pas plat & uni, ou que le centre du cadran eſt trop éloigné.

Il eſt à remarquer que l'ombre de l'Axe marque les heures ſur le
Cadran ſuperieur, depuis le 20 de Mars juſqu'au 22 de Septembre, &
ſur l'inferieur pendant les autres ſix mois. Il faut toûjours que la ſurface du cercle éclairée & dont on ſe doit ſervir, touche le centre
du demi-cercle ſans le couvrir.

CHAPITRE V.

Contenant la conſtruction & les uſages des Cadrans portatifs.

Conſtruction du Globe.

XXVI Planche. Fig. 1.

Cette figure repreſente un Globe ſur lequel ſont tracez les
meridiens ou cercles horaires. On en fait de differentes grandeurs ; les grands ſont expoſez dans les Jardins & ſe font de pierre ou de bois peint en huile ; les petits ſe font de cuivre avec une
Bouſſole, & peuvent eſtre mis au rang des cadrans portatifs.

Pour bien arrondir une boule, de quelque matiere que ce puiſſe
eſtre, il faut la mettre ſur le Tour & la tourner ſur pluſieurs centres ; c'eſt à dire, que l'ayant miſe ſur un Mandrin quarré on la
tourne ſur un ſens, enſuite on change le Mandrin & on l'applique à l'autre diametre pour la tourner ſur l'autre ſens, & repetant
cela deux ou trois fois, on aura une Boule parfaite, que l'on pourra examiner avec un Compas ſpherique.

Les groſſes Boules de pierre qu'on ne peut mettre ſur le Tour à
cauſe de leur poids ſe font ainſi. Aprés les avoir dégroſſi au ciſeau
ayez un demi-cercle concave de bois ou de carton de même diamettre que la Boule propoſée à tailler ; faites tourner le demi-cercle tout autour de la Boule, & ôtez avec une râpe tout ce qu'il y
a de ſuperflu, juſqu'à ce que le demi-cercle joigne par tout & en
tout ſens ; & enſuite on l'adoucira avec de la ponce ou chien-de-
mer, &c.

Le Globe eſtant ainſi bien arrondi & bien uni, il en faut prendre le diametre avec un Compas ſpherique, c'eſt à dire, qui ait les
pointes courbes, l'ouvrant juſqu'à ce qu'il embraſſe exactement la
plus grande groſſeur du Globe, & vous aurez ſon diametre repreſenté par la ligne A B, qui eſt diviſée en deux parties égales par
le point d'interſection E, de la ligne verticale Z N, dont le point

ſuperieur Z repreſente le Zénith, & le point inferieur N le Nadir. Ouvrez le Compas ſpherique, arrêtez une de ſes pointes en E, étendez l'autre juſqu'en A, & de cette ouverture tracez le cercle meridien A Z B N, tracez de même du point Z, comme centre, le cercle A E B, qui repreſente l'horizon; du point B, comptez vers C, ſur le meridien la hauteur du Pole, comme icy de 49 d. du même point B comptez au deſſous de l'horizon & ſur le meridien les degrez du complément de l'élevation du Pole, qui eſt icy 41 d. afin d'y tracer l'Equateur, en mettant une pointe du Compas ſpherique ſur un des Poles C ou D, comme centre, & l'autre ſur le 90 d. du meridien.

Mettez pareillement une des pointes du Compas ſpherique ſur le 90ᵉ d. du meridien où il eſt coupé par l'Equateur, & de la même ouverture tracez le cercle de 6 h. paſſant par les Poles C & D; par ce moyen l'Equateur ſe trouvera partagé en 4 parties égales, par le meridien, & le cercle de 6 h; diviſez enſuite chacune de ces parties en 6, pour avoir les 24 h. du jour naturel, & par ces points de diviſions, comme centre, tenant le Compas toûjours ouvert d'un quart de cercle, vous tracerez les cercles horaires paſſans tous par les Poles du monde. Si vous voulez les demies - heures ou les quarts, vous partagerez chaque eſpace en deux ou en quatre. Les chiffres des heures ſe gravent autour de l'Equateur, 12 h. au point E, 6 h. ſur le meridien deſſus & deſſous, & les autres de ſuite en deux fois douze.

Pour y marquer les paralleles des Signes, comptez depuis l'Equateur ſur le meridien, de part & d'autre, la déclinaiſon de chaque Signe, ſuivant la Table marquée cy-devant, comme pour les deux Tropiques, comptez depuis l'Equateur 23 d. 30 m. & des Poles C & D, comme centres, tracez autant de cercles autour du Globe. Pour les deux cercles Polaires vous les tracerez à 23 d. 30 min. des Poles, ou 66 d. 30 m. de l'Equateur.

Le Globe ainſi preparé doit eſtre placé ſur un pied proportionné à ſa groſſeur dans un trou fait au Nadir marqué N, éloigné du Pole du complément de ſon élevation; c'eſt à dire, en cet exemple de 41 d. arrêté fixement & orienté conformément à la Sphere du monde, dans le lieu du Jardin où le Soleil luit plus long-temps.

Si c'eſt un petit Globe portatif, on place ſur ſon pied une petite Bouſſole pour l'orienter toutes les fois qu'on voudra s'en ſervir pour voir l'heure, que l'on y connoît ſans ſtyle, par l'ombre du Globe même, car l'ombre ou la lumiere occupe toûjours la moitié de ſa convexité, tant que le Soleil l'éclaire, comme ſi c'eſtoit le Globe de la terre; & leur extremité marque l'heure, qui eſt la même en deux endroits oppoſez. Si de plus on deſſignoit ſur le Globe les differens Pays qui ſont ſur la ſurface de la terre, avec les prin-

cipales Villes, suivant leur longitude & latitude, on y verroit à
chaque moment par la moitié du Globe illuminé, quels sont les
endroits de la terre qui sont éclairez du Soleil, & quels sont ceux
qui sont dans l'obscurité. L'extremité de l'ombre feroit connoître
les Pays où le Soleil se leve & où il se couche, ceux qui ont les
longs jours & ceux qui ont les longues nuits; on y distingue-
roit vers les Poles les endroits qui ont une nuit perpetuelle, &
ceux qui ont le jour sans interruption. Le tout est aisé à compren-
dre à ceux qui ont l'intelligence de la Sphere. Ce Cadran est le
plus naturel de tous, puisqu'il ressemble à la terre & qu'il est éclairé comme elle.

On peut encore connoître l'heure sur le Globe par le moyen
d'un demi-cercle de cuivre mince, divisé en deux fois 90 degrez,
qu'on ajuste par le moyen de deux petites virolles aux deux Poles ou aux deux extremitez de l'axe. Ce demi-cercle que l'on fait
tourner avec la main autour du Globe, jusqu'à ce qu'il n'y fasse
qu'une ombre perpendiculaire, represente le Cercle horaire où est
pour lors le Soleil, & par consequent indique l'heure presente.

Ce demi-cercle estant tourné directement au Soleil, & ne faisant
point d'ombre à ses côtez, montrera sous son épaisseur tous les lieux
de la terre où il est midy.

Mais dans ce cas 12 h. doivent estre marquées sur le meridien,
& 6 h. aux deux points où l'Equateur coupe l'horizon. Ce qui fait
qu'on met ordinairement deux rangs d'heures, comme la figure
le marque.

Si l'on fait sortir des Poles deux bouts d'Axe & que les heures
soient marquées sur les cercles polaires, ils serviront aussi à connoître l'heure; sçavoir, le superieur pendant les longs jours, & l'inferieur pendant les courts jours.

Il y a encore beaucoup d'autres usages qui se peuvent pratiquer
avec le Globe, dont nous ne parlerons point icy, les ayant suffisamment expliquez dans le Livre qui traite de cette matiere.

Je diray seulement qu'on rend les petits Globes portatifs uni-
versels, en y ajustant un Quart de cercle au dessous pour faire
couler le pied suivant l'élevation du Pole du lieu; cela est facile
à entendre.

Construction & usage du demi Cylindre concave & convexe.

Fig. 2. **C**E Cadran se fait de differentes grosseurs; les petits se font de
cuivre, & les grands de pierre ou de bois. Il est fort curieux
en ce qu'il marque les heures sans style. Sa justesse consiste en ce
qu'il soit bien arrondi & bien uni en dedans comme en dehors;

c'eſt à quoy il faut bien s'appliquer pour le rendre regulier.

Il eſt monté & attaché ſur ſon pied, incliné comme l'axe du monde ſur l'horizon & rourné droit au midy, & par conſequent les lignes des heures & les vives arrêtes qui ſervent de ſtyle, ſont toutes paralleles à l'axe du monde. Le Cylindre convexe entier ſe diviſe en 24 parties égales, ou deux fois 12 h. par des lignes paralles. Le demi-Cylindre concave faiſant un demi-cercle, ſe diviſe en 6 parties égales, qui ſervent depuis 6 h. du matin juſqu'à 6 h. du ſoir.

Le Soleil éclairant la moitié du Cylindre convexe, comme il éclaire la moitié du Globe, y marque l'heure par le deffaut de lumiere, c'eſt à dire, par une ligne qui termine la lumiere & la ſépare de l'ombre.

Au Cylindre concave l'heure eſt marquée par une des vives arrêtes qui ſert d'Axe, de ſorte que le matin lorſque le Soleil eſt parvenu au cercle de 6 h. la vive arrête qui eſt du côté d'Orient, jette ſon ombre ſur l'arrête oppoſée & y marque 6 h. & à meſure que le Soleil s'éleve ſur l'horizon, l'ombre deſcend & marque l'heure; les heures du matin ſont marquées vers le haut du Cylindre, & celles d'aprés midy vers le bas. Lorſque le Soleil eſt arrivé au meridien, il regarde en face le cadran, & pour lors il n'y a point d'ombre; lorſque le Soleil deſcend vers la partie Occidentale, la vive arrête qui eſt du même côté, jette ſon ombre dans la partie oppoſée & y marque les heures d'aprés midy juſqu'à 6 h. du ſoir ſur la partie inferieure du Cylindre. Si l'on veut les demi-heures & les quarts, il n'y a qu'à doubler les diviſions. Aux petits Cadrans on met une Bouſſole au pied pour les orienter.

Conſtruction & uſage du Cylindre vertical.

CEtte figure repreſente un Cadran vertical, tracé ſur la ſurface d'un Cylindre par le moyen de la Table des hauteurs du Soleil ſur l'horizon à toutes les heures du jour, pour la latitude du lieu où l'on veut conſtruire le Cylindre, & de 10 en 10 degrez de chaque Signe.

La Table cy-jointe eſt calculée pour 49 d. de latitude ou d'élevation de Pole, qui peut ſervir dans la conſtruction de ces Cadrans pour Paris & pour les lieux qui ont même élevation ou à peu prés.

Table des hauteurs du Soleil dans toutes les heures du jour pour la latitude de 49 d. & de 10 en 10 degrez de chaque Signe.

Heur.		XII	XI / I	X / II	IX / III	VIII / IIII	VII / V	VI	V / VII
Sig.		D M	D M	D M	D M	D M	D M	D M	D M
30	♋	64 30	61 56	55 19	46 35	37 1	27 10	17 30	8 21
20	10	64 9	61 33	55 1	46 18	36 42	26 54	17 10	8 4
10	20	63 2	60 31	54 4	45 28	35 5	26 6	16 20	7 12
♊	♌	61 12	58 49	52 34	44 7	34 39	24 50	15 6	5 50
20	10	58 48	56 30	50 29	42 14	32 53	23 6	13 20	3 57
10	20	55 52	53 42	47 57	39 55	30 41	20 57	11 11	1 40
♉	♍	52 30	50 30	45 1	37 14	28 10	18 28	8 40	
20	10	48 51	46 48	41 44	34 13	25 19	15 43	5 54	
30	20	44 58	43 12	38 15	31 0	22 18	12 48	2 59	
♈	♎	41 0	39 20	34 37	27 38	19 9	9 47		
20	10	37 2	35 26	30 58	24 15	15 58	6 42		
10	20	33 9	31 40	27 24	20 55	12 51	3 44		
♓	♏	29 30	28 4	23 58	17 42	9 50	0 54		
20	10	26 8	24 46	20 51	14 45	7 6			
10	20	23 12	21 52	18 5	12 12	4 43			
♒	♐	20 48	19 30	15 48	10 3	2 42			
20	10	18 48	17 44	14 6	8 27	1 13			
10	20	17 52	16 38	13 3	7 27	0 19			
♑	30	17 30	15 15	12 42	7 8				

Nous allons donner la construction de ce Cadran sur un Plan développé, qui est la surface convexe du Cylindre. La même chose se peut faire sur le Cylindre même en traçant les lignes sur le corps rond, de même que si c'estoit sur un Plan.

Fig. 3. SUr une Plaque de cuivre ou sur une feüille de papier ou carton décrivez le Parallelograme rectangle A B C D, dont la largeur A B ou C D est à peu prés égale à la circonference du Cylindre, prolongez la ligne A B, pour y marquer la longueur du style A E, qui détermine la hauteur du Cylindre. Du point E, comme centre & pour rayon E A, faites un arc égal à la hauteur du Soleil à midy, dans le plus long jour d'Esté. Tirez la ligne occulte E D qui donnera la hauteur du Cylindre A D; mais si cette longueur estoit donnée pour déterminer la longueur du style, du point D, comme centre, faites sur A D un arc égal au complément de la plus grande hauteur meridienne du Soleil sur l'horizon du lieu proposé. Si cette plus grande hauteur est de 64 d. 30 m. son complément sera 25 d. 30 m. tirez la ligne occulte D E, qui déterminera la longueur du style E A, proportionnée à la hauteur du Cylindre.

Divisez ensuite l'arc A F en degrez & minutes, & du point E tirez des lignes occultes par tous les degrez de l'arc de cercle, jusqu'à la ligne A D, pour en faire l'Echelle des hauteurs, qui contient les tangentes de tous ces arcs, & se peut encore marquer par les nombres qui leur conviennent dans les Tables des Sinus imprimées, en supposant le rayon A E de 100 parties égales ou de mille, selon la grandeur du Cylindre.

Les choses estant ainsi préparées, divisez la largeur A B C D en 6 parties égales pour les 12 Signes; par chaque point de division tirez autant de lignes paralleles, qui representeront les commencemens des Signes du Zodiaque; subdivisez encore chaque espace en trois parties égales, afin d'y pouvoir marquer les degrez de 10 en 10, & par même moyen les commencemens des mois, parce qu'en ces sortes de cadrans il n'y a pas d'erreur sensible à fixer l'entrée du Soleil en chaque Signe au 20 de chaque mois.

Pour marquer les points des heures sur toutes ces lignes l'une aprés l'autre, servez-vous de la Table des hauteurs du Soleil sur l'horizon du lieu; comme, par exemple, pour marquer 10 h. du matin ou 2 h. aprés midy sur la ligne A D, qui represente le Tropique de l'Ecrevisse.

Vous trouverez dans la Table que le Soleil est élevé sur l'horizon de Paris de 55 d. 19 m. c'est pourquoy vous prendrez avec un compas sur l'échelle des hauteurs A D, la tangente de pareil nombre de degrez & minutes; & cette ouverture estant transportée sur ledit Tropique, vous y ferez un point par où doit passer la ligne horaire proposée. Pour marquer la même heure sur un autre parallele, comme sur celui du commencement du Lyon ou de la fin des Jumeaux, vous verrez dans ladite Table que la hauteur du Soleil en ce temps-là est de 52 d. 34 m dont vous prendrez la tangente sur l'Echelle des hauteurs & la marquerez sur ledit parallele en comptant toûjours depuis le haut du Cylindre, c'est à dire, en mettant une pointe du Compas sur la ligne A B; vous en ferez de même sur tous les autres paralleles, & même sur leurs divisions de 10 en 10 deg. & par tous ces points vous tracerez la ligne horaire courbe de 10 h. du matin, & de 2 h. aprés midy.

Vous en ferez de même pour toutes les autres lignes horaires ; vous joindrez le mieux qu'il vous sera possible par des lignes courbes tous les points qui appartiennent à une même heure, & marquerez les caracteres des Signes & les premieres Lettres des mois, comme aussi les chiffres des heures chacun en leur place, comme la figure le montre, & le cadran sera achevé.

Vous contournerez ensuite ce Parallelograme autour du Cylindre, en sorte que les lignes qui representent les deux Tropiques soient bien paralleles entr'elles. On peut tracer de même les signes & les heures sur les corps mêmes des Cylindres.

Le style est attaché à un chapiteau qui sert d'ornement & doit estre d'équerre & mobile sur la ligne A B, afin de pouvoir le placer sur le degré du signe ou le jour du mois courant. Ce cadran estant posé perpendiculairement ou suspendu par un anneau, tournez-le vis à vis le Soleil jusqu'à ce que l'ombre du style tombe à plomb sur le parallele du jour ; son extremité marquera l'heure ou partie d'heure presente.

On peut encore par cet Instrument connoître à toute heure la hauteur du soleil. Pour cet effet posez le style sur l'Echelle des hauteurs, tenez le Cylindre suspendu ou placé horizontalement, tournez le de sorte que le style soit vers le soleil, pour lors l'extremité de son ombre perpendiculaire marquera la hauteur du soleil sur l'horizon.

Fig. 3. Ce Parallelograme peut servir aussi de cadran, sans estre contourné sur un Cylindre, en ajustant le style de maniere qu'il puisse couler au long de la ligne A B, & s'arrêter sur le parallele du signe ou du jour du mois. Il n'y a qu'à faire une petite fente au haut de la Platine, & applatir le pied du style de telle sorte qu'il puisse couler dans cette fente sans changer de longueur.

Pour s'en servir il faut que son plan soit bien perpendiculaire & la ligne A B, de niveau, ce que l'on fait aisément par le moyen d'un petit plomb dont la soye est attachée sur un côté de la Platine. Le tenant ainsi d'une main, ou suspendu par un anneau, on l'expose directement au soleil, de telle sorte que l'ombre du style soit étenduë sur la ligne qui represente le parallele du signe ou du mois, & son extremité marquera l'heure.

Construction & usage du Cadran tracé sur un quart de cercle.

XXV.
Planche.
Fig. 1.
LA figure 2, de la planche 25, represente un cadran portatif, tracé sur un Quart de cercle, dont nous plaçons icy la construction, attendu qu'il se fait, aussi-bien que le Cylindre, par le moyen de la Table des hauteurs du soleil, calculée pour la latitude du lieu.

Aprés avoir divisé en degrez la circonference B C du Quart de cercle, du centre A, tracez une autre circonference, joignant cette division pour reprefenter le Tropique d'Efté, divifez à peu prés en trois parties égales le rayon A B, & de l'ouverture A D tracez un arc de cercle pour le tropique d'hyver ; divifez l'efpace D B en 6 parties égales, & du centre A décrivez autant de portions de cercles qui reprefenteront les paralleles des autres fignes, comme ils font marquez fur le côté A C de ladite figure.

Les heures fe tracent par des lignes courbes en la maniere fuivante. Pour trouver, par exemple, le point de midy fur le Tropique d'Efté, ayant trouvé dans la Table que la hauteur du foleil fur l'horizon de Paris eft en ce temps-là de 64 d. 29 m. fervez - vous d'un filet que vous aurez attaché au centre, ou d'une Regle étenduë jufqu'à ce nombre de degrez & minutes gravez fur la circonference exterieure & marquez fur le Tropique d'Efté le point de midy ; cherchez enfuite dans ladite Table la hauteur du foleil à midy, lorfqu'il eft à la fin des Jumeaux ou au commencement du Lyon, & ayant trouvé 61 d. 12 m. étendez la Regle depuis le centre jufqu'à la circonference fur pareil nombre de degrez & minutes, & marquez le point de midy fur ce parallele qui fert pour ces deux fignes.

Faites-en de même pour tous les autres paralleles des fignes, & même pour leurs parties, de 10 en 10 d. fi le Quart de cercle eft affez grand. Joignez tous ces points de midy par une ligne courbe, depuis un Tropique jufqu'à l'autre, & vous aurez la ligne de 12 h. Faites-en de même pour toutes les autres heures , ajoûtez deux pinules percées d'un petit trou fur le rayon A C , & le cadran fera achevé.

Ufage du Quart de cercle.

Elevez l'Inftrument vers le foleil , en forte que fon rayon entre par les trous des deux pinules G ; ou fi au lieu de pinules il n'y avoit qu'une petite pointe au centre A , faites que fon ombre foit directement au long de la ligne A C. Pour lors le filet du centre pendant librement avec fon plomb & rafant le plan du Quart de cercle, y montrera l'heure à l'endroit où il coupe le parallele du jour courant.

Vous pouvez auffi paffer dans le filet du plomb une petite perle ou tête d'épingle ; en ce cas étendez le filet du centre & arrêtez la petite perle fur le degré du figne ou fur le jour du mois ; le rayon du foleil entrant par les pinules, le filet & la perle raferont le plan en l'heure prefente.

Construction & usage d'un cadran rectiligne particulier.

XXVI.
Planche
Fig. 4. CE Cadran que nous appellons particulier, à cause qu'il ne sert que pour une élevation de Pole où latitude déterminée, se fait sur une Platine de laiton, bien droite, ou d'autre métail, grande environ comme une carte à joüer, épaisse comme un liard.

Pour le construire tirez premierement les deux lignes droites A B C D, se croisans à angles droits au point E, duquel comme centre & du rayon E C décrivez le cercle C B D, divisez-le en 24 parties égales, commençant du point D; des divisions également distantes, tirez des lignes paralleles qui seront les lignes horaires; D R sera pour midy, E B pour 6 h. C M pour minuit; formez le Parallelograme rectangle P M Q R. Du point de midy D, faites sur la ligne C D un arc égal à l'élevation du Pole, comme icy de 49 d. par l'extremité de cet arc & par le point D tirez la ligne occulte qui representera le rayon de l'Equateur, & qui servira à former le Trigone des signes, dont le sommet sera le point D.

Prolongez l'heure du lever du soleil au plus long jour d'Esté, qui est icy 4 h. Prolongez aussi la ligne de 6 h. jusqu'à ce qu'elle rencontre le rayon de l'Equateur en un point qui sera le centre d'un cercle dont le diametre sera perpendiculaire audit rayon & terminé par l'intersection de la ligne de 4 h. du matin. De ce centre & de l'ouverture de son diametre décrivez un cercle, que vous diviserez en 12 parties égales, pour former le Trigone des signes, comme nous avons expliqué cy-devant au Chapitre 3. de ce Livre. Les deux Tropiques seront aux extremitez de ce diametre, faisans avec le rayon de l'Equateur chacun un angle de 23 d. 30 m. dont le sommet est le point D. Le Tropique d'Esté doit estre dans la partie inferieure, & le Tropique d'Hyver dans la partie superieure, comme on voit par la figure. Faites une petite fente au long de ce diametre pour y faire couler un petit Curseur percé au milieu pour y passer un filet qui porte un plomb, dans lequel on a passé une petite perle ou tête d'épingle, ensuite on place deux pinules aux extremitez de la ligne P Q.

USAGE.

FAites couler le Curseur, arrestez le trou qui porte la soye sur le degré du signe ou sur le jour du mois courant; faites aussi couler la petite perle ou teste d'épingle au long de la soye jusqu'à ce qu'elle soit sur le point de 12 h. exposez au soleil la pinule P, & haussez ou baissez le cadran jusqu'à ce que le rayon du soleil passe par les deux pinules, & que la soye du plomb rase le plan. L'endroit des heures où sera la perle sera l'heure presente.

Construction du Cadran rectiligne universel.

LA figure 5. represente un cadran rectiligne qui peut servir pour toutes les differentes latitudes ou élevations de Pole. Il se fait sur une Platine de cuivre ou d'autre matiere solide bien unie, grande à volonté, épaisse à proportion.

Pour le construire tirez les lignes A B, C D, s'entre-coupans à angles droits au point E; duquel, comme centre, décrivez le Quart de cercle A F, & le divisez en 90 d. Du point E faites un triangle des signes par la methode expliquée au Chapitre 3. Divisez chaque signe de 10 en 10 d. & placez les premieres Lettres des mois aux endroits qui leur conviennent, en supposant, comme nous avons déja dit, l'entrée du soleil en chaque signe le 20 des mois ; comme, par exemple, son entrée en ♈, le 20 de Mars, son entrée dans le ♉ le 20 d'Avril, & ainsi de suite ; ce qui se peut faire sans erreur sensible sur un si petit Instrument. Tirez ensuite du centre E, par les divisions du Quart de cercle des lignes ponctuées jusqu'à la ligne A G, pour la diviser en des points, desquels vous menerez des paralleles à la ligne A B, qui seront les differentes latitudes ou hauteurs de Pole, que vous marquerez seulement entre les deux Tropiques, comme on les voit sur cette figure, où ils ont esté tracées de 5 en 5 d. Du point B portez de part & d'autre sur la ligne B H, les divisions des signes pris au grand triangle sur la latitude de 45 d. pour y faire la representation d'un autre Zodiaque.

Pour tracer les lignes horaires sur ce cadran tirez de 15 en 15 deg. au Quart de cercle A F, des lignes paralleles à E D, qui sera la ligne de 6 h. le point A pour minuit ; transportez avec un compas les mêmes distances depuis la ligne E D allant vers B, qui sera le point de midy. Pour les demi-heures prenez au Quart de cercle 7 d. 30 m. & tirez d'autres paralleles entre les lignes des heures.

On peut encore tracer les heures par le moyen d'un cercle, dont le diametre soit la ligne A B, divisant sa circonference en 24 parties égales pour les heures, & en 48 pour les demi-heures. Puis tirant des points de divisions opposez des lignes paralleles, on aura les heures & demi-heures, comme nous avons dit en la construction de l'autre rectiligne.

Du point I, comme centre, on trace un autre Quart de cercle occulte, qu'on divise en 90 d. lesquels se marquent sur le bord exterieur de la Platine, comme il paroît en la figure, où ils sont seulement divisez de 5 en 5 d.

Cette division sert à prendre la hauteur du soleil sur l'horizon, comme nous dirons cy-aprés.

On attache au bord superieur, sur la ligne G H, deux pinules percées chacune d'un petit trou pour donner paſſage aux rayons du Soleil.

La piece marquée K, eſt un petit bras ou index, fait de trois lames de laiton attachées l'une ſur l'autre par des clouds à tête ti-vez de maniere qu'elles puiſſent avoir du mouvement à droite & à gauche, au bout pointu qui eſt percé d'un fort petit trou ; on attache une ſoye qui porte un plomb dans laquelle on a enfilé une tres-petite Perle ou tête d'épingle ; ce petit bras s'attache ſur la platine avec un cloud à tête, afin qu'il ait un mouvement, à l'endroit marqué K.

USAGE.

POur connoître l'heure ajuſtez le bout de l'index ſur l'interſec-tion que fait la ligne de latitude du liéu avec le degré du ſigne ou le jour du mois ; étendez la ſoye & faites couler la perle ſur pa-reil degré du ſigne au petit Zodiaque, qui eſt tracé ſur la ligne du midy B I. élevez vers le ſoleil la pinule G, de ſorte que ſon rayon paſſe par les deux des pinules ; pour lois l'endroit où la perle raſera le plan, ſera l'heure preſente.

Pour connoître l'heure du lever & du coucher du ſoleil en tous les ſignes du Zodiaque, & pour les latitudes marquées ſur le cadran, arrêtez le bout de l'index ſur l'interſection de la latitude du lieu & du degré du ſigne, laiſſant tomber librement la ſoye parallele aux lignes horaires, elle montrera l'heure du lever & du coucher du ſoleil. Par exemple, le bout de l'index eſtant arrêté ſur l'interſection du ſigne de ♋, & de la latitude de 49 d. le filet raſera la ligne de 4 h. du matin, & de 8 h. du ſoir ; ce qui fera connoître qu'environ le 20 de Juin le ſoleil ſe leve à Paris à 4 h. du matin & ſe couche à 8 heures du ſoir, & ainſi des autres.

Pour connoître l'élevation du ſoleil ſur l'horizon, placez le bout de l'index au point 1. hauſſez ou baiſſez l'inſtrument de ſorte que le rayon du ſoleil paſſe par le trou de la pinule H, & ſe rende dans l'autre pinule ; la ſoye tenduë par ſon plomb marquera l'élevacion du ſoleil ſur les degrez tracez au bord exterieur de la platine.

Toutes ces ſortes de Cadrans qui marquent les heures par les hauteurs du ſoleil, ont cela de commode qu'ils n'ont pas beſoin de Bouſſole, mais leur commun deffaut eſt qu'aux environs de midy on ne peut ſçavoir l'heure juſte, ſi ce n'eſt par pluſieurs obſerva-tions qui font connoître ſi le ſoleil hauſſe ou baiſſe, & par conſe-quent s'il eſt dans la partie Orientale ou Occidentale.

Conſtruction

Construction du Cadran horizontal pour plusieurs Elevations de Pole.

CE Cadran se fait sur une platine de cuivre ou d'autre matie- Fig. 6.
re solide bien dressée au marteau, sur un tasseau ou enclume
bien uni; ensuite on adoucira à la pierre ladite plaque qu'on fera de
grandeur à volonté. Il y a une petite piece de cuivre en forme d'oyseau, dont la partie inferieure est ajustée dans deux petits tenons
pour le rendre mobile & le coucher d'un côté ou d'autre; il est
retenu droit par le moyen d'un ressort qui est dessous la platine, &
qui la traversant par un petit trou quarré, fait tenir l'oyseau ferme
sur son pied. Il y a un style ou axe qui entre dans l'épaisseur de
l'oyseau qui est double; le bout d'en bas de l'axe entre dans un
petit tenon qui est au centre du cadran, pour donner moyen de
le hausser ou baisser suivant la hauteur du Pole. Il y a sur le style un
arc de cercle divisé où les degrez sont marquez depuis 35 ou 40 d.
jusqu'à 60. On fait une fente au long de la circonference divisée
par le moyen d'une petite goupille rivée, & passant par l'œil
de l'oyseau, on arreste son bec sur le nombre des degrez, & on
maintient l'axe à la hauteur requise du Pole. On fait une ouverture circulaire à la platine pour y joindre une Boussole attachée
en dessous par deux vis. L'éguille & le verre qui la couvre se placent de même qu'aux autres Boussoles dont nous avons parlé.

La surface du cadran est partagée en 4 ou 5 circonferences que
l'on divise l'une aprés l'autre, pour autant de differentes latitudes,
suivant quelques-unes des methodes expliquées cy-devant, dont
celle qui se fait par le calcul des angles au centre du cadran est
la plus en usage pour ces petites surfaces.

On peut encore tracer ces Cadrans par le moyen d'une Plate-
forme sur laquelle on aura divisé divers cadrans par les regles
que nous avons données cy-devant, pour les marquer sur la plaque par le moyen d'une Regle à centre, ayant affermi ladite
plaque de maniere qu'elle ne branle point.

La circonference exterieure qui est divisée pour 55 d. de latitude, peut servir pour les Pays qui sont compris entre le 58 & 53 d.

La seconde qui est divisée pour 50, sert pour les Pays compris
entre les 53 & le 47 d.

La troisiéme, qui est divisée pour 45, peut servir pour les Pays
compris entre les 47 & 42.

La quatriéme qui est divisée pour 40 d. sert pour les Pays compris entre les 42 & 38 d. de latitude.

Quand on y met un cinquiéme cadran pour 35 d. il sert pour
tous les Pays compris entre les 37 & les 32. On peut voir sur une

X

bonne Mappemonde ou sur un Globe terrestre les Pays où ces cadrans peuvent servir, car celui qui est fait pour une latitude peut se vir pour tous les Pays autour de la terre qui ont une pareille latitude Septentrionale ou Meridionale. Sous la platine du cadran on grave une Table des principales Villes du monde, avec leurs latitudes, pour y pouvoir faire le choix des circonferences de ce cadran, en élevant son axe à proportion du lieu où l'on veut s'en servir.

Usage de ce Cadran.

POur trouver l'heure, haussez ou baissez le style en sorte que le bout du bec du petit oyseau réponde au degré de l'élevation du Pole du lieu marqué sur le style. Comme à Paris, vis à vis de 49 d. le style estant ainsi élevé, placez le Cadran parallele à l'horizon, tournez-le au soleil jusqu'à ce que la pointe septentrionale de l'éguille aimantée, marquée ordinairement d'un petit anneau, soit arrestée sur sa ligne de déclinaison où il y a une Fleur de Lys & où est écrit *Nord*. Pour lors l'ombre du style marquera l'heure qu'il est sur la circonference divisée pour la latitude du lieu.

Il faut se souvenir de ne pas approcher le cadran d'aucun fer, car il changeroit la direction de l'éguille aimantée.

Construction d'un Cadran à Anneau.

Fig. 7. SOit fait un cercle bien rond de cuivre ou d'autre matiere solide, d'environ deux pouces de diametre, sur 4 à 5 lignes de largeur, d'une épaisseur convenable pour ne pas se forcer. Marquez à volonté sur la circonference le point A, où il y ait un petit trou; du point A, comme centre, décrivez un quart de cercle divisé en 90 d. cherchez dans la Table des élevations du Soleil, sa hauteur pour chaque heure du jour des Equinoxes sur l'horizon du Pays, lesquels vous marquerez par le moyen du quart de cercle, en tirant des lignes du centre A, jusqu'à la surface concave de l'anneau, & ce cadran sera bon pour le temps des Equinoxes, le suspendant par l'anneau B, en sorte que la ligne A D soit à plomb.

On pourra le faire servir pour les autres temps de l'année, si on rend le trou A mobile. Pour cet effet coupez les angles A E, A I de 23 d. pour les Signes du ♉, ♍, ♏, & ♓, A F, A K de 40 d. 26 m. pour les signes de ♊, ♌, ♒ & ♐ Enfin l'arc A G, A L de 47 d. pour les signes de ♋ & ♑. On prend le double de la déclinaison des signes, parce que les angles à la circonference ne sont que moitié des angles au centre; vous aurez par ce moyen sur la surface convexe de l'anneau une espece de Zodiaque, y marquant les signes chacun en leur place, ou bien les premieres Lettres des mois, afin de poûvoir mettre le trou A, sur le degré du signe ou le jour du mois courant. Il faut aussi décrire dans la superficie concave de l'Anneau 7 cercles; celui du milieu sera pour l'équateur, & les autres cercles pour les autres parallèles.

Des points A, E, F, G, I, K, L, comme centre, faites autant de quarts de 90 d. sur lesquels vous marquerez pour chaque signe les hauteurs du Soleil à chaque heure; & prolongeant les rayons jusqu'aux circonferences, vous y marquerez des points, & joindrez par une ligne courbe tous ceux qui appartiennent à une même heure

On peut tracer à part ces divisions & les rapporter ensuite sur cette anneau en prenant les mêmes distances avec un compas.

USAGE.

Placez le trou mobile sur le degré du signe où est le Soleil; tenez l'anneau suspendu & le tournez au soleil, de sorte que son rayon passant par le trou, tombe sur la circonference convenable du signe; il y marquera l'heure presente.

Décrire les heures sur une autre sorte d'anneau.

La figure 9, represente cet anneau tout fait, & le parallelograme A B C D, le represente étendu & développé, afin d'y marquer les heures avant que de le contourner en cercle.

Il est fait d'une lame de laiton ou d'autre matiere solide, de longueur proportionnée à la grandeur qu'on veut donner à l'anneau, large au moins de 4 à 5 lignes & d'une épaisseur proportionée, & dont les extremitez A C, B D, sont coupées à angles droits. Des points C & D, faites deux quarts de cercle; divisez-les en 9 parties égales; de chaque division opposée tirez les parallèles des signes, la ligne C F D sera pour ♈ & ♎, A E B pour les deux Tropiques, les autres sont pour les autres signes placez suivant leur ordre. Divisez toute la longueur en 2 également par la ligne E F; tracez à part la ligne G H égale à A E pour en faire une Echelle, que vous diviserez en neuf parties égales, dont chaque partie sera subdivisée en 10, par des petits points pour faire en tout 90 parties égales, répondantes aux 90 d. d'un quart de cercle. Prenez dans la Table les degrez de hauteur du Soleil sur l'horizon du Pays à chaque heure du jour des Solstices & des Equinoxes; comme par exemple, pour Paris où la hauteur meridienne du Soleil estant au premier point de ♋, est de 64 d. 19 m. Prenez avec un compas sur l'Echelle G H 64 parties & demie, portez cette ouverture sur la bande de laiton depuis E de part & d'autre, jusqu'à I & K, & de même du point F, jusqu'à L & M; joignez les points I L, K M par des lignes droites; prenez ensuite en la Table pour une heure & onze heures au Solstice d'Esté 61 d. 54 m. c'est à dire, peu moins

Fig. 8.

X ij

de 62 d. sur l'échelle, que vous porterez sur le cadran de K vers E;
prenez aussi 41 d. sur l'Echelle pour le point de midy des Equinoxes, que vous porterez de M en O & de L en N pour 12 h. prenez
de même 39 d. 20 m. pour le point d'une heure & d'onze, que
vous porterez sur la même ligne des mêmes points M & L; dès
points de la même heure des Solstices & des Equinoxes tirez des
lignes droites; pour le Tropique du Capricorne prenez sur l'Echelle
G H 17 d. & demie, hauteur meridienne, que vous porterez de I en
P pour une heure, & pour onze prenez 16 d 17 m. que vous porterez de I vers P, & ainsi de toutes les autres heures qui seront representées par des lignes droites.

Mais si pour plus grande justesse vous prenez en la Table les
nombres qui conviennent aux differentes hauteurs du Soleil en
chaque signe, & même de 10 en 10 d. vous aurez sur les paralleles
des points, qui estant joints ensemble, formeront des lignes courbes pour les lignes horaires, & en ce cas le Cadran en sera plus
regulier & plus juste.

Vous écrirez le nombre des heures aux deux côtez, comme aussi
les caracteres des Signes & les premieres Lettres des mois, chacun en leur place, comme la figure le montre. Au milieu des lignes
I L, K M aux points R & S, percez deux petits trous en dedans,
s'élargissans en dehors de l'anneau, pour mieux recevoir le rayon
du Soleil.

Arrondissez ensuite cette lame, faites qu'elle soit parfaitement
ronde, soudez les deux extremitez ensemble; mettez au milieu
de la jointure un petit bouton avec un anneau, de sorte que le
tout soit bien en équilibre. Il faut pour cela le tourner en dehors.

USAGE.

Tenez l'anneau suspendu, tournez le trou propre vers
le Soleil, de sorte que son rayon tombe sur le parallele du
jour; l'heure y sera marquée par un point de lumiere.

Le trou S sert pour les six mois des longs jours, & le trou R
pour les autres six mois.

On écrit sur la superficie convexe de l'anneau proche des petits
trous; par exemple, sur celui S, 20 Mars, & sur celui R, 22 Septembre; comme la figure 9 le montre. Ces deux derniers cadrans
ne sont propres que pour une élévation de Pole.

Planche Vingt-Sixième.

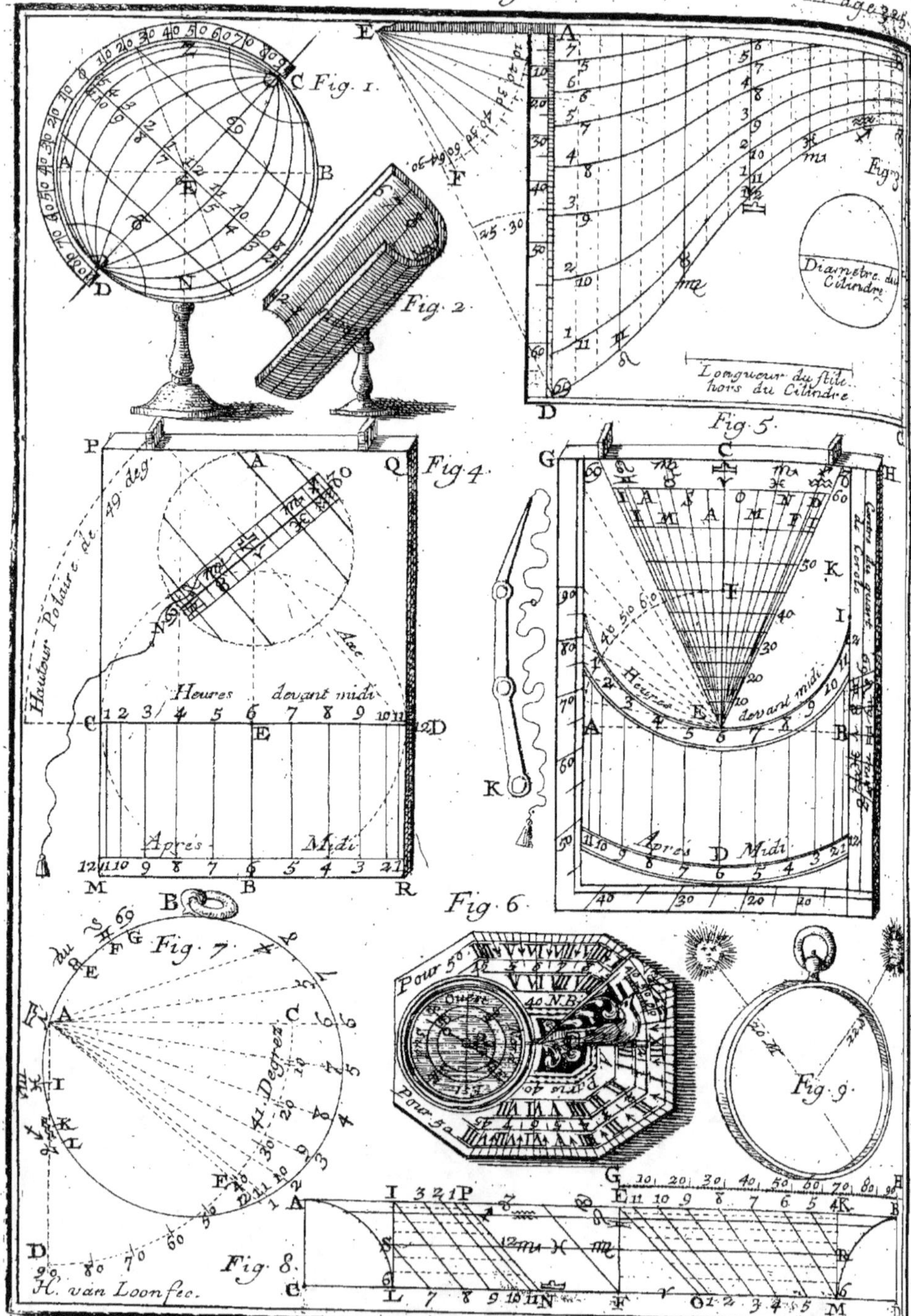
Fig. 1.
Fig. 2.
Fig. 3
Diametre du Cilindre
Longueur du stile hors du Cilindre
Fig. 5.
Fig. 4.
Hauteur Polaire de 49 deg.
Axe
Heures devant midi
Aprés Midi
Heures devant midi
Aprés Midi
Centre du quart de Cercle
Fig. 6.
Fig. 7.
41 Degrez
Pour 50
Pour 52
Ouest
Paris 40
40 N.B.
Fig. 9.
Fig. 8.
H. van Loon fec.

Construction & usage de l'Anneau Astronomique universel.

CEt Inftrument, dont l'ufage eft de marquer l'heure par un *xxvII.* rayon du Soleil, en quelque lieu de la terre que l'on puiffe *Planche.* fe trouver, fe fait de cuivre ou d'autre métail. Il eft compofé de *Fig. I.* deux cercles plats, tournés en dedans comme en dehors. L'exterieur, marqué A, reprefente le meridien du lieu où l'on eft; il porte deux divifions de 90 deg. diametralement oppofées, dont l'une fert depuis notre Pole feptentrional jufqu'à l'Equateur, & l'autre depuis l'Equateur jufqu'au Pole meridional.

Le cercle interieur reprefente l'Equateur. Il doit tourner bien jufte dans l'exterieur par le moyen de deux pivots ou goupilles qui traverfent les deux cercles par des trous juftement oppofez l'un à l'autre aux points de 12 h.

Il fe fait de ces cadrans depuis 2 jufqu'à 6 pouces de diametre. Les cercles font larges & épais à proportion de leur grandeur. Au milieu de ces cercles eft une regle ou lame mince avec un Curfeur marqué C, compofé de deux petites pieces qui coulent dans une ouverture faite au milieu de cette lame, & qui font retenuës par deux petites vis; il y a un fort petit trou percé au milieu de ce Curfeur pour recevoir le rayon du Soleil. Le milieu de cette regle peut eftre confideré comme l'axe du monde, & les extremitez comme les deux Poles. On y marque d'un côté les fignes du Zodiaque avec leurs caracteres, & de l'autre côté les quantiémes & les noms des mois, ou feulement leur premieres Lettres. On les place fuivant le rapport qu'ils ont avec les fignes. On divife les fignes de 10 en 10 d. ou même de 5 en 5, felon leur déclinaifon, & ce par le moyen d'un Trigone déja tout divifé, & dont l'extremité du rayon de l'Equateur, c'eft à dire, l'angle du fommet eft à l'interieur du cercle Equinoxial, comme au point F. Les deux pieces marquées D, font ployées à l'équerre pour réünir l'un dans l'autre les deux cercles; elles font auffi percées en deffous pour tenir l'axe. Ces deux pieces font attachées avec deux vis au cercle exterieur; il y en a une à un côté du cercle & une à l'autre, auffi-bien que les deux pieces marquées E, pour fervir d'appuy au cercle Equinoxial, & maintenir les deux cercles ouverts à angles droits.

Nous ne repetons pas la maniere de divifer le quart de cercle en degrez, & le cercle Equinoxial en heures, demies & quarts, l'ayant dit fuffifamment ailleurs. Nous dirons feulement que toutes les divifions du cercle Equinoxial doivent eftre tracées fur l'épaiffeur concave dudit cercle, ce qui fe fait par le moyen d'une piece d'acier ployée en équerre, felon la courbure du cercle.

X iij

Il y a une rainure faite au bord exterieur des deux côtez du cercle meridien pour faire couler le pendant G, dont le milieu du coulant est ployé par en bas pour entrer dans ladite rainure.

Les deux côtez de cette piece, qui doit estre fort écroviée au marteau afin de faire plus de ressort, sont applatis pour appuyer sur l'épaisseur convexe du cercle & faire tenir le pendant ferme sur tous les degrez de la division. Le bouton où est passé l'anneau de suspension est rivé au milieu de ladite piece, de maniere qu'il tourne fort librement; le tout afin que l'Instrument puisse estre suspendu bien perpendiculairement, car c'est une des principales circonstances pour la justesse de cet instrument.

Usage du Cadran astronomique.

PLacez la petite ligne tracée au milieu du pendant sur le degré de latitude du Pays où vous estes. Par exemple, pour Paris à 49 d. mettez ensuite la ligne qui traverse le petit trou du Curseur de la regle sur le degré du signe ou sur le jour du mois courant; ouvrez l'instrument en sorte que les deux cercles soient à angles droits, & le tenez suspendu par l'anneau, de maniere que l'axe du cadran, representé par le milieu de la regle où sont les signes, soit parallele à l'axe du monde.

Tournez le plat de ladite regle vis à vis le soleil, en sorte que son rayon passant par la petite ouverture du Curseur, tombe précisément sur la ligne tracée au milieu de l'épaisseur du cercle inferieur qui represente l'Equateur. Pour lors le rayon ou point lumineux marquera l'heure presente dans la concavité de ce cercle.

Ce Cadran ne peut point marquer l'heure de midy, parce que son cercle exterieur se trouvant dans le plan du meridien, empêche le rayon du soleil de passer jusqu'à l'Equateur.

Il ne marque pas même les heures au temps des Equinoxes, parce que pour lors les rayons du Soleil sont paralleles au plan du cercle équinoxial. Ce n'est qu'environ une heure tous les jours, & quatre jours par an.

Construction & usage d'un Anneau astronomique à trois cercles.

CEt Instrument ne differe de l'autre dont nous venons de parler, que par le troisiéme cercle qui porte la déclinaison du soleil. Le cercle A represente le meridien du lieu où l'on s'en sert; le cercle B, l'Equinoxial, & le cercle D, qui tourne juste dans ledit équinoxial fait le même effet que la regle qui represente l'axe du monde dans le precedent Instrument. Les deux extremitez de son diametre ou les deux points de sa circonference, par où il est attaché au meridien, répondent aux deux Poles du monde Aux parties opposées D, on marque un double trigone des signes sur la circonference de ce cercle, dont le centre dudit cercle est le sommet où se réunissent tous les rayons. Les arcs de chaque signe se subdivisent de 10 en 10, ou de 5 en 5 d. ausquels on peut joindre les jours des mois correspondans. Nous ne repetons pas la maniere de tracer toutes ces divisions, estant les mêmes que celles de l'autre Anneau Astronomique.

L'Alidade E est attachée au centre du cercle interieur; il y a deux pinules rivées aux extremitez de l'alidade, percées chacune d'un fort petit trou pour recevoir le rayon du soleil.

Les cadrans composez de cette maniere marquent l'heure de midy, parce que l'alidade est hors du plan du cercle meridien. Quand on le fait grand, comme de 9 à 10 pouces de diametre, on divise le cercle équinoxial de 2 en 2 minutes, ou de 5 en 5, pour faire des observations exactes.

Il y a un pendant comme à l'autre Cadran, qui entre dans la rainure du cercle meridien pour le faire couler sur le degré de latitude du lieu. On ajoûte quelquefois à cet Instrument un pied à peu prés comme à une Sphere, qu'on fait couler sur le degré de l'élevation, & pour lors il se place sur un plan horizontal. On y joint aussi une Boussole, & par ce moyen on connoît exactement la déclinaison de l'aimant.

USAGE.

PLacez la petite ligne qui est au milieu du Curseur du pendant F, sur le degré de l'élevation du Pole du lieu où vous faites l'observation, & la ligne de foy de l'alidade sur le jour du mois ou sur le degré du signe que le Soleil parcourt.

Le cercle équinoxial estant ouvert à angles droits avec le meridien, & tenant l'Instrument suspendu, haussez ou baissez le cercle inferieur, en sorte que le rayon du soleil passe par les trous des 2 pinules. Alors la ligne qui est tracée au milieu de l'épaisseur convexe dudit cercle, montrera l'heure ou partie d'heure tracée au milieu de l'épaisseur concave du cercle Equinoxial; & cela à toutes les heures du jour.

La même chose se fera lorsque l'Instrument sera posé horizontalement sur un pied; alors on fera les observations plus commodement.

Construction d'un Cadran horizontal incliné universel, ou d'un Equinoxial.

Fig. 3. CE Cadran eſt compoſé de deux Platines de laiton ou autres matiere ; l'inferieure marquée A eſt évidée vers le milieu pour recevoir une Bouſſole ordinaire qui eſt attachée en deſſous avec des vis ; l'autre Platine B eſt mobile par le moyen d'une forte charniere à l'endroit marqué C. On trace ſur la platine ſuperieure un cadran horizontal, diviſé pour une latitude plus grande qu'aucune de celles où l'on veut le faire ſervir, & on y met un ſtyle proportioné à cette hauteur, car en l'élevant par le moyen du quart de cercle D. le plan horizontal aura toûjours moins de latitude, ou bien le Pole y ſera moins élevé qu'il n'eſtoit dans le lieu pour lequel il a eſté fait.

On ne met ordinairement qu'une portion de cercle depuis environ 20 degrez juſqu'à 60, & qui doivent eſtre marquez au bas de la portion du cercle. Le Cadran horizontal ſe trace ordinairement pour cette élevation de Pole de 60 d. Cette portion de cercle eſt attachée par deux petits tenons & ſe couche ſur la platine inferieure, auſſi-bien que le ſtyle ſur l'exterieure, & ils ſont retenus droits par le moyen d'un petit reſſort qui eſt ſous chaque plaque. La figure fait aſſez connoître le reſte de la conſtruction de ce Cadran.

Uſage de l'horizontal incliné.

ELevez la Platine ſuperieure au degré de la latitude ou élevation du Pole du lieu où vous eſtes par le moyen de la diviſion du quart de cercle.

L'Eguille aimantée eſtant arreſtée ſur ſa ligne de déclinaiſon, & le Cadran placé horizontalement, l'ombre de l'axe marquera l'heure juſte qu'il eſt.

On grave ſous ces deux Platines des noms des principales Villes avec leur latitude, pour épargner la peine de les chercher dans les Cartes Géographiques.

Les Cadrans équinoxiaux ſe rendent univerſels par tout le monde de la même maniere, mais en ce cas il faut un quart de cercle entier. La platine ſuperieure ſe fait pour l'ordinaire en forme de cercle évidé que l'on diviſe en 24 parties égales pour les heures, que l'on ſubdiviſe en 2 pour les demi-heures, & en 4 pour les quarts. Toutes ces diviſions ſe tracent auſſi dans la concavité du cercle.

Il y a une piece qui traverſe le cercle & qui porte le ſtyle droit qui ſe tient ferme au milieu du cercle par le moyen d'un petit reſſort qui eſt attaché ſous le cercle, qui par ce moyen donne la

liberté au ftyle droit de fe lever au deffus de ce cercle, & de s'abaiffer en deffous; & quand le Cadran Equinoxial eft tracé fur une Platine, on fe fert de la petite piece marquée F, qu'on met au centre
& qui fert de ftyle ; la partie fuperieure du cadran marque les heures depuis le 22 de Mars jufqu'au 22 Sept. & fa partie inferieure les
marque pendant les fix autres mois de l'année.

Ufage du Cadran Equinoxial.

IL faut mettre le bord de la platine ou du cercle fur le degré
d'élevation du Pole par le moyen du quart de cercle, & le Cadran eftant bien orienté avec la Bouffole, l'ombre du ftyle marquera l'heure prefente en tout temps, même pendant les Equinoxes, à caufe que les divifions des heures font continuées jufques
dans la concavité du cercle, lequel eft coupé par le haut.

Il faut remarquer qu'il faut mettre le bord fuperieur de la platine ou du cercle fur le degré de l'élevation du Pole, depuis le 20
Mars jufqu'au 22 Septembre, & le bord inferieur marquera les autres fix mois de l'année.

Conftruction d'un Cadran Azimutal.

CE Cadran fe fait ordinairement au fond d'une Bouffole & Fig. 4.
eft nommé Azimutal, parce qu'il fe fait par le moyen des
Azimuths ou cercles verticaux du Soleil, fur une platine de cuivre ou d'autre matiere folide, parallele à l'horizon. Tirez la ligne
A B pour la meridienne, fur laquelle décrivez un cercle à volonté. Nous n'en faifons icy que la moitié pour les heures du matin ;
celles de l'aprés midy fe tracent de la même maniere. Divifez ce
cercle en degrez, commençant du point A, qui reprefente le Pole
arctique ; divifez en 3 le demi-diametre A C, dont les deux tiers
A D feront partagez en 6 intervales pour y tracer du centre C
des circonferences qui reprefenteront les paralleles des Signes du
Zodiaque ; la circonference H, fera pour le tropique d'Efté, & la
plus proche du centre pour le tropique d'Hyver ; chacune des autres fera pour deux Signes également diftans des tropiques, comme on voit par la figure 4.

On pourroit encore tracer les paralleles des fignes, en faifant
fur la ligne H D un demi-cercle, que l'on divifera en 6 arcs égaux,
d'où abbaiffant autant de lignes ponctuées paralleles fur H D,
elle fe trouvera divifée en parties inégales, & par ces points de divifion vous tracerez du point C, comme centre, des circonferences qui feront les intervales des Signes inégaux.

Pour marquer les lignes horaires fervez - vous de la Table cy-aprés, suppurée pour les complémens au premier vertical pour la latitude de 49 d. parce qu'au lieu de compter la distance des Azimuths depuis le premier, on les compte icy depuis le meridien. Pour marquer, par exemple, le point d'une heure aprés midy ou d'onze heures du matin sur le tropique de Cancer, on trouve que l'Azimuth du soleil en ce temps-là est éloigné du meridien de 30 deg. 17 m. & qu'au commencement des Jumeaux, ou à la fin du Lyon, l'Azimuth où se trouve le soleil à la même heure, est de 27 d. 58 m. & ainsi des autres; c'est pourquoy mettez une regle au centre C & sur le 30 d. 17 m. de la circonference exterieure divisée pour marquer sur le Tropique d'Esté le point d'onze heures du matin; tournez la regle autour du centre du Cadran & l'arrestez sur le 27 deg. 58 m. pour marquer sur le parallele des Jumeaux & du Lyon le point d'onze heures; mettez la regle sur le 23e d. 30 m. pour le parallele du Taureau & de la Vierge, sur le 19e d. 33 m. pour le jour des Equinoxes, & ainsi des autres, conformement à la Table.

Joignez tous les points d'une même heure par des lignes courbes bien adoucies & ne faisans aucun angle, qui seront les lignes horaires. Pour marquer les heures d'aprés midy prenez avec un compas les mêmes distances sur chaque parallele & les transportez de l'autre côté de la meridienne, parce que les Azimuths des heures également distantes de midy, font des angles égaux avec la meridienne.

L'Eguille aimantée estant placée sur son pivot, il faut la recouvrir d'un verre comme aux Boussoles ordinaires.

USAGE.

Tournez le côté B au soleil, jusqu'à ce que le style droit planté en ce point hors de la Boussole & parallele à la ligne de midy, fasse ombre tout le long de la meridienne. L'Eguille aimantée estant arrestée Nord & Sud, marquera l'heure qu'il est en l'intersection du degré du signe courant, quand l'aimant n'a point de déclinaison.

Mais à present que l'aimant decline de plus de 10 deg. on place le style sur la ligne de déclinaison K I au point E, & on ajuste l'ombre du style sur ladite ligne de déclinaison, alors l'erreur que pourroit faire la déclinaison de l'aimant sera rectifiée par ce moyen.

Table des verticaux du Soleil, depuis le meridien à chaque heure du jour, pour la latitude de 49 degrez.

Heur.	XI I		X. II.		IX. III.		VIII. IIII.		VII. V		VI.		V. VII		IIII. VIII	
Sig.	D	M	D	M	D	M	D	M	D	M	D	M	D	M	D	M
♋	30	17	53	40	70	30	83	57	95	20	105	56	116	28	127	26
♌ ♊	27	58	50	33	67	34	81	6	92	45	103	35	114	56		
♍ ♉	23	30	43	52	60	29	74	17	86	21	97	36				
♎ ♈	19	33	37	25	52	58	66	57	78	34						
♏ ♓	16	42	32	25	46	30	59	28	71	12						
♐ ♒	14	56	29	11	42	23	54	26								
♑	14	19	28	2	40	48										

Construction & usage du Cadran horizontal Analemmatique.

CE Cadran se nomme Analemmatique, parce qu'il se fait par le moyen de l'Analemme, qui est la projection ou representation des principaux cercles de la Sphere sur un plan.

La figure 5 est l'Analemme, & la figure 6 represente le Cadran tout fait, qui marque les heures sans Boussole.

Pour construire l'Analemme sur une plaque de laiton ou d'autre matiere bien droite & bien polie, de grandeur & épaisseur convenable, tirez premierement les lignes A B, C D, se coupans à angles droits au point E ; duquel, comme centre, décrivez le cercle A C, B D representant le meridien, son diametre C D l'horison, & A B le premier vertical. Du point D comptez jusqu'en F l'élevation du Pole, qui est icy de 49 d. & tirez la ligne F E, representant l'axe du monde ; de l'autre côté comptez sur le meridien de C en G l'élevation de l'Equateur, qui est icy de 41 d. & tirez la ligne G E pour l'Equateur ; du point G comptez de part & d'autre jusqu'en H & en I 23 d. 30 m. pour la plus grande déclinaison du Soleil ; tirez la ligne H I, coupant l'Equateur au point Y ; duquel, comme centre, vous décrirez le cercle H L I K, ou seulement sa moitié, que vous diviserez en six parties égales ; par chaque point de division tirez les paralleles à l'Equateur, jusqu'à la ligne horizontale ; des sections que font les paralleles sur le grand cercle, abbaissez les perpendiculaires M N O P sur l'horizontal, & des sections faites par lesdites paralleles sur l'axe E F, abaissez des perpendiculaires indefinies S c, R b, Q a ; ouvrez ensuite le compas de l'espace E M, & de cette

Fig. 5.

même ouverture posez un pied sur N , & de l'autre coupez par
un petit arc la ligne Q a ; posez un pied sur O & coupez la ligne
R b ; puis toûjours de la même ouverture E M posez un pied en
P , & de l'autre pointe coupez la ligne S c au point C. Pour conftruire le petit Zodiaque , prenez la distance ♂ C , que vous porterez de E vers A & vers B , pour les tropiques de ♋ & de ♑ ; Prenez la distance ♃ b & la portez de même au point E , pour le parallele des ♊ d'un côté , & celui de ♒ de l'autre ; prenez enfin la
distance ♓ a pour marquer d'un côté le parallele de ♉ , & de l'autre
celui des ♓ , aprés quoy vous formerez le petit Zodiaque , comme
il se voit en la figure. Pour avoir les points des heures du centre E ,
& de l'intervale E M , décrivez le cercle M T Z V , divisez-le en
24 parties égales , aussi-bien que le grand cercle A B C D , & de
chaque division opposée tirez des lignes droites ; sçavoir , celles
du grand cercle , paralleles à la ligne A B , & celles du petit cercle
paralleles à la ligne C D ; par les sections de ces lignes les plus proches du grand cercle , tracez doucement à la main de point en
point l'ovale , comme la figure le montre. Les points de section
feront les heures, celles du matin à gauche & celles du soir à droite.
Pour avoir les demi-heures on divise les cercles en 48 parties égales , & en 2 fois autant pour avoir les quarts.

Fig. 6   Le tout estant ainsi preparé , transportez avec un compas sur
une autre plaque de laiton toutes les sections des heures, formez-
y l'ovale B , en la traçant legerement de point en point , & gra-
vez-y les heures comme elles sont marquées en ladite figure 6.

    Transportez - y aussi le Trigone des Signes , prenant avec
un compas toutes les distances l'une aprés l'autre, de telle sorte que
les Signes de ♈ & ♎ soient dans la ligne de 6 h. placez-y les caracteres des Signes & les premieres Lettres des mois chacun en leur
ordre. Le milieu du Trigone doit estre fendu pour y faire couler
un Curseur C , qui porte le style droit D , qui se leve & se couche par le moyen de deux petits tenons.

    Sur l'autre partie de la même plaque on y trace un cadran hori-
zontal , suivant les Regles ordinaires pour la même latitude qu'a
esté faite l'Analemme ; on y place le style ou axe E perpendiculairement sur la ligne de midy , qui se leve, se baisse & se tient droit
par le moyen d'un ressort qui est sous la plaque.

USAGE.

Placez ce Cadran bien parallele à l'horizon , mettez le Curseur
avec son style droit sur le jour du mois ou sur le degré du Signe que le soleil parcourt ; tournez l'instrument jusqu'à ce que les
deux cadrans s'accordent & marquent la même heure.

Fig. 1.

Fig. 2.

Fig. 3.

Fig. 4.

Fig. 5.

Fig. 6.

F. 49. deg.

Horisontale

H. van Loon fec.

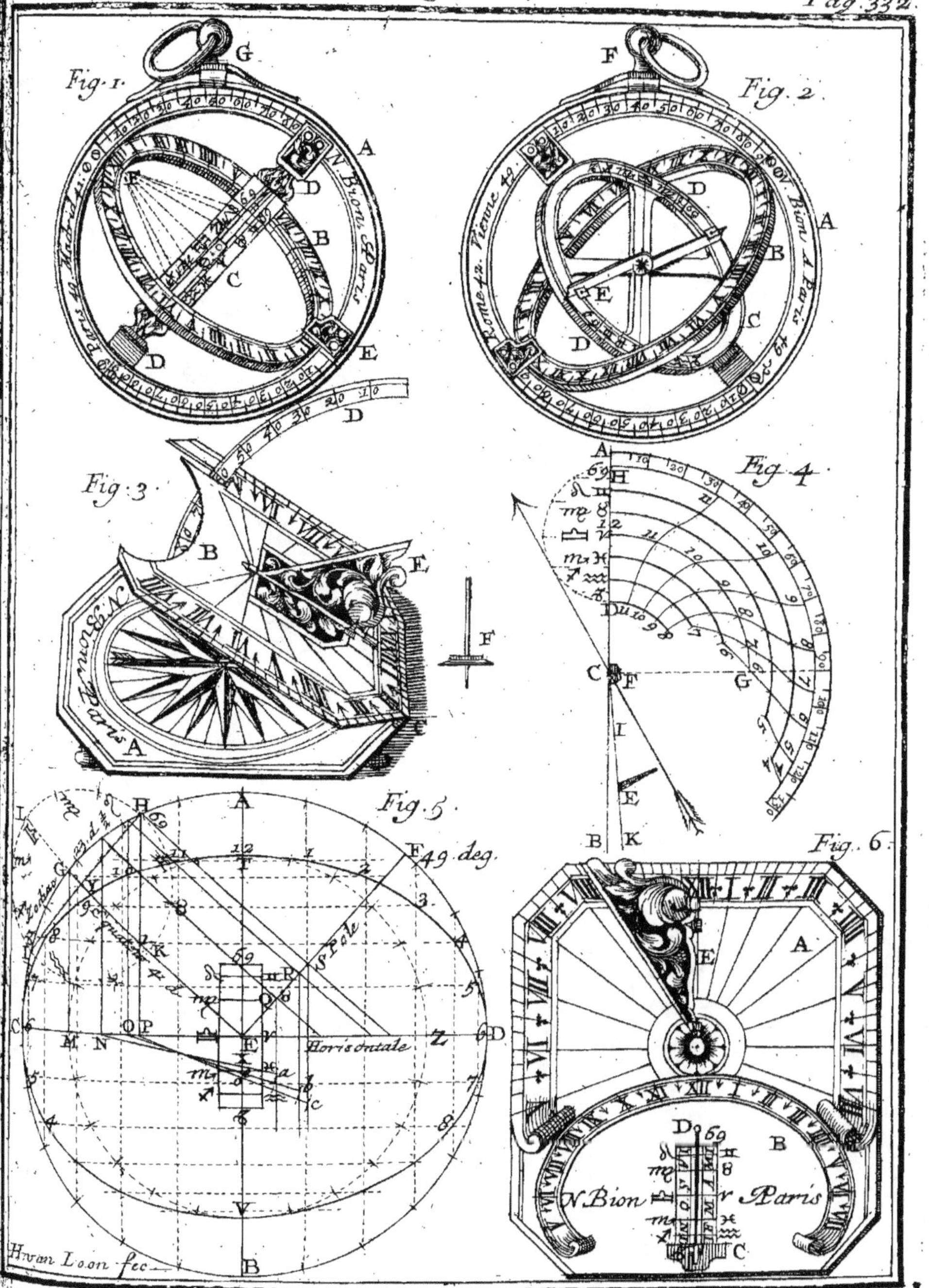

Si par exemple le ſtyle droit du Cadran Analemmatique marque 10 h. du matin, il faut que l'axe du Cadran horizontal marque pareillement 10 h. En ce cas ce ſera la veritable heure. La commodité de ce Cadran eſt qu'il marque l'heure ſans ligne meridienne, & ſans éguille aimantée ; mais pour bien faire il faut qu'il
ſoit un peu grand.

Conſtruction du Cadran Polaire, Oriental & Occidental univerſel.

CEt Inſtrument eſt compoſé d'une piece circulaire de cuivre
ou autre métail, bien droite & bien égale d'épaiſſeur, un peu
forte pour conſerver ſon poids perpendiculaire, & pour y faire une
renure autour du bord, dans laquelle doit couler un pendant ſemblable à celui que nous avons décrit pour l'Anneau aſtronomique.
Du centre de cette piece décrivez la circonference d'un demi-
cercle & la diviſez en 2 fois 90 d. du point de 90 & par le centre
tirez une ligne droite qui ſera l'équinoxiale ; vers le haut de cette
ligne choiſiſſez un point à volonté, duquel vous tirerez une perpendiculaire ſur l'équinoxiale, qui ſera la ligne de 6 h. pour avoir
les autres heures portez ſur ladite équinoxiale, de part & d'autre,
du point d'interſection, les tangentes convenables, comme celle
de 15 d. pour les points de 5 & de 7. la tangente de 30 d. pour 4 &
8, celle de 45 pour 3 & 9. Cette tangente qui eſt égale au rayon
eſt la longueur du ſtyle, lequel ſe doit placer perpendiculairement
ſur la ligne de 6 h. au point où elle coupe la ligne équinoxiale. Les
heures de ce Cadran ſont paralleles entr'elles & à l'axe du monde,
comme nous avons dit cy-devant en parlant des Orientaux & Occidentaux, & ſe tracent de même.
Sur la ligne de 9 h. du matin, & de 3 h. aprés midy on ajuſte
aux points C, deux petits tenons de charniere pour y placer la
piece marquée V, laquelle ſe couche ſur la piece circulaire, & ſe
leve de maniere qu'elle s'y arrête à angles droits. On marque ſur
cette piece les heures d'un Cadran polaire depuis 9 h. du matin
juſqu'à midy, & depuis midy juſqu'à 3 h. du ſoir. Nous ne parlerons
point davantage de la diviſion de ces heures, l'ayant expliquée
cy-devant en ſon lieu, auſſi-bien que la maniere de placer les
ſignes ſur tous ces Cadrans Orientaux, Occidentaux & polaires.
En ladite figure les paralleles des ſignes ſont diviſez de 10 en
10 d. & on y a ajoûté les premieres Lettres des noms des mois chacun en leur place, vers le haut de la plaque circulaire, proche le
point de 90 d.
On ajuſte le ſtyle B avec une charniere, afin qu'il puiſſe ſe lever
& ſe coucher ſur ladite plaque ; mais il faut qu'il ſe leve de ma-

niere que sa pointe réponde juste sur le point de 6 h. en la ligne équinoxiale,& que sa hauteur soit égale à la distance de 6à 9 h.Cela se peut faire facilement par le moyen d'une petite queuë faite de biais au bas dudit style.

Usage dudit Cadran.

SI c'est avant midy , placez la petite ligne qui est au milieu du pendant sur le degré de l'élevation du Pole du lieu où vous estes, au quart où est écrit : *Heures avant midy*. Levez le style & presentez votre Cadran au soleil, le tenant suspendu par l'anneau, en sorte que le bout de l'ombre du style tombe sur le jour du mois courant ; vous y verrez l'heure presente sur l'oriental ou sur le Polaire.

Mais si c'est aprés midy , mettez le pendant sur la latitude du lieu au quart où est écrit : *Heures d'aprés midy*. Tournez le Cadran au soleil de maniere que le bout de l'ombre du style tombe sur le degré du signe ou sur le jour du mois courant. Il y marquera l'heure presente sur l'Occidental ou sur le Polaire.

Il est aisé de remarquer que le Cadran Oriental estant retourné de cette maniere devient Occidental , & que les heures se trouvent paralleles à l'axe du monde.

CHAPITRE VI.

Contenant la construction & les usages des Cadrans à la Lune & aux Etoiles.

Construction d'un Cadran horizontal pour connoître l'heure à la Lune.

Fig. 2.
ON appelle Cadran à la Lune celui qui montre de nuit aux rayons de la Lune l'heure qu'il est au soleil ; c'est à dire , en quel cercle horaire est pour lors le soleil.

Ce Cadran est composé de deux pieces de laiton ou d'autre matiere solide , de grandeur à volonté.

La platine inferieure marquée H , est en forme de parallelograme , & la superieure marquée A , est circulaire & doit tourner autour de la partie ombrée & du centre marqué B. Sur la platine superieure sont tracées les heures d'un Cadran horizontal pour la latitude du lieu , suivant les regles cy-devant expliquées.

La platine inferieure porte un cercle divisé en 30 parties inégales pour les jours du mois lunaire. Pour faire cette division,

ſoit la ligne Equinoxiale D E qui a ſervi à tracer le cadran horizontal, & ſon centre diviſeur F, duquel ayant décrit le cercle ponc-
tué G, diviſez-le en 30 parties égales, ou la moitié en 15 ; la regle eſtant miſe au centre F, tournez-la ſur toutes les diviſions
dudit cercle, & marquez des points ſur la ligne Equinoxiale ; enſuite mettez la regle au centre B, & ſur tous les points de diviſion
de la ligne Equinoxiale, pour diviſer le cercle H ; quand vous en
aurez la moitié, tranſportez les mêmes diviſions ſur l'autre demi-
cercle, & par ce moyen tout le cercle ſe trouvera diviſé en 30 parties inégales pour les 30 jours du mois lunaire, autour deſquels on
gravera les chiffres, comme la figure le montre.

Placez l'axe B C, à la hauteur du Pole du lieu & diſpoſé de maniere qu'eſtant élevé il n'empêche pas la platine des heures de tourner autour du centre B.

USAGE.

IL faut ſçavoir le quantiéme de la Lune par des Ephemerides
ou par le moyen des Epactes, afin d'appliquer le point de 12 h.
ſur le jour de la Lune.

On doit remarquer que la Lune par ſon mouvement propre
s'éloigne du ſoleil chaque jour vers l'Orient d'environ 48 minutes
d'heures, c'eſt à dire, que ſi eſtant nouvelle ou conjointe au Soleil
elle ſe trouve un jour avec lui dans le meridien, le lendemain elle
paſſera par ce même meridien environ trois quarts d'heure & quelques minutes aprés le ſoleil, ce qui fait que les jours lunaires ſont
plus grands que les jours ſolaires. On appelle jour lunaire le temps
depuis le paſſage de la lune par le meridien juſqu'au paſſage imme-
diatement ſuivant. Ces jours ſont fort inégaux à cauſe de l'irrégula-
rité du mouvement apparent de la lune.

Quand la lune eſt pleine, c'eſt à dire, oppoſée au ſoleil, elle ſe
retrouve dans le même cercle horaire que le ſoleil, de ſorte que, ſi
par exemple, en ce temps-là le ſoleil eſtoit au meridien de nos an-
tipodes, la lune ſeroit dans notre meridien, & marqueroit par con-
ſéquent ſur nos cadrans la même heure que feroit le ſoleil s'il eſtoit
ſur notre horizon. Mais cette conformité ne dure pas long temps,
puiſqu'à chaque heure elle retarderoit d'environ 2 minutes. De même ſi le ſoleil au temps de ſon oppoſition ſe couche ſous notre horizon, la lune lui eſtant diametralement oppoſée ſe levera & ainſi
du reſte ; c'eſt pour remedier à ſon retardement qu'on a diviſé ce
cercle en 30 parties. Le point de 12 h. du cadran horizontal eſtant
mis exactement vis à vis de l'âge de la lune, le cadran orienté
par le moyen d'une Bouſſole ou d'une ligne meridienne, marquera l'heure preſente ; mais pour l'avoir plus exactement il faudroit
ſçavoir ſi la lune eſt dans le premier, ſecond ou troiſiéme quart

de son jour, afin de mettre le point de 12 h. à proportion en l'espâ-
ce de son quantiéme de lune.

Cette même pratique sert aussi pour les verticaux, mais pour
les Equinoxiaux la division se fera en 30 parties égales, la roue
mobile qui porte les heures en 24, & le reste de même que cy-
devant.

La Table qui est au bas de la plaque sert aussi pour connoître
l'heure au clair de la lune avec un Cadran ordinaire.

Pour la construire tirez quatre lignes paralleles droites ou courbes longues à volonté, divisez l'espace I I en 12 parties égales pour
les 12 h. & les 2 autres espaces K K en 15, pour y marquer les 30 jours
lunaires, comme on voit par la figure 2.

USAGE.

VOyez avec un Cadran au soleil l'heure que la lune y marquera, puis sçachant l'âge de la lune, voyez dans la Table
l'heure qui correspond vis à vis son âge, à laquelle ajoûtez l'heure
marquée par le cadran ; si la somme des deux ensemble n'excede
pas 12, ou bien son excès au dessus de 12, elle vous donnera la
vraie heure.

EXEMPLE.

SUppofons que le Cadran solaire marque 6 h. au clair de la lune
& que son âge soit de 5 jours ou de 20, on verra par la Table
vis à vis de ces chiffres, 4 h. lesquelles ajoûtées à 6 font 10 qui sera
l'heure presente. Si à tel jour la lune marquoit 8 h. il seroit minuit.

Pareillement si la lune marquoit 9 h. à son 10e ou 25e jour, auquel
répondent 8 h. 8 & 9 font 17 ; ôtez 12, reste 5 pour la vraie heure,
& ainsi des autres.

On connoît l'âge de la lune par le moyen de l'épacte de l'année
courante en cette maniere. A l'épacte ajoûtez le nombre des mois
passez, commençant à Mars avec le nombre des jours du mois present ; la somme sera l'âge de la lune, en rejettant les 30 s'il excede ;
comme par exemple, l'an 1709, au 15 Juin, l'épacte est 18, le nombre des mois est 4, ajoûtant 18 d'épacte, 4 des mois & 15 du quantiéme du mois present font 37 ; ôtant 30, restera 7 pour l'âge de la
lune. Si le nombre estoit moindre que 30, ce seroit l'âge de la lune,
à laquelle on peut ajoûter un, dautant que la lune se joint au soleil plûtoft presque d'un jour que ne donne l'épacte.

L'on trouve facilement des Tables qui marquent les épactes,
mais on pourra les connoître en ajoûtant onze à l'épacte courante ; si le nombre passe 30, ôtez 30, le reste sera l'épacte, & s'il est
30, comptez un, & non pas 30. Cette maniere de trouver l'âge de la
lune n'est pas si exacte que par le calcul des Ephemerides.

Construction

Construction d'un Cadran pour connoître l'heure aux Etoiles.

LA figure 3, repreſente l'arrangement des principales Etoiles qui compoſent la conſtellation de la grande Ourſe & celle de la petite Ourſe autour du Pole, & de l'Etoile polaire.

Le Cadran aux Etoiles dont nous allons parler, ſe fait par la connoiſſance du mouvement journalier que font autour du Pole ou de l'Etoile polaire qui n'en eſt preſentement éloignée que de deux degrez, les deux Etoiles de la grande Ourſe que l'on appelle ſes gardes, ou la Claire du quarré de la petite Ourſe, comme elles ſont marquées en ladite figure.

Pour la conſtruction de ce cadran il faut premierement ſçavoir l'aſcenſion droite de ces étoiles, ou à quels jours de l'année elles ſe trouvent dans le même cercle horaire que le ſoleil; ce qui ſe peut connoître par le calcul aſtronomique ou par un Globe, ou avec un Planiſphere celeſte conſtruit ſur les nouvelles obſervations, en mettant ſous le meridien l'Etoile dont il s'agit, & en examinant quel degré de l'Ecliptique ſe trouve en même temps ſous ce meridien. Par cette methode on trouvera, par exemple, que la Claire du quarré de la petite Ourſe ſe trouve avec le ſoleil ſous le meridien deux fois l'année; ſçavoir, en l'année 1709. une fois le 8 May, au deſſus du Pole, & l'autre fois le 8. Novembre au deſſous du Pole, c'eſt pourquoy en ces deux jours de l'année cette Etoile marquera les mêmes heures que le ſoleil. On trouvera de même que les 2 Etoiles que l'on nomme les gardes de la grande Ourſe, ſe trouvent deux autres jours de l'année ſous le même meridien ou cercle horaire que le ſoleil; ſçavoir, le 1 jour de Septembre au deſſous du Pole, & le 1 jour de Mars au deſſus.

En ces deux jours de l'année ces Etoiles marqueront les mêmes heures que le ſoleil; mais comme les Etoiles fixes retournent au même meridien chaque jour plûtoſt que le ſoleil d'environ un degré ou 4 minutes d'heure, ce qui fait deux heures par mois; c'eſt ce qu'il faut remarquer pour avoir l'heure du ſoleil qui eſt la meſure de nos jours.

Ces connoiſſances eſtant ainſi établies, il ſera facile de conſtruire un cadran aux Etoiles en la maniere ſuivante.

Cet Inſtrument eſt compoſé de deux plaques circulaires & d'une alidade de cuivre ou d'autre matiere ſolide appliquées l'une ſur l'autre, la plus grande à un manche pour tenir à la main l'Inſtrument dans les uſages qu'on en fait.

La plus grande roüe qui a environ deux pouces & demi de dia-Fig. 4. metre, eſt diviſée en 12 pour les 12 mois de l'année, & chaque mois de 5 en 5 jours; de telle ſorte que le milieu du manche réponde justement au jour de l'année auquel l'Etoile dont on veut se servir, a même ascension droite que le Soleil. Si par exemple, cet Instrument est fait pour les deux gardes de la grande Ourse, il faut que le premier jour de Septembre soit vis à vis le milieu du manche ; & s'il est fait pour la Claire de la petite Ourse, il faut que le 8 jour de Novembre soit au milieu du manche ; c'est pourquoy si l'on veut que le même cadran serve pour l'une & l'autre de ces Etoiles, il faut rendre le manche mobile autour de ladite roüe, afin de l'arrester où l'on voudra ; ce qui est facile à faire par le moyen de deux petites vis.

La roüe de dessus qui est la plus petite, doit estre divisée en 24 parties égales, ou 2 fois 12 h. pour les 24 h. du jour, & chaque heure en quarts, selon l'ordre qui paroist en ladite figure. Ces 24 h. se distinguent par autant de dents, dont celles où sont marquées 12 h. sont plus longues que les autres, afin de pouvoir compter les heures pendant la nuit sans lumiere.

A ces deux roües on ajoûte une regle ou alidade qui tourne autour du centre, & qui déborde au delà de la plus grande circonference.

Ces trois pieces doivent estre jointes ensemble par le moyen d'un clou à tête, & percé de telle sorte qu'il y ait au centre un petit trou d'environ 2 lignes de diametre pour voir facilement à travers l'Etoile polaire. Il est à propos que le mouvement de ces pieces soit un peu ferme, afin que chacune reste où l'on la met pendant l'observation.

USAGE.

Tournez la roüe des heures jusqu'à ce que la plus grande dent où est marqué 12 h. soit sur le jour du mois courant ; approchez l'Instrument de vos yeux, le tenant par le manche, en sorte qu'il ne panche ni à droite ni à gauche, & qu'il soit à peu prés parallele au plan de l'Equateur ; & ayant vû par le trou du centre l'Etoile polaire, tournez l'alidade jusqu'à ce que son extremité, qui passe au delà des circonferences des cercles, rase la Claire du quarré de la petite Ourse. Si l'Instrument est disposé pour cette Etoile, la dent de la roüe des heures qui sera sous l'alidade marquera l'heure presente, que vous pourrez connoître sans lumiere en comptant les dents depuis la plus grande qui est pour 12 h.

Cette Etoile que nous appellons la Claire de la petite Ourse, est une des deux qui forment le derriere du quarré. Elle precede l'autre dans le mouvement journalier, & est moins éloignée qu'elle de l'Etoile polaire. On fait la même operation pour les gardes de la grande Ourse, quand l'Instrument est fait pour ces Etoiles.

Les deux Etoiles que nous appellons les Gardes de la grande

Ourfe , font prefqu'en ligne droite avec l'Etoile polaire & font de fa même grandeur. Ces deux Etoiles fervent beaucoup à la faire connoître.

CHAPITRE VII.

Contenant la conftruction d'une Horloge à l'eau.

CEtte Horloge eft compofée d'un efpece de tambour ou boëte ronde, marquée B, faite de métal, bien foudée; dans laquelle il y a une certaine quantité d'eau préparée & plufieurs cellules qui ont communication les unes avec les autres par un petit trou qui eft proche de la circonference, & qui ne laiffent écouler l'eau qu'autant qu'il eft neceffaire pour faire défcendre peu à peu cette montre par fon propre poids ; elle eft fufpenduë aux points A par deux cordes fines & égales de groffeur , & qui font entortillées autour de l'aiffieu de fer marqué D, qui traverfe à angles droits de part & d'autre le milieu jufte du tambour , & qui en defcendant fans faire aucun bruit , montre les heures par les deux bouts dudit aiffieu. Les heures font marquées des deux côtez de la boëte fur un plan vertical. Leurs divifions doivent eftre marquées une fois par le moyen d'un cadran au foleil ou d'une pendule bien reglée. Il n'eft neceffaire que d'avoir feulement la diftance d'une heure ; les autres fe plaçant en parties égales.

Il fe fait auffi de ces machines qui marquent les heures par une éguille qui tourne autour d'un cadran de pendule ordinaire, comme la même figure le montre. Cela fe fait par le moyen d'une roüe ou poulie de 4 à 5 pouces de diametre, qui eft attachée derriere le cadran par une verge de cuivre ou d'acier qui la traverfe au centre ; un des bouts de ladite verge eft retenu dans un petit trou qui lui fert de fupport , & l'autre bout porte l'éguille qui marque les heures. Ladite éguille tourne par le moyen d'un cordon de foye torfe un peu groffe, qui paffe autour de la Poulie & qui a un de fes bouts accroché à l'aiffieu à l'endroit manqué H ; on attache à l'autre bout de la foye un petit plomb comme F , alors le tambour defcendant doucement, entraîne avec lui le crochet H & fait tourner en même temps la Poulie qui fait elle-même tourner l'éguille, laquelle par ce moyen marque l'heure qu'il eft ; quand le tambour defcend un peu trop vîte & que la montre avance, alors on met un plomb en F un peu plus pefant , & quand il va un peu trop doucement, il en faut mettre un plus leger. L'on fait auffi de ces Montres qui fervent de réveil-matin ; cela fe fait par le moyen

XXVIII.
Planche.
Fig. 5.

Y ij

d'une détente qu'on ajuste au-deſſous de l'Horloge, & ayant placé l'aiſſieu ſur cette détente, on met l'éguille ſur l'heure qu'on veut s'éveiller, puis on remonte le tambour & on replace l'éguille ſur l'heure qu'il eſt ; le lendemain l'axe du tambour poſant ſur la détente la fera tomber, alors un cordon auquel eſt attaché un plomb eſtant paſſé autour d'une petite Poulie de cuivre, fait mouvoir une roüe de balancier, qui par ſon mouvement fait frapper avec vîteſſe un petit marteau ſur un timbre, juſqu'à ce que le plomb ſoit en bas.

Conſtruction du Tambour.

Fig. 6. IL ſe fait quelquefois de cuivre rouge étaimé, mais pour le mieux on le fait d'étain fin ; le diametre de chaque fonds eſt d'environ 5 pouces, & tout le tambour a 2 pouces d'épaiſſeur tout monté. Il doit eſtre bien parallele & bien égal en tous ſens ; le dedans eſt diviſé en ſept caſes ou cellules, & quelquefois en cinq, comme la figure le marque. On ajuſte autant de plans inclinez en languettes de même matiere, qu'on ſoude à chaque fonds & à la circonference concave du tambour ; elles ſont longues d'environ deux pouces chacune, comme B F. A L. E I. D H. C G. Elles ont une telle pente en tournant, qu'elles reçoivent l'eau par un petit trou qui eſt au haut de chaque languette & la fait aller d'une cellule à l'autre ; à meſure que la machine roule en deſcendant, elle marque les heures ſur un plan vertical par l'extremité de l'axe, qui comme nous avons dit, la traverſe à angles droits en entrant en ſon milieu dans un trou quarré M ; on met ordinairement dans les tambours de cette grandeur 6 à 7 onces d'eau diſtilée, avant que de mettre l'eau. Il faut avoir grand ſoin de bien ſouder les lames au fond & à la circonference ; on les ſoude d'abord ſur un des fonds, comme la figure le repreſente ; puis on a un petit carré de cuivre qu'on ajuſte aux deux fonds & qui traverſe le tambour, enſuite on ſoude le tout au fond ; ſe ſervant pour cela de petits fers chauds & de ſoudure d'étain bien coulante ; puis on ſoude la bande en cercle qui forme la circonference, de maniere que l'eau ne puiſſe ſortir par aucun endroit. On la fait entrer par deux trous poſez ſur un même diametre, & éloignez également du centre M, puis on les boûche bien en les ſoudant de la même matiere, afin d'empêcher l'air d'entrer & l'eau d'en ſortir dans les mouvemens que la machine fait en tournant avec ſon aiſſieu & en deſcendant inſenſiblement par le développement des deux cordes fines qui entortillent l'axe.

Cette conſtruction ſe fait de cette maniere ; quand les tambours ſont faits d'argent ou de laiton battu mais lorſqu'ils ſont faits d'étain, qui ſont les plus commodes, on fond dans un

moule la circonference avec un des fonds, enfuite on tourne l'une
& l'autre en dedans & en dehors, afin que le tout foit bien égal
d'épaiffeur, puis on acheve le tambour de la maniere que je viens
d'expliquer.

Il eft évident que fi cette pendule eftoit fufpenduë par fon centre de gravité, comme il arriveroit fi la furface de l'aiffieu paffoit
exactement par le centre de la machine, elle demeureroit immobile, & que ce qui la fait mouvoir eft qu'elle eft fufpenduë hors de
fon centre de pefanteur par les filets qui entourent fon aiffieu, qui ne
doit avoir, par raport à la grandeur du tambour & à l'eau qu'il contient, qu'environ une ligne ou une ligne & demie de groffeur,
& bien égal en toute fa longueur; il n'eft pas neceffaire d'avertir
qu'il doit eftre quarré par le milieu, afin de remplir jufte le trou
des fonds du tambour.

De la groffeur de l'aiffieu dépend la viteffe ou la moderation
du mouvement du tambour; car plus l'axe eft gros, plus il defcend
vîte, & moins il a de diametre, plus il va lentement, en ce qu'il y a
plus ou moins d'excentricité, & que par confequent l'eau paffe
plus ou moins vîte d'une cellule à l'autre, ce qui fait que la force
de fon mouvement fe trouve plus ou moins balancée par la pefanteur de l'eau que contient la cellule oppofée.

Pour monter cette montre quand elle eft defcenduë prefqu'au bas
des cordes, il faut la hauffer avec la main en la faifant tourner, en
forte que les cordes s'entortillent tout au long de l'aiffieu également, & qu'il foit fufpendu horizontalement.

J'ay dit qu'il falloit que l'eau qu'on met dans les tambours fût
diftilée, autrement il faudroit la changer fouvent, en ce qu'il fe for-
meroit un limon ou craffe autour des petits trous qui empêcheroit
l'eau de paffer comme il faut.

Pour diftiler l'eau facilement fans feu, on la fera paffer dans une
bouteille de verre ou de terre bien nette, mettant dans fon ouverture un Entonnoir de telle grandeur qu'on voudra, & on mettra dedans deux morceaux de papier blanc fait auffi en Entonnoir,
puis ayant mis l'eau on la ferra paffer goutte à goutte dans la bouteille, & ayant repeté cette operation plufieurs fois, l'eau deviendra pure & claire & fe confervera long-temps; on filtre encore l'eau
au travers d'un morceau de drap, & l'ayant fait repaffer quatre à
cinq fois, on lui ôtera toute fa crudité & fon impureté.

On peut mettre un peu d'eau forte ou de l'efprit de vin parmi
l'eau pour l'empêcher de geler l'hyver, mais comme cela la rendra
un peu mordiquante, & par ce moyen fera agrandir les trous des
cellules, j'aimerois mieux la laiffer feule & mettre la machine à un
endroit où elle ne pût pas geler dans le grand froid.

CHAPITRE VIII.

Contenant la construction d'un Cadran pour connoître le vent qui soufle sans sortir de sa chambre.

IL faut attacher au plancher de la chambre ou au manteau de la cheminée, ou bien à une muraille, un grand cercle divisé en 32 airs ou rumbs de vents, en sorte que le Nord & Sud réponde à la ligne meridienne ; ce qu'on pourra facilement faire par le moyen d'une Boussole ; il faut que ce cadran ait une aiguille mobile au jour de son centre, comme les cadrans des Horloges ordinaires, & que cette aiguille soit attachée à un essieu perpendiculaire à l'horizon qui se puisse mouvoir facilement au moindre vent, & ce par le moyen d'une girouette qui doit estre placée au dessus du toit de la même chambre ; car le vent faisant tourner la girouette fera aussi tourner son essieu & en même temps l'éguille qui lui est attachée, laquelle de cette maniere montrera sur le cadran le vent qui soufle.

Fig. 7.   Par le mouvement de la girouette A B, qui doit estre de fer, & fixement attachée avec l'essieu C D, cet essieu aussi tourne avec elle. Cette branche de fer est posée verticalement à l'horizon & soûtenuë en haut par le plan horizontal E F, qui est une piece de fer attachée à quelqu'endroit pour maintenir l'essieu. Au bas dudit essieu est posé un quarré d'acier G H, sur lequel est frappé un coup de pointeau pour faire entrer la pointe de l'axe qui doit estre d'acier trempé, sur lequelle il s'appuie en D ; de sorte que ne s'appuyant presque que sur un point, il puisse se mouvoir avec beaucoup de facilité & au moindre vent. Le pignon I K doit avoir huit dents cannelées & égales pour les 8 principaux vents, & dans lesquelles on fait engrainer les dents du rouët L M, qui en a 16 ou 32, suivant les vents marquez au cadran, & qui par ce moyen est mis en mouvement par la girouette, & fait aussi tourner son essieu P Q, qui estant posé parallele à l'horizon, traverse le mur T à angles droits aussi bien que le cadran qu'on attache à la muraille. L'éguille R qui marque les vents est attachée au bout de cet essieu & fait le même mouvement que lui. Les noms des vents doivent estre distinguez au cadran par des Lettres capitalles, comme aux Boussoles dont nous avons parlé cy-devant.

L'on voit par la disposition de toute la machine que le vent faisant tourner la girouette A B, elle entraîne avec elle le grand essieu C D, qui fait aussi tourner en même temps le pignon I K, auquelle engraine les dents du rouët L M, lequel le faisant tourner aussi-bien que son axe, & par consequent l'éguille qui lui est attachée à

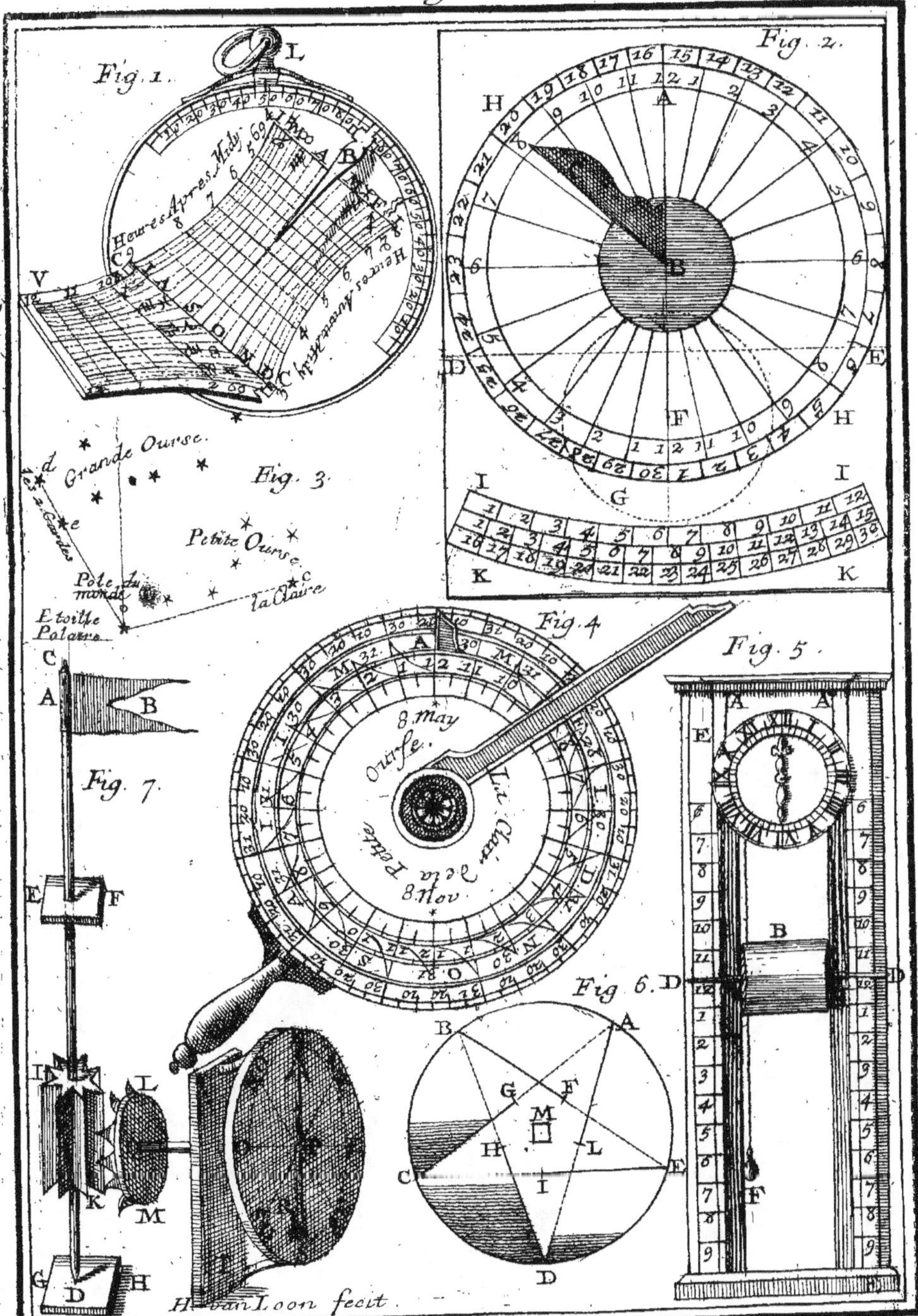
Fig. 1.
L
Heures Apres Midy
Heures avant Midy
Fig. 2.
Fig. 3.
Grande Ourse
les 2 Gardes
Petite Ourse
Pole du monde
la Claire
Etoille Polaire
Fig. 4.
8. may
Ourse
La Claire de la Petite
8. Nov.
Fig. 5.
Fig. 6.
Fig. 7.
H. van Loon fecit.

son extremité, & par ce moyen on a le plaisir de sçavoir le vent qui regne sans sortir de sa chambre.

Quand le lieu où l'on veut placer le cadran est un peu éloigné du haut de la maison où doit estre toûjours placée la girouette, on peut allonger le grand axe tant qu'on voudra avec des vis, & même faire des renvois par des pignons & des roües; tout cela est facile à entendre.

Fin du huitiéme Livre.

Description des principaux Outils dont on se sert pour la construction des Instrumens de Mathematique.

LE principal Outil & le plus necessaire est un gros Etau. Il sert à tenir l'ouvrage pour le limer, & autre usage. Il faut que l'Etau soit bien limé, que les mors se joignent bien, qu'ils soient taillez en lime & d'une bonne trempe, & que la vis s'ajuste comme il faut dans sa boëte. On l'attache fortement à un Etabli qui doit estre scelé fixement en quelqu'endroit que ce soit.

On se sert aussi de petits Etaux à main, de differente grosseur, suivant l'ouvrage qu'on veut limer.

L'Enclume ou Tasseau sert pour écroüir & dresser l'ouvrage au marteau. Elle doit estre d'acier trempé & bien unie, & est placée sur un gros billot de bois pour la maintenir à la place où elle est posée.

Il y a des Tasseaux d'Etablie qui servent à dresser & à river les petits ouvrages. A quelques-uns il y a d'un côté un bout qui est rond & qui va en pointe, il sert à arondir les virolles; & de l'autre côté le bout est quarré & va aussi en diminuant. On nomme cette sorte de Tasseaux, Bigornes.

Les Scies à main sont faites de maniere qu'il y a une branche qui bande les feüillets de differentes épaisseurs & qu'on arrête par le moyen d'une vis & d'un écrou.

Il est necessaire d'avoir de bones limes. Celles d'Allemagne sont les meilleures pour les rudes, pour les bâtardes & les douces. Celles d'Angleterre sont fort bonnes. On doit aussi avoir de petites limes rudes & douces, à refendre, en triangle, de quarrées, de rondes, demi-rondes, &c. des rapes pour dégrossir le bois; des marteaux un peu gros à pane droite & à panne de travers, pour étirer, dresser, & planir l'ouvra-

ge ; petits marteaux d'Etablie pour river les clous, Marteaux à tête
ronde pour emboutir les pieces en rond , &c.

Des Filieres doubles & simples qui servent à faire des vis, dont l'Es-
pas & Taraux soient de differente grosseur & finesse.

Tenailles & Pinces de plusieurs façons. Cisoires de differentes grandeurs pour couper le métail. Brenissoir pour polir l'ouvrage. Des Forêts d'acier de diverses grosseurs pour percer les trous, dont un bout
est limé en langue de chat , & l'autre en pointe: on s'en sert de differente maniere. Il y en a qu'on met dans un tour à percer, qui est composé d'une moyenne barre de fer quarrée, de deux petites Poupées
qui portent une Boëte à bobine, dans laquelle on place le Foret dans
un trou quarré qui traverse le corps de la Boëte, & qu'on fait tourner
par le moyen d'un Archet fait d'un bout de Fleuret qui est percé
par le haut , dans le trou duquel on passe une corde à boyau. On
met cet outil dans l'Etau quand on veut s'en servir. On perce aussi
en mettant l'ouvrage dans l'Etau & le Foret dans une bobine, soit
de bois ou de cuivre. On applique le bout du Foret dans un petit
creux qu'on fait à une plaque de cuivre ou de fer & qu'on appuye
contre l'estomach; alors plaçant la pointe du Foret à l'endroit qu'on
veut percer, on fait tourner le Foret par le moyen d'un Archet.

Le Tour est aussi d'un grand usage ; le plus simple est fait de
2 poupées de cuivre ou d'acier qui coulent au long d'une barre de
fer quarrée, & d'un support qui coule pareillement au long de ladite
barre & qui sert d'appuy aux Outils. Au haut des poupées sont 2 vis
d'acier trempé qui les traversent , & qu'on arrête par le moyen d'un
écrou. Pour se servir de ce Tour on le place dans l'Etau & on met
l'ouvrage qu'on veut tourner entre les deux pointes des vis; quand
on veut tourner à la main on se sert d'un Archet fait d'un Fleuret
mince, dans le bout duquel on passe une corde à boyau ou de foüet.

Les grands Tours pour tourner au pied sont composez de deux
poupées & de deux jumelles ou coulices de bois, de la longueur
& grosseur proportionée au Tour ; elles sont soûtenuës par deux
pieces de bois qu'on nomme les pieds du Tour. Les coulisses sont
posées de niveau & distantes l'une de l'autre de deux à trois pouces
suivant la grosseur des poupées qui doivent se mettre entre deux.
Ces coulisses sont assemblées par les bouts sur les pieds qui ont environ quatre pieds de hauteur , & sont assemblées en bas dans deux
autres pieces de bois posées de travers pour rendre la machine plus
stable & plus solide.

Les poupées sont deux pieces de bois d'égales grosseurs & longueurs; une partie de ces poupées doit estre entaillée pour se mettre
entre les deux coulisses ; le reste qui est la tête de la poupée & qui est
coupé quarrément , pose solidement dessus la coulisse , & afin qu'elles soient plus fermes, il y a des clefs de bois que l'on fait entrer à

coups de maillet dans des mortaises, qui sont au bas des poupées au dessous de la coulisse.

Au haut de chaque poupée il y a une pointe d'acier solidement enclavée dans le bois ; les deux pointes doivent estre si justement placées, qu'elles se touchent dans un même point quand on les approche l'une de l'autre.

Il y a aussi une barre de bois qui va tout du long & qui est soûtenuë par les bras des poupées qui s'approchent & s'éloignent comme on veut. Cette barre sert d'appuy pour les outils lorsqu'on travaille.

Contre le plancher & au dessus du Tour est une perche disposée en arc, au bout de laquelle il y a une corde qui descend jusques à terre & qui s'attache au bout d'une piece de bois qu'on nomme la Marche. Quand on veut travailler l'on tourne la corde autour de la piece qu'on veut tourner, ou d'un mandrin qui lui est ajusté ; & en appuyant le pied sur la marche, l'on fait tourner l'ouvrage par le moyen de la perche ou de l'arc qui fait ressort, puis avec des Outils propres aux ouvrages qu'on appuye sur le support & qu'on pose contre les pieces qu'on veut tourner, on les dégrossit d'abord avec de gros outils, & ensuite on les finit avec d'autres plus délicats.

Comme toutes sortes d'ouvrages ne se peuvent pas tourner entre deux pointes, & qu'il les faut souvent tourner en l'air, on ôte une des poupées, & on y met à sa place une piece de bois garnie de fer, qu'on nomme Lunette, qui s'ajuste dans les coulisses de même que les poupées ordinaires, & qui au lieu de pointe ont un trou bien rond, dans lequel on fait entrer le colet d'un arbre de fer, dont l'autre bout est soûtenu par la pointe de l'autre poupée.

Cet arbre a 15 ou 18 pouces de longueur & est composé de cette maniere : Au bout, qui est appuyé contre la lunette, est une vis d'un fort gros pas, sur lequel on monte à vis differentes boëtes de cuivre, dans lesquelles on fait tenir ferme des morceaux de bois qui servent à placer les differentes pieces qu'on veut tourner. A l'autre bout de l'arbre on fait plusieurs pas de vis de differentes grosseurs & finesses, afin de pouvoir faire des vis sur le Tour aux ouvrages.

Environ au milieu de cet arbre est un Mandrin ou Poulie de bois, autour de laquelle est la corde. Pour que cet outil soit bien juste & bien dressé, il est necessaire qu'il soit fait sur le tour.

On peut rapporter sur cet arbre plusieurs autres pieces pour former sur le Tour des figures irregulieres, comme l'ovale, des roses, des cœurs, des godrons, des colomnes torses, &c. Toutes ces pieces sont limées de la figure qu'on veut qu'ils façent & ont un trou quarré au milieu, qu'on ajuste à un quarré qui est vers le bout de l'arbre.

Quand les pieces sont disposées dans l'arbre l'on met son bout qui est en pointe dans un petit trou qui est à la Poupée, & l'autre bout eſt paſſé dans la lunette, qui eſt faite de maniere qu'il y a deux pieces qui font reſſort, qui appuyent & repouſſent la figure, & par ce moyen fait avancer ou reculer l'arbre plus ou moins ſelon la figure, & c'eſt ce qui fait que l'outil de celui qui travaille donne la forme à l'ouvrage, qui s'en approche ou s'en éloigne ſelon que l'arbre approche ou recule de ſa rencontre; car il faut toûjours tenir l'outil ferme ſur l'appuy. Comme on ne ſe ſert pas ordinairement de ces ſortes de figures pour les Inſtrumens de Mathematique, je ne m'étendrai pas davantage ſur cette maniere de tourner.

Le principal uſage de cet arbre eſt de ſervir à tourner des cercles en l'air, à faire des renures dans les Bouſſoles, & autres choſes ſemblables. Cela ſe fait en plaçant les pieces qu'on veut tourner ſur le bois qui tient aux boëtes dont nous avons parlé cy-devant, & qu'on ajuſte ſur le Tour pour recevoir leſdites pieces.

Les appuys ou ſupports ſont auſſi diſpoſez ſuivant l'ouvrage qu'on veut faire, les uns ſur le devant & les autres ſur le côté.

A l'égard des vis elles ſe forment en dedans comme en dehors de l'ouvrage, en faiſant entrer le pas qu'on ſouhaite dans une piece de bois tarodé du même pas, & qu'on place à la poupée qui porte le bout de l'arbre; on ajuſte à cette poupée autant de pieces tarodées qu'il y a de pas au bout dudit arbre. L'autre bout de l'arbre où eſt un colet d'une même groſſeur, entre juſte dans le trou de la lunette; alors appuyant avec le pied ſur la marche, cela fait avancer ou reculer l'ouvrage, de maniere que vous formez la vis ou l'écrou avec des fers à pluſieurs dents que l'on fait exprés, ſuivant les pas marquez ſur votre arbre. Pour les Outils à Tourner on ſe ſert pour le bois, de Gouges, de Ciſeaux, de Becs-d'aſne; &c. Pour le cuivre ou autre métaux on ſe ſert de plus petits outils faits de bon acier trempé, comme gros Burins pour dégroſſir l'ouvrage des plattes bandes, d'autres pour faire des Gorges rondes & des Gorges quarrées, des Fers crochus, des outils dentelez par le bout, d'autres dentelez par le côté pour former les vis, &c.

Voilà en partie les principaux outils avec ceux dont j'ai parlé dans le corps de l'ouvrage dont l'on ſe ſert le plus communement. On pourra facilement ſuppléer aux autres, ſuivant le beſoin qu'on en aura.

Comme la plûpart de ces outils doivent eſtre fais par ceux qui s'en ſervent, je vas donner la maniere de bien choiſir le métail propre à leurs conſtructions.

Le meilleur acier pour faire les outils vient d'Allemagne. Pour eſtre bon il doit eſtre ſans pailles, veines noires, ni fourrures de fer; ce qu'on pourra connoître en le caſſant, & voir ſi le grain eſt bien fin.

Il faut prendre garde en forgeant les outils ou autre choſe, de ne pas brûler ni ſurchauffer l'acier, & le forger avec le plus de promptitude qu'il ſera poſſible, car plus il eſt au feu, plus il ſe gâte.

Pour tremper les outils aprés qu'ils ont esté forgez & limez on les fait rougir dans le feu un peu plus que la couleur de cerise, aprés quoy on les trempe dans de l'eau de fontaine ou de puits ; la plus froide est la meilleure. On ne retire l'outil qu'aprés qu'il est froid, & on lui donne un peu de recuit, c'est à dire, qu'on le met aussi-tôt sur une piece de fer chaud, jusques à ce que la blancheur qu'il a contractée par la trempe, vienne à se perdre en devenant de couleur jaunâtre, & alors on rejette promptement l'outil dans l'eau sans attendre qu'il devienne bleu, parce qu'il perdroit sa force.

Pour tremper les limes en paquet & autre pieces que l'on fait de fer, on prend de la suye de cheminée, la plus dure & la plus grosse, qu'on met en poudre bien fine, qu'on fait tremper dans de l'hurine & du vinaigre, y ajoûtant un peu de sel fondu pour la rendre comme une pâte liquide.

Aprés que l'on a détrempé la suye on en couvre les outils en faisant un paquet du tout, qu'on couvre ensuite de terre ; on met le tout chauffer dans un feu ardent de charbon de bois, & quand il est un peu plus rouge que la couleur de cerise, on le jette dans quelque vaisseau plein d'eau tres-froide, & l'ouvrage sera suffisamment dur.

Nous avons parlé cy-devant de la maniere de souder le cuivre ou l'argent l'un avec l'autre ; il est bon de sçavoir que le fer se brase aussi l'un avec l'autre en mettant du laiton mince sur la piece qu'on veut braser, & du borax en poudre, & la couvrant de charbon de tous côtez, que l'on chauffe jusques à ce que l'on voye fondre & couler le laiton.

J'ay donné la maniere de faire la soudure d'argent, comme aussi celle de cuivre. On en fait une avec de l'Estain qu'on met en grosse limaille avec une râpe, dans laquelle on y mêle une sixiéme partie de sel armoniaque, avec de l'huile d'olive. Cette soudure est fort coulante & est bonne pour les ouvrages qu'on ne veut pas trop chauffer.

Il est bon d'avertir qu'on ne doit pas batre ni forger le laiton jaune estant chaud, car il se casse. A l'égard du cuivre rouge il se bat à chaud & à froid, mais on ne s'en sert guere dans la fabrique des Instrumens de Mathematique, le cuivre jaune estant plus beau & plus propre pour ces ouvrages-là.

Le Laiton se fait avec le cuivre rouge & la calamine, qui est une pierre qui donne la teinture jaune au métail ; elle se trouve en France & au Pays de Liége.

L'or & l'argent se battent & se forgent à chaud & à froid. Ils se fondent aussi à peu prés comme le cuivre, mais pour dégraisser & séparer l'ordure de la limaille, on la met dans le creuset avec environ une dixiéme partie de Salpêtre. Les Instrumens de Mathematique se travaillent avec l'or & l'argent de la même maniere qu'avec le Laiton.

F I N.

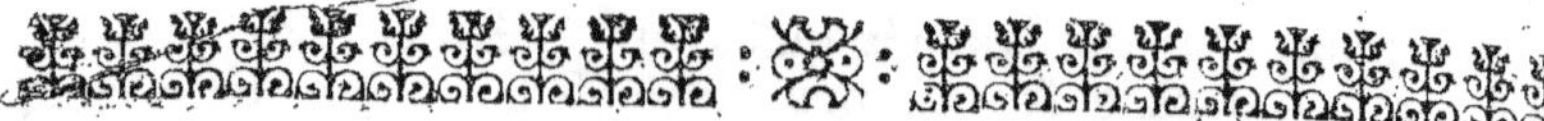

TABLE
DES LIVRES,
CHAPITRES ET SECTIONS
Contenuës en ce Traité.

TABLE DES CHAPITRES.

TABLE DES CHAPITRES.

Fin de la Table.

APPROBATION.

J'Ay examiné par ordre de Monseigneur le Chancelier, un Traité *de la Construction & des principaux usages des differens Instrumens de Mathematique*, lequel a esté composé par M. NICOLAS BION, Ingenieur pour les instrumens de Mathematique : Je crois qu'il sera tres-agréable & tres-utile au public, & principalement aux Ouvriers qui y trouveront de quoy s'instruire à fond pour la fabrique de tous les Instrumens dont on se sert dans la pratique des differentes parties des Mathematique. A Paris à l'Observatoire Royal le 10 Aoust 1708.

DE LA HIRE,
Professeur Royal en Mathematique & de l'Academie des Sciences.

PRIVILEGE DU ROY.

LOUIS par la grace de Dieu, Roy de France & de Navarre : A nos amez & Feaux Conseillers les Gens tenans nos Cours de Parlemens, Maîtres des Requestes ordinaires de notre Hôtel, Grand Conseil, Baillifs, Senechaux, Prevôts, leurs Lieutenans, & à tous autres nos Justiciers & Officiers qu'il appartiendra, Salut. Notre bien amé NICOLAS BION, Ingenieur & Fabricateur d'Instrumens pour les Mathematiques, Nous a fait remontrer qu'il a dressé des Planches propres à monter des Globes, tant Celestes que Terrestres de differentes grosseurs; & a composé un Livre intitué : *L'Usage des Globes Celestes & Terrestres, & des Spheres, suivant les differens systèmes du monde*; precedé d'un *Traité de Cosmographie où est expliqué avec ordre tout ce qu'il y a de plus curieux dans la description de l'Univers, suivant les memoires & observations des plus habiles Astronomes*; comme aussi les *Usages de quelques autres Instrumens de Mathematiques*; lesquelles Planches & ledit Livre il desireroit faire graver & imprimer pour les donner au public, dautant qu'il ne le peut faire sans notre permission il a recours à Nous, & nous a tres-humblement fait supplier de lui vouloir accorder nos Lettres sur ce necessaires. A CES CAUSES, desirant favorablement traiter l'Exposant, Nous lui avons permis & accordé, permettons & accordons par ces Presentes de faire graver & imprimer vendre & debiter en tous les lieux de notre Royaume, tant lesdites Planches que ledit Livre, en un ou plusieurs volumes, & en telle marge, caracteres & autant de fois que bon lui semblera durant le temps de douze années consecutives, à compter du jour qu'ils seront achevez d'imprimer pour la premiere fois; pendant lequel Nous faisons tres-expresses deffenses à tous Graveurs, Imprimeurs & Libraires & autres de graver & imprimer, faire graver & imprimer, vendre & distribuer lesdites Planches & ledit Livre sous pretexte d'augmentation, correction, changement de titre, fausses marques ou autrement, en quelque maniere que ce soit; & à tous Marchands Etrangers d'en apporter ni distribuer en ce Royaume d'autres impressions que de celles qui auront esté faites du consentement de l'Exposant, à peine de quinze cens livres d'amende, payable par chacun des contrevenans, & applicable un tiers à Nous, un tiers à l'Hôpital General de notre bonne Ville de Paris, & l'autre tiers à l'Exposant ou à ceux qui auront droit de lui, de confiscation des Exemplaires contrefaits, & de tous dépens, dommages & in-

terefts ; à condition qu'il fera mis deux Exemplaires defdites Planches & dudit Livre dans notre Bibliotheque publique, un en celle du Cabinet de nos Livres en
notre Château du Louvre, & un en celle de notre tres-cher & féal le fieur Boucherat
Chevalier Chancelier de France, avant que de l'expofer en vente ; à la charge auffi
que l'impreffion en fera faite dans le Royaume & que ledit Livre fera imprimé fur
de beau & bon papier & de belle impreffion, & ce fuivant ce qui eft porté par les
Reglemens faits pour la Librairie & Imprimerie les années 1618 & 1686. enregiftrez
en notre Cour de Parlement de Paris, à peine de nullité des Prefentes, lefquelles
feront regiftrées dans les Regiftres de la Communauté des Imprimeurs & Libraires de notre bonne Ville de Paris. Si vous mandons & enjoignons que du contenu en icelles vous faffiez jouir pleinement & paifiblement l'Expofant ou ceux
qui auront droit de lui, fans fouffrir qu'il leur foit fait aucun empêchement.
Voulons auffi qu'en mettant au commencement ou à la fin dudit Livre une
copie des Prefentes ou extrait d'icelles, elles foient tenuës pour bien & duëment
fignifiées & que foy y foit ajoûtée, & aux copies collationnées par l'un de nos
amez & feaux Confeillers & Secretaires comme à l'Original. Commandons au premier Huiffier ou Sergent fur ce requis de faire pour l'execution d'icelles, tous Ex-
ploits, faifies & actes neceffaires, fans demander autre permiffion ; nonobftant toutes oppofitions, clameur de haro, Chartre normande & lettres à ce contraires.
Car tel eft notre plaifir. Donné à Verfailles le 9 Janvier, l'an de grace 1699. Et
de notre Regne le cinquante fixiéme. Par le Roy en fon Confeil,

MARCADE'.

*Regiftré fur le Livre de la Communauté des Imprimeurs & Libraires, conformément
aux Reglemens. A Paris le 26 Janvier 1699.*

C. BALLARD, Syndic.

De l'Imprimerie de JACQUES COLLOMBAT, Imprimeur ordinaire
de Madame la Ducheffe de Bourgogne, & des Bâtimens du Roy,
rue faint Jacques, au Pelican. 1709.